高职高专系列教材

基因操作技术

JIYIN CAOZUO JISHU

高勤学 主 编
朱善元 副主编

中国环境科学出版社·北京

图书在版编目（CIP）数据

基因操作技术/高勤学主编. —北京：中国环境科学出版社，2007.5（2011.1 重印）

（高职高专系列教材）

ISBN 978-7-80209-317-1

Ⅰ. 基… Ⅱ. 高… Ⅲ. 基因—技术—高等学校：技术学校—教材 Ⅳ. Q78

中国版本图书馆 CIP 数据核字（2007）第 050947 号

责任编辑 孟亚莉 任海燕
责任校对 刘凤霞
封面设计 玄石至上

出版发行 中国环境科学出版社
（100062 北京崇文区广渠门内大街 16 号）
网 址：http://www.cesp.com.cn
联系电话：010-67112765（总编室）
发行热线：010-67125803

印 刷 北京东海印刷有限公司
经 销 各地新华书店
版 次 2007 年 5 月第 1 版
印 次 2011 年 1 月第 3 次印刷
开 本 787×960 1/16
印 张 21.25
字 数 400 千字
定 价 26.00 元

【版权所有。未经许可请勿翻印、转载，侵权必究】

如有缺页、破损、倒装等印装质量问题，请寄回本社更换

高职高专系列教材
编写委员会

北京农业职业学院	赵晨霞　李玉冰　王晓梅　周珍辉
江苏畜牧兽医职业技术学院	葛竹兴　刘　靖　曹　斌　高勤学　朱善元
锦州医学院畜牧兽医学院	曲祖乙　王玉田
黑龙江生物科技职业学院	王　鹏　蔡长霞　马贵民
广西农业职业技术学院	杨昌鹏
杨凌职业技术学院	马文哲
江西生物科技职业学院	徐光龙
上海农林职业技术学院	张　江

高职高专系列教材

审读委员会

江苏食品职业技术学院	贡汉坤
杨凌职业技术学院	陈登文　陈淑茗
黑龙江农业经济职业学院	杜广平　张季中
苏州农业职业技术学院	潘文明　夏　红
吉林农业科技学院	孙艳梅
扬州大学兽医学院	秦爱建
复旦大学生命科学学院	黄伟达
中国农业大学实验动物中心	张　冰
中国绿色食品发展中心	张志华
国家环保总局有机食品发展中心	周泽江
江苏省兽药监察所	王苏华
江苏省农业科学院兽医研究所	戴鼎震

前言

基因工程问世以来，大批科学家不断投身于这一领域并作出了杰出的贡献。基因工程的成果也不断应用于医学及农业两大生命科学领域，极大地推动了社会的进步和经济的发展。21 世纪是生物经济时代，高等职业教育肩负着培养高级应用型人才的重任，近年来先后在高职院校开设了《生物技术应用》或者《基因工程》相关课程，然而高等职业院校的学生文化基础与本科院校不同，培养目标亦有根本区别。如何教会学生掌握基因工程的理论与技术，急需一本合适的教材。大多数本科教材或过于深，或过于理论化，并不适合高职教学，中国环境科学出版社组织全国八所高等职业院校相关专业教师在总结各自教学经验的基础上，编写了这本《基因操作技术》，希望能起到促进教学、增强学生技能的作用。

本书由江苏畜牧兽医职业技术学院高勤学任主编，朱善元任副主编。全书共分为十章，广西农业职业技术学院蒋益敏编写第一章和第四章；朱善元编写第二章和第三章；上海农业职业技术学院刘影编写第五章和第十章；北京农业职业技术学院田锦编写第六章和第八章；高勤学编写第七章和第九章。

本书编写过程中，要特别感谢各位编写者认真负责的编写态度，圆满地实现了本书的编写目标。同时，承蒙扬州大学兽医学院秦爱健教授在百忙之中主审本书，在此深表谢意！

基因操作技术本身是一门飞速发展的学科，新技术与新方法日新月异，由于我们知识水平有限，同时也考虑到高职教学的特点，我们仅选择基因操作中通用的基本技术与方法加以介绍，理论与实验并重是本书的重要特点。由于时间仓促，水平有限，我们尚不能充实实用的例子，使教材、教学、教育更加贴近实际应用。本书只能起到抛砖引玉的作用，我们将在以后的教学工作中，不断完善，恳请同行和师生批评、指正。

主编　高勤学

2006.5

目 录

第一章　基因与基因组

【知识目标】

- 熟悉遗传信息的传递过程;
- 理解基因表达调控原理;
- 掌握核酸的结构;
- 了解基因组特点。

【能力目标】

- 能运用核酸及基因的知识;
- 能运用核酸复制及调控的基本原理。

第一节　核酸的结构

核酸是遗传物质，它们能从亲代传递到子代。绝大多数生物的遗传物质是脱氧核糖核酸（DNA）。少数噬菌体、许多植物病毒和一些动物病毒的遗传物质是核糖核酸（RNA）。

一、核酸的化学结构

核酸是核苷酸的多聚体，核苷酸是基本结构单元。每个核苷酸均含有碱基、戊糖和磷酸三种成分。环状五碳糖，有核糖和脱氧核糖，核糖存在于核糖核酸（RNA）中，脱氧核糖存在于脱氧核糖核酸（DNA）中。这两种核糖的区别在于脱氧核糖 2′-碳原子上的羟基被脱了氧，只剩下 H。这个区别使得 DNA 比 RNA 更具化学稳定性。

DNA 中的四种碱基是：A（腺嘌呤）、G（鸟嘌呤）、C（胞嘧啶）和 T（胸腺嘧啶）（图 1-1），RNA 中有四种碱基：A、G、C 和 U（尿嘧啶）。U 跟 T 结构相似，U 在 5-碳原子上连接的是 H，而 T 在 5-碳原子上连接的是—CH_3。

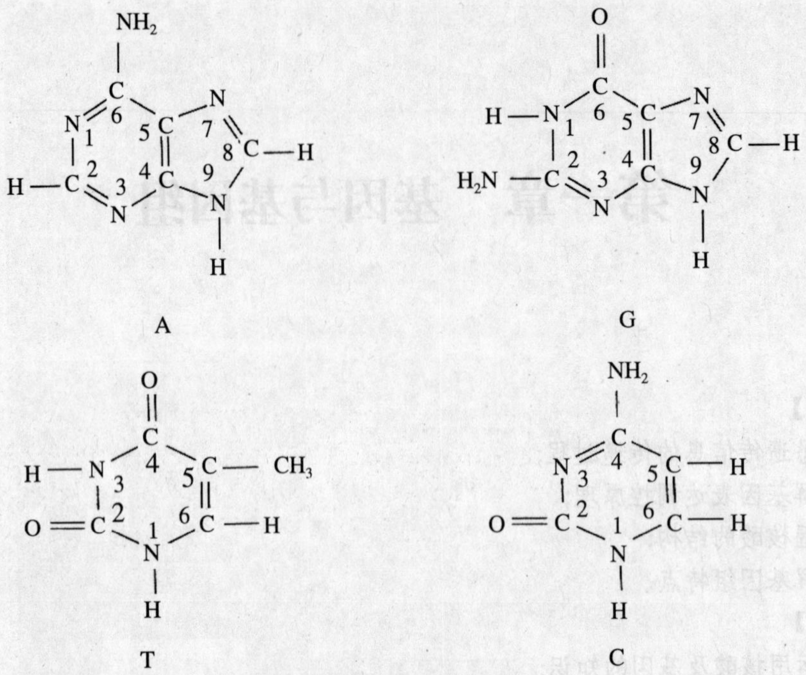

图 1-1 碱基

核糖的 1′-碳原子上通过 N-糖苷键连接有嘌呤或嘧啶碱基成为核苷（图 1-2）。

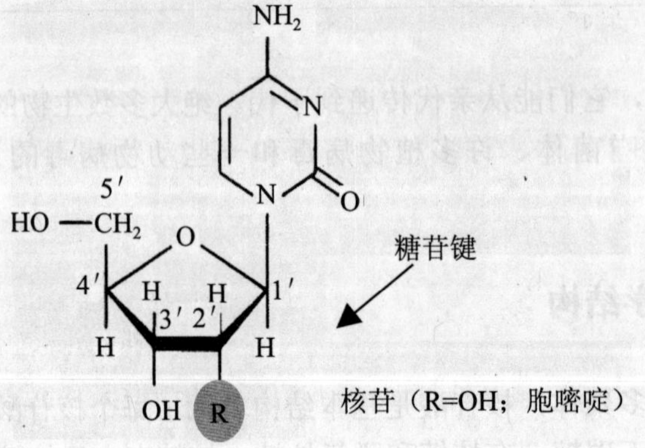

图 1-2 核苷

核苷再磷酸化后叫核苷酸（图 1-3）。核酸中核苷酸的连接方式是一个核苷酸的 5′-磷酸和另一个核苷酸中的 3′-OH 形成第二个磷酸酯键而共价连接，3′和 5′-碳原子上的磷酸都是酯化的，这样的单位常被称为磷酸二酯键，磷酸二酯键相连而成的链状聚合物即为多聚核苷酸（图 1-4）。

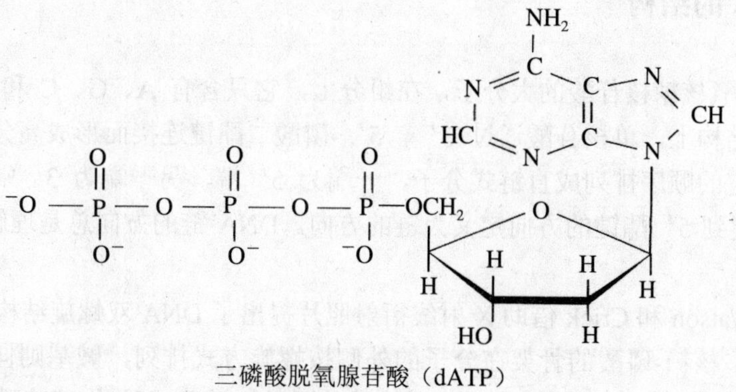

三磷酸脱氧腺苷酸（dATP）

图 1-3　核苷酸

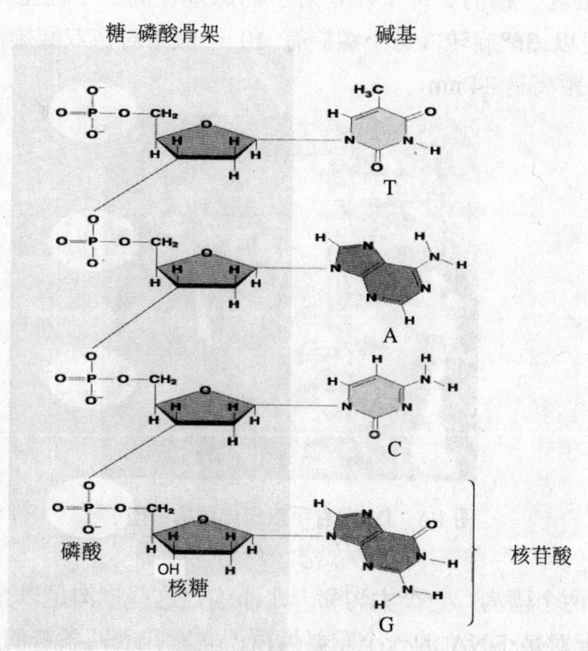

图 1-4　多聚核苷酸

嘌呤和嘧啶碱基彼此之间不形成任何共价键，因此，一个多聚核苷酸含有一条糖与磷酸交替出现的骨架，这一骨架具有一个 3′-OH 末端和一个 5′-P 末端。

二、DNA 的结构

DNA 是脱氧核糖核苷酸的大分子，在组分上，它只含有 A、G、C 和 T 四种脱氧核糖核苷酸；在结构上，单核苷酸通过 3′，5′-磷酸二酯键连接而形成高分子聚合物，四种核苷酸按一定的顺序排列成直链式分子，一端为 5′端，另一端为 3′端。从同一个磷酸基的 3′酯键到 5′酯键的方向定义为链的方向。DNA 链的方向总是理解为从 5′-P 端到 3′-OH 端。

1953 年，Watson 和 Crick 借助 X 射线衍射照片提出了 DNA 双螺旋结构模型（图 1-5）。在这个模型里，核糖-磷酸的骨架在分子的外侧按螺旋方式排列，碱基则伸向双螺旋的内部。一条链的碱基与另一条链同一平面上的碱基通过氢键形成嘌呤-嘧啶碱基对，即 A-T 和 G-C。由于碱基对中均含有双环的嘌呤（A 和 G）和单环的嘧啶（T 和 C），所以，每个碱基对的长度是接近一致的。每个碱基对中的碱基在同一平面上，并且与双螺旋的轴垂直。相邻的碱基对以 36°旋转，每个螺旋有 10 个碱基对，双螺旋两条链之间的距离是 20Å，两碱基之间的距离是 34 nm。

图 1-5 DNA 右手双螺旋结构模型

DNA 双螺旋有两个槽沟，一个大沟和一个小沟，这些槽沟足以允许蛋白质分子进入，与碱基接触。碱基配对是 DNA 的一个重要性质，它意味着两条链的碱基顺序互补，这就暗示了 DNA 的复制机制，因为复制时只要合成互补链就行了。

DNA 双螺旋的两条链是反向平行的（图 1-6）。反向平行有两重含义：其一是双螺旋分子的每一端都有一 3′-OH 末端和 5′-P 末端；其二是两条链的走向不同，双链的走向不同是指两条链上的糖环的方向不同。

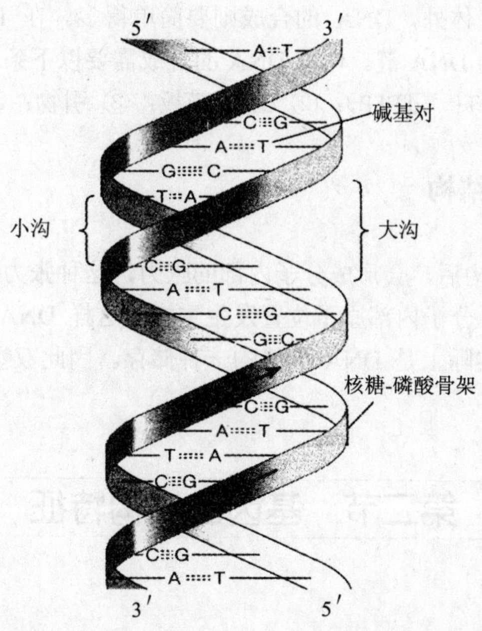

图 1-6　互为反向平行的 DNA 互补链结构

三、RNA 的结构

核酸是生物体内重要的高分子化合物，它储存着生物体内全部遗传信息，是基因表达不可缺少的物质。除 DNA 外，在生物体内还存在着另一种核酸——RNA。除少数病毒的 RNA 是双链外，RNA 都是单链的。细胞内主要有三种 RNA：rRNA、tRNA 和 mRNA。RNA 通常以单链形式存在，因此不具备双链 DNA 分子那样的规则双螺旋结构，而是形成近似于球状的构型，其链折叠使配对碱基形成氢键，从而形成局部双链结构。所以，rRNA 和 tRNA 都有其一定的构型，mRNA 也能形成一定的高级结构，在蛋白质翻译中起调控作用。

四、核酸的合成

DNA 链是由许多单核苷酸以不同的顺序聚合连接而成的，相邻的两相核苷酸以 3′，5′-磷酸二酯键相连接。由单个核苷酸连接聚合成多核苷酸的过程称为 DNA 的合成。在体内，DNA 的合成涉及复制过程。DNA 的复制是一系列复杂的酶促过程，包括 DNA 聚合酶、引物酶、外切酶、连接酶、解旋酶、拓扑酶等酶的酶促过程，是生物体生命活动的基本形式之一。而在体外，DNA 的合成则要简单得多。在 DNA 聚合酶的催化下，单核苷酸可聚合形成新的 DNA 链。体外 DNA 的合成需要以下条件：① 四种脱氧核苷三磷酸（dATP、dGTP、dCTP、dTTP）；② DNA 模板；③ 引物；④ Mg^{2+}；⑤ 聚合酶。

五、DNA 超螺旋结构

DNA 形成双螺旋结构后，会形成分子内部的张力，这种张力需要链的旋转释放出来。额外的张力可以使 DNA 分子内部原子位置发生重排，这样 DNA 分子本身就会扭曲，形成超螺旋结构，超螺旋实际上是 DNA 能量的一种储存。因此双螺旋 DNA 本身具有一定的自发超螺旋的倾向。

第二节　基因的结构特征

一、基因概念的发展

1909 年，约翰逊（Johannsen）首次提出了基因（gene）的概念，用以替代孟德尔（Mendel）早年所提出的“遗传因子”（genetic factor）一词，并创立了基因型（genotype）和表现型（phenotype）的概念，把遗传基础和表现性状科学地区分开来。随着遗传学的发展，特别是分子生物学的迅猛发展，人们对基因这一概念的认识正在逐步深化。

（一）一个基因一个酶

英国生理生化学家盖若德（Garrod）研究了人类中的先天代谢疾病，并于 1909 年出版了《先天代谢障碍》一书。他通过对白化病等疾病的分析，认识到基因与新陈代谢之间的关系，即一个突变基因对应一个代谢障碍。这种观点可以说是“一个基因一个酶”观点的先驱。

比得尔（Beadle）和塔特姆（Tatum）对红色链孢霉做了大量的研究。他们认为，野生型的红色链孢霉可以在基本培养基上生长，是因为它们自身具有合成一些营养物质的能力，如嘌呤、嘧啶、氨基酸等；控制这些物质合成的基因发生突变，将产生一些营养缺陷型的突变体；证实了红色链孢霉各种突变体的异常代谢往往是一种酶的缺陷，产生这种酶缺陷的原因是单个基因的突变。

（二）一个基因一条多肽链

红色链孢霉和大肠杆菌营养缺陷型的早期研究表明，在各种氨基酸、维生素、嘌呤和嘧啶的生物合成路线上，催化每一步反应的酶都是在一个基因的监控下进行的。到了20世纪 50 年代，扬诺夫斯基（Yanofsky）发现并提出了新的问题，即一个基因控制两步反应。他发现在大肠杆菌中，催化吲哚磷酸甘油酯生成色氨酸反应的酶，即色氨酸合成酶的结构比较复杂，实际上是由两种多肽构成，A 肽可以独立催化吲哚磷酸甘油酯分解生成吲哚，B 肽则可以单独催化吲哚转变为色氨酸。因此对“一个基因一个酶”的学说做了第一次修正。

（三）基因的化学本质是 DNA（有时是 RNA）

1944 年，埃维里（Avery）等人通过肺炎双球菌的转化实验，第一次证实了 DNA 是遗传物质，由此，基因的化学本质得到了阐明。人们通过研究发现，有些病毒如烟草花叶病毒、脊髓灰质病毒等只含有 RNA，而不含 DNA，这些 RNA 病毒可以在 RNA 复制酶的作用下以自身为模板进行复制，这类生物中，基因的化学组成为 RNA。1953 年沃森（Watson）和克里克（Crick）建立了 DNA 分子的双螺旋结构模型，这是遗传学史上的一个里程碑。近几十年来遗传学的发展，特别是遗传工程技术的发展充分证实了这一模型的正确性。

（四）基因顺反子的概念

1955 年，美国分子生物学家本兹尔（Benzer）提出了比传统基因概念更小的基本功能单位即顺反子的概念。用 rⅡ突变型和野生型噬菌体共同侵染 K 菌株，两种噬菌体都可以正常生长并使得 K 菌株裂解。但是在 rⅡ突变型之间进行互补试验时，结果有很大的差异。同一互补群的突变型不存在功能上的互补关系，只有分别属于两个互补群的突变型才能在功能上互补，而表现出野生型的特点。本兹尔把这种基因内部的功能互补群称为顺反子。实际上，本兹尔从遗传学的互补实验中，所得出的顺反子的概念已经深入到当时人们并不了解的基因转录水平上了。顺反子的概念与蛋白质的高级结构的研究结果是一致的，因为蛋白质往往是由两条或多条多肽链所构成，它们即为蛋白质的亚基。

本兹尔通过实验提出了一种新的基因概念：① 作为突变单位，从分子水平上可以精确到单核苷酸或碱基水平，这就是突变子；② 作为交换单位，也以单核苷酸或单个碱基为基本单位，这就是互换子；③ 作为功能单位，基因也是可分的，基因不是一个功能的基本单位，一个基因的功能常含有两个或多个顺反子的功能。现代遗传学的研究证明本兹尔提出的概念基本上是正确的。

（五）结构基因与调控基因的划分

随着研究的深入，人们首先在原核生物中发现，不是所有的基因都能为蛋白质编码。于是，人们就把能为多肽链编码的基因称为结构基因。除结构基因以外，有些基因只能转录而不能进行翻译，如 tRNA 和 rRNA 基因；还有些基因本身并不进行转录，但是可以对其邻近的结构基因的表达起控制作用，如启动基因和操纵基因。从功能上讲，启动基因、操纵基因和编码阻遏蛋白、激活蛋白的调节基因都属于调控基因。操纵基因与其控制下的一系列结构基因组成一个功能单位，称为操纵子。对这些基因的研究，加深了人们对基因的功能及其调控关系的认识。

（六）断裂基因

断裂基因首先由凯姆伯恩（Chambon）和博杰特（Berget）在 20 世纪 70 年代报道。在 1977 年美国冷泉港举行的定量生物学讨论会上，有些实验室报道了在猿猴病毒 SV40 和腺病毒 Ad2 上发现基因内部的间隔区，间隔区的 DNA 序列与该基因所决定的蛋白质没有关系。用该基因所转录的 mRNA 与其 DNA 进行分子杂交，会出现一些不能与 mRNA 配对的 DNA 单链环。人们把基因内部的间隔序列称为内含子（内元），而把出现在成熟 RNA 中的有效区段称为外显子（外元）。这种基因分割的现象后来在许多真核生物中都有发现，因此是一种普遍现象。

断裂基因的初级转录物称做前体 RNA，把前体 RNA 中由内含子转录下来的序列去除，并把由外显子转录的 RNA 序列连接起来，这一过程称做剪接。剪接过程涉及许多问题，有些问题目前还没有彻底搞清。值得一提的是，1981 年切赫（Cehe）首次报道了原生动物四膜虫前体 rRNA 的中间序列（IVS）具有催化功能，可以催化该前体 rRNA 进行自我剪接。

（七）重叠基因

1977 年维纳（Weiner）在研究 Q0 病毒的基因结构时，首先发现了基因的重叠现象。1978 年费尔（Feir）和桑戈尔（Sanger）在研究分析φX174 噬菌体的核苷酸序列时，也发现在由 5 375 个核苷酸组成的单链 DNA 所包含的 10 个基因中有几个基因具有不同程度的重叠，但是这些重叠的基因具有不同的阅读框架。以后在噬菌体 G4、MS2 和 SV40 中都发现了重叠基因。重叠基因的发现使人们冲破了关于基因在染色体上呈非重叠的线性排列的传统概念。

（八）跳跃基因

1950 年麦克林托克（Mcclintock）在玉米染色体组中发现一个激活—解离系统，它们在染色体上的位置不固定，可以由一条染色体跳到另外一条染色体上。这项研究在当时并未引起人们的关注，但是随着科学的发展，人们在果蝇、酵母、大肠杆菌中都发现了跳跃基因的存在，并对它们进行了广泛的研究。

由此可见，在历史发展的不同时期，人们对基因概念的理解有着不同的内涵。我们相信，在世界科学技术发展日新月异的今天，随着相关科学技术的发展，生物科学将会有更多、更大的突破性进展，基因概念还将被赋予更新的内容。

二、基因的结构特征

（一）操纵子

在细菌中，一组基因受一个启动子控制，被转录成一个长的 RNA 分子，这样的一组基因称为操纵子。如果这样一组基因都编码蛋白质、转录产物，信使 RNA 会被翻译成单个的多肽链。当核糖体到达多肽链的终止密码子时，翻译终止并释放出产物。

（二）外显子与内含子

原核生物的基因是连续编码的一段 DNA 片段，其 DNA-RNA-mRNA 之间是一种简单的一一对应关系，但真核生物的结构基因是断裂基因，一般由外显子（exon）和内含子（intron）组成。其最初转录产物长度往往是成熟 mRNA 的几倍，内含子包含在原始转录产物中，在加工为成熟的 mRNA 过程中被切除。在每个外显子与内含子的接头区，有一段高度保守的共有序列，即每个内含子的 5′端起始的两个核苷酸都是 GT，3′端末尾的两个核苷酸都是 AG，这是 RNA 进行剪接的信号，亦称 GT-AG 法则。

原始转录产物经 RNA 剪接后，形成成熟的 mRNA，然后经过翻译编码出特定的蛋白质或组成蛋白质的亚基。翻译从起始密码子开始，到终止密码子结束。起始密码子为 AUG，终止密码子有三种，即 UAA、UAG、UGA。结构基因从起始密码子开始到终止密码子的这一段核苷酸区域亦称为开放阅读框（Open Reading Frame，ORF）。

（三）侧翼序列与调控序列

每个结构基因在第一个和最后一个外显子外侧，都有一段不被转录和翻译的非编码区，称为侧翼序列。其中，从转录起始点至起始密码子这一段非翻译序列称为 5′非翻译区，从终止密码子至转录终止子这一段非翻译序列称为 3′非翻译区。侧翼序列虽然不被转录和翻译，但它常常含有影响基因表达的 DNA 序列，其中有些控制基因转录的起始和终止；有些确定翻译过程中核糖体与 mRNA 的结合；而另一些则与基因接受某些特殊信号有关，这些对基因有效表达起着调控作用的特殊序列被统称为调控序列，包括启动子、增强子、沉默子、核糖体结合位点、加帽和加尾信号等。

1．启动子

启动子（promoter）是指准确而有效地启始基因转录所需的一段特异的核苷酸序列。转录起始位点（+1 位）下游区域为正区，上游区域为负区。启动子常位于转录起始位点上游 100 bp（−100 bp）范围内，是 RNA 聚合酶识别和结合的部位，控制着基因转录的起始过程。

原核生物基因启动子含有两段结构保守序列，一段是 RNA 聚合酶 DNA 结合位点，位于−10 bp，称为 TATA 框（TATA box）或 Pribnow 盒（Pribnow box），共有序列为 TATAAT；另一段是 RNA 聚合酶依靠其 σ 亚基识别的部位，位于−35 bp 左右，其共有序列为 TTGACA。

真核生物基因启动子含有三种不同的序列，一种序列位于−19～−27 bp 处，称为 TATA 框（TATA box）或 Hogness 框（Hogness box），动物特征序列是 TATA（A/T）A（A/T），有两个碱基可以变化，其功能类似于原核基因的 Pribnow 盒，保证转录起始位置的精确性。另一种序列位于−70～−80 bp 处，称 CAAT 框（CAAT box）。动物特征序列是 GGC（C/T）CAATCA，其中只有一个碱基会有所变化，CAAT 框决定基因转录起始频率的功能。第三种序列位于−40～110 bp，称为 GC 框（GC box），其特征序列是 GGGCGG，具有激活转录的功能，可能与增加起始转录的效率有关。

2．增强子与沉默子

增强子（enhancer）是一种基因调控序列，可使启动子发动转录的能力大大增加，从而显著地提高基因的转录效率。其核心序列为（G）TTGT/TA/TA/T（G）。

沉默子（silencer）是另一种与基因表达有关的调控序列。它通过与有关蛋白质结合，对转录起抑制作用。

3．终止子

终止子（terminator）是一段位于基因 3′端非翻译区中与终止转录过程有关的序列，它由一段富含 GC 碱基的颠倒重复序列以及寡聚 T 组成，是 RNA 聚合酶停止工作的信号，当 RNA 转录到达终止子区域时，其自身可以形成发夹式的结构，并且形成一串 U。

4．加帽与加尾信号

几乎全部的真核 mRNA 5′端都具“帽子”结构。虽然真核生物的 mRNA 的转录以嘌呤核苷酸三磷酸（pppA 或 pppG）领头，但在 5′端的一个核苷酸总是 7-甲基鸟核苷三磷酸（m^7GpppAGpNp）。mRNA 5′端的这种结构称为帽子。不同真核生物的 mRNA 具有不同的帽子。

mRNA 帽子结构的功能：① 能被核糖体小亚基识别，促使 mRNA 和核糖体结合；② m^7Gppp 结构能有效地封闭 RNA 5′末端，以保护 mRNA 免受 5′核酸外切酶的降解，增强 mRNA 的稳定性。

大多数真核生物的 mRNA 3′末端都有由 100～200 个腺嘌呤（A）组成的 poly（A）尾。poly（A）尾不是由 DNA 编码的，而是转录后的 mRNA 以 ATP 为前体，由 RNA 末端腺苷酸转移酶，即 polyA 聚合酶催化聚合到 3′末端。

mRNA poly（A）尾的功能：① 有助于 mRNA 从细胞核到细胞质的转运；② 避免在细胞中受到核酸酶的降解，增强 mRNA 的稳定性。

5．核糖体结合位点

在原核生物基因翻译起始位点周围有一组特殊的序列控制着基因的翻译过程，SD 序列（shine-dalgarno sequence）是其中主要的一种。SD 序列位于 mRNA 的 5′非翻译区中，位于起始密码子之间 10 个碱基内，包含一个富含嘌呤六聚体（AGGAGG）的一部分或全部。

第三节　染色体与细胞周期

一、染色质化学组成

染色质是染色体在细胞分裂的间期所表现的形态，呈纤细的丝状结构，故亦称为染色质线。染色质由 DNA、组蛋白、非组蛋白及少量 RNA 组成，比例为 1∶1∶（1～1.5）∶0.05。可见，DNA 与组蛋白的含量比较恒定，非组蛋白的含量变化较大，RNA 含量最少。DNA 是遗传信息的携带者，DNA 的含量占染色质重量的 30%～40%。组蛋白带正电荷，含精氨酸、赖氨酸，属碱性蛋白，其含量恒定，在真核细胞中组蛋白共有 5 种，分为两类：一类是高度保守的核心组蛋白（core histone），包括 H_2A、H_2B、H_3、H_4 四种；另一类是可变的连接组蛋白（linker histone），即 H_1，H_1 不仅具有属特异性，而且还有组织特异性，所以 H_1 是多样的。与组蛋白不同，非组蛋白是染色体上与特异 DNA 序列结合的蛋白质，所以又称序列特异性 DNA 结合蛋白。非组蛋白的功能：① 帮助 DNA 分子折叠，以形成不同的结构域，从而有利于 DNA 的复制和基因的转录；② 协助启动 DNA 复制；③ 控制基因转录，调节基因表达。

二、染色质结构模型

关于染色质的结构，长期以来对于其中 DNA 和组蛋白的结合方式的了解很少。奥林斯、柯恩柏格和钱朋等人通过电子显微镜的观察和研究发现，染色质犹如一串念珠，提出了染色质结构的串珠模型（图 1-7）。这个模型认为染色质的基本结构单位是由核小体和连接丝两部分所组成。每个核小体的核心是由 H_2A、H_2B、H_3、H_4 四种组蛋白各以两个分子组成的八聚体。核小体近似于扁珠状。DNA 双螺旋就盘绕在这八个组蛋白分子的表面。核小体的直径约为 100Å。连接丝把两个核小体串联起来，它是由两个核小体之间的 DNA 双链与其结合的组蛋白 H_1 所组成。据测定，一个核小体及其连接丝约含有 200 个碱基对的 DNA，其中约 140 个碱基对盘绕在核小体表面 1.75 圈；其余 50～60 个碱基对连接着两个核小体。

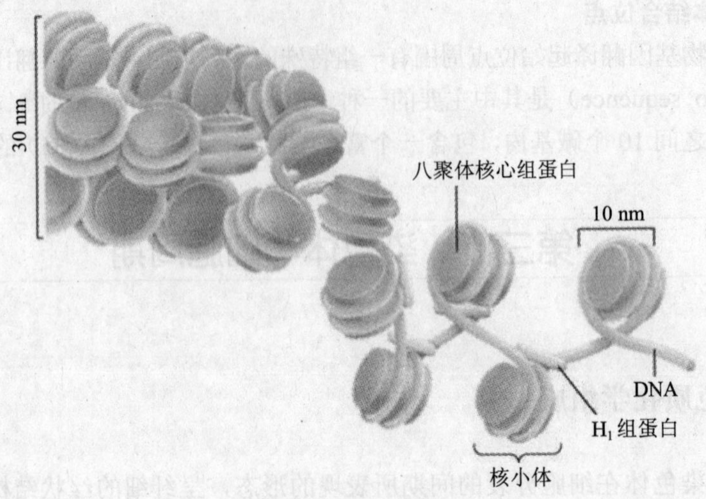

图 1-7 染色质结构的串珠模型

三、染色体形态结构及数目

（一）染色体形态结构

间期染色质分散于细胞核，但在分裂期，染色质通过盘旋折叠压缩近万倍，包装成大小不等、形态各异的短棒状染色体。中期染色体由于形态比较稳定，是观察染色体形态和计数的最佳时期。

染色体是细胞核中最重要的组成部分。各个物种的染色体都具有特定的形态特征。在细胞分裂过程中，染色体的形态和结构表现出一系列有规律的变化，其中以有丝分裂的中期和早后期表现最为明显和典型。因为这个阶段染色体收缩到最粗最短的程度，并且从细胞的极面上观察，可以看到它们分散地排列在赤道板上，故通常都以这个时期进行染色体形态的识别和研究。

根据细胞学的观察，在外形上可以看到：每个染色体都有一个着丝粒和被着丝粒分开的两个臂。在细胞分裂时，纺锤丝就附着在着丝粒区域，这就是通常所说的着丝点。染色体经过染色后，当两个臂被染色时，着丝点不染色，于是着丝点区域又被称为主缢痕。各个染色体的着丝点位置是恒定的，因而着丝点的位置直接关系着染色体的形态表现。

着丝点所在的缢缩部分是主缢痕。在某些染色体的一个或两个臂上还常有缢缩部位，染色较淡，称为次缢痕，它的位置是固定的，通常在短臂的一端。染色体的次缢痕一般具有组成核心的特殊功能，在细胞分裂时，它紧密联系着一个球形的核仁，因而称为核仁组织中心。某些染色体次缢痕的末端具有的圆形或略呈长形的突出体，称为随体。这些形态特征也是识别某一特定染色体的重要标志。

各种生物的染色体形态结构不仅是相对稳定的，而且数目一般是成对存在的。这样，形态和结构相同的一对染色体，称为同源染色体；而这一对染色体与另一对形态结构不同的染色体，则互称为非同源染色体。

（二）染色体的数目

同一物种的染色体数目是相对稳定的，性细胞染色体为单倍体（haploid），用 *n* 表示，体细胞为 2 倍体（diploid）以 2*n* 表示，还有一些物种的染色体成倍增加，成为 4*n*、6*n*、8*n* 等，称为多倍体。同一个体的体细胞并非都是 2 倍体，如大鼠肝细胞有 4*n*、8*n*、16*n* 等多倍体细胞，果蝇卵巢滋养细胞表现为 2*n*、4*n*、8*n*、16*n*、32*n*、64*n*、128*n* 等不同倍性，人类子宫内膜细胞的染色体数目变化为 $2n$=17～103，为非整倍性。

染色体的数目因物种而异，如人类 $2n$=46、黑猩猩 $2n$=48、果蝇 $2n$=8、家蚕 $2n$=56、小麦 $2n$=42、水稻 $2n$=24、洋葱 $2n$=16。在植物中，染色体最少的是一种菊科植物 *Haplopapus gracillis*，仅 2 对染色体，最多的是瓶尔草属（*phioglossum*）的一些物种，可达 400～600 对。在动物中，染色体最少的是一种介壳虫的雄虫 *steatococcus tuberculatus*，仅有 2 对染色体，而另一极端是一种灰蝶，有 217～223 对染色体。

四、细胞周期

细胞增殖是生命的基本特征，种族的繁衍、个体的发育、机体的修复等都离不开细胞增殖。一个受精卵发育为初生婴儿，细胞数目增至 10^{12} 个，长至成年有 10^{14} 个，而成人体内每秒钟仍有数百万新细胞产生，以补偿血细胞、小肠黏膜细胞和上皮细胞的衰老和死亡。细胞增殖是通过细胞周期来实现的。

细胞周期指由一次细胞分裂结束到下一次细胞分裂结束所经历的过程，所需的时间叫细胞周期时间。可分为四个阶段（图 1-8）：① G_1 期（gap1），指从有丝分裂完成到 DNA 复制之前的间隙时间；② S 期（synthesis phase），指 DNA 复制的时间；③ G_2 期（gap2），指 DNA 复制完成到有丝分裂开始之前的一段时间；④ M 期，又称 D 期（mitosis or division phase），指细胞分裂开始到结束。

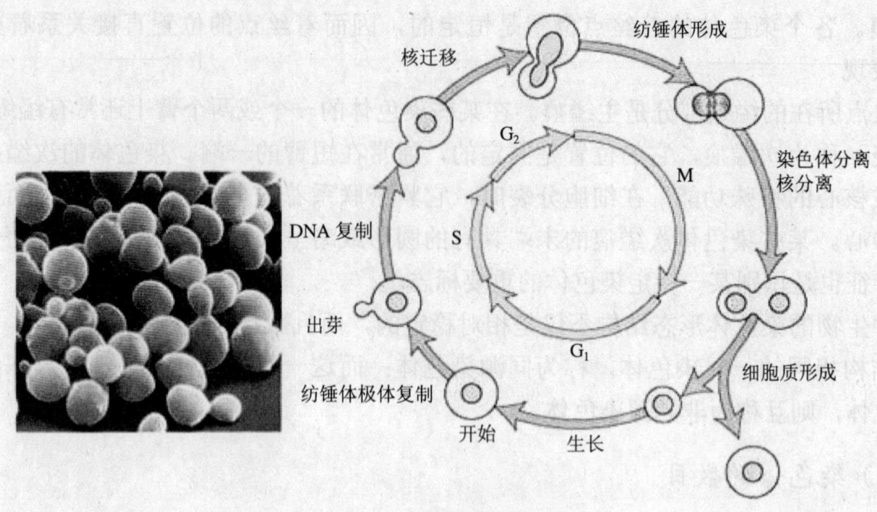

图 1-8　芽殖酵母细胞周期

五、有丝分裂

（一）细胞分裂的类型

细胞分裂（cell division）可分为无丝分裂（amitosis）、有丝分裂（mitosis）和减数分裂（meiosis）三种类型。

无丝分裂又称为直接分裂，由 Remark R（1841）首次发现于鸡胚血细胞。表现为细胞核伸长，从中部缢缩，然后细胞质分裂，其间不涉及纺锤体形成及染色体变化，故称为无丝分裂。无丝分裂不仅发现于原核生物，同时也发现于高等动植物，如植物的胚乳细胞以及动物的胎膜、间充组织及肌肉细胞等。

有丝分裂，又称为间接分裂，由 Fleming W 1882 年首次发现于动物，Strasburger E 1880 年发现于植物，其特点是有纺锤体及染色体出现，子染色体被平均分配到子细胞，这种分裂方式普遍见于高等动、植物。

减数分裂是指染色体复制一次而细胞连续分裂两次的分裂方式，是高等动、植物配子体形成的分裂方式。

（二）有丝分裂

有丝分裂过程是一个连续的过程，为了便于描述，人为地将其划分为五个时期：间期、前期、中期、后期和末期。其中间期包括 G_1 期、S 期和 G_2 期，主要进行 DNA 复制等准备工作。按五个时期分述如下：

（1）间期。细胞连续两次分裂之间的一段时期，称为间期。细胞处于间期时，看不见染色体，只是看到许多染色质，这时细胞核处于高度活跃的生理、生化的代谢阶段，为继续进行分裂准备条件。细胞分裂前的首要条件是在间期进行遗传物质的复制，这个时期核内 DNA 含量是加倍的，与 DNA 相结合的组蛋白也是加倍合成的。根据间期 DNA 合成的特点，在间期中又可分三个时期：合成前期 G_1、合成期 S 和合成后期 G_2。G_1 是细胞分裂周期第一个间隙，它为 DNA 合成做准备；S 是 DNA 合成时期；G_2 是 DNA 合成后至核分裂开始之间的第二个间隙。

（2）前期。细胞核内出现细长而卷曲的染色体，以后逐渐缩短、变粗。每个染色体有两个染色单体，这表明此时染色单体已经自我复制，但染色体的着丝点还没有分裂。这时核仁和核膜逐渐模糊不清；动物细胞中心体分裂为二，并向两极分开；每个中心体周围出现星射线，在前期最后阶段将逐渐形成丝状的纺锤丝。

（3）中期。核仁和核膜均消失，核与细胞质已无可见的界线，细胞内出现清晰可见的由来自两极的纺锤丝所构成的纺锤体。各个染色体的着丝点均排列在纺锤体中央的赤道面上，而其两臂则自由地分散在赤道面的两侧。由于这时染色体具有典型的形状，故最适于采用适当的制片技术鉴别和计数染色体。

（4）后期。每个染色体的着丝点分裂为二，这时各条染色单体已各成为一个染色体。随着纺锤丝的牵引，每个染色体分别向两极移动，因而两极各具有与原来细胞同样数目的染色体。

（5）末期。在两极围绕着的染色体出现新的核膜，染色体又变得松散细长，核仁重新出现，于是在一个母细胞内形成两个子核，接着细胞质分裂，在纺锤丝体的赤道板区域形成细胞板，分裂为两个子细胞，又恢复为分裂前的间期状态。

六、减数分裂

减数分裂的特点是 DNA 复制一次，而细胞连续分裂两次，形成单倍体的精子和卵子，通过受精作用又恢复二倍体。减数分裂过程中同源染色体间发生交换，使配子的遗传多样化，增加了后代的适应性，因此减数分裂不仅是保证生物种染色体数目稳定的机制，也是物种适应环境变化不断进化的机制。

减数分裂由紧密连接的两次分裂构成。通常减数分裂 I 分离的是同源染色体，所以称为异型分裂或减数分裂。减数分裂 II 分离的是姊妹染色体，类似于有丝分裂，所以称为同型分裂或均等分裂。和有丝分裂一样，为了描述方便将减数分裂分为几个期和亚期。

（一）减数分裂Ⅰ

1．前期Ⅰ

减数分裂的特殊过程主要发生在前期Ⅰ，通常人为将其划分为 5 个时期：细线期、合线期、粗线期、双线期、终变期。必须注意的是这 5 个阶段本身是连续的，它们之间并没有截然的界限。

（1）细线期。染色体呈细线状，具有念珠状的染色粒。这一时期持续时间最长，占减数分裂周期的 40%。细线期虽然染色体已经复制，这时每个染色体都是由共同的一个着丝点联系的两条染色单体所组成，但光镜下分辨不出两条染色单体。

（2）合线期。亦称偶线期，是同源染色体配对的时期，这种配对称为联会。持续时间较长，占有丝分裂周期的 20%。这一时期同源染色体间形成联会复合体，在光镜下可以看到两条结合在一起的染色体，称为二价体。每一对同源染色体都经过复制，含四个染色单体，所以又称为四分体。在二价体中，一个染色体的两条染色单体互称为姊妹染色单体；而不同染色体的染色单体，则互称为非姊妹染色单体。

（3）粗线期。持续时间长达数天，此时染色体变短，结合紧密，在光镜下只在局部可以区分同源染色体，这一时期是同源染色体的非姊妹染色单体之间发生交换的时期。

（4）双线期。联会的同源染色体相互排斥，开始分离，但在交叉点上还保持着联系。双线期染色体进一步缩短，在电镜下已看不到联会复合体。

交叉的数目和位置在每个二价体上并非是固定的，而随着时间的推移，向端部移动，这种移动现象称为端化，端化过程一直进行到中期。

植物细胞双线期一般较短，但在许多动物细胞中双线期停留的时间非常长，人的卵母细胞在五个月胎儿中已达双线期，而一直到排卵都停在双线期，排卵年龄在 12～50 岁。成熟的卵细胞直到受精后才迅速完成两次分裂，形成单倍体的卵核。

在鱼类、两栖类、爬行类、鸟类以及无脊椎动物的昆虫中，双线期的二价体解螺旋而形成灯刷染色体，这一时期是卵黄积累的时期。

（5）终变期。二价体显著变短，并向核周边移动，在核内均匀散开。所以是观察染色体的良好时期。

由于交叉端化过程进一步发展，故交叉数目减少，通常只有 1～2 个交叉。终变期二价体的形状表现出多样性，如 V 型、O 型等。

核仁此时开始消失，核膜解体，但有的植物，如玉米，在终变期核仁仍然很显著。

2．中期Ⅰ

核仁消失，核膜解体，标志进入中期Ⅰ，中期Ⅰ的主要特点是染色体排列在赤道面上。

3．后期Ⅰ

二价体中的两条同源染色体分开，分别向两极移动。由于相互分离的是同源染色体，所以染色体数目减半，但每个子细胞的 DNA 含量仍为 2C。同源染色体随机分向两极，使母本和父本染色体重新组合，产生基因组的变异。如人类染色体是 23 对，染色体组合的方式有 2^{23} 个（不包括交换），因此除同卵孪生外，几乎不可能得到遗传上等同的后代。

4．末期Ⅰ

染色体到达两极后，解旋为细丝状，核膜重建，核仁形成，同时进行胞质分裂。

5．减数分裂间期

在减数分裂Ⅰ和Ⅱ之间的间期，时间很短，不进行 DNA 的合成。有些生物没有间期，而由末期Ⅰ直接转为前期Ⅱ。

（二）减数分裂Ⅱ

可分为前、中、后、末四个时期，与有丝分裂相似。

1．前期Ⅱ

每个染色体有两条染色单体，着丝点仍连接在一起，但染色体彼此散得很开。

2．中期Ⅱ

每个染色体的着丝点整齐地排列在各个分裂细胞的赤道板上，着丝点开始分裂。

3．后期Ⅱ

每个着丝点分裂为二，各个染色单体由纺锤丝分别拉向两极。

4．末期Ⅱ

拉到两极的染色体形成新的子核，同时细胞质又分为两部分。通过减数分裂，一个精母细胞形成 4 个精子，而一个卵母细胞形成一个卵子及 2～3 个极体。

第四节　遗传信息的传递

现代生物学已充分证明，DNA 是遗传的主要物质基础。生物机体的遗传信息以密码的形式编码在 DNA 分子上，表现为特定的核苷酸排列顺序，通过 DNA 的复制由亲代传递给子代。在后代的生长发育过程中，遗传信息自 DNA 转录给 RNA，然后翻译成特异的蛋白质，以执行各种生命功能，使后代表现出与亲代相似的遗传性状。所谓复制，就是指以 DNA 分子为模板合成相同分子的过程。所谓转录，是指在 DNA 分子上合成出与其核苷酸顺序相对应的 RNA 分子的过程。翻译则是在 RNA 的控制下，根据核苷酸上每三个核苷酸决定一个氨基酸的三联体密码（tripletcode）规则，合成具有特定氨基酸顺序的蛋白质肽链的过程。在某些情况下，RNA 也可以是遗传信息的基本携带者，例如，RNA 病毒能以自身核酸分子为模板进行复制，产生 RNA，致癌 RNA 病毒还能通过逆转录的方式将遗传信息传递给 DNA。1958 年，DNA 双螺旋的发现人之一 Crick 把上述遗传信息的传递归纳为中心法则（the central dogma）（图 1-9）。

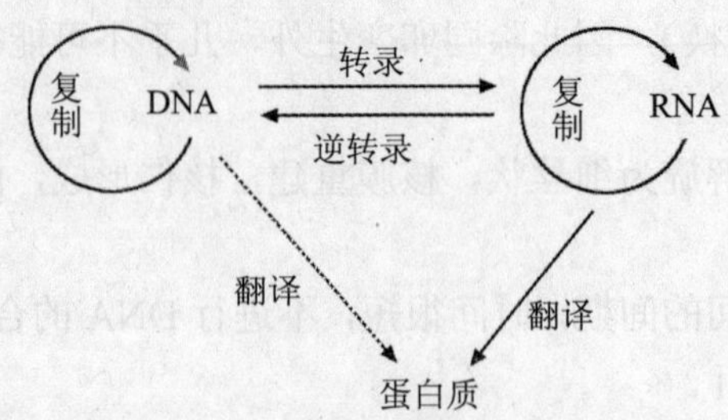

注：虚线部分是未证实的设想途径

图 1-9　遗传信息传递的中心法则

中心法则代表了大多数生物遗传信息储存和表达的规律，并奠定了在分子水平上研究遗传、繁殖、进化、代谢类型、生长发育、生命起源、健康或疾病等生命科学上的关键问题的理论基础。

逆转录是 1970 年 Temin 发现逆转录现象后，对中心法则的扩充。

以 DNA 为主导的中心法则是个单向的信息流，体现了遗传的保守性。扩充了的中心法则，使 RNA 也可处于中心地位。蛋白质作为基因表达产物，又用于复制、转录、翻译的各个过程。可见，单向信息流不能全面反映生命活动的本质。在性质上，RNA 没有 DNA 稳定，因而有更大的可塑性。最近对某些 RNA 分子具有酶活性的研究，使人们认识到它不单只是沟通核酸与蛋白质的桥梁，而可能是功能比 DNA 更广泛的信息分子。有人提出，RNA 可能是生物进化过程或生命起源过程中最早出现的生物大分子。可见，中心法则还会继续得到补充、扩充，甚至修正，Crick 认为有可能存在由 DNA 指导蛋白质合成的途径。

一、复制

DNA 复制最重要的特征是半保留复制（semiconservative replication）。复制时，母链的双链 DNA 解开成两股单链，各自作为模板，指导合成新的互补子链。新合成的 DNA 分子（即子代 DNA 双链），其中的一股单链从亲代完整地接受过来，称为母链；另一条单链则完全重新合成，称为子链。由于碱基互补，两个子细胞的 DNA 双链都和亲代母链 DNA 碱基序列一致。这种方式称为半保留复制（图 1-10）。

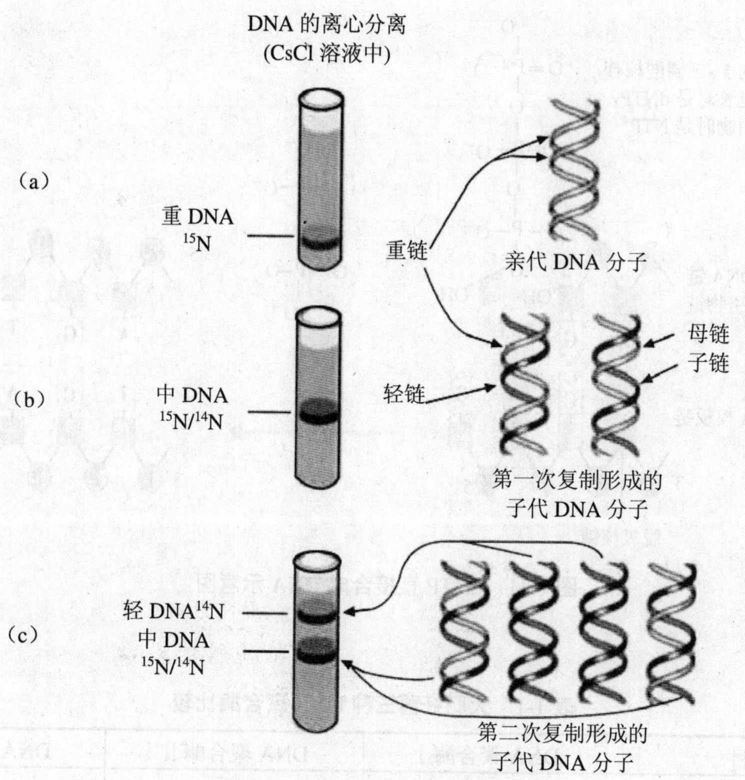

图 1-10　半保留复制示意图

（一）DNA 复制的酶学

复制是在酶催化下的核苷酸聚合过程，需要多种物质的共同参与。

1. 底物（substrate）

新链是由单核苷酸（dNMP）聚合而成的，但是 dNMP 不能直接用来合成核苷酸链，必须将其活化为 dNTP 才能参与合成，因此合成核苷酸链的直接底物是 dNTP（dATP、dGTP、dCTP、dTTP）（图 1-11）。活化过程需消耗 ATP。

2. 聚合酶（polymoraco）

DNA 聚合酶（DNA 指导的 DNA 聚合酶，DDDP）聚合 dNTP→DNA。在大肠杆菌中发现了五种 DNA 聚合酶，即 DNA 聚合酶Ⅰ（含量最多）、DNA 聚合酶Ⅱ、DNA 聚合酶Ⅲ、DNA 聚合酶Ⅳ和 DNA 聚合酶Ⅴ，其中 DNA 聚合酶Ⅳ和 DNA 聚合酶Ⅴ是 1999 年发现的。现将 DNA 聚合酶Ⅰ～Ⅲ列于表 1-1 中。

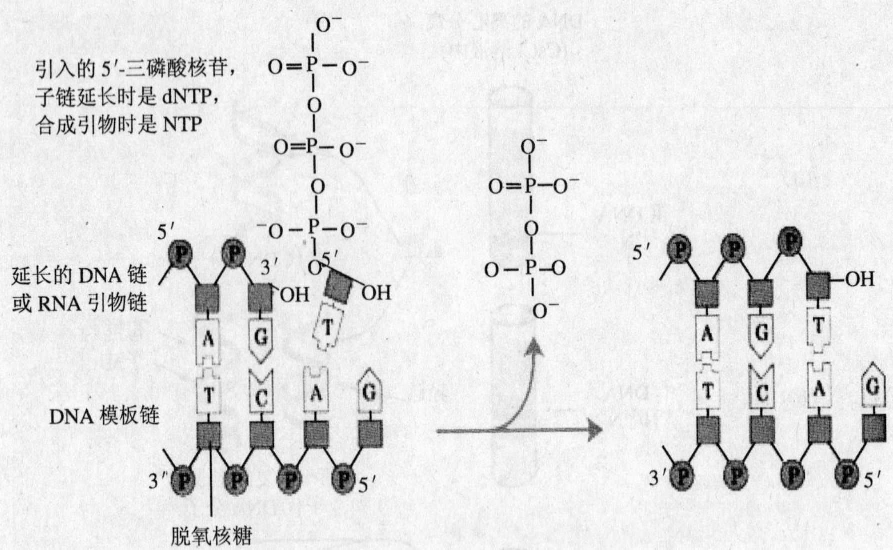

图 1-11 dNTP 直接合成 DNA 示意图

表 1-1 大肠杆菌三种 DNA 聚合酶比较

项目	DNA 聚合酶Ⅰ	DNA 聚合酶Ⅱ	DNA 聚合酶Ⅲ
亚基数目	1	≥7	≥10
相对分子量	103 000	88 000	830 000
3′→5′ 外切酶活性	有	有	有
5′→3′ 外切酶活性	有	无	无
聚合速度/（核苷酸/min）	1 000～3 000	2 400	15 000～60 000
持续合成能力	3～200	1 500	≥500 000
主要功能	切除引物，修复	修复	复制

在试管内加入模板、底物和引物，DDDPⅠ就能催化新链 DNA 的生成。这证明 DNA 是可以脱离细胞环境复制的。由表 1-1 可知，三种 DNA 聚合酶都能延长子链，并具有 3′→5′ 外切酶活性（图 1-12），DNA 聚合酶Ⅰ还具有 5′→3′ 外切酶活性（图 1-13）。外切酶活性指的是从 DNA 末端逐个水解释放核苷酸的能力，3′→5′ 外切过程可以切除 3′末端错配的核苷酸，它可以防止 DNA 复制过程中错误核苷酸的产生（校读功能）。5′→3′ 外切过程使 DNA 冈崎片段（okazaki fragment）3′ 端的 RNA 引物水解。三种 DNA 聚合酶中聚合能力最强的是 DNA 聚合酶Ⅲ，因此该酶的主要功能是复制（子链延长）。

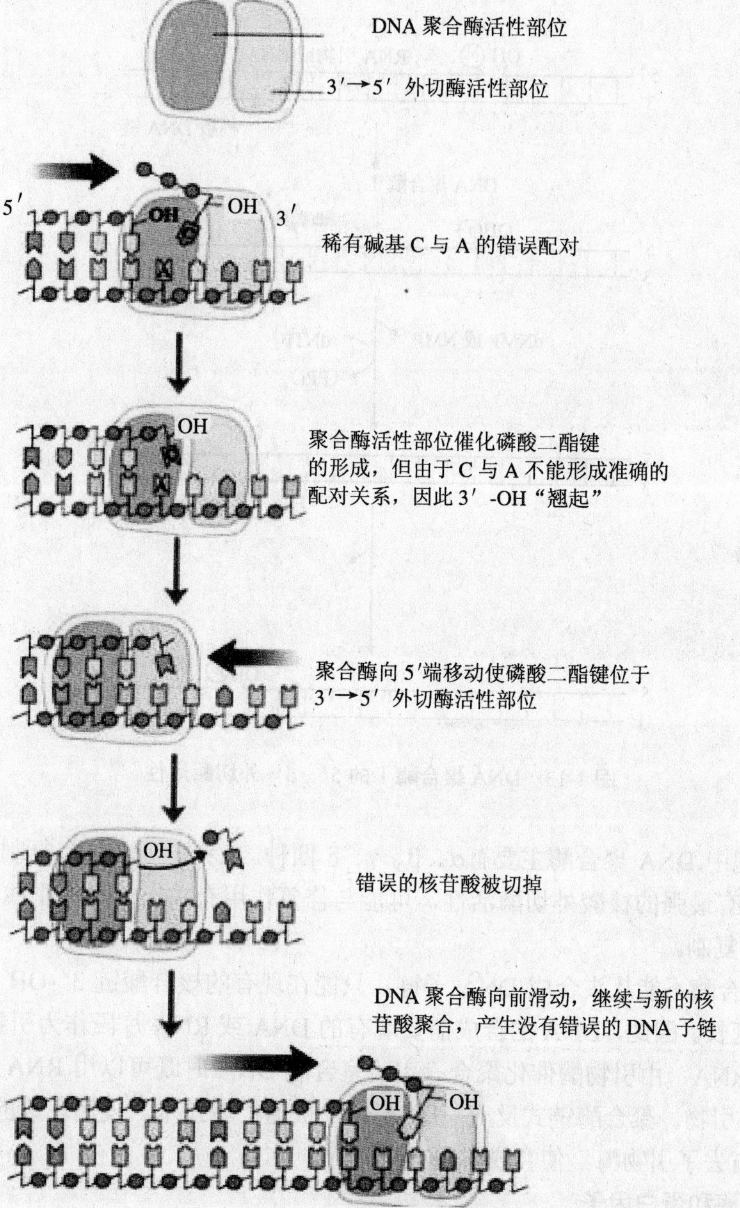

图 1-12 DNA 聚合酶的聚合酶活性和 3′→5′ 外切酶活性

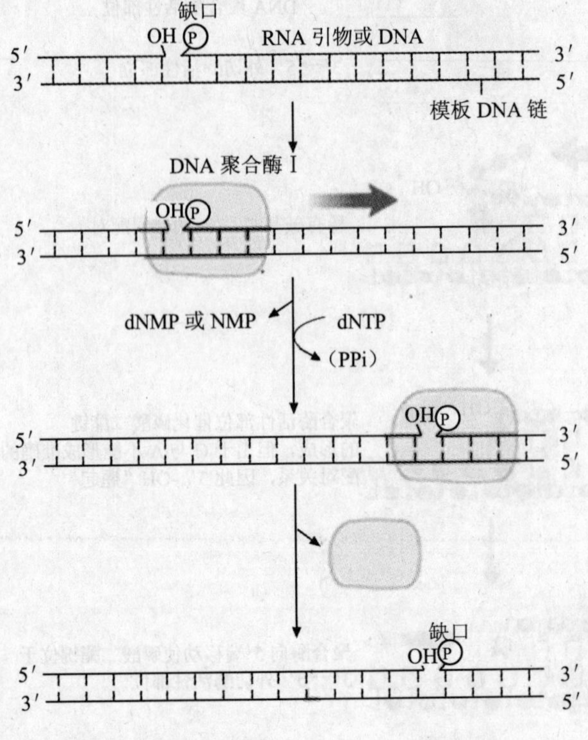

图 1-13 DNA 聚合酶 Ⅰ 的 5′→3′ 外切酶活性

真核细胞中 DNA 聚合酶主要有α、β、γ、δ 四种。α和 δ 是 DNA 复制过程中起主要作用的酶；β有最强的核酸外切酶活性，可能与修复作用有关；γ 存在于线粒体内，参与线粒体 DNA 复制。

DNA 聚合酶不能从头合成 DNA 子链，只能在现有的核苷酸链 3′-OH 端聚合新的核苷酸使子链延长。因此，DNA 的合成需要现有的 DNA 或 RNA 片段作为引物。在细胞中，引物成分是 RNA，由引物酶催化聚合；实验室合成 DNA 时既可以用 RNA 为引物，也可以用 DNA 为引物。聚合酶链式反应（DNA 体外快速扩增技术）使用现成的 DNA 片段为引物，这样省去了引物酶，使合成方便快捷。

3．其他酶和蛋白因子

（1）引物酶（primase）

引物酶是一种 RNA 聚合酶，但又不同于催化转录过程的 RNA 聚合酶，它在模板的复制起始部位催化互补碱基的聚合，形成短片段 RNA。因此，引物酶的作用是为 DNA 合成提供 3′-OH 末端，使 DNA 聚合酶能在 3′-OH 末端延长 DNA 子链。

（2）解链酶（helicase）

解链酶的作用是解开 DNA 双链，即断开碱基对之间的氢键，形成两条单链 DNA。每解开一对碱基对，需消耗 2 个 ATP。

（3）拓扑异构酶

“拓扑”一词，是指物体或图像作弹性移位而又保持物体不变的性质。DNA 双螺旋沿轴旋绕，复制解链也沿同一轴反向旋转，复制速度快，旋转达 100 次/秒，易造成 DNA 分子打结、缠绕、连环现象。

拓扑异构酶对 DNA 分子的作用是断开 DNA 的双链或单链，释放紧张螺旋状态后再促使 DNA 单链或双链的连接，即断开磷酸二酯键，旋转 DNA，释放螺旋紧张状态，然后重新以磷酸二酯键连接断开的 DNA。拓扑异构酶有两种，一种能断开 DNA 的一条链，并使断开的单链绕未断开的单链旋转而释放螺旋，另一种能同时断开 DNA 双链。

拓扑异构酶、解链酶、引物酶和 DNA 聚合酶的综合作用见图 1-14。

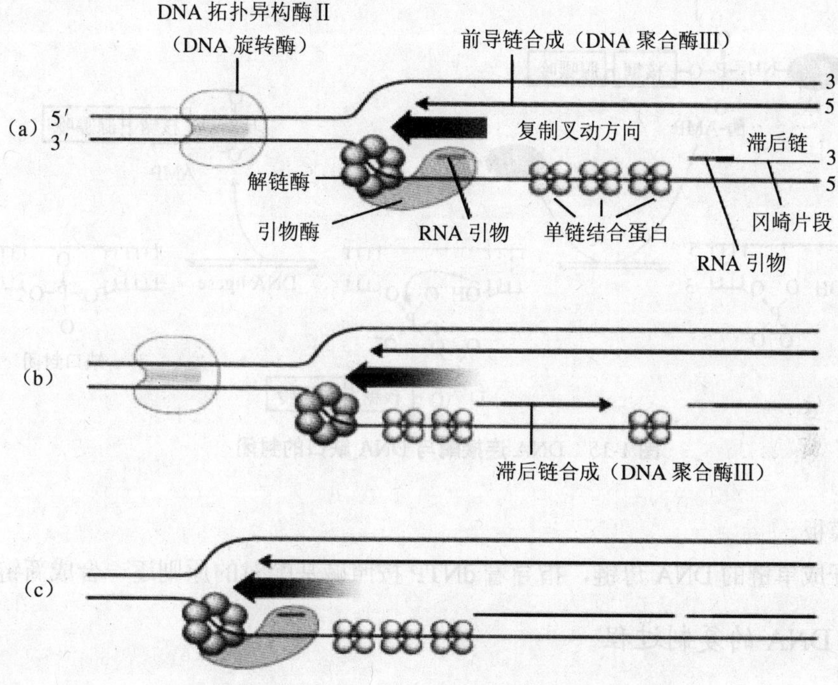

图 1-14　DNA 复制过程中主要酶的综合作用示意图

（4）单链结合蛋白

作为模板的 DNA 总要处于单链状态，而 DNA 分子只要符合碱基配对，又总会有形成双链的倾向，以使分子达到稳定状态及免受胞内存在的核酸酶的降解。解链酶断开碱基对间的氢键（相当于 DNA 变性）后，DNA 两条单链会再度黏合（复性）而使 DNA 复制无法继续。单链结合蛋白结合在解链后的单链 DNA 上，防止单链复性为双链。

（5）DNA 连接酶（DNA ligase）

DNA 连接酶的作用是将 1 个 DNA 片段的 3′-OH 末端和另一个 DNA 片段的 5′-磷酸基脱水生成磷酸二酯键，从而把两段相邻的 DNA 片段链连接起来，形成完整的 DNA 子链。连接酶的催化作用在原核细胞需要消耗 NAD^+，在真核细胞则需消耗 ATP（图 1-15）。

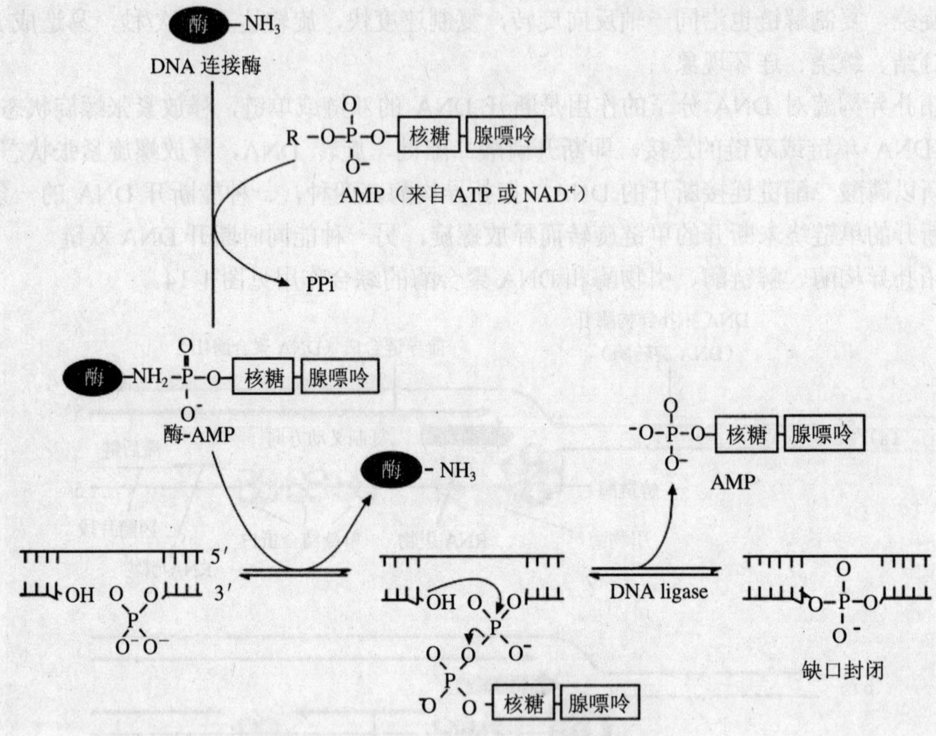

图 1-15　DNA 连接酶与 DNA 缺口的封闭

（6）模板

指解开成单链的 DNA 母链，指导着 dNTP 按照碱基配对的原则逐一合成新链。

（二）DNA 的复制过程

复制是连续的过程，可分为起始、延长和终止三个阶段。

1．复制的起始

起始是 DNA 复制中较复杂的一环，所需的各种酶和蛋白质因子较多。简单来说，就是要把 DNA 解成单链和生成引物。解链酶借助 ATP 的能量解开 DNA 双链，能量主要用于使维持碱基配对的氢键断裂。无论是原核细胞还是真核细胞，复制开始后，由于 DNA 双链解开，在两股单链上进行复制，在电子显微镜下均可看到伸展成叉状的复制现象，称为复制叉（图 1-16）。

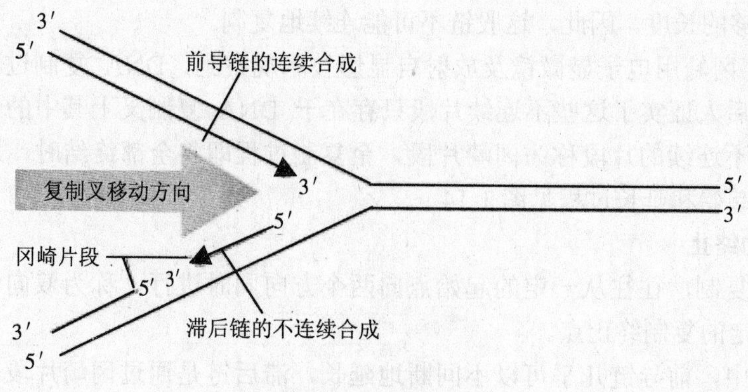

图 1-16 DNA 复制叉

（1）DNA 解成单链

解开双链并非解链酶单独作用。DNA 双螺旋在反向重复序列的基础上绕成一圈的超螺旋，超螺旋内结合着至少七种蛋白质和酶，其中包括解链酶、引物酶及其他的复制因子。双链解开后，还必须在一定时间内保持开链状态，使新加入的核苷酸有模板作依据。单链 DNA 结合蛋白结合于开放的单链上，起稳定和保护单链模板的作用。

（2）引发体的生成

滞后链是不连续复制，需多次生成引物。引发体在滞后链每一次的引物合成中均起作用。引物酶按碱基配对规律合成 RNA 引物。其合成的方向也是自 5′端至 3′端，因此已合成的引物必保留一个 3′-OH 末端。此时，就可以开始真正的 DNA 复制了。

2. 复制的延长

（1）复制延长这一生化过程是在引物（寡核苷酸）上逐个加入 dNTP，使新链不断延长。

$$(\text{dNMP})_n + \text{dNTP} \longrightarrow (\text{dNMP})_{n+1} + \text{PPi}$$

反应式中的寡核苷酸$(\text{dNMP})_n$，可以是引物或延长中的新链，其 3′-OH 与 dNTP 的α-磷酸基起反应，生成 3′，5′-磷酸二酯键，因而使 n 延长为 $n+1$。dNTP 上的β-磷酸基和γ-磷酸基游离而生成焦磷酸（PPi）。新链只能从 5′端向 3′端延长，这就是 DNA 复制的方向性。DNA 双螺旋上两股单链走向相反，复制时也按相反走向合成新链。

（2）复制的半不连续性和冈崎片段。由于 DNA 双链的走向相反，一条链是 5′→3′方向，其互补链是 3′→5′ 方向。分开后，两股单链在复制叉上也是相反走向。复制也包括引物的合成，总是从 5′→3′ 方向延伸。因此，前导链可以顺着解链方向延长，滞后链复制方向与解链方向相反，不能顺着解链方向连续延长。这种情况下，必须等待模板链解出足够的长度，复制才能开始并延长。一段链在延长之际，又同时等待下一段暴露出的单链达到足够的长度。因此，这股链不可能连续地复制。

1968 年，冈崎用电子显微镜及放射自显影技术观察到，DNA 复制过程中出现一些不连续片段。后人证实了这些不连续片段只存在于 DNA 复制叉上其中的一股。后来就把这种复制中不连续的片段称为冈崎片段，至复制过程即将全部终结时，这些片段互相汇合。复制的起始和延长过程见图 1-14。

3. 复制的终止

原核生物复制，往往从一定的起始点向两个方向同时进行，称为双向复制。某些原核生物还有一定的复制终止点。

在复制叉中，前导链几乎可以不间断地延长，滞后链是通过冈崎片段来延长的。第一个冈崎片段延长至第二个冈崎片段引物前方时，DNA 聚合酶的 5′→3′外切酶活性可把前方的 RNA 引物水解，同时 DNA 聚合酶的聚合活性使冈崎片段继续延长。因为复制总是从 5′→3′进行的，所以第二个冈崎片段的引物间隙应由第一个冈崎片段延长进行填补。延长一直达到引物遗留的空隙被填满为止，亦即达到第二个片段的 5′-磷酸基末端。此时，第一个片段的 3′-OH 和第二个片段的 5′-磷酸基仍是游离的，也就是说，两链之间还有个小缺口，未连接起来（图 1-15）。

DNA 连接酶在这个复制的最后阶段起作用，它把片段之间所剩的小缺口通过生成磷酸二酯键而接合起来，成为真正连续的子链。

值得注意的是，DNA 聚合酶只有 5′→3′聚合活性，没有 3′→5′聚合活性。但是 DNA 聚合酶都具有外切酶活性（表 1-1）。因此，在原核生物的环状 DNA 复制时所有的引物都能被水解并由 DNA 链填补。但是，在真核生物的线性 DNA 分子中，前导链的 RNA 引物和滞后链的最后一个 RNA 引物水解后无法再形成 DNA 链，与引物配对的模板链形成单链，单链 DNA 不稳定，随后被 DNA 聚合酶的外切酶催化水解，导致线性 DNA 分子每复制一次，DNA 分子就截短一节（图 1-17）。这种特性导致大多数真核细胞不能无限分裂下去。真核胚胎细胞体外培养分裂代数大约为 50 代。

在无限增殖的细胞如生殖细胞、干细胞、癌细胞中存在恢复 DNA 原有长度的端粒酶，端粒酶是一种逆转录酶。端粒酶分子中存在一段 RNA 序列，端粒酶以这段 RNA 为模板合成 DNA 子链，从而恢复 DNA 的长度。这导致 DNA 分子的两端出现高度重复的碱基序列，这种重复结构存在于染色体的两端，称做端粒（telomere），具有端粒酶的细胞是可以无限增殖的。

此外，真核生物 DNA 复制，几乎是与染色体蛋白，包括组蛋白及非组蛋白类的合成同步进行的。DNA 复制完成后，随即装配成核内的核蛋白，并组成染色体。

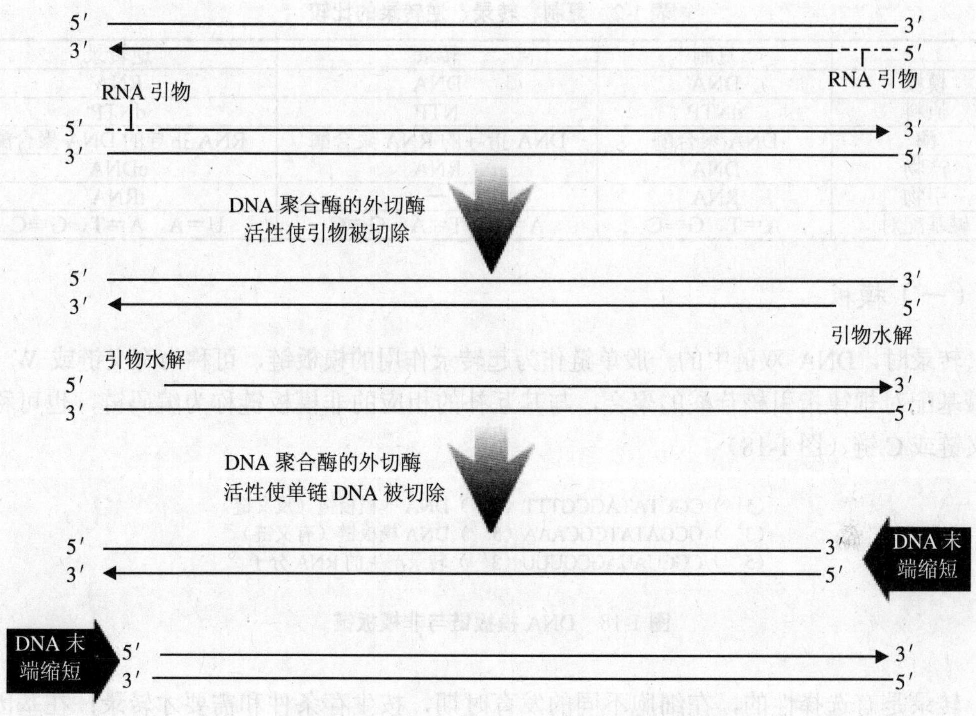

图 1-17 线性 DNA 每复制一次，DNA 两端截短一节

二、转录

生物体以 DNA 为模板合成 RNA 的过程称为转录，意思是把 DNA 的碱基序列转抄成 RNA 的碱基序列。DNA 分子上的遗传信息是决定蛋白质氨基酸序列的原始模板。RNA 把遗传信息从染色体内储存的状态转送至胞液，作为蛋白质合成的直接模板。转录还包括 tRNA 和 rRNA 的生物合成，这两种 RNA 不用做翻译模板，但参与蛋白质的生物合成。

转录和复制都是酶促的核苷酸聚合过程，有许多相似之处：都以 DNA 为模板；都需依赖聚合酶；聚合过程都是核苷酸之间生成磷酸二酯键；都从 5′→3′方向延伸成新链多聚核苷酸；都遵从碱基配对规律。但相似之中又有区别（表 1-2）。

表 1-2　复制、转录、逆转录的比较

	复制	转录	逆转录
模板	DNA	DNA	RNA
原料	dNTP	NTP	dNTP
酶	DNA 聚合酶	DNA 指导的 RNA 聚合酶	RNA 指导的 DNA 聚合酶
产物	DNA	RNA	cDNA
引物	RNA	—	tRNA
碱基配对	A=T、G≡C	A=U、T=A、G≡C	U=A、A=T、G≡C

（一）模板

转录时，DNA 双链中的一股单链作为起转录作用的模板链，可称为有义链或 W 链，按碱基配对规律指引核苷酸的聚合，与其互补的相应的非模板链称为编码链，也可称为反义链或 C 链（图 1-18）。

（5′）CGCTATAGCGTTT（3′）DNA 非模板链（反义链）
（3′）GCGATATCGCAAA（5′）DNA 模板链（有义链）
（5′）CGCUAUAGCGUUU（3′）转录产生的 RNA 分子

图 1-18　DNA 模板链与非模板链

转录是有选择性的，在细胞不同的发育时期，按生存条件和需要才转录；在基因组庞大的 DNA 链上，也并非任何区段都可以转录。能转录出 RNA 的 DNA 区段，称为结构基因。转录的这种选择性，称为不对称转录。它有两方面的含义：一是在 DNA 双链分子上，一股链可转录，另一股链不转录；二是模板链并非永远在同一单链上（图 1-19）。

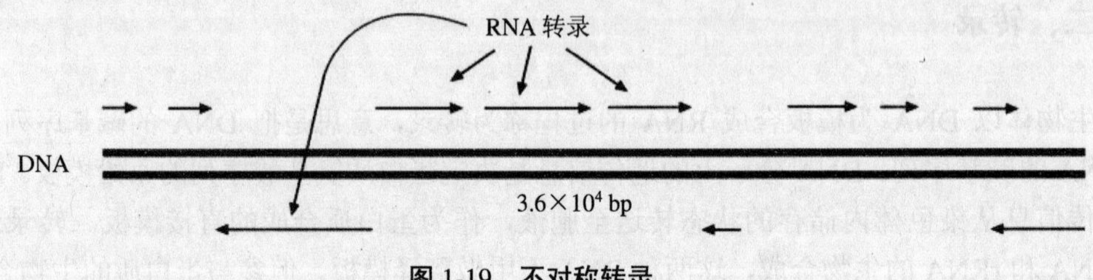

图 1-19　不对称转录

在 DNA 双链某一区段，以其中一股单链作为模板链；在另一区段，又反过来以其对应的单链作为模板链，处在不同单链的模板链转录方向相反。转录和复制一样，产物链，即转录出的 RNA 链的方向总是从 5′→3′ 方向延长的。

（二）原料

NTP（ATP、GTP、CTP、UTP）。

（三）酶

转录酶即 RNA 聚合酶（DNA 指导的 RNA 聚合酶，DDRP），在原核生物及真核生物中均广泛存在，但有所区别。

原核细胞中只有一种 DDRP，由五个亚基（$\alpha_2\beta\beta'\sigma$）共同组成全酶。σ 亚基的功能是辨认起始点，脱离了 σ 亚基的$\alpha_2\beta\beta'$ 称为核心酶，核心酶的作用是延长 RNA 链。真核细胞已发现有三种 DDRP，分别称为 DDRPⅠ、DDRPⅡ和 DDRPⅢ，它们专一地转录不同的基因。因此，由它们催化的转录过程和产物也各不相同。DDRPⅡ被认为是真核生物中最重要的 DDRP。

（四）过程

转录过程以 DDRP 辨认、结合 DNA 模板开始。随着酶向前移动，转录产物 RNA 逐渐延长。直至转录酶到达终止信号处，DDRP 与 DNA 模板分离，产物 RNA 链脱落，转录即告终止。真核生物的转录产物还需要有转录后再加工的过程。

1. 起始

目前已知，转录时 DNA 解成单链的幅度只有 10～20 个的碱基对，形成转录空泡（图 1-20）。原核生物辨认转录起始点现已知只有 σ 因子，起始点的碱基序列（被认出的 DNA 区段）也比较单一。真核生物的情形就复杂得多。在转录起始点上游的－30 区核苷酸处，有共同的 5′-TATA 盒，称为 Hogness 盒或 TATA 盒（TATA box）。此外，还有好几组核苷酸序列，统称为顺式调控元件。辨认 DNA 的蛋白质不止一种，统称为反式调控因子。因子与因子之间又需互相结合、辨认，以准确地调控基因的表达。

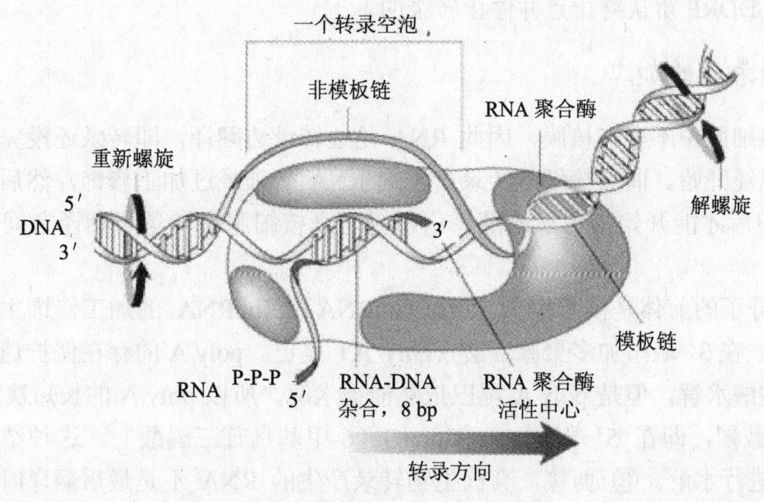

图 1-20　RNA 聚合酶与 RNA 的转录

已证明转录起始不需引物，两个相邻核苷酸只要与模板相配对，直接在起始点上就被 DDRP 催化形成磷酸二酯键。为首的一个总是 GTP 和 ATP，又以 GTP 更为常见。GTP 与随后而来的 NTP 生成磷酸二酯键，仍保留三磷酸鸟苷状态。5′-端的三磷酸鸟苷结构，不但在延长中保留，至转录完成，RNA 脱落，也还有这一结构。

第一个磷酸二酯键形成后，σ 亚单位即从转录起始复合物上脱落。核心酶则连同合成的 RNA 链，继续结合于 DNA 分子上并沿 DNA 链向前移动。实验证明，σ 亚单位不脱落，DDRP 则停留在起始位置，即转录不能继续进行。

2. 延长

随着 σ 亚基的脱落，核心酶的构象会发生改变。起始区的 DNA 有特殊的碱基序列，因此，酶与模板的结合有高度的特异性，而且较为紧密。过了起始区，不同基因的碱基序列大不相同。所以，DDRP 与模板的结合就是非特异性的。而且结合得较为松弛，有利于 DDRP 迅速向前移动。DDRP 构象的改变，就是适应于这种不同区段的结构与需要的。

在起始复合物上，3′端仍保留糖的游离羟基。作为底物的三磷酸核苷上的α-磷酸就可与这一 3′-OH 起反应，生成磷酸二酯键。同时脱落的β-磷酸基、γ-磷酸基则生成无机焦磷酸。聚合进去的核苷酸又有 3′-OH 游离，这样就可按模板链的指引，一个接一个地延长下去。产物 RNA 是没有 T 的；遇到模板为 A 的位置时，转录产物相应加入的是 U。A-T 配对是两个氢键，A-U 配对也同样是两个氢键。转录延长过程中，DDRP 是沿着 DNA 链向前移动，新合成的 RNA 链与模板链互补。

3. 终止

转录终止的现象是 DDRP 在模板的某一位置停顿，RNA 链从转录复合物上脱离出来。1969 年，J. Roberts 在大肠杆菌中发现一种蛋白质有控制转录终止的作用，定名为 ρ 因子。ρ 因子是帮助 DDRP 辨认终止点并停止转录的。

（五）转录后的加工

由于原核细胞中不存在核膜，因此 RNA 是边转录边翻译，即转录还没完成，蛋白质的翻译过程已经开始。而真核细胞转录产生的 RNA 必须经过加工修饰，然后经核膜孔被送入细胞质中后才能开始蛋白质的翻译。所以，真核细胞在转录和翻译之间有一个加工修饰的过程。

mRNA 分子的前体是核不均一 RNA（hnRNA），hnRNA 的加工修饰主要有四项工作：① 加尾，在 3′ 端添加多聚腺苷酸（poly A）尾巴。poly A 的存在保护遗传密码部分不被核糖核酸酶水解，但是 poly A 尾巴依然能被水解，所以 poly A 的长短决定了 mRNA 的寿命。② 戴帽，即在 5′端添加 m^7GpppG（6-甲基鸟苷三磷酸），这种结构使水解酶无法从 5′端进行水解。③ 剪接，真核生物转录产生的 RNA 不是最后翻译时用的模板，其中一些片段会被核酶剪切，然后将剩余段落进行拼接形成最终的翻译模板。对应于

DNA，被剪切的部分称内含子，拼接的段落称外显子（图 1-21）。④ 化学修饰，部分碱基进行甲基化、还原、移位、脱氨基等修饰过程。转录的 RNA 经剪接或修饰转变成为成熟的具有功能的 mRNA。

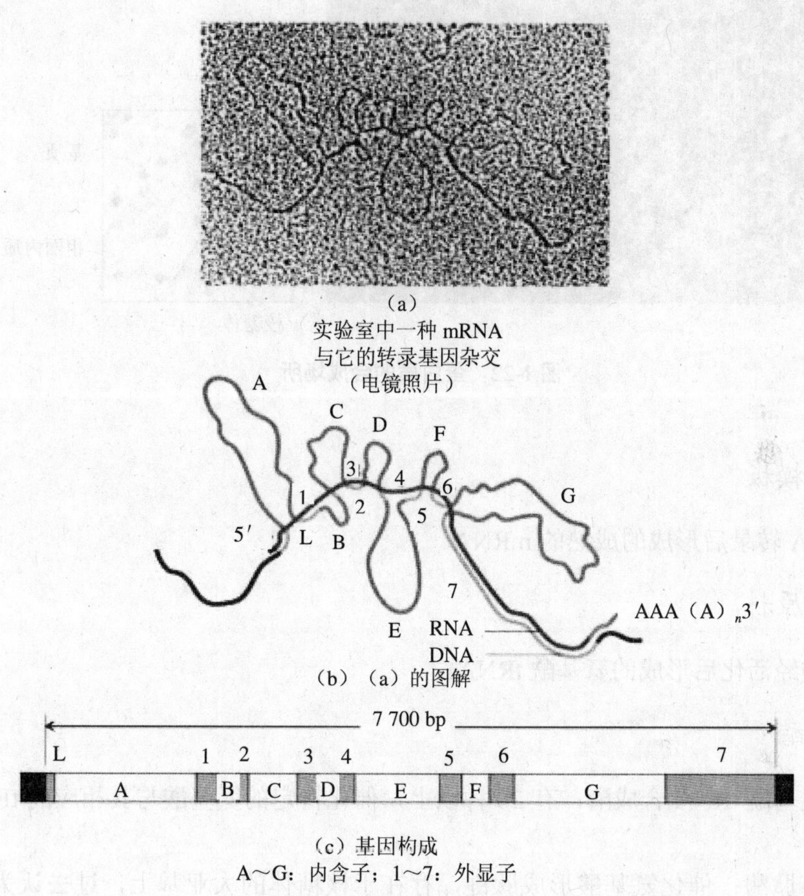

（a）
实验室中一种 mRNA
与它的转录基因杂交
（电镜照片）

（b）（a）的图解

（c）基因构成
A～G：内含子；1～7：外显子

图 1-21　内含子与外显子

三、翻译

翻译（translation）就是把核酸中四种碱基组成的遗传信息，以遗传密码的方式转变为蛋白质中 20 种氨基酸的排列顺序。DNA 分子储存遗传信息，通过转录生成 mRNA，由 mRNA 作直接的模板来指导翻译。翻译在细胞质中进行（图 1-22），mRNA 则在核内（原核生物则在核区）合成。mRNA 经过加工修饰后穿过核膜进入细胞质与核糖体结合，在 rRNA 和 tRNA 以及一些蛋白质和酶的共同参与下，以各种氨基酸为原料，完成蛋白质的生物合成过程。

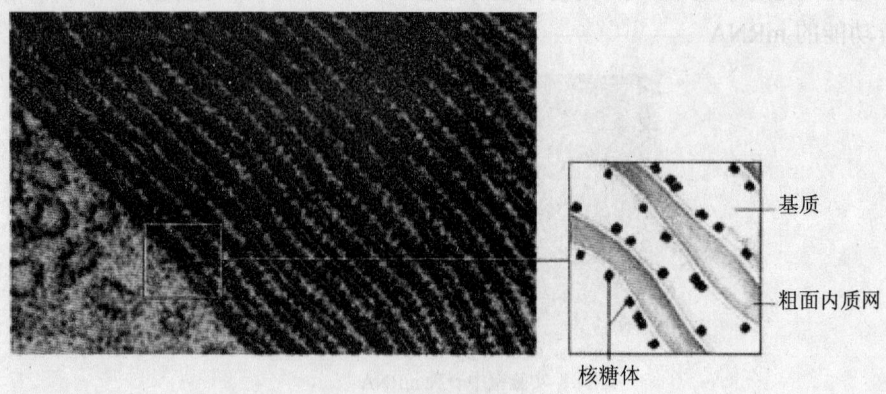

图 1-22　蛋白质的合成场所

（一）模板

经 DNA 转录后形成的成熟的 mRNA。

（二）原料

氨基酸经活化后形成的氨基酰 tRNA。

（三）酶

（1）氨基酰 tRNA 合成酶：有 20 种以上，催化特定的氨基酸与其相应的 tRNA 结合，消耗 ATP。

（2）转肽酶：催化氨基酸形成肽键，存在于核糖体的大亚基上，过去认为是核糖体的蛋白质部分，现在已经证实转肽活性是核糖体辅基 RNA 的作用，即该 RNA 具有催化活性。转肽过程是不需要任何蛋白质因子参与的核糖体催化过程。

（3）移位因子（移位酶）：核糖体向 mRNA 的 3′端移动 1 个密码子的距离。

（4）其他因子：起始因子（IF_1、IF_2、IF_3），延长因子（EF_1、EF_2），终止因子或释放因子（RF）。

（5）其他物质：Mg^{2+}、K^+等无机离子，ATP、GTP 等供能物质。

（四）方向

mRNA 链从 5′→3′；蛋白质多肽链从 N→C 端。

（五）三种 RNA 的作用

1．mRNA

转录遗传信息，是翻译的直接模板，指导蛋白质的生物合成。mRNA 从 5′→3′方向，以 AUG 开始，每三个相邻的核苷酸组成一个三联体，组成一个遗传密码。密码子共 64 种，有以下特点：

① 简并性。在遗传密码中，除色氨酸和蛋氨酸外，其余氨基酸均有 2 个、3 个、4 个或多至 6 个密码。有 2、3、4 个密码的氨基酸，其三联体上 1、2 位碱基相同，第 3 位碱基则不同。若前两位碱基发生错配突变，可以译出不同的氨基酸；而第 3 位碱基的突变，不会影响氨基酸的翻译。

② 连续性。密码之间没有核苷酸间断，连续三个一组往下翻译。mRNA 链上的碱基插入或缺失，可造成框移突变，使下游翻译出的氨基酸完全改变。突变出现碱基插入，也同样可引起框移（图 1-23）。

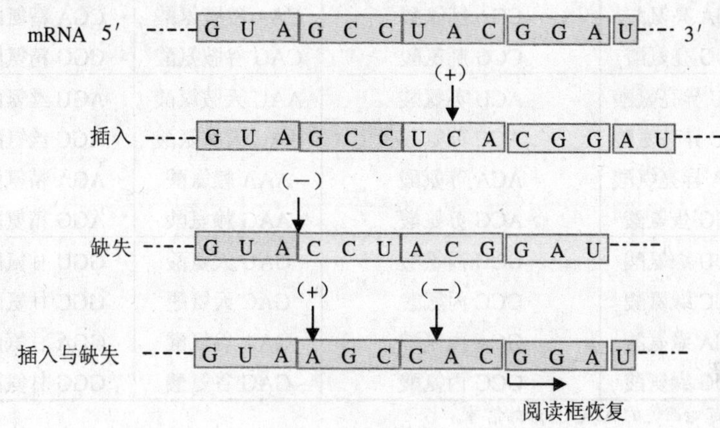

图 1-23　框移突变

③ 通用性。从最简单的病毒、原核生物直至人类，都使用相同的一套遗传密码。

④ 摆动性。翻译过程中，氨基酸的正确加入，需靠 mRNA 上的密码与 tRNA 上的反密码相互辨认。密码与反密码配对辨认时，有时不完全遵照碱基互补的规律，尤其是密码的第 3 位碱基对反密码的第 1 位碱基更常出现这种摆动现象，即碱基不严格互补也能互相辨认。tRNA 碱基组成的特点是有很多稀有碱基，其中次黄嘌呤常出现于反密码的第 1 位，可以与密码的第 3 位 A、C 或 U 配对，这就是常见的摆动现象。

2．tRNA

tRNA 分子的反密码可识别 mRNA 密码子，通过氢键相互配对。tRNA 的 3′末端 CCA-OH 是氨基酸的结合位点。一种氨基酸可以和 2～6 种 tRNA 特异地结合，已发现的

tRNA 有 40～50 种。tRNA 能携带活化的氨基酸，这是由 mRNA 上的遗传密码子决定的。这样由密码——反密码——氨基酸之间的“对号入座”，保证了从核酸到蛋白质的信息传递的准确性。

表 1-3 遗传密码表

第一碱基（5′端）	第二碱基 U	C	A	G	第三碱基（3′端）
U	UUU 苯丙氨酸	UCU 丝氨酸	UAU 酪氨酸	UGU 半胱氨酸	U
	UUC 苯丙氨酸	UCC 丝氨酸	UAC 酪氨酸	UGC 半胱氨酸	C
	UUA 亮氨酸	UCA 丝氨酸	UAA 终止子	UGA 终止子	A
	UUG 亮氨酸	UCG 丝氨酸	UAG 终止子	UGG 色氨酸	G
C	CUU 亮氨酸	CCU 脯氨酸	CAU 组氨酸	CGU 精氨酸	U
	CUC 亮氨酸	CCC 脯氨酸	CAC 组氨酸	CGC 精氨酸	C
	CUA 亮氨酸	CCA 脯氨酸	CAA 谷胺氨酸	CGA 精氨酸	A
	CUG 亮氨酸	CCG 脯氨酸	CAG 谷胺氨酸	CGG 精氨酸	G
A	AUU 异亮氨酸	ACU 苏氨酸	AAU 天胺氨酸	AGU 丝氨酸	U
	AUC 异亮氨酸	ACC 苏氨酸	AAC 天胺氨酸	AGC 丝氨酸	C
	AUA 异亮氨酸	ACA 苏氨酸	AAA 赖氨酸	AGA 精氨酸	A
	AUG*蛋氨酸	ACG 苏氨酸	AAG 赖氨酸	AGG 精氨酸	G
G	GUU 缬氨酸	GCU 丙氨酸	GAU 天氨酸	GGU 甘氨酸	U
	GUC 缬氨酸	GCC 丙氨酸	GAC 天氨酸	GGC 甘氨酸	C
	GUA 缬氨酸	GCA 丙氨酸	GAA 谷氨酸	GGA 甘氨酸	A
	GUG 缬氨酸	GCG 丙氨酸	GAG 谷氨酸	GGG 甘氨酸	G

* 在 mRNA 起始部位的 AUG 为起始信号。

3. rRNA

早在 20 世纪 50 年代初期，已发现核糖体可能与蛋白质合成有关。核糖体由大、小亚基构成。各亚基中含有不相同的蛋白质和 rRNA。在翻译过程中，就靠这些蛋白质与参与翻译的各种 RNA 进行高度特异、准确地相互作用，使氨基酸能按 mRNA 上遗传密码的排列次序合成相应的肽链。核糖体是提供蛋白质合成的场所。

（六）过程

1. 氨基酸的活化与转运

氨基酸加 ATP，在氨基酰 tRNA 合成酶的作用下，与 3′末端游离的—OH 以酯键相结合成为活化型的氨基酸。

氨基酸 + ATP-酶 → 氨基酰-AMP-酶 + PPi

氨基酰-AMP-酶 + tRNA → 氨基酰-tRNA + AMP + 酶

2．翻译过程

也可分为起始、延长和终止三个阶段。

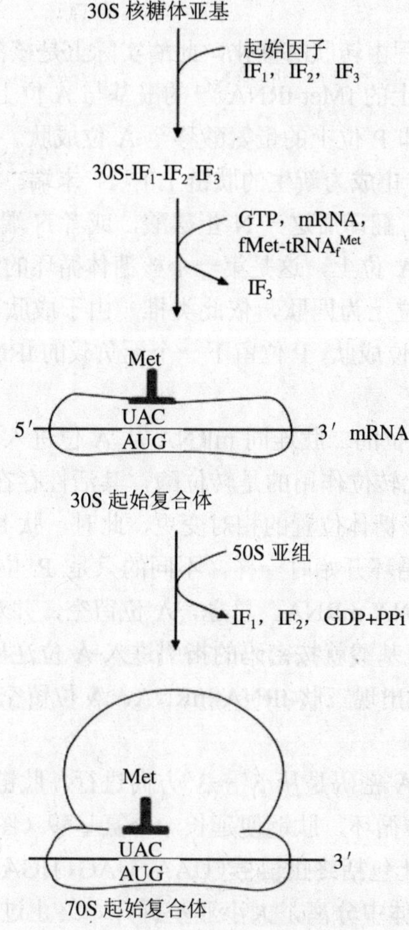

图 1-24　蛋白质合成的起始阶段

（1）起始：翻译的起始是将带有蛋氨酸的 tRNA 与 mRNA 结合到核糖体上形成起始复合物的过程。这是 mRNA 能忠实地翻译的关键步骤，也是调节蛋白质合成的部位。此过程在原核生物与真核生物中完全相同，由大亚基、小亚基、mRNA 与甲酰蛋氨酰-tRNA 共同构成 70S 起始复合物（图 1-24）。

（2）延长：翻译过程的肽链延长，也称为核糖体循环。每次核糖体循环可分为三个步骤：注册、成肽、转位。每循环一次，肽链延长一个氨基酸，如此不断重复，肽链不断延长，直至肽链合成终止。

① 注册（进位）：指氨基酰-tRNA根据遗传密码的指引，进入核糖体的A位（受位）。起始复合体形成后，核糖体的P位（给位）已被fMet-$tRNA_f^{Met}$占据，但A位是留空的，而且对应着mRNA的第二位密码，即紧接AUG的三联体。接受新的氨基酰-tRNA进入A位（受位）称为进位。

② 成肽（转肽）：此过程由转肽酶催化，此酶实际上是核糖体大亚基上的辅基RNA（核酶），成肽的过程是P位上的fMet-$tRNA_f^{Met}$的酰基与A位上的AA-tRNA的氨基进行反应，反应在A位上进行，即P位上的蛋氨酸移至A位成肽。在整个延长过程中起始蛋氨酸的α-氨基可保留至翻译终止成为新生的肽链上的N末端。但自然界的蛋白质大多数不是以蛋氨酸作为N-末端的，翻译后这一N-蛋氨酸，或者N端的肽段会被切除。成肽完成后，生成的二肽-tRNA在A位上，这是第一个核糖体循环的情况；第二个循环，A位上为三肽；第三个循环，A位上为四肽，依此类推。由于成肽中蛋氨酸（以下的循环则为二肽、三肽……）已移至A位成肽，P位留下一个无负载的tRNA。在成肽结束前，tRNA从核糖体上脱落，使P位留空。

③ 转位（移位）：在A位的二肽连同mRNA从A位进入P位。这实际是整个核糖体的相对位置的移动。起催化转位作用的是转位酶，其活性存在于EFG（延长因子G）中。由于肽-tRNA-mRNA与核糖体位置的相对变更，此时，肽-tRNA-mRNA占据了P位，A位是留空的。情况和第一循环开始时一样，不同的只是P位为肽-tRNA-mRNA，而第一次循环开始P位是fMet-tRNA-mRNA。总之，A位留空，并对应着mRNA链上第三个三联体密码，于是，第三个氨基酸就按密码的指引进入A位注册，开始下一循环。同样，经过注册、成肽、转位，P位出现三肽-tRNA-mRNA，A位留空让第四号氨基酰-tRNA进入注册。

可见，核糖体阅读mRNA密码是从5′→3′方向进行，肽链合成是从N端向C端方向进行的。每进行一次核糖体循环，肽链便延长一个氨基酸（图1-25）。

(3)终止：肽链合成的终止包括终止信号（UAA、UAG、UGA）的辨认，肽链从肽- tRNA上水解释放，mRNA从核糖体中分离，大小亚基拆开。终止过程也需蛋白质因子，通常称为释放因子（RF）。任何一种终止信号出现，延长即终止（图1-26）。具体过程如下：

① 当翻译到A位出现mRNA的终止密码时，因无AA-tRNA与之对应，由RF_1或RF_2识别终止密码，进入A位，RF_3加强此种作用。

② 释放因子的结合，可诱导核糖体上的转肽酶将合成的肽链转移到水分子，故实际上表现出酯酶活性，将P位上肽链从tRNA分离出来。

③ 通过GTP水解为GDP及PPi，使残留在核糖体上的tRNA乃至各种释放因子释出，最终使核糖体也从mRNA上脱落下来。

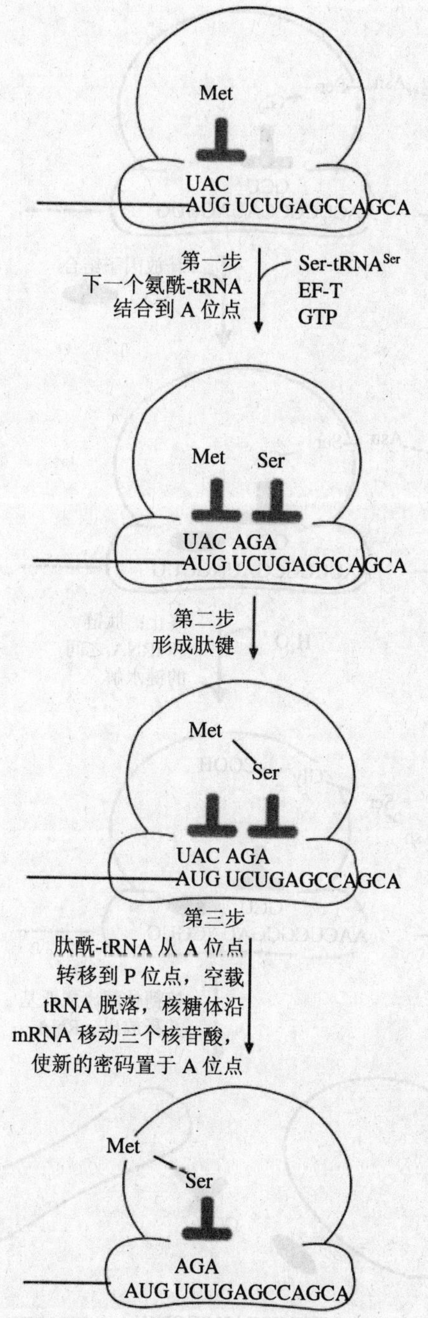

图 1-25　蛋白质合成的延伸阶段

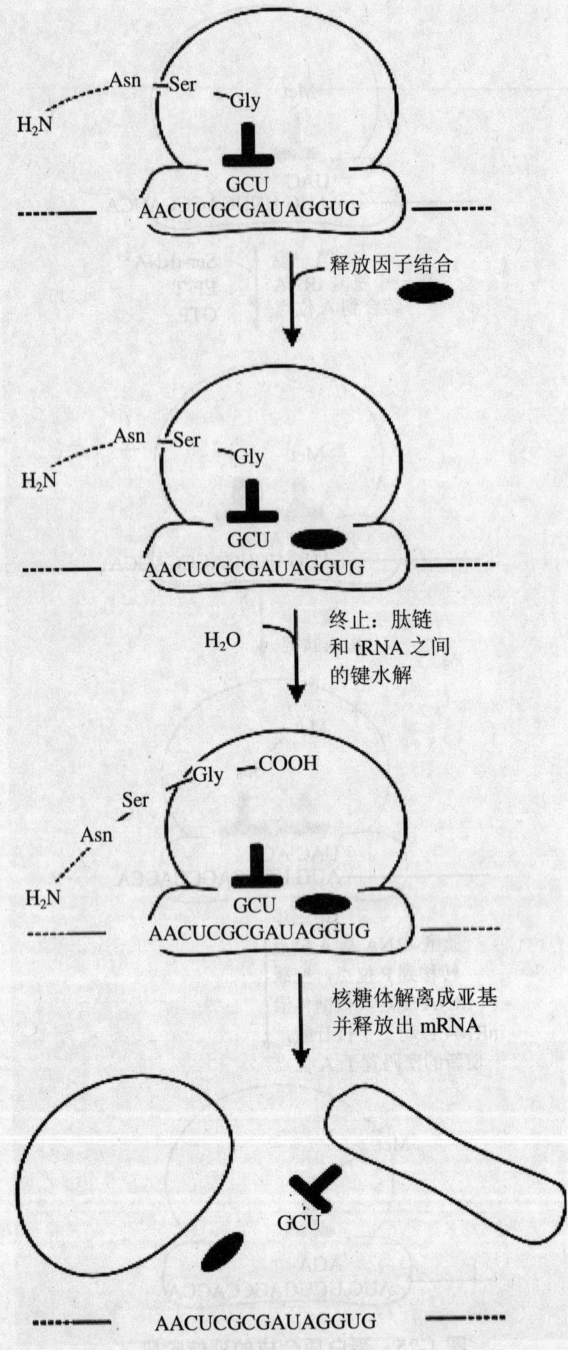

图 1-26　蛋白质合成的终止阶段

（七）多聚核糖体

在蛋白质生物合成过程中，一条 mRNA 链上常有多个核糖体呈串珠状排列，可见核糖体以多聚核糖体的形式存在。每个核糖体之间有 5～15 nm 的距离，估算在 mRNA 链上的每 80 个核苷酸即附有一个核糖体。多聚核糖体的形成是由于第一个核糖体在 mRNA 链上随着翻译的进行而向下游移动，空出的起始部位就会与第二个核糖体结合，以后第三、第四个核糖体也可在 mRNA 的起始位点进入。通过多个核糖体在一条 mRNA 链上同时翻译，可以大大加快蛋白质的合成速度，mRNA 得到充分的利用（图 1-27）。蛋白质合成的全过程示于图 1-28。

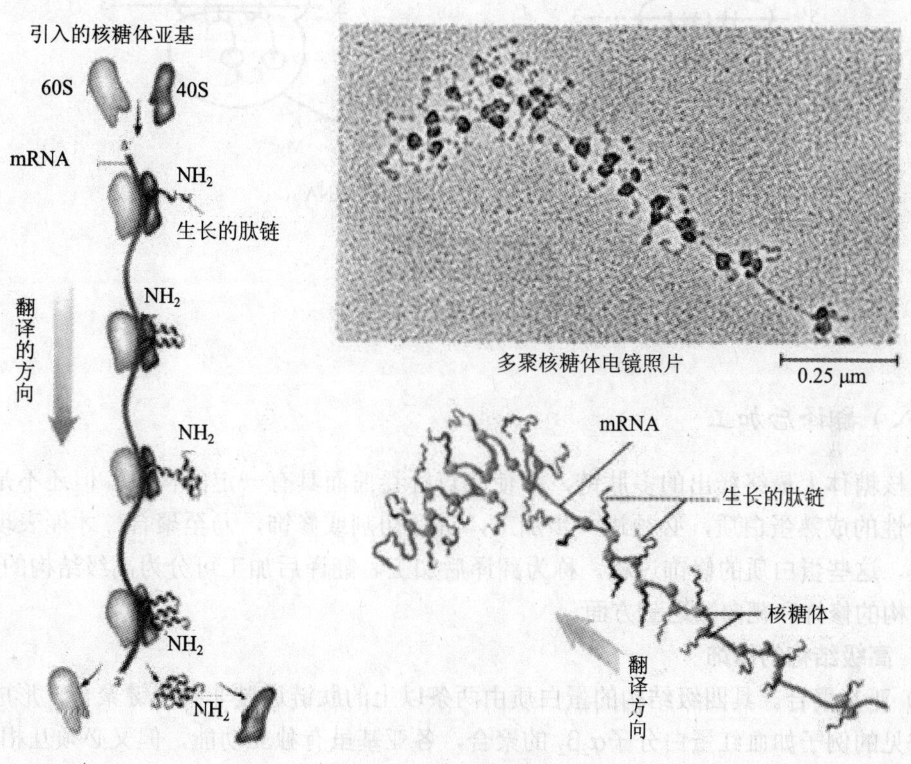

图 1-27　多聚核糖体

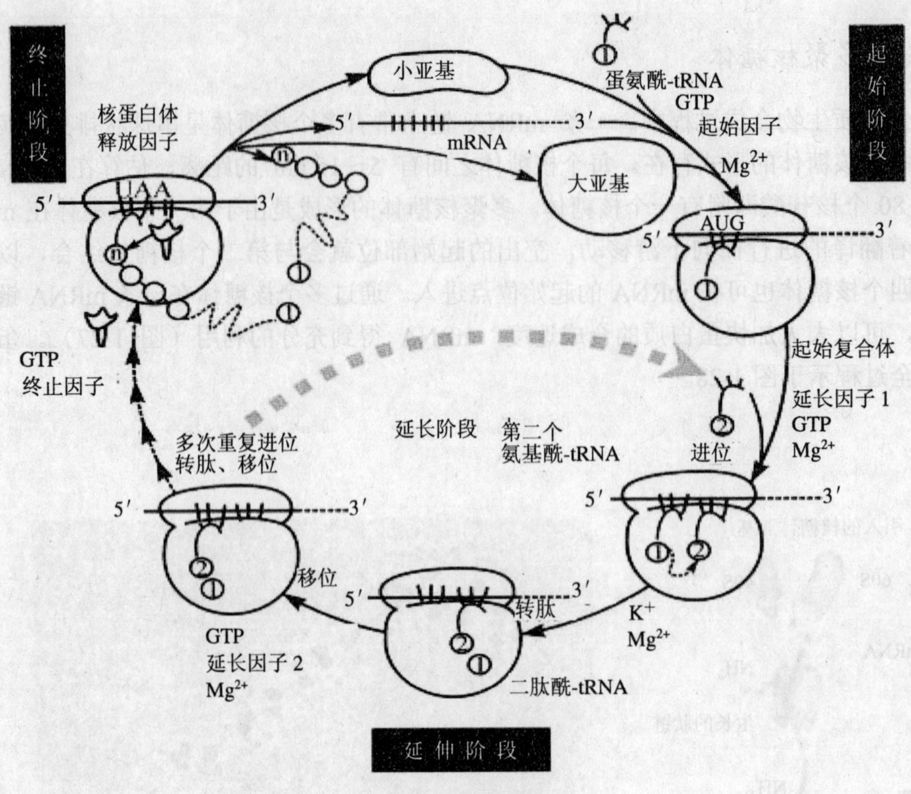

图 1-28　核蛋白体循环

（八）翻译后加工

从核糖体上最终释出的多肽链，即使能自行卷曲而具有一定的构象，但还不是具有生物活性的成熟蛋白质，必须进一步加工，进行切割或修饰，乃至聚合，才能表现出生理活性。这些蛋白质的修饰过程，称为翻译后加工。翻译后加工可分为高级结构的修饰、一级结构的修饰和靶向输送三方面。

1. 高级结构的修饰

① 亚基聚合。具四级结构的蛋白质由两条以上的肽链通过非共价键聚合，形成寡聚体。常见的例子如血红蛋白分子$\alpha_2\beta_2$ 的聚合，各亚基虽有独立功能，但又必须互相依存，才得以发挥作用。

② 辅基连接。结合蛋白质中辅基（辅酶）与肽链的结合是复杂的生化过程。例如糖蛋白的糖基化，是目前基因工程中一个未解决的关键问题。不少生物活性物质，当用基因工程方法表达出其肽链后，还不具备活性。因此，如何使该蛋白质实现糖基化是正在大力研究的问题之一。

2．一级结构的修饰

① 氨基肽酶切除肽链。N 端甲酰蛋氨酸或蛋氨酸翻译过程以 fMet-tRNA$_f^{Met}$ 作为第一个注册的起始物，在蛋白质合成过程中，N 端氨基酸总是 fMet（甲酰蛋氨酸），其α-氨基是甲酰化的。但天然蛋白质大多数不以蛋氨酸为 N 端第一位氨基酸。细胞内的脱甲酰基酶或氨基肽酶可以除去 N 甲酰基、N 末端蛋氨酸或 N 末端的一段肽。这个过程不一定等肽链合成终止才发生，有时可边合成边进行加工。

② 个别氨基酸残基的修饰。在结缔组织的蛋白质内常出现羟脯氨酸、羟赖氨酸，这两种氨基酸并无遗传密码、反密码子及 tRNA 引导入肽链，而是脯氨酸、赖氨酸残基经过羟化而出现的。不少酶的活性中心上有磷酸化的丝氨酸、苏氨酸，甚至酪氨酸。这些含羟基的氨基酸是翻译后才磷酸化的。多肽链内或肽链之间往往可由两个半胱氨酸的 SH 基形成二硫键，这是常见的维系蛋白质结构的化学键，其形成也是在肽链合成后两个半胱氨酸的 SH 基脱氢氧化而连接的。

③ 部分肽段水解切除修饰。真核生物中往往会遇到一条已合成的多肽链经翻译后加工产生多种不同活性的蛋白质或肽的情况。最典型的例子如鸦片促黑皮质素原，由 265 个氨基酸残基组成，经水解修剪，可生成 ACTH（39 肽）、β-MSH（18 肽）等活性物质。

3．蛋白质合成后的靶向输送

蛋白质合成后，定向地到达其执行功能的目标地点，称为靶向输送。穿过合成所在细胞到其他组织细胞去的蛋白质，可统称为分泌性蛋白质（图 1-29）。

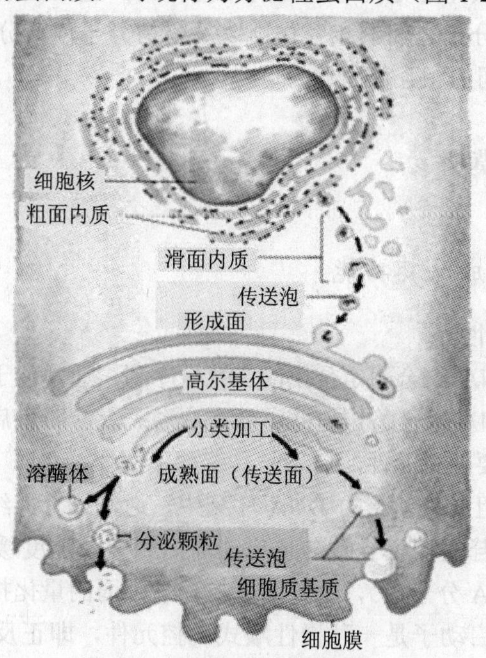

图 1-29　蛋白质的靶向输送

第五节　基因表达调控原理

基因表达的最终产物是 RNA 和蛋白质，这两大类物质及其次级产物维持着整个生命的有序运动。任何基因表达调控程序上的缺陷或紊乱，均会对生物体造成严重后果。基因工程的本质是通过基因的体外拼接稳定高效地表达其蛋白产物，因此，基因表达调控的分子机制是基因工程原理的指导思想。

基因的表达调控具有时空两重性，两者的调控程序语言均由基因自身编码。时序控制包括基因表达的先后次序和相对强弱（速度与总量）；空间控制包括基因表达的区域（细胞器、细胞、组织）和环节。蛋白质编码基因的表达需要转录和翻译两大环节，每个环节都存在着不同的基因表达调控位点。由于真核生物细胞的结构较为复杂，所以相对原核生物来说，真核生物基因表达的调控范围更大，包括基因活化、基因转录、转录后加工以及 mRNA 翻译等众多层次的调控。然而，不管是原核生物还是真核生物，转录环节是最主要的调控位点。原核生物和真核生物在基因表达调控的细节上尽管差异很大，但两者的调控模式却具有惊人的相似性和可比性。除此之外，原核生物和真核生物的基因表达调控元件也具有统一性。基因调控元件按其属性可分为核酸和蛋白质两大类，所有基因表达调控模式的实质无非是两者之间的相互作用，包括核酸分子内或分子间的相互作用、核酸分子与蛋白分子之间的相互作用以及蛋白分子内或分子间的相互作用，其中核酸分子与蛋白分子之间的相互作用尤为重要。

一、启动子调控模型

（一）启动子的组成及其功能

1. 启动子的一般特性

启动子是一段供 RNA 聚合酶定位用的 DNA 序列，通常位于基因的上游，长度一般不超过 200 bp。一旦 RNA 聚合酶定位并结合在启动子上，即可启动转录过程，因此启动子是基因表达调控的重要顺式元件，启动子具有如下特征。

（1）序列特异性。组成启动子的 DNA 序列中，通常只有大约 20 bp 是相对保守的，其中更换或增减一个核苷酸均可导致转录启动滞后和转录速度缓慢（单位时间内每个基因拷贝所转录出的 mRNA 分子数），这是衡量启动子强弱的量化指标。

（2）方向特异性。启动子是一种极性顺式调控元件，即正反两种方向中只有一种方向是有功能的。

（3）位置特异性。启动子只能位于它所启动转录的基因的上游或基因内部的前端，在基因下游无活性。甚至在基因上游，启动子与转录起始位点之间的距离也相对固定，距离太长或太短均会影响转录效率。

（4）种属特异性。原核生物的不同生物种属、真核生物的不同组织甚至细胞均拥有不同结构类型的启动子以及相对应的反式调控元件。然而，这种特异性具有一定程度的相对性，一般来说，亲缘关系愈近，两种生物的启动子通用的可能性就愈大。

2．原核生物的启动子

对 100 多种大肠杆菌启动子的序列分析结果表明，典型的细菌启动子由以下四个部分组成（图 1-30）。

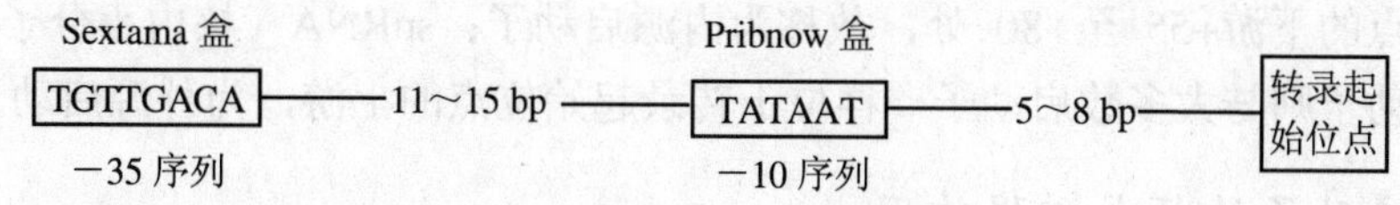

图 1-30　原核生物启动子的结构模式

（1）转录起始位点。多数细菌启动子的转录起始区域序列为 CAT，中间一个碱基为转录起始位点，90%以上的启动子在这个位点是嘌呤（A/G）。

（2）Pribnow 盒。几乎所有的启动子在距转录起始位点上游 6 bp 处，存在一个六聚体的保守序列，其中间的碱基位于转录起始位点上游 10 bp 处，故又称为－10 区，也有少数启动子的 Pribnow 盒中间碱基位置在－9 至－18 区范围内变动。Pribnow 盒是 RNA 聚合酶的结合位点，RNA 聚合酶的结合使得这个 AT 丰富区消耗较低的能量而解旋，此时 RNA 聚合酶与启动子的复合物便由关闭状态转向开放状态，转录启动。

（3）Sextama 盒。细菌启动子上的另一个六聚体保守序列，其中间碱基距离转录起始位点上游约 35 bp 处，即－35 区，它的典型保守序列通式为：TTGAC，其中前三个碱基 TTG 呈高度保守。Sextama 盒是 RNA 聚合酶的识别位点。RNA 聚合酶的一个亚基首先定位在该区域，然后其他亚基再与－10 区结合。

（4）间隔区。90%的大肠杆菌启动子在 Pribnow 盒和 Sextama 盒之间存在长度不等的间隔序列。间隔序列内部无明显的保守性，其序列的碱基组成对启动子的功能并不十分重要。但间隔序列长度却是影响启动子功能的重要因素。

3．真核生物的启动子

根据真核基因编码产物和 RNA 聚合酶的种类可把真核生物的启动子分为三类：rRNA 基因启动子（Ⅰ型）、mRNA 基因启动子（Ⅱ型）和 tRNA 基因启动子（Ⅲ型）。Ⅰ型和Ⅲ型启动子位于转录起始位点的上游，结构相对简单。Ⅱ型启动子相对复杂，大多数位于转录起始位点的上游，少数则位于转录起始位点的下游。

Ⅰ型启动子：Ⅰ型启动子所属基因的编码产物都是 rRNA 前体，后者经剪切释放出各种分子量的成熟 rRNA 分子。

Ⅱ型启动子：Ⅱ型启动子所属的基因绝大多数是编码蛋白质的，因此其构成的多元化顺理成章。Ⅱ型启动子由启动子辅助区和基本区两部分组成，前者包括转录起始子（Inr）以及相邻的 TATA 盒。辅助区由多种保守序列组成，这些保守序列在不同的启动子中和位置、种类以及拷贝数均不同。基本区主要是确定转录起始位点的位置，但只能以极低的水平启动转录，而辅助区各保守序列则通过与相应的基本转录因子作用而大大提高转录启动的效率。除此之外，这些保守序列（如 CAAT 盒和 GC 盒等）具有双向性，即正反两个方向都能发挥作用。

Ⅲ型启动子：真核生物有两类Ⅲ型启动子，5SRNA 和 tRNA 基因所属的启动子位于转录起始位点的下游+55 至+80 处，故称为内源启动子；snRNA（核内小分子 RNA）基因所属的启动子则与大多数启动子一样位于转录起始位点的上游，为外源启动子。

（二）启动子的顺式增强作用

真核生物启动子是 RNA 聚合酶精确有效启动转录所必需的，但似乎不是转录进行的充要条件，至少在某些情况下，增强子的存在可大大增加启动子启动转录的效率。增强子由一组与启动子关系密切的 DNA 顺式调控元件组成。相对启动子而言，增强子的位置不固定，而且其作用与方向性无关，也就是说，增强子可以激活离它最近的上下游任何启动子；同时不管位于启动子的上游还是下游，增强子的正反两个方向都具有活性。

增强子最早是在 SV40 病毒基因组中发现和鉴定的，它位于以两个 72 bp 的正向重复序列为特征的早期基因组区域内，距转录起始位点上游约 200 bp。

SV40 增强子含有两个不同的功能单元，每个功能单元又由两个或多个短小元件组成，一个单元单独存在活性很低，但两个单元组合在一起，即使是相隔一定距离也能形成功能很强的增强子，而且一个功能单元的灭活可为另一个功能单元的倍增所补偿，这表明两者尽管拥有不同的组成元件，但其作用是相似的。将足够数量的外源短小元件拼接起来，也可构建出有功能的增强子，这种不依赖于类型的组成元件的堆积效应是增强子的特征之一。

真核生物细胞内的增强子具有与病毒增强子相似的性质，一个增强子可以作用于其上下游最邻近的启动子，组织特异性转录启动机制既可能由启动子决定，也可能由增强子决定。某个启动子是受组织特异性调控的，其邻近的增强子通常是非特异性地提高该启动子的转录启动效率；相反，若某个启动子缺少组织特异性调控机制，则增强子往往在被特异性激活后才能作用于启动子。

（三）启动子的反式协同作用

真核生物基因表达的顺式调控元件（如启动子和增强子等）都是依赖众多特定蛋白

因子的协同作用而工作的，这种蛋白因子统称为基因表达的反式调控元件。根据其功能及作用位点，反式调控元件可分为三大类：（1）基本因子。参与所有启动子控制下的RNA合成的启动过程，在转录起始位点周围与RNA聚合酶形成复合物，确定转录的起始部位。（2）上游因子。为识别转录起始位点上游的专一性短小保守元件的DNA结合蛋白，其活性不受其他蛋白因子控制，这类因子普遍存在于细胞内，作用于所有含有合适结合位点的启动子，提高转录启动效率，并将启动子的基因表达调控功能维持在一个精确的水平上。（3）诱导因子。其功能与上游因子相同，但具有可调控性，它们的合成或激活具有严格的时空特异性，同时又使基因转录调控模式具备时空特异性的色彩。因此，基本因子和上游因子又统称为转录因子，而诱导因子则称为转录调控因子。与诱导因子相对应的DNA顺式调控元件称为应答元件。

二、操纵子调控模型

（一）操纵子基因表达调控的基本原理

原核生物与真核生物在基因顺序组织（基因在DNA上的排列顺序）上的一个显著区别是前者结构基因成簇排列，它们共享一套启动子等基因表达调控元件，而后者的每个结构基因均有自己的调控系统，而且基因之间在DNA上的排列顺序呈离散型，并无功能上的明显相关性。原核生物细胞中生物功能相关的结构基因成簇排列所组成的这种转录单位称为操纵子。

1．操纵子的组成及功能

操纵子结构普遍存在于原核细菌及其噬菌体基因组中，其基本组成成分如下（图1-31）：（1）结构基因（G）。若干个（通常3～8个）生物功能相关的结构基因以相同的极性密集排列。（2）启动子（P）。一般情况下，一个操纵子中含有一个启动子，少数操纵子则含有双重甚至多重启动子，有时一个启动子位于所有结构基因的上游，而另一个启动子则位于某个结构基因的编码区内，控制其下游部分结构基因的表达。（3）终止子（T）。每个操纵子含有一个或多个能使转录不同程度终止的终止子结构，在多重终止子的情况下，它们或位于整个操纵子的末端，或分散在一些结构基因的下游，使得结构基因的转录产物分子比根据需要灵活变化。（4）操作子（O）。操作子由一个或多个DNA顺式调控元件组成，其功能是基因表达反式调控因子的结合区，这种蛋白-DNA的二元复合物通过与启动子-RNA聚合酶复合物的相互作用，对操纵子的开放或关闭进行调控。操作子通常定位于启动子附近区域，或在启动子上游，或在启动子下游，有时还穿插在启动子的内部。

操纵子中功能相关的结构基因的表达产物协同完成一个生理生化过程，如糖或氨基酸的代谢、噬菌体诸多包装蛋白的生物合成等，这些结构基因在一套调控系统的作用下统一开放与关闭，维持合适、精确的基因产物分子比，因此，操纵子结构是原核生物最有效、最经济的基因表达调控模式。

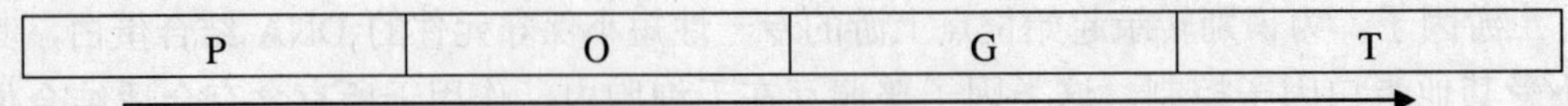

图 1-31 操纵子结构模型

2. 操纵子的调控模式

依据操纵子在原来无任何调节蛋白因子存在的情况下对新出现蛋白调节因子的响应机制，可将其分为负控制和正控制两大系统。在没有调节蛋白因子存在时，操纵子原本是开放的，调节蛋白因子的出现使该操纵子关闭，这种系统称为负控制系统，这种调节蛋白因子称为阻遏蛋白。负控制系统中阻遏蛋白的作用机制是统一的，或与操作子结合阻止 RNA 聚合酶启动转录；或与新合成的 mRNA 结合阻止核糖体启动翻译。所谓的正控制系统是指在没有调节蛋白因子的存在时，操纵子原本是关闭的，加入一种调节蛋白因子后即可使该操纵子开放，这种调节蛋白因子称为激活蛋白。它与操作子和 RNA 聚合酶作用，协助转录的启动。

无论是正控制还是负控制，操纵子均可通过调节蛋白因子（阻遏蛋白或激活蛋白）与小分子物质（诱导物或共阻遏物）之间的相互作用达到诱导状态或阻遏状态，图 1-32 总结了四种简单操纵子的控制网络。诱导物以灭活阻遏蛋白或激活蛋白的方式对操纵子产生诱导作用，而共阻遏物则通过激活阻遏蛋白或灭活激活蛋白达到阻遏操纵子的目的。依据灭活调节蛋白因子所造成的遗传后果可以判定正负控制系统的性质。一方面，灭活阻遏蛋白造成操纵子隐性的组成型表达（去阻遏作用），这是负控制系统的特征；另一方面，任何灭活激活蛋白的突变均可导致隐性不可诱导状态或超阻遏状态，这是正控制系统的特征。

（二）乳糖操纵子

乳糖操纵子模型是法国分子生物学家 Jacob 和 Monod 于 1961 年提出的，三年之后人们又发现了启动子，从此操纵子作为原核生物基因表达调控的重要功能单元被确立。

细菌糖代谢途径中的酶系编码基因通常以操纵子结构单元进行协调控制。除此之外，一些与代谢途径相关的糖分子特异性运输蛋白的结构基因也参与操纵子的形成，在这方面乳糖操纵子是一个典型的例子。乳糖操纵子是由启动子、操纵子、终止子等 DNA 顺式元件、编码反式调控因子的调控基因以及三个结构基因组成，其顺序组织如图 1-33 所示。

负调控　　　　　　　　　　　　　　　　　正调控

阻遏蛋白缺失：隐性、组成型，如 *lac* 操纵子　无辅诱导蛋白缺失：隐性、不可诱导，如代谢物阻遏

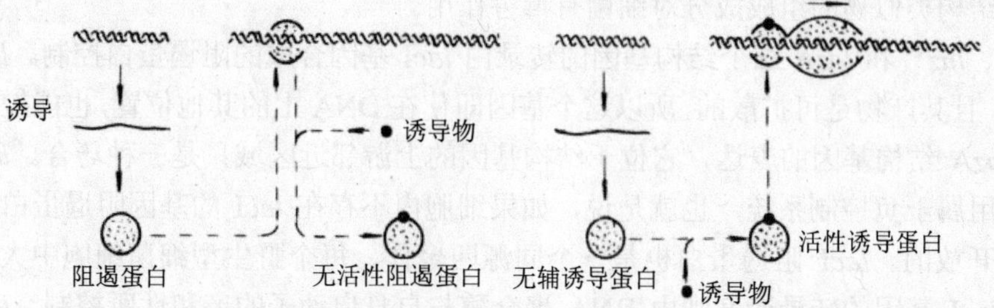

阻遏蛋白缺失：隐性、组成型，如 *trp* 操纵子　无辅诱导蛋白缺失：隐性、超阻遏（不可诱导）

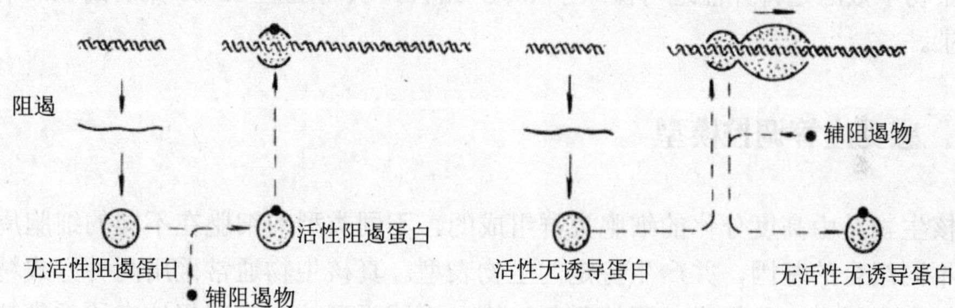

图 1-32　四种种操纵子的控制网络

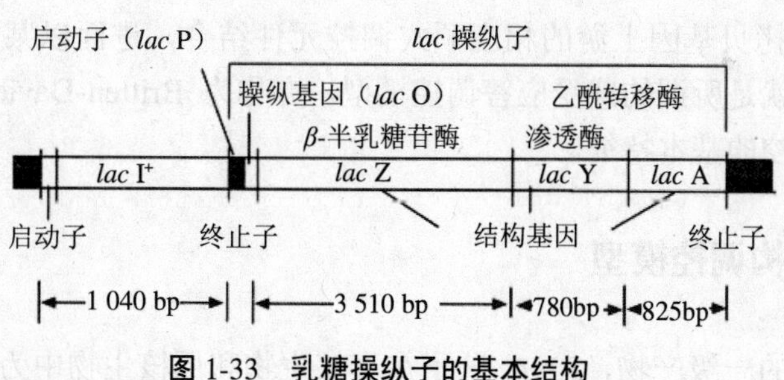

图 1-33　乳糖操纵子的基本结构

乳糖操纵子全长约 6 kb，左端的调控基因 *lac*I 拥有自己独立的启动子和终止子结构。*lac*I 的下游邻近区域是启动子 *lac*P，启动子与操纵子部分重叠，操纵子 *lac*O 向下游延伸至第一个结构基因 *lac*Z 区的前 26 bp，*lac*Z 之后为另外两个结构基因 *lac*Y 和 *lac*A。*lac*Z 编码的是β-半乳糖苷酶，其活性形式为同源四聚体。该酶能以半乳糖苷类化合物为底物，催化两个不同的反应，其中之一是将半乳糖苷类化合物水解成组成它的单糖分子，例如，将乳糖水解成葡萄糖和半乳糖，后者又可继续代谢。*lac*Y 基因的产物是一种具有β-半乳糖苷渗透酶活性的膜结合蛋白，其生物功能是将胞外的β-半乳糖苷分子运输至胞内。*lac*A

基因为β-半乳糖苷乙酰转移酶，负责将乙酰辅酶 A 分子上的乙酰基团转给β-半乳糖苷，但其生物学意义尚不清楚，可能与细菌识别β-半乳糖苷及其结构类似物有关，因为有些β-半乳糖苷结构类似物的组成成分对细菌有毒害作用。

*Laz*Z、*laz*Y 和 *laz*A 三个结构基因的转录由 *lac*I 基因合成的阻遏蛋白控制。*lac*I 基因独立转录，且其产物是可扩散的，所以这个基因即使在 DNA 上的其他位置，也能控制 *lac*Z、*laz*Y 和 *laz*A 结构基因的表达，它位于结构基因的上游邻近区域只是一种巧合。*lac*I 基因的调节作用属于负控制系统，也就是说，如果细胞内不存在 *lac*I 的基因阻遏蛋白，*lac* 操纵子将是开放的。*lac*I 阻遏蛋白也是一个同源四聚体，每个野生型细菌细胞中大约有 10 个分子，*lac*I 基因的转录速度则由 RNA 聚合酶与自身启动子的亲和性所控制。*lac*I 阻遏蛋白的生物学效应是特异性地与操纵子 *lac*O 结合，从而阻止 RNA 聚合酶在启动子区域启动转录。

三、感受应答调控模型

真核生物是由高度分化的细胞类群组成的，不同类型的细胞在不同的细胞周期中表达一套不同组合的基因，并产生特定的生物表型。真核生物通常采用两种方式精确控制基因的组合表达：一是构成基因的重复结构，不同类型的细胞选择地表达重复基因的特定拷贝，并将此基因拷贝置于细胞的特异性表达控制网络中；二是形成单一拷贝基因的复合控制，参与真核生物表达调控的转录调控蛋白因子经内源或外源信号分子诱导激活后，特异性地与单拷贝基因上游的相应顺式调控元件结合，进而以某种方式大幅度提升转录启动频率。这就是所谓的感受应答调控模型，亦称为 Britten-Davidson 模型，它是真核生物基因表达调控的基本特征。

四、RNA 结构调控模型

作为基因表达的一级产物，RNA 分子在真核生物和原核生物中为基因表达调控的实现提供了多种模式和途径。其基本原理是 RNA 在外界环境因素的驱动下，或借助于分子内的碱基配对形成特殊二级结构的多种空间构象，进而控制转录的终止和 RNA 分子的降解；或通过分子间的相互作用导致另一种 RNA 分子的灭活。与蛋白质分子变构协同作用的调控机制相对应，RNA 分子这种具有调控功能的空间构象转换过程实际上就是核酸的变构协同调控机制，RNA 分子内某些位点之间的相互作用直接影响另一些位点的结构与功能。另外，这种形成特殊构象的 RNA 区域所对应的 DNA 编码序列有别于启动子、操纵子或增强子等能直接与蛋白因子识别和作用的 DNA 顺式调控原件，属于另一类 DNA 调控元件，如终止子、衰减子、反义子的调控模式就是属于这种模式。

五、RNA 剪切编辑调控模型

由于内含子的存在而造成的基因编码区域的不连续性是真核生物基因顺序组织的基本特征，高等真核生物的绝大多数基因含有内含子结构，尽管低等真核生物含有内含子的基因只占较小的部分，而原核生物几乎不含有这种不连续的基因，但这些基因通常是在进化过程中逐步丢失了相应的内含子区域。哺乳动物的结构基因平均大小约为 16 kb，含有 7～8 个外显子，而经剪切后的 mRNA 平均长度仅约为 2.2 kb。刚从基因上转录下来的 RNA 分子称为核内不均一性 RNA（hnRNA），它们极不稳定，通常与为数众多的核内蛋白质构成核糖核蛋白颗粒（hnRNP），后者在核内经剪切（内含子切除）和修饰（RNA5′端加帽和 3′端续尾）多步加工工序后，形成成熟的 mRNA 分子，并穿过核孔被运输至细胞质，进行有效的翻译。RNA 的整个成熟过程，尤其是 RNA 的剪切环节是基因表达调控的另一种形式。

真核生物细胞高度分化的重要表现形式是蛋白质合成的特异性和多样性，其分子机制有两种：一是多基因家族中的各成员在特定组织细胞的不同发育阶段，由特定的生理条件选择性表达；二是同一个基因在不同细胞甚至同一细胞中合成多种结构和功能并不完全相同的蛋白质。大多数真核基因的转录物通常只能被剪切成一种 mRNA 结构，并对应于一种蛋白质，但有些基因的转录物借助于 mRNA 前体的选择性剪切（异常剪切模式），可形成多种成熟的 RNA 结构，从而导致多种蛋白质的产生。

mRNA 前体多样性剪切的分子机制是剪切位点的特异性选择。在某种情况下，内含子会成为漏网之鱼而存在于成熟的 mRNA 中；而在另一些情况下，外显子会随其邻近的内含子一同被除去。有时在 mRNA 前体剪切过程中，外显子不但会缺失，甚至还可能被加入或取代。mRNA 前体的选择性剪切既是真核生物基因组织特异性表达调控的一种机制，同时这个过程本身又受到诸多因素的控制，其中包括基因转录起始位点和（或）终止位点的变更，以及剪切器以外的特殊因子对某些剪切位点的封闭和（或）对 mRNA 前体空间构象的影响。

第六节　基因组

一、基因组的概念

基因组表示某物种单倍体的总 DNA，对于二倍体高等生物，其配子的 DNA 总和即为一组基因组。不同生物基因组数目不同，见表1-4。

表1-4　不同物种基因组大小比较

类　别	基因组/bp	基因数目	bp数量级
乙肝病毒	3 125（部分单链）	5	10^3
λ噬菌体	48 531	760	10^4
EB病毒	17 228	780	10^4
大肠杆菌	4.2×10^7	＞3 000	10^6
人　类	3×10^9	20 000～30 000	10^9

二、病毒与噬菌体基因组

（1）病毒基因组可以由DNA组成，也可以由RNA组成，每种病毒颗粒中只含有一种核酸。

（2）病毒基因组很小，基因数少，遗传信息相应较少，它们依赖宿主细胞进行复制。

（3）有重叠基因存在，同一段DNA片段可以编码2～3种蛋白质分子。

（4）噬菌体基因是连续的，基因组内无内含子，但其他病毒基因组是不连续的，有内含子。

（5）病毒基因组DNA中功能上相关的蛋白质基因或rRNA基因常集中在基因组的一个或几个特定部位，形成一个功能单位或转录单元。

（6）除反转录病毒基因组有两个拷贝外，其他病毒基因组都是单倍体。

三、细菌基因组

（1）基因组绝大部分是用来编码蛋白质的，只有极少部分不编码蛋白质。不转录部分常是控制基因表达的序列。

（2）原核生物的基因是连续的，不存在内含子成分，因此，在转录后不需要剪接加工。

（3）存在基因重叠现象，即同一段DNA序列能携带2种不同的蛋白质信息。

（4）功能相关的几个基因往往在一起组成操纵子结构，即几个结构基因串联在一起，受它们上游共同调控区控制。

（5）细菌染色体基因组通常由一条环状双链DNA组成。

（6）细菌染色体基因组结构基因多为单拷贝。

四、真核生物基因组

（1）真核生物基因组一般比较庞大，远远大于原核生物基因组，比如人的基因组由 3×10^9 bp 组成，含大约 10 万个基因。

（2）真核生物的基因组 DNA 与蛋白质结合形成染色体，储存于细胞核内。体细胞基因组是双倍体，即有两份同源的基因组。

（3）真核基因组存在许多重复序列，重复次数可达几百万次以上。

（4）绝大多数真核生物编码蛋白基因为断裂基因（split gene），即结构基因是不连续排列的，由中间不编码的插入序列隔开。编码序列称为外显子或外元，编码序列中间的插入序列称为内含子或内元，也称为间隔序列。

（5）真核生物基因组中不编码的区域多于编码区域，基因组中只有很小一部分是编码蛋白质的。

复习思考题

1. 简述基因概念的发展。
2. 遗传信息是如何传递的？
3. 为什么称 DNA 的复制为半保留复制？如何进行？
4. 试比较原核生物和真核生物基因组的异同。
5. 简述乳糖操纵子的正负调控机制。

第二章　基因操作的单元过程

【知识目标】

- 熟悉基因操作的单元过程；
- 理解基因的克隆策略；
- 掌握基因操作的基本概念；
- 了解载体的初步知识。

【能力目标】

- 能运用基因单元操作的知识；
- 能运用基因克隆的策略。

140 年前，在捷克莫勒温镇一个修道院里沉醉于豌豆杂交实验 8 年之久的孟德尔发表了《植物杂交试验》，但当时科学界还无法理解这个发现的重大意义；100 年前，摩尔根带着他的蝇室人员挤在哥伦比亚大学不足 25 m^2 的蝇室里，发表了《基因论》，建立了基因的染色体学说，并因此获得了诺贝尔奖；53 年前，克里克和沃森在剑桥大学附近的老鹰酒吧向大家宣布了他们的发现——一种拥有全新特征的 DNA 结构模型。伴随着前辈们艰辛的探索足迹，基因工程一路向我们走来。今天，人们可以衣着价廉物美的转基因彩棉服饰，食用营养更丰富的转基因牛奶，基因工程正全面地渗入我们的生活，影响并改变着我们的生活方式和思维方式。

第一节　基因操作的基本概念

基因工程是现代生物工程体系中的重要组成部分。基因工程与发酵工程、酶工程、细胞工程一起被称为第一代生物工程或基因工程上游技术，生化工程与蛋白质工程被称为基因工程下游技术。生物工程的问世使世界进入了生物科学的时代，不仅对生命学科具有重要价值，而且对其他学科如医学、农业、能源和环保等也有深远影响。

基因工程原称遗传工程，从狭义上讲，指将一种或多种生物体（供体）的基因与载体在体外进行重组，然后转入另一种生物体（受体）内，使之按照人们的意愿遗传并表达出人类所需的基因产物或改造、创造新的生物类型。除少数 RNA 病毒外，几乎所有生物基因信息都存在于 DNA 结构中，用于重组的载体分子也都是 DNA 分子，因此，基因工程又称重组 DNA 技术。

基因工程的核心是 DNA 分子的体外重组技术：外源 DNA 插入载体分子所形成的杂合分子又称为嵌合 DNA 或 DNA 嵌合体。经重组技术而获得的具有新功能的微生物称工程菌。DNA 重组分子大都需要在受体细胞中复制扩增，故也可称为分子克隆或基因的无性繁殖。

基因工程技术诞生于 1973 年，它的诞生是无数科学家数十年来辛勤劳动的成果。基因工程技术诞生得益于现代分子生物学领域理论上的三大发现和技术上的三大发明。理论上的三大发现：① 1944 年，Avery 等证明 DNA 是遗传物质，而且也证明了 DNA 可以把一个细胞的性状转给另一个细胞，确定了遗传信息的携带者的分子载体是 DNA 而不是蛋白质。② 1953 年，Watson 和 Crick 提出了 DNA 双螺旋结构模型，随着实验证明了半保留复制的机理，解决了基因自我复制和传递的问题。③ 1961 年，Monod 和 Jacob 提出了操纵子学说；1964 年，Nirenberg 等破译了遗传密码；1966 年，Crick 提出了“中心法则”，从而阐明了遗传信息的流向和表达问题。这三大发现极大地促进了生物科学的发展，为基因工程的诞生奠定了重要的理论基础。技术上的三大发明：① 限制性内切酶的发明，使研究者能随意地将 DNA 分子切割，从而获得所需的 DNA 片段；② DNA 连接酶的发明，可以将不同的 DNA 片段连接成重组分子；③ 基因工程载体的研究与应用，使重组分子可以在特定的宿主细胞内进行繁殖。

基因工程按其发展和认识过程经历了几种不同术语的变化，目前文献中经常出现的相关名词有：① 基因操作（gene manipulation）；② 重组 DNA 技术（recombination DNA technology）；③ 遗传工程（genetic engineering）；④ 分子克隆（molecular cloning）；⑤ DNA 工程（DNA engineering）；⑥ 基因克隆（gene cloning）。这些名词彼此相关，许多情况下并没有严格界限，可以混用，本书采用“基因操作”一词。

第二节　基因操作的基本过程

基因操作的基本过程可概括为六个步骤（图 2-1）。

（1）用 PCR 方法或人工合成方法从供体基因组中扩增目的 DNA 片段（简称扩）；

（2）用限制性核酸内切酶分别将目的 DNA 片段与载体分子切开（简称切）；

（3）用 DNA 连接酶将带有目的基因的 DNA 片段与载体分子相连，形成重组分子（简称接），即 DNA 重组（DNA recombination）；

（4）将重组 DNA 分子引入受体细胞，即转化（transformation）或转染（ transfection）（简称转）；

（5）培养转化细胞，使重组 DNA 分子随宿主细胞一起得到大量扩增（简称增）；

（6）从大量的细胞繁殖群体中，筛选出含有重组 DNA 分子的受体细胞或工程菌（简称检）。

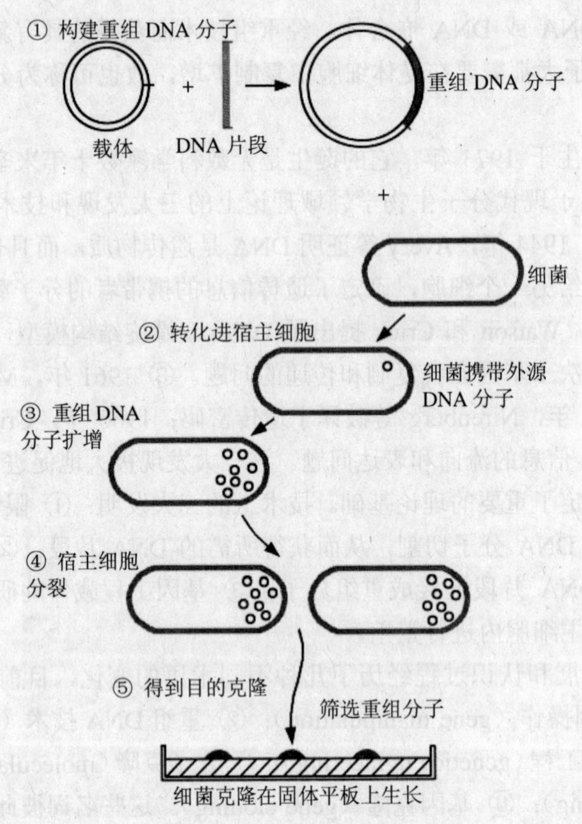

图 2-1　基因工程基本过程示意图

由此可见，基因操作的过程可以概括为扩、切、接、转、增、检六个步骤。

一、目的 DNA 的克隆策略

基因操作的前提是目的基因的克隆，一般来说，目的基因的克隆策略分为两大类：一类是以细胞为基础的克隆策略，即把材料 DNA 分离成若干易处理的片段，并全部克隆，构建感兴趣的生物个体的基因文库；另一类是利用聚合酶链式反应即 PCR 技术体外扩增目的基因，然后进行克隆该单一基因。选择哪一种策略取决于对目的基因背景知识的了解程度，一般来讲如果对背景知识了解相当清楚，采用第二种策略；反之采用第一种策略。这里重点介绍几种目前比较成熟的基因克隆策略。图 2-2 总结了克隆策略的一般路线。

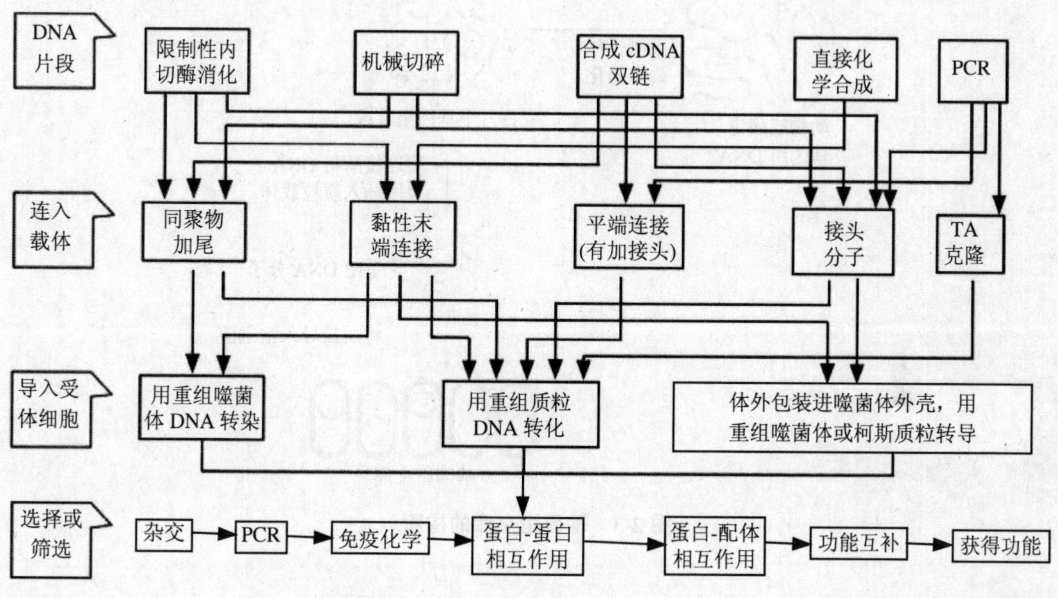

图 2-2 基因克隆策略的一般路线

（一）基因文库

基因文库（gene library）指某生物细胞内所存在的全套基因，通过克隆的方法保存在适当宿主中的某种生物、组织、器官或细胞类型所有随机 DNA 片段的克隆集合体。按容纳的 DNA 性质，可将基因文库分为基因组文库（genomic library）和 cDNA 文库（ cDNA library）。

基因组文库是含有某种生物体全部基因组的随机片段的重组 DNA 克隆群体，适于遗传背景了解得比较清楚的细菌染色体、质粒及病毒 DNA 的提取和分离。构建 DNA 文库的主要步骤包括克隆载体的制备、大分子基因组 DNA 的分离、克隆片段的制备、插入片段与载体的连接、转化宿主菌和基因组文库的保存。目前适合基因组文库构建的载体主要有噬菌体载体、柯斯质粒载体和人工酵母染色体载体，这三种载体装载外源 DNA 容量不同，建库时应根据生物体基因组的大小和实际需要来选择。还应该提到的一个名词是霰弹法（shotgun method），它是指把目的基因从克隆于基因文库中的基因组 DNA 片段中筛选出来的方法，是最早的直接从已克隆的基因组 DNA 中找到基因的方法。构建基因组文库的典型过程如图 2-3 所示。

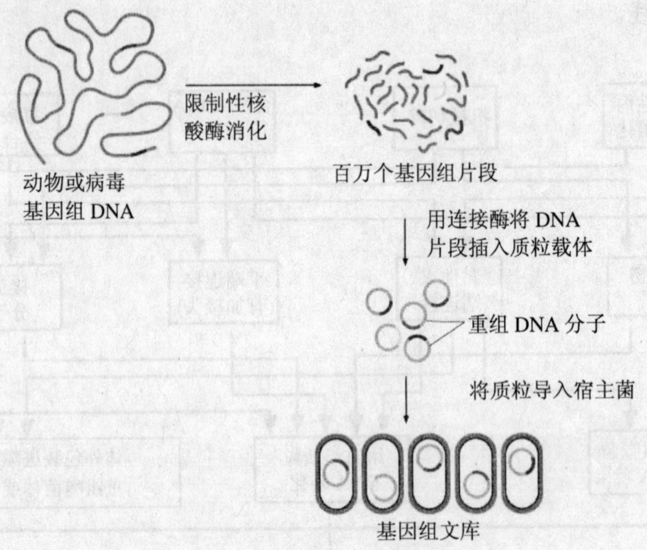

图 2-3　基因组文库的构建

（二）cDNA 克隆

cDNA 是通过细胞内 RNA 反转录反应得到的。cDNA 克隆有独特的用途，因为 cDNA 不包含基因组 DNA 中的内含子和其他非编码序列。内含子在原核生物中少见，但在真核细胞染色体中十分普遍，尽管真核细胞染色体 DNA 很大，特定基因只占染色体很小的部分。内含子可以出现在真核基因的任何位置，可能位于编码基因中间，也可能出现在 5′和 3′端的非翻译区，有的基因包括很大的内含子，甚至占到序列的大部分。在基因转录时，这些内含子会被剪切掉。因此，cDNA 克隆的一个优点是：大多数情况下，cDNA 克隆长度远小于其对应的基因组 DNA。

cDNA 克隆的操作流程主要包括以下几个步骤：纯化 mRNA，反转录反应合成 cDNA 第一链；用 RNA 酶 H 去除多余的 mRNA，用大肠杆菌聚合酶或 Taq DNA 聚合酶合成 cDNA 第二链；cDNA 与接头连接并经限制性酶消化产生黏性末端；cDNA 与载体连接；重组 cDNA 导入宿主菌。

也可以通过构建 cDNA 文库的方法进行 cDNA 基因克隆（图 2-4）。cDNA 文库是指含有某种生物体全部 cDNA 的随机片段的重组 DNA 克隆群体。根据 mRNA 来源的不同，可以将 cDNA 文库分为区域特异性文库和组织特异性文库。

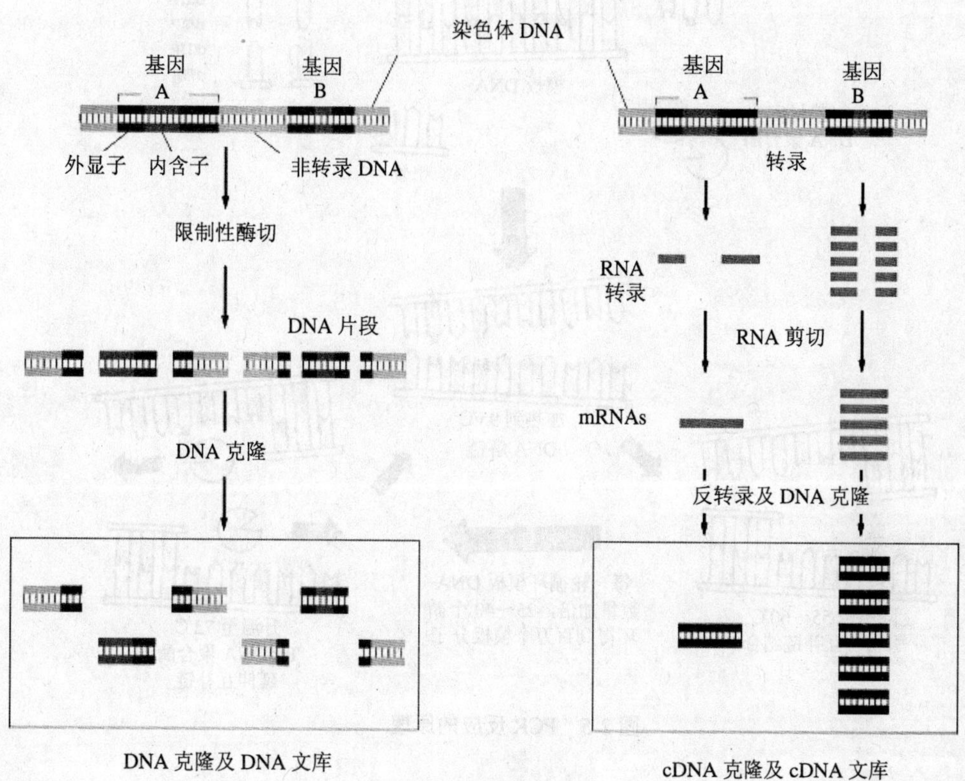

图 2-4 cDNA 文库构建过程

（三）PCR 扩增法或化学合成法合成基因

（1）PCR 扩增技术。也称为聚合酶链式反应（Polymerase Chain Reaction，PCR），由 Mullis 在 1985 年发明，利用这项技术可以从微量样品中特异地快速扩增基因组某一区域的 DNA 片段，是 DNA“体外克隆”的一种形式。PCR 扩增技术是目前基因克隆方法中最简单、快速、有效和灵敏的。PCR 原理及方法详见第四章。PCR 反应需要两条寡核苷酸引物，分别与两条模板链互补结合，经过变性、退火和延伸三步循环获得目的 DNA 片段。延伸反应由热稳定 DNA 聚合酶催化，常用的是 Taq DNA 聚合酶。PCR 反应产物呈指数增长，一般经过 25～30 个循环，目的分子就可达到百万个拷贝（2^{20}）。PCR 扩增过程如图 2-5 所示。

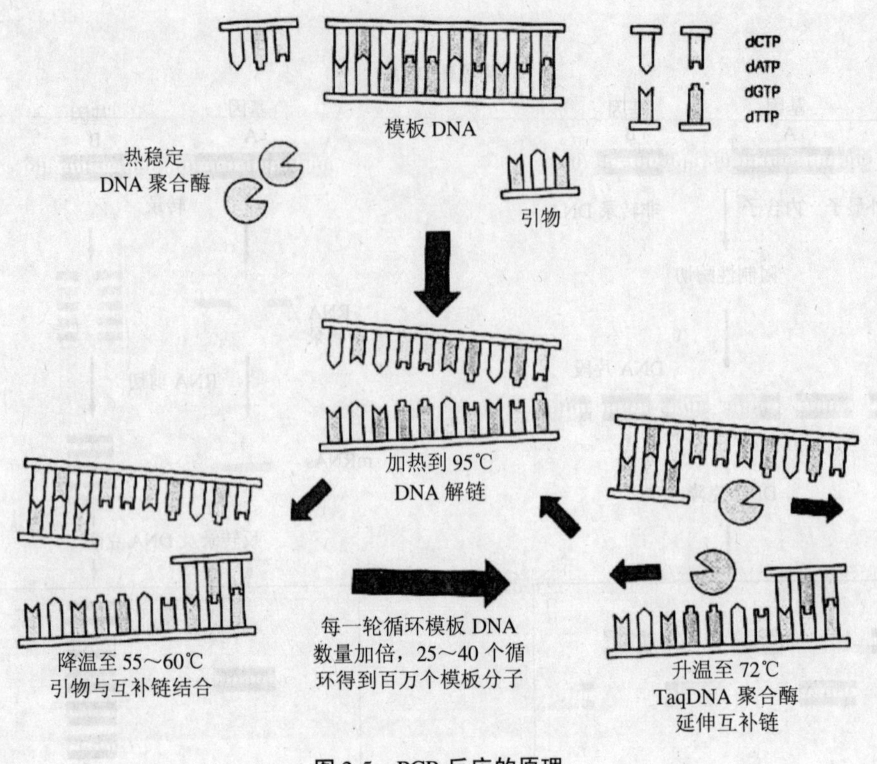

图 2-5　PCR 反应的原理

（2）化学合成法。利用 DNA 合成仪可合成任何已知序列的 DNA 片段或人为设计的 DNA 片段。自 20 世纪 80 年代以来，DNA 化学合成方面取得了突破性的进展。目前，一般都采用β-乙腈亚磷酸胺化学合成法，使用全自动合成仪，将一个个不同的单核苷酸按照需要连接起来再经脱保护处理、纯化，获得一个特定的 DNA 片段（图 2-6）。oligo DNA（寡 DNA）合成是由 3′→5′进行合成的，一般 3′的第一个碱基结合在 Glass 单体（Controlled Pore Glass，CPG）上。简要说明如下：① 脱保护基（deblocking）：对在 CPG 单体上附加的第一个碱基进行脱保护（DMTr 基）反应，用以准备附加下一个新的碱基。② 活化（Activation）：活化新的碱基，准备和前一个碱基进行反应。③ 连接（Coupling）：第二个碱基附加反应到第一个碱基上。④ 封闭（Capping）：把第一个碱基没有和第二个碱基反应上的部分（反应失败部分）加帽封死（Capping 反应），不让其进行进一步延伸反应。⑤ 氧化（Oxidation）：对第二个碱基和第一个碱基的连接部分进行氧化反应，使 3 价磷变成 5 价磷，使合成产物变得更加稳定。⑥ 循环往复至合成完成，然后从 CPG 单体上用氨水切离合成好的 Oligo DNA。经过上述步骤即可得到 DNA 片段粗品。最后对其进行切割、脱保护基、纯化（常用的有 HAP、PAGE、HPLC、OPC 等方法）、定量等合成后处理即可得到符合实验要求的寡核苷酸片段。目前大部分公司采用聚丙烯酰胺凝胶电泳

(PAGE）纯化，用该方法纯化的产品纯度高，可用于绝大部分的分子生物学实验，可避免许多意想不到的麻烦。Oligo DNA 是以 OD_{260} 值来计量的。在 1 ml 的 1 cm 光程标准石英比色皿中，260 nm 波长下吸光度为 1 的 Oligo 溶液定义为 1 OD_{260}。虽然对于每种特定的寡核苷酸来说，其碱基的组成不尽相同，但 1 OD_{260} Oligo DNA 的重量约为 33 mg，每个碱基的平均分子量约为 330。因此，合成的 Oligo DNA 摩尔数可按以下公式近似计算：摩尔数（mmol）=[OD_{260} 值×33]/[碱基数×330]=0.1×[OD_{260} 值/碱基数]。

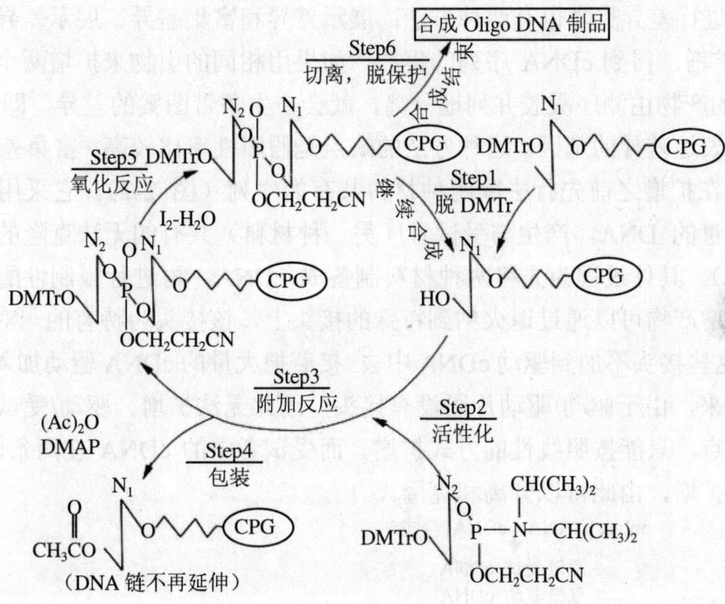

图 2-6　DNA 化学合成法

（四）差异克隆

差异克隆是指用于分离仅在一种材料中存在而在其他材料中不存在的序列的一系列技术。通常指差异性表达的 cDNA，在一种组织中有活性而在其他组织中失活的基因，如肝癌组织与正常肝组织基因表达的差异。但现在这项技术也可以应用到基因组 DNA 上，以鉴定与缺失突变相对应的基因。现在有很多以细胞差异为基础的克隆方法以及一系列的 PCR 技术。每一种方法都遵循两个原理：一是显示两种材料之间的差异，确定差异表达的克隆；二是运用差异来产生富含差异表达序列的一群克隆。

1. 用 DNA 文库进行筛选

用 DNA 文库进行筛选有两种方法：展示差异和差异富集（或者减法克隆）。早期用 DNA 文库进行差异克隆的方法是差异筛选。它是对文库筛选方案的简单化，该方案主要用于中等丰富的差异表达 cDNA 基因。这种方案要制备 mRNA 探针，比较不同组织来源的 mRNA 杂交信号，整个过程十分烦琐，不过 DNA 芯片的发展使文库差异筛选又重新流行起来。运用此项技术，可以把克隆转移到呈现密集的栅格图案的微缩固体支持物上，然后用从两种材料得到的、经不同荧光基团标记的复合探针同时进行筛选。另一种差异筛选方案是通过去除两种材料共有的序列来产生富含差异表达克隆的文库，这种方法也称为减法 cDNA 文库，它有助于稀有 cDNA 的分离。

2. 用 PCR 进行差异克隆

用 PCR 进行差异克隆也有两种方法：展示差异和富集差异。展示差异一般用简并引物进行 PCR 扩增，得到 cDNA 序列的集群。如果用相同的引物来扩增两个不同组织中的 cDNA，得到的产物由测序凝胶并列地分离，就会产生条带图案的差异，即 mRNA 指纹，从而可以揭示表达差异的基因。这种方法的缺点是假阳性率比较高。富集差异是一项 PCR 减法技术，即在扩增之前先行去除两种材料共有的序列（图 2-7）。它采用驱动者（一种材料）大为过量的 DNA，产生与受试者（另一种材料）共有的无法克隆的序列（在此方案中无法扩增）。具体过程为先将两种材料制备成 cDNA，再进行限制性酶消化和扩增。一种材料的扩增产物可以通过退火粘到特殊的接头上，该接头为特有的一对 PCR 引物提供退火位点。这些接头不加到驱动 cDNA 中去。接着把大量的 cDNA 驱动加入到受试 cDNA 中，并混合起来，由于驱动/驱动片段没有接头，因此无法扩增。驱动/受试片段都只有一个引物退火位点，只能按照线性的方式扩增。而受试者中的 cDNA 在两条链上都有接头，可以进行指数扩增，由此得以分离和克隆。

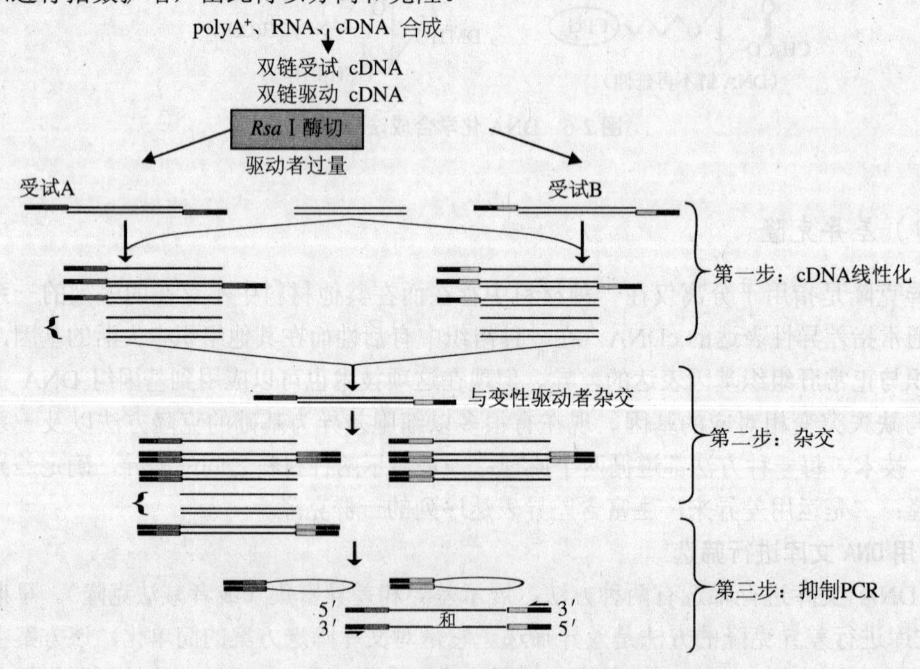

图 2-7 针对 cDNA 的代表性差异分析的基本策略

3. 差异蛋白质谱表达技术

差异蛋白质谱表达技术是利用双向蛋白质电泳对相关细胞中蛋白表达的差异进行直接比较，从而鉴定相关功能蛋白。经氨基酸序列分析，发现差异表达的相关功能基因。此外，重组 cDNA 表达文库的血清学分析是近年发展的一种功能基因的筛选方法。该法利用针对某抗原（如肿瘤抗原）的免疫血清筛选该抗原的 DNA 表达文库中的阳性克隆，经进一步鉴定可获得编码该抗原的基因。

二、载体及其改造

（一）基因工程中的载体

载体是指一个能够进行自我复制的复制子，它必须能携带外来 DNA 进入指定的受体细胞并在受体细胞内稳定保存、复制、扩增。

1. 常用的载体及其特点

基因工程中常用的载体包括质粒（plasmid）、噬菌体（bacterial phage）和柯斯质粒（cosmid）等。

常用载体的大小、结构、复制功能的差别很大，但都具有共同的特点：

（1）在宿主细胞中能独立地自我复制。

（2）很容易从宿主细胞中分离、纯化。

（3）载体 DNA 分子结构中有一段不影响其扩增的非必需区域，插入外源 DNA 片段后能被动地与载体一起复制、扩增。

2. 质粒

质粒是存在于细菌染色体之外的、能自我复制的双股闭环 DNA（dsDNA），在基因工程中应用极广，根据在细胞内拷贝数的多少及特点，可将质粒分为两类。

（1）严紧型质粒：多为具有自身传递能力的大质粒，其 DNA 复制与宿主染色体 DNA 复制密切相关，拷贝数低，1～5 个拷贝/细胞，如 pSC101。

所谓拷贝一般是指细菌内某一基因组或基因的复本，单拷贝（single copy）是指单倍体基因组中，仅出现一次的基因或 DNA 序列。

（2）松弛型质粒：多为相对分子质量小、不能自动传递的质粒，其复制在宿主细胞的松弛控制之下，拷贝数高，可达 10～200 个拷贝/细胞。

当氨基酸饥饿或加入蛋白合成抑制剂（如氯霉素）时，细胞染色体 DNA 和严紧型质粒 DNA 的复制停止，但松弛型质粒 DNA 能继续复制，甚至达到数千个拷贝。因此松弛型质粒被广泛用做基因工程中的载体。

（二）作为载体 DNA 必须具备的条件

（1）具有较小的分子质量和较高的拷贝数。较小分子量的载体易于被受体细胞接受；较高的拷贝数有利于外源基因的制备，提高回收率。

（2）具有若干限制性核酸内切酶的单一酶切位点。单一酶切位点具有双重功能，既能帮助嵌入外来的 DNA，又能把插入片段酶切下来，回收外源基因。目前基因工程使用的载体中一般有一个多克隆位点（Multiple Cloning Site，MCS）。所谓多克隆位点指载体上人工合成的含有紧密排列的多种限制性核酸内切酶的酶切位点的 DNA 片段。

（3）具有两种以上的选择标记基因。

（4）载体 DNA 相对分子质量要相应地小，以保证外来 DNA 片段插入后构成重组体的稳定性。载体应易于获得、易于改造，具有多拷贝。

（5）缺失 mob 基因，这样质粒就不会从一个细胞转移到另一个细胞，从生物防护角度应是安全的。

（三）载体的改造

由于作为基因工程中的载体应具备以上几个条件，故自然界中的载体常需要经过一定的改造后才能适于携带目的DNA 进入受体细胞，易于筛选并能充分复制和表达。为此，常采用不同的策略进行载体改造，如在载体上引入一段具有多种限制性酶切位点的人工合成 DNA 序列，以便为外来 DNA 提供插入位点，这种序列通常称为多克隆位点序列。另外，也可在质粒中引进能够完善载体功能的辅助序列，如引入可供克隆筛选的含抗性基因的片段，或在真核表达载体上引入病毒启动子或增强子等元件。现以大肠杆菌质粒 pBR322 为例说明（图 2-8）。

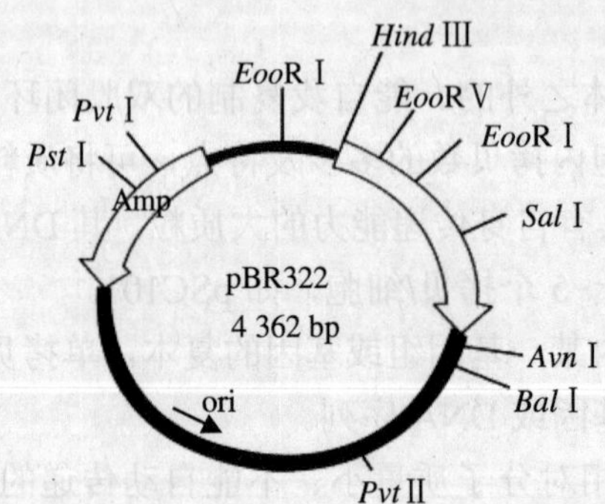

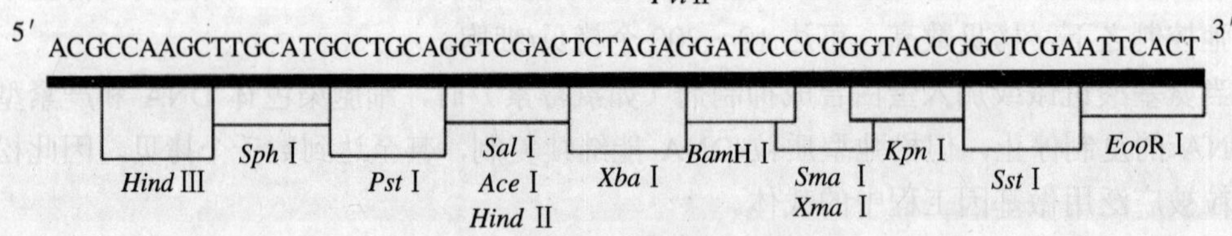

图 2-8 载体 pBR322 构建示意图

pBR322 是人工构建的一种较为理想的大肠杆菌质粒载体，也是应用最为广泛的克隆载体，利用它已经克隆到多种基因。它起源于 3 个亲本质粒：① pSF2124，含有 Amp^+基因；② pMB1，含有松弛型 *Col* E1 的复制起点（ori）；③ pSC101，含有 Tet^r 基因。

pBR322 相对分子质量为 2.6×10^6，长度为 4.3 kb，具有氨苄西林及四环素两个耐药基因（Tet^r，Amp^r），在 Amp^r 上有限制性内切酶 *Pst* Ⅰ的单一切点，在 Tet^r 区域存在 *Hind* Ⅲ，*Bam* HⅠ，*Sal* Ⅰ的单一酶切点，当外源 DNA 整合到耐药基因特定位点时，可导致相应耐药基因失活，因此可依表型 Amp 及 Tet 作为正反选择标记（Tet^r，Amp^s 或 Tet^s，Amp^r）筛选重组体。

随着基因技术的发展，目前已开发出各种不同的商品化的载体。无论从携带外源 DNA 的大小、特点，还是限制性内切酶位点的选择、设定、筛选标记，都有精细的设计。因此，根据设计需要可以很方便地选择合适的载体，进行 DNA 体外重组。

三、体外 DNA 重组

（一）重组的概念

DNA 重组是指不同来源的 DNA 片段共价连接，通过重新组合，构成具有两个 DNA 分子遗传信息的新重组体 DNA。DNA 重组通常是指外来 DNA 片段 （目的基因）与载体（质粒、噬菌体或病毒 DNA）的共价连接。

（二）目的 DNA 与载体的连接

目的 DNA 及载体 DNA 经限制性内切酶酶切后，可通过以下形式进行连接。

1. 黏性末端连接

黏性末端是指 dsDNA 分子经酶切割后所产生的限制性片段的单股末端，黏性指它能与另一个互补的单股末端配对结合为双链的性能。当以同一种Ⅱ型限制酶切割供体 DNA 及载体 DNA 时，可产生相同的单股黏性末端，如图 2-9 所示，以 *Eco*RⅠ酶切后末端都可为 TTAA。这样，供体与载体的 DNA 具有相同的互补的黏性末端，很容易产生重组 DNA 分子。由于该重组 DNA 上保留了 *Eco*RⅠ的识别序列和切点部位，故有利于质粒扩增后目的基因的回收。另外，当单股黏性末端超过 4 个碱基序列时，重组可仅靠互补的黏性末端碱基配对连接，而不需连接酶。

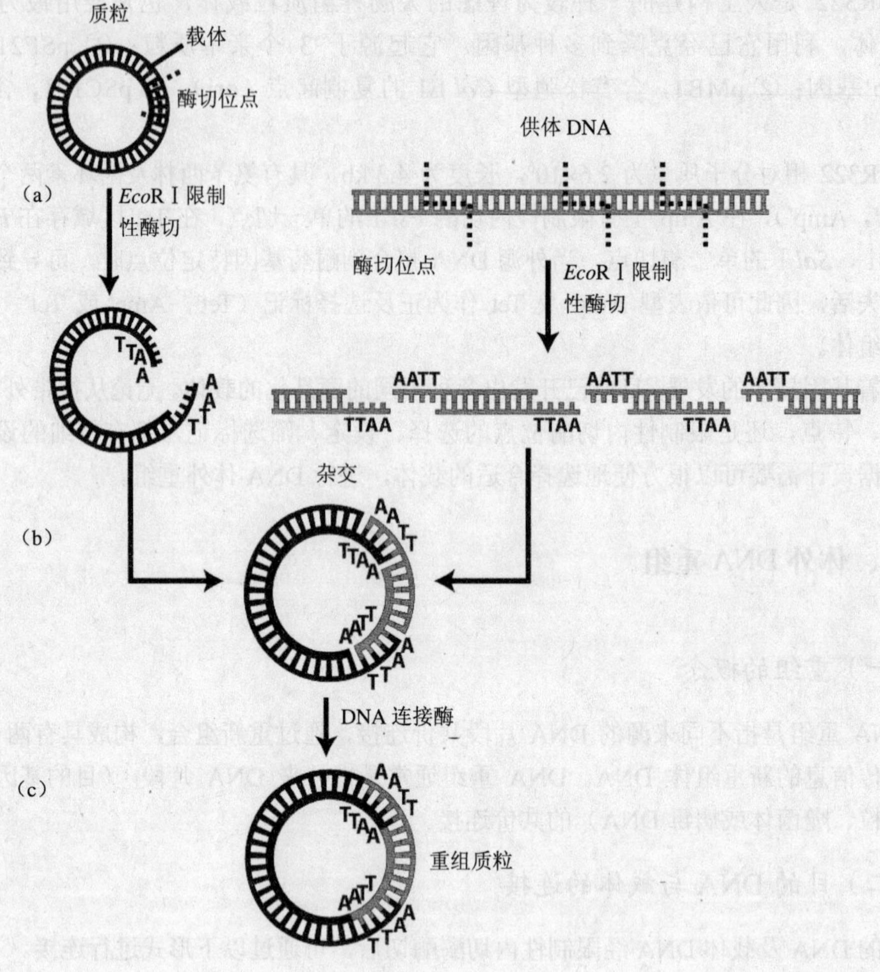

图 2-9 黏性末端连接

两个 DNA 分子经同一酶切所形成的黏性末端，因存在着互补的碱基序列可互相配对而结合，称为退火。当一个 DNA 分子片段足够大时，自身也可退火形成环状（如载体 DNA 与载体 DNA 碱基配对而形成双连体重组分子），使目的 DNA 不易插入，形成无效重组分子。

黏性末端连接主要有同源黏性末端连接与定向克隆两种方法。

2. 同聚物核苷酸末端法

该法是用末端核苷酸转移酶在 DNA 片段上人工制造一个黏性末端，如在外来 DNA 片段 5′及 3′末端分别加上一小段单股同聚物尾（即一连串相同核苷酸），如 polydA（或 polydG），在载体两末端各加一段 polydT（或 polydC），这样两个 DNA 片段即可利用末端的 polydA：polydT（或 polydG：polydC）形成碱基配对，然后以连接酶结合。若互补序列较长，可不需连接酶。该法的优点为不会发生自身环化。

3. 平端连接法

T4DNA 连接酶也可把只有平末端的两个 DNA 片段共价连成新的 DNA 分子，但其效率仅为黏性末端连接效率的 1%。RNA 连接酶能提高 DNA 连接酶的连接效率，但其机制尚不清楚。

4. 人工接头连接

对平末端的 DNA 或没有互补黏性末端的 DNA，除同聚物加尾法外，也可先连上人工设计合成的脱氧寡核苷酸双链接头，使 DNA 末端产生新的限制性酶切位点，经内切酶切割后，即可按黏性末端相连。

5. T-A 克隆

T-A 克隆是用来直接克隆 PCR 产物的简便方法，也可连接 DNA 片段，直接用于 DNA 测序。

四、重组 DNA 的转化

（一）转化

把以质粒为载体构建的重组 DNA，在一定条件下引入受体细胞的过程称转化。以噬菌体或病毒构建的重组 DNA 引入受体细胞的过程称转染。接受了重组 DNA 的受体菌称为转化子或工程菌。

（二）感受态细胞及其特点

受体细胞是否处于感受态是转化成功与否的关键之一。感受态是指细胞处于最适于摄取和容忍外来 DNA 的生理状态。感受态细胞的特点为：

（1）细胞表面暴露出一些可接受外来 DNA 的位点（用溶菌酶处理，可促使受体细胞的接受位点充分暴露）。

（2）细胞膜通透性增加（用 Ca^{2+}处理，可使膜通透性增加，使 DNA 直接穿过质膜进入细胞）。

（3）受体细胞的修饰酶活性应表现最高，而限制酶活性最低，使转入的 DNA 分子不易被切除或降解。

（4）受体细胞本身应处于非生长繁殖阶段（即受体细胞染色体相对稳定），基因工程中多采用限制酶阴性、修饰酶阳性的大肠杆菌 C600、HB101、JM109 等作为受体细胞，因为这些受体细胞比较容易接受重组 DNA。

（三）转化方法

重组 DNA 转化的方法很多，列举常用的钙转化法及电转化法如下：

（1）钙转化法。大肠杆菌是应用最广的受体细胞之一。转化过程中受体细胞在 4℃以 Mg^{2+}洗涤，然后加入 70～80 mmol/L 经 Ca^{2+}处理的受体细胞，随之加入重组 DNA，以 42℃瞬间热冲击处理，然后加入培养基，经培养后在培养板上筛选出相应的转化子。氯化钙转化法由 Cohen 等人首创，其转化率一般为 10^5～10^6 转化子/μgDNA。

（2）电转化法。电转化法由 Dower 等人于 1988 年首次取得成功，目前 DNA 电转化仪已得到推广应用。该法以高压脉冲电击细胞，使细胞摄取外源 DNA。电转化法不需制备感受态细菌，操作简便，适用于各种细菌、酵母菌以及真核细胞等的转化，其转化率可达每微克 DNA 10^9～10^{10} 转化子。转化率受电场强度、电脉冲时间长度及 DNA 的浓度影响。该法的缺点是转化细胞受强电场作用而使其活性受到一定影响。由于电转化法转化率高，操作方便，故目前已广泛应用。

五、重组体的筛选鉴定与克隆扩增

（一）重组体的筛选鉴定

感受态的受体细胞经体外重组 DNA 转化处理后，有一部分细胞获得了重组 DNA 而成为转化细胞（重组体），但在整个反应体系中，尚存在着大量未转化的细胞，因此，进行克隆扩增前需设法将含有重组 DNA 分子的重组体从细胞群中分离出来，该过程即为重组体的筛选。

不同的克隆载体及相应的受体细胞，其重组体的筛选、鉴定方法不同。常用筛选重组体的方法有：平板筛选、电泳筛选、原位杂交筛选等，对重组体的进一步鉴定常用各种核酸分子杂交、免疫化学及核酸测序等方法。

重组 DNA 转化细胞后，首先进行平板筛选，确定转化效率，以利于进一步鉴定阳性重组体。常用方法介绍如下。

（1）平板筛选。平板筛选是阳性重组体进行初步筛选的方法，简单而快速。筛选是依据载体 DNA 分子携带的筛选标记所赋予受体细胞在平板上生长的表型特征进行的，供筛选用的载体 DNA 的遗传标志，在最初的设计时就应该考虑到。如质粒 pBR322 多采用抗生素抗性基因插入失活法来选择转化细胞。所谓插入失活是在载体分子基因编码顺序中的限制性内切酶作用位点上插入外源性 DNA 后，其编码供筛选的标记性产物或功能不能正常表达，此现象常作为一种筛选重组体的方法。

平板筛选有多种方法，包括普通抗生素平板法、插入失活抗生素平板法、插入表达抗生素平板法及蓝白斑选择法等。

（2）DNA 限制性内切酶图谱分析与电泳筛选法。药物平板法筛选的重组体常有假阳性转化菌落，如自我连接载体、缺失连接载体等，仅用抗生素平板法不易鉴别，但采用电泳法可将这些假阳性菌落淘汰。电泳筛选法适用于插入片段与载体 DNA 片段相差较大的重组子的初步筛选，因为由这些转化菌落所抽提的重组质粒经酶切后产生的 DNA 分子大小不同，其 DNA 在凝胶中位于不同的区带，很容易鉴别。但如果插入片段是与目的 DNA 或载体 DNA 大小相似的非目的 DNA 片段，则电泳法亦不能鉴别排除。这时可采用核酸分子杂交方法，即以目的基因片段制备的探针与重组 DNA 杂交，才能最终确定真正阳性重组体。

（3）PCR 筛选重组体。有些载体的外源 DNA 插入位点两侧存在恒定的碱基序列，因此，可设计与插入片段两侧 DNA 互补的引物，对小量抽提的重组质粒 DNA 进行 PCR 产物分析，此法不仅能迅速扩增插入片段，而且还可以进行 DNA 序列分析。如为 PCR 筛选测序而设计的 T-A 克隆载体已广泛应用。

以上方法仅是对重组体的初步筛选，作为重组体的鉴定则要求以更准确的方法直接证实或判断目的 DNA 的存在，如 DNA 测序、核酸分子杂交、免疫检测法（以单克隆抗体对表达产物的检测）、核酸电镜技术等。

（4）核酸分子杂交鉴定。核酸分子杂交是指两个不同来源的含有互补核苷酸序列的单股核酸分子，通过碱基配对形成一个新的、稳定的双股分子的过程，是筛选、鉴定重组体最常选用的方法之一，按照参与杂交的核酸分子的不同，可分别形成 DNA-DNA、DNA-RNA、RNA-RNA 分子杂交。在核酸分子杂交鉴定重组体时必须有相应的核酸探针进行检测。

所谓核酸探针是指以放射性同位素或非放射性标记物如地高辛、生物素等标记的一段特定的已知序列的 DNA 或 RNA 片段，用于核酸杂交技术以检测出与其互补的待测酸分子。根据杂交的特点，分子杂交又可分为点杂交、原位杂交、Southern 印迹杂交等（见第六章）。

菌落原位杂交技术是将带有重组子的菌落复印在硝酸纤维滤膜上，原位溶菌后，经 DNA 变性使其在原位固定于滤膜上，然后以相应的 DNA 探针通过分子杂交鉴定阳性重组体，最后对照参考平板上的相对位置，选择出相应的菌落。

（5）DNA 测序。为获得有高效表达功能蛋白的重组体，检测插入片段的顺序及方向的正确性非常必要。经初步筛选后，一般需进行 DNA 测序。DNA 自动测序是目前已公认的确定重组体一级结构最可靠的技术。

（二）重组体的克隆扩增

从转化细菌中筛选出含有阳性重组子的菌落，经鉴定其正确性，即可通过细菌培养大量克隆扩增，以获得所需目的基因片段的大量拷贝或获得相应目的基因表达产物。如果实验设计的目的是制备纯化DNA片段（如制备探针所需DNA片段），那么收获扩增后的细菌（工程菌）经质粒抽提、酶切、电泳即可回收目的 DNA。多数基因工程的重要目的在于实现目的基因的表达，以获得功能性蛋白产物，因此，目的DNA受体菌的表达是基因工程技术中最后也是十分关键的一步。

为使克隆的外源基因高效表达，必须有一个合适的表达系统以保证基因产物高效表达。而基因表达是在各种调控因子控制之下实现的，因此，必须精心设计、构建能高效表达的载体系统以获得具有活性的蛋白质产物。

目的 DNA 能否高效表达，除与表达载体自身特点及诱导条件（如温度、pH、诱导物的存在等）有关外，还取决于受体细胞容许目的DNA表达的多个层次：

（1）转录水平上启动子与受体细胞RNA多聚酶的统一问题。

（2）翻译水平上mRNA的核糖体结合部位与受体细胞核糖体的统一问题。

（3）外来DNA片段插入方向对表达的影响。

（4）其他，如转录后修饰、翻译后修饰等。

以上任何一个过程均能直接影响到目的DNA的表达。

基因工程中目的DNA是以复制子作为载体，所以转化后通过复制子的自主复制才能扩增目的 DNA。但来自异种个体的 DNA 能否在受体细胞上正确表达、转录、翻译出活性产物，这是关系到整个工程是否真正有价值的关键。

当以大肠杆菌为受体细胞时，它对各种来源的外来基因的容忍力均较强。枯草杆菌、葡萄球菌质粒均可以在大肠杆菌中正常表达，但反之却不行。另外，外来基因在受体细胞中能否表达也与供体—受体的亲缘关系有一定的相关性。

对真核细胞表达载体的研究进展很快，特别是腺病毒表达载体已进入临床应用阶段。腺相关病毒载体、双启动子酵母表达载体、能够供真核与原核共表达的穿梭载体以及各种融合蛋白表达载体的使用，比较方便地实现了外源基因在真核细胞内的表达（见第七、八章）。

对目的 DNA 的表达产物尚需鉴定其产量和活性。表达产物的检测是确定整个设计是否达到预期目的的重要步骤，包括表达产物特异性及表达产物生物活性两方面的鉴定。特异性鉴定可采用免疫学方法，如免疫荧光素标记抗体、免疫沉淀、免疫印迹等；对蛋白质表达产物生物活性的鉴定则应根据其特点选择相应的检测指标或方法。

基因操作的流程设计参见图2-10。

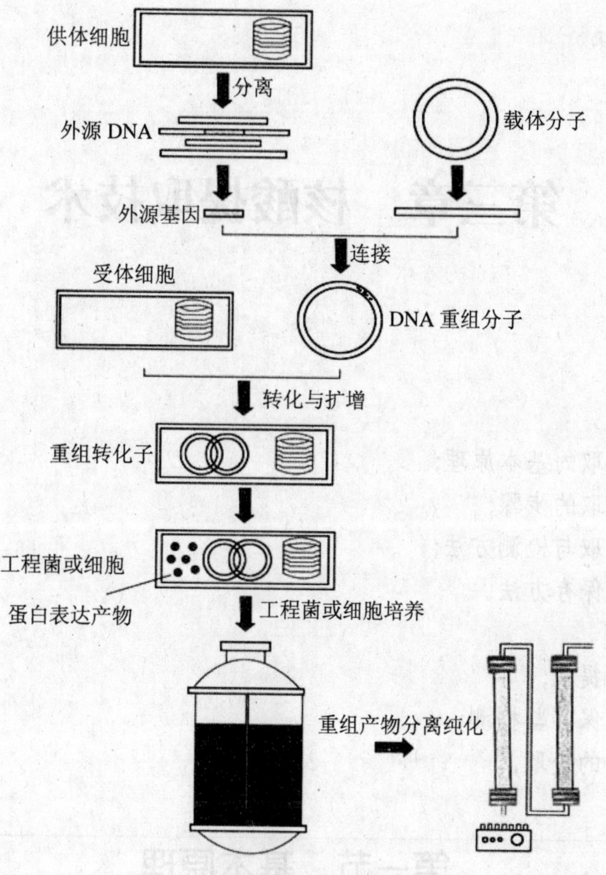

图 2-10　基因操作的流程设计

复习思考题

1. 简述基因操作的概念。
2. 如何克隆一个基因？
3. 基因操作的载体一般需要具备什么条件？
4. 外源基因与载体相连有几种策略？
5. 如何鉴定重组子？

第三章　核酸提取技术

【知识目标】

- 熟悉核酸提取的基本原理；
- 理解 RNA 提取的步骤；
- 掌握核酸提取与检测方法；
- 了解核酸的保存方法。

【能力目标】

- 能进行 DNA 提取；
- 能进行 DNA 保存与检测；
- 能进行 RNA 的提取。

第一节　基本原理

核酸是遗传信息的载体，是最重要的生物信息分子，是分子生物学研究的主要对象。为了进行后续的 PCR、克隆、测序、杂交和基因表达等操作，获得高分子量和高纯度的核酸是非常重要的前提。尽管核酸提取与纯化已经成为实验室的常规技术，由于基因操作的第一步就是核酸的提取与纯化，核酸的质量对后续的实验影响是至关重要的，因此必须重视并熟练掌握核酸的提取技术。

一、细胞的破碎

为了进行核酸研究，需要从不同的生物材料中提取 DNA 及 RNA。由于核酸分子在生物体内分布及含量不同，需要选择适当的材料进行核酸提取。常见的生物材料有：培养细菌、微生物以及病毒；动植物组织、培养细胞等。对于低等生物，核酸提取相对容易，而高等动、植物中的核酸提取相对困难一些。

1．细菌细胞

细菌细胞有坚硬的细胞壁，因此必须除去细胞壁才能把细胞内容物释放出来。细胞壁通常用以下方法除去：① 机械方法。超声波、研磨法或者匀浆法。② 化学试剂处理。用 EDTA 和去离子剂 SDS（十二烷基磺酸钠）处理，EDTA 能螯合二价离子，因而使细菌外膜不稳定，从而抑制了 DNase 的活性，保护 DNA 不被降解，而去离子剂则具有溶解膜脂的作用。③ 酶解法，加入溶酶使细胞壁破碎（鸡蛋清和泪中有天然的溶菌酶）。

2．动、植物细胞

植物细胞也有细胞壁，但结构与细菌不同，因此需要采用不同的方法处理。一般采用机械或酶法处理。动物细胞没有细胞壁，因此只用温和的去离子剂溶解细胞膜即可。

破碎的细胞或组织，去除了细胞壁或细胞质膜所得到的混合物，其中包括 DNA、RNA 与蛋白质、脂肪和碳水化合物。由于细胞突然被裂解，会导致部分染色体断裂，特别是细菌染色体，自然状态下应该是环形的，此时会有部分开环，变成线形。因此，如果要获得大片段染色体 DNA，温和的裂解条件是很重要的。

二、酶处理

破碎细胞后，需要采用不同的方法分离 DNA、RNA 或蛋白质，以获得高纯度的核酸。

1．去除 DNA 中的 RNA

用 RNase 消化即可去除 DNA 中的 RNA。RNase 是一种热稳定酶，能够除去痕量的 DNase，否则 DNase 会降解 DNA。RNase 在使用之前要加热。

2．去除 RNA 中的 DNA

去除 RNA 中的 DNA 要复杂得多，因为需要无 RNase 活性的 DNase。不过现在有商品化的无 RNase 活性的 DNase，也有无 DNase 活性的 RNase。

3．去除蛋白质

核蛋白可以用蛋白水解酶消化蛋白来去除，通常用的是蛋白酶 K。也可以用高浓度的氯化钠溶液，在高盐溶液中，核蛋白易解聚，游离出 DNA。

三、酚-氯仿处理

去除蛋白质是核酸提取至关重要的一步。由于细胞中含有大量可以降解核酸的酶，某些蛋白会结合核酸从而干扰核酸提取过程。常见的去除蛋白质的方法是酚-氯仿法（酚：氯仿：异戊醇=25：24：1），酚和氯仿皆不溶于水。苯酚作为蛋白质变性剂，可以抑制 DNase 的降解作用。当用苯酚处理匀浆液时，由于蛋白质与 DNA 的联结已被蛋白酶 K 打断，蛋白质分子表面又含有许多极性基团，与苯酚相似相溶，因此蛋白质分子溶于酚相，而 DNA 溶于水相。因此当酚和氯仿加到细胞提取液中时会使液体分层。提取液经过充分混合后，蛋白质会变性并沉积于中间层。

酚与氯仿都具有变性蛋白质的作用，但酚的变性作用要大于氯仿。水饱和酚的比重略大于水，在高浓度的盐溶液中，会有部分酚跑到水相中，不利于 DNA 的回收。加入氯仿后会增加比重，使酚-氯仿始终在下层，方便水相的回收。此外，酚与水有一定程度的互溶性，如果单独使用酚抽提会有大量的酚溶到水相中，抑制后续的 PCR 反应。可以通过多次酚-氯仿抽提来保证除去痕量的酚，酚是剧毒物质，操作时务必戴手套。而异戊醇的作用仅仅是为了在离心时起消泡作用，使水相与有机相更加清晰，以便于水相的回收。

经过酚-氯仿处理的匀浆液会分成三层，上层为水相，蛋白质位于中间层，下层为有机相。

四、乙醇沉淀

经过酚-氯仿抽提后，蛋白质被去除。但提取液中的核酸浓度很低，提取液中还含有少量酚-氯仿（酚可以部分溶解于水），会导致以后步骤如 PCR 中的酶变性。较好的解决办法是沉淀核酸，加入酒精或异丙醇，当存在一价阳离子（Na^+，K^+，NH_4^+）时，核酸会被沉淀下来，一些盐也会被沉淀下来，可以用 70%酒精除去。

五、梯度离心

离心是分离 DNA 必不可少的步骤，按离心速度与介质可以分为中速、高速、密度梯度离心。

1. 中速离心

DNA 提取中常用的离心速度为中速，中速离心可以有效地分离溶液中的物质，也可以除去细胞碎片，或者沉淀核酸。

2. 密度梯度离心

分离生物大分子，常用的方法是密度梯度超速离心。根据样品的密度大小不同而进行的分离称为密度梯度离心。密度梯度可以在开始前做好，也可在离心时依靠离心力自己形成密度梯度。当样品在具有密度梯度的介质中离心时，样品往上移动或往下移动，质量和密度大的颗粒比质量和密度小的颗粒沉降得快，当介质的密度与样品的密度相等时，样品停止移动，停留在该介质密度的位置上。最常用的方法是加入 CsCl 的盐水溶液；有时也会加溴乙锭，这种方法可以有效地分离 DNA、RNA。在构建基因组文库时可以用蔗糖密度梯度离心法把不同分子量大小的 DNA 片段分开。但是溴乙锭是剧毒物质，会造成环境污染，该方法已经慢慢被淘汰。

六、碱变性

碱变性是从细菌中提取质粒的常用方法。在细菌培养物中，细胞基因组 DNA 是线性的，把 pH 升至 12，氢键会断裂，基因组会变成线性从而可以分开。质粒相对基因组 DNA 要牢固，不容易破裂，仍然保持超螺旋，尽管高 pH 打断了氢键，两个环形链也不能分开。当 pH 降低时，质粒 DNA 又恢复到双链结构。而线性细菌染色体不能，他们会聚集起来形成不可溶的网状结构，可通过离心的方法加以除去。细菌的其他成分如细胞壁和蛋白质也可以通过这种方法除去，因此在质粒提取过程中可以不用酚。

第二节　基因组 DNA 的提取

一、概述

基因组 DNA 的提取通常用于构建基因组文库、Southern 杂交及 PCR 分离基因等。不同生物（植物、动物、微生物）的基因组 DNA 的提取方法有所不同；不同种类或同一种类的不同组织因其细胞结构及所含的成分不同，分离方法也有差异。在提取某种特殊组织的 DNA 时必须参照文献和经验建立相应的提取方法，以获得可用的 DNA 大分子。应根据材料来源与实验目的，制定适当的基因组 DNA 纯化策略，选择合适的纯化方法。基因组 DNA 提取要遵循两个原则：一是保证 DNA 分子一级结构的完整性；二是排除其他分子的污染。

要遵循上述两个原则，尽可能降低核酸酶的影响、保持适当的剪切力和尽可能减少化学试剂污染。核酸酶是基因组 DNA 质量的主要影响因素。当细胞死亡时，DNA 纯化必须要与细胞内部核酸酶降解展开争分夺秒的竞赛，必须尽快将样本在最短时间内裂解，裂解液必须使核酸酶失活以阻止核酸降解。大部分裂解液含有蛋白质变性剂和酶抑制剂。DNase 很容易使 RNase 失活，但在提取过程中会造成新的 RNase 污染。所有使用的材料与试剂必须经过灭菌，以保证没有核酸酶污染，也可以采用低温操作降低核酶活性。如果纯化后基因组 DNA 的电泳有拖尾现象，表明提取过程中有部分降解。

大分子 DNA 如基因组 DNA、细菌人工染色体、酵母人工染色体纯化过程中很容易断裂。因此要避免旋涡振荡、反复吹打（特别是用小体积的吸头），以及任何其他形式的机械力。

干扰下游核酸应用的另一个因素来源于样品本身，如植物、霉菌、真菌具有较厚的细胞壁，含有多糖，酚类物质可以与核酸发生反应产生不稳定物质。DNA 纯化试剂也可能影响 DNA 质量。比如溶解细胞的异硫氰酸胍，痕量即可影响酶的活性，可以通过多次乙醇沉淀与冲洗除去；苯酚也会产生影响，可以用氯仿除去。苯酚氧化物可以破坏核酸，因此建议使用过滤酚。使用氯仿与苯酚混合物可以提高 DNA 产量，氯仿可以减少含核酸的水的体积，有利核酸纯化。同样氯仿也会影响 DNA 质量，氯仿可以通过干燥挥发掉。抗凝剂肝素残留会影响 TaqDNA 聚合酶活性，现在一般用 ACD 抗凝，或者用 2%～5% EDTA 抗凝。

本节以植物幼苗、叶子、动物肌肉组织及血液和大肠杆菌培养物为材料，介绍基因组 DNA 提取的一般方法，质粒 DNA 的提取见第十章。

二、从植物组织提取基因组 DNA

1．材料

水稻幼苗或其他禾本科植物，李（苹果）幼嫩叶子。

2．设备

移液器，冷冻高速离心机，台式高速离心机，水浴锅，陶瓷研钵，50 ml 离心管（有盖）及 5 ml 和 1.5 ml 离心管，弯成钩状的小玻棒。

3．试剂

（1）提取缓冲液Ⅰ：100 mmol/L Tris-HCl，pH 8.0，20 mmol/L EDTA，500 mmol/L NaCl，1.5% SDS。

（2）提取缓冲液Ⅱ：18.6 g 葡萄糖，6.9 g 二乙基二硫代碳酸钠，6.0 g PVP，240 μl 巯基乙醇，加水至 300 ml。

（3）体积比为 80∶4∶16 的氯仿-戊醇-乙醇。

（4）RNase（10 μg/μl）。

（5）其他试剂：液氮，异丙醇，TE 缓冲液，无水乙醇，70%乙醇，3 mol/L NaAc。

4．操作步骤

（1）水稻幼苗或其他禾本科植物基因组 DNA 提取

① 在 50 ml 离心管中加入 20 ml 提取缓冲液Ⅰ，60℃水浴预热。

② 水稻幼苗或叶子 5～10 g，剪碎，在研钵中加液氮磨成粉状后立即倒入预热的离心管中，剧烈摇动混匀，60℃水浴保温 30～60 min（时间长，DNA 产量高），不时摇动。

③ 加入 20 ml 氯仿-戊醇-乙醇溶液，颠倒混匀（需戴手套，防止损伤皮肤），室温下静置 5～10 min，使水相和有机相分层（必要时可重新混匀）。

④ 室温下 5 000 r/min 离心 5 min。

⑤ 仔细移取上清液至另一 50 ml 离心管，加入 1 倍体积异丙醇，混匀，室温下放置片刻即出现絮状 DNA 沉淀。

⑥ 在 1.5ml 离心管中加入 1 ml TE。用钩状玻璃棒捞出 DNA 絮团，在干净吸水纸上吸干，转入含 TE 的离心管中，DNA 很快溶解于 TE。

⑦ 如果 DNA 不形成絮状沉淀，则可用 5 000 r/min 离心 5 min，再将沉淀移入 TE 管中。这样收集的沉淀，往往难溶解于 TE，可在 60℃水浴放置 15 min 以上，以帮助溶解。

⑧ 将 DNA 溶液 3 000 r/min 离心 5 min，上清液倒入干净的 5 ml 离心管。

⑨ 加入 5 μl RNase（10 μg/μl），37℃下放置 10 min，除去 RNA（RNA 对 DNA 的操作、分析一般无影响，可省略该步骤）。

⑩ 加入 1/10 体积的 3 mol/L NaAc 及 2 倍体积的冰乙醇，混匀，−20℃放置 20 min 左右，DNA 形成絮状沉淀。

⑪ 用玻璃棒捞出 DNA 沉淀，70%乙醇漂洗，再在干净吸水纸上吸干。

⑫ 将 DNA 重溶解于 1 ml TE 中，−20℃储存。

⑬ 取 2 μl DNA 样品在 0.7% 琼脂糖凝胶上电泳，检测 DNA 的分子大小。同时取 15 μl 稀释 20 倍，测定 OD_{260}/OD_{280}，检测 DNA 含量及质量。

（2）从李（苹果）叶子提取基因组 DNA

① 取 3～5 g 嫩叶，在液氮中磨成粉状。

② 加入提取缓冲液Ⅱ10 ml，再研磨至溶浆状，10 000 r/min 离心 10 min。

③ 去上清液，在沉淀中加入提取缓冲液Ⅰ20 ml，混匀，65℃下放置 30～60 min，常摇动。

④ 同上述（1）中步骤③～⑬操作。

三、从动物组织及血液中提取基因组 DNA

1．材料

哺乳动物新鲜组织。

2．设备

移液管，高速冷冻离心机，台式离心机，水浴锅。

3．试剂

（1）DNA 提取液：10 mmol/L Tris-HCl（pH 7.4），10 mmol/L NaCl，25 mmol/L EDTA。

（2）其他试剂：10% SDS，蛋白酶 K（20 mg/ml），酚∶氯仿∶异戊醇（25∶24∶1），无水乙醇及 70%乙醇，5 mol/L NaCl，3 mol/L NaAc，TE。

4．操作步骤

（1）动物组织基因组 DNA 提取

① 切取组织 5 g 左右，剔除结缔组织，吸水纸吸干血液，剪碎放入研钵（越细越好）。

② 倒入液氮，磨成粉末（可省略）。

③ 加 10 ml DNA 提取液，1 ml 10% SDS，混匀，此时样品变得很黏稠。

④ 加 50 μl 蛋白酶 K（20 mg/ml），37℃保温 1～2 h 或过夜，直到组织完全解体。

⑤ 加 1 ml 5mol/L NaCl，混匀，5 000 r/min 离心 10 min。

⑥ 取上清液于新离心管，用等体积酚-氯仿-异戊醇（25∶24∶1）抽提，待分层后，3 000 r/min 离心 5 min。

⑦ 加 1/10 体积 3 mol/L NaAc 及 2 倍体积无水乙醇或异丙醇颠倒混合，室温下静止 10～20 min，DNA 沉淀形成白色絮状物。

⑧ 5 000 r/min 离心 5 min，去上清液，得 DNA 沉淀。

⑨ 70%乙醇中漂洗后在吸水纸上吸干，置通风柜中晾干，溶解于 200～500 μl TE 中，－20℃保存。

⑩ 如果 DNA 溶液中有不溶解颗粒，可在 5 000 r/min 短暂离心，取上清液；如要除去其中的 RNA，可加 5 μl RNase（10 μg/μl），37℃保温 30 min，用酚抽提后，按步骤⑨～⑩重沉淀 DNA。

（2）动物血液 DNA 提取

分别采集外周静脉血 5 ml，用 2%乙二胺四乙酸二钠抗凝，待用（要求采血至分离白细胞间隔时间在室温下放置不超过 2 h、4℃放置不超过 5 h，以防白细胞自溶）。

方案一：NaI 提取法提取外周血白细胞基因组

① 取外周抗凝血（全血）100 μl 于离心管中，12 000 r/min 离心 12 min。

② 弃上清液，加双蒸水 200 μl 溶解，摇 20 s。

③ 混匀后加 6 mol/L NaI 溶液 200 μl，摇 20 s。

④ 加氯仿-异戊醇（24∶1）400 μl，即加即摇，摇 20 s，12 000 r/min 离心 12 min。

⑤ 取上清液 350 μl，加入另一新 Ep 管中，加 0.6 倍体积异丙醇，摇 20 s，室温放置 15 min，静置后的反应体系 15 000 r/min 下离心 12 min，使沉淀紧贴离心管壁。

⑥ 弃异丙醇，加 70%乙醇 1 ml（不振动），15 000 r/min 离心 12 min。

⑦ 弃乙醇，敞开离心管盖，烘干（37℃恒温箱）后，加 1×TE 溶液 30 μl，使 DNA 溶解 12 h 以上，制成的 DNA 溶液放置－20℃冰箱中保存备用。

方案二：标准酚-氯仿法

① 裂解红细胞：将 1 ml EDTA 抗凝贮冻血液于室温解冻后移入 5 ml 离心管中，加入 1 ml 磷酸缓冲盐溶液（PBS），混匀，3 500 ×g 离心 15 min，倾去含裂解红细胞上清液。重复一次。

② 裂解白细胞：用 0.7 ml DNA 提取液混悬白细胞沉淀，37℃水浴 1 h。加入 1 mg/ml 蛋白酶 K 0.2 ml，至终浓度为 100～200 μg/ml，上下转动混匀，液体变黏稠。42～50℃

水浴保温 3 h 或过夜，裂解细胞，消化蛋白。保温过程中，应不时上下转动几次，混匀反应液。

③ 酚-氯仿抽提：上述反应液冷却至室温后，加入等体积的饱和酚溶液[酚-氯仿-异戊醇（25∶24∶1）]，温和地上下转动离心管 5～10 min，直至水相与酚相混匀成乳状液。5 000×g 离心 15 min，用大口吸管小心吸取上层黏稠水相，移至另一离心管中。加等体积的氯仿-异戊醇（24∶1），上下转动混匀，5 000×g 离心 15 min，用大口吸管小心吸取上层黏稠水相，移至另一离心管中。

④ 乙醇沉淀：加入 1/5 体积的 3 mol/L NaAc 及 2 倍体积的预冷的无水乙醇，室温下慢慢摇动离心管，即有乳白色云絮状 DNA 出现。用玻璃棒小心挑取絮状的 DNA，转入另一 1.5 ml 离心管中，加 70%乙醇 0.2 ml，5 000×g 离心 5 min，弃上清，去除残留的盐，重复一次。室温下挥发残留的乙醇，但不要让 DNA 完全干燥。加 TE 溶液 20 μl 溶解 DNA，置于摇床缓慢摇动，DNA 完全溶解通常需 12～24 h。

⑤ DNA 的浓度测定及纯度判定：取 DNA 溶液用 TE 溶液作适量稀释，以 TE 溶液作空白对照，在紫外分光光度计上读取 OD_{260} 和 OD_{280} 的光密度值。按下面公式计算浓度：DNA 浓度（μg/μl）= A_{260}×50×稀释倍数/1 000；DNA 纯度的判定：OD_{260}/OD_{280} 比值应介于 1.7～2.0。

四、线粒体 DNA 的提取

关于动物线粒体（mtDNA）的提取，国内外已报道了不少方法，概括起来可分为：氯化铯超速离心法、柱层析法、DNase 法、碱变性法。这些方法各有其特点，也都有其局限性。这里介绍王文和施立明根据碱变性法加以改进建立的一种有效、快速的动物 mtDNA 提取方法。

1．材料

用液氮长期冻存（－196℃）或在普通冰箱冷冻室内保存（－10℃）或低温（4℃）短期内运送至实验室的材料均可，但－20℃以上长期保存的样品效果往往不是很理想。

2．设备

移液管、高速冷冻离心机、台式离心机、水浴锅。

3．试剂

（1）SE 缓冲液（或称匀浆缓冲液）：0.25 mol/L 蔗糖，30 mmol/L Tris-HCl，10 mmol/L EDTA-2Na，2.5 mmol/L $CaCl_2$，pH 7.3～8.1。

（2）溶液 1：TEN：10 mmol/L Tris-HCl，10 mmol/L EDTA-2Na，0.15 mol/L NaCl，pH 8.0；或 GTE：1%葡萄糖，25 mmol/L Tris-HCl，50 mmol/L EDTA-2Na，pH 8.0。

（3）溶液 2：含 0.2 mol/L NaOH 的 1% SDS（用时用 10% SDS 和 1 mol/L NaOH 新配制）。

（4）溶液 3：KAc 溶液，其中含 3 mol/L K^+和 5 mol/L Ac^-。

4．操作步骤

（1）取 2～15 g（视动物种类而定）动物组织或整体于少量 SE 溶液中剪碎（或研磨碎），加约 50 ml SE 溶液，用电动匀浆器以 1 500 r/min 上下匀浆 15 次（质硬的组织剪碎后先用纱布过滤，再用匀浆器匀浆）。

（2）将匀浆好的匀浆物转至离心管，3 000 r/min 离心 10 min，沉淀核及细胞碎片。

（3）取上清液，12 000 r/min 离心 15 min，沉淀线粒体。

（4）弃上清液，加 4 ml SE 溶液，以悬浮线粒体，然后将溶液倒入 4 个 1.5 ml 离心管中，每管 1 ml。

（5）12 000 r/min 离心 8 min，弃上清液。每管加 150 μl 溶液 1，悬浮线粒体（振荡、吹打均匀）。

（6）向试管中各加 300 μl 新制的溶液 2，混匀，冰浴 10 min。

（7）向试管中各加 225 μl 冷溶液 3（4℃），混匀，冰浴 25 min。

（8）12 000 r/min 离心 6 min，取上清液，加入 1/2 体积的水饱和酚，室温下振荡 30 min 后，加原上清液 1/2 体积的氯仿-异戊醇（24∶1），充分混匀。

（9）2 000 r/min 离心 8 min，取水相，加等体积的异丙醇或 2 倍体积无水乙醇，混匀，冰浴 30 min 或更长时间。

（10）12 000 r/min 离心 10 min，用 70%冰乙醇（4℃）洗涤沉淀，12 000 r/min 离心 2 min，然后真空或自然干燥。

（11）加适量体积的 TE（其中可含 20 μg/ml 不含 DNase 的 RNaseA），在－20℃下保存。

五、细菌基因组 DNA 的制备

1．材料

细菌培养物。

2．设备

移液管，高速冷冻离心机，台式离心机，水浴锅。

3．试剂

（1）CTAB-NaCl 溶液：4.1g NaCl 溶解于 80 ml H_2O 中，缓慢加入 10 g CTAB，加水至 100 ml。

（2）其他试剂：氯仿-异戊醇（24∶1），酚-氯仿-异戊醇（25∶24∶1），异丙醇，70% 乙醇，TE，10% SDS，蛋白酶 K（20 mg/ml 或粉剂），5 mol/L NaCl。

4．操作步骤

（1）取 100 ml 细菌过夜培养液，5 000 r/min 离心 10 min，去上清液。

（2）加 9.5 ml TE 悬浮沉淀，并加 0.5 ml 10% SDS、50 μl 20 mg/ml（或 1 mg 干粉）蛋白酶 K，混匀，37℃保温 1 h。

（3）加 1.5 ml 5 mol/L NaCl，混匀。

（4）加 1.5 ml CTAB-NaCl 溶液，混匀，65℃保温 20 min。

（5）用等体积酚-氯仿-异戊醇（25∶24∶1）抽提，5 000 r/min 离心 10 min，将上清液移至干净离心管中。

（6）用等体积氯仿-异戊醇（24∶1）抽提，取上清液移至干净离心管中。

（7）加 1 倍体积异丙醇，颠倒混合，室温下静止 10 min，沉淀 DNA。

（8）5 000 r/min 离心，使 DNA 沉淀，70%乙醇漂洗后，吸干，溶解于 1 ml TE 中，－20℃保存。

（9）如要除去其中的 RNA，加 5 μl RNase（10 μg/μl）。

六、病毒 DNA 的提取

有些病毒可以作为基因工程的载体，因而对其分离提纯是有必要的，其一般步骤如下。

1．材料

病毒（已纯化）。

2．主要设备

低温冰箱，冷冻台式离心机，移液器，玻璃棒。

3．试剂

5 mol/L NaCl，20×SSC（3 mol/L NaCl，0.3 mol/L 柠檬酸三钠，pH 7.0），氯仿，正丁醇，95%乙醇，10% SDS。

4．主要步骤

（1）提纯的病毒样品悬浮于 8 倍体积的 SSC（标准枸橼酸盐溶液）和 2 倍体积的 10% SDS 中，用玻璃棒轻轻搅拌混合，室温下放置 30～60 min，此时悬液很黏稠。

（2）加入足量的 5 mol/L 氯化钠，使氯化钠最终浓度为 1 mol/L，将悬液轻轻倒转几次使之混合，切勿振荡，放 4℃冰箱过夜。

（3）自冰箱取出，样品呈固相凝胶，置室温下使之再变为液体（30~45 min），将此液体用 15 000×g 离心 30 min，取上清液。

（4）此上清液应保留其全部黏液，为了除去液体中残留的蛋白质，加入等体积的氯仿和 1/3 体积的正丁醇，倒入 50 ml 的离心管内，注意操作时避免振荡，可将离心管倒转几次，再以 9 000×g 离心 15 min，使之分层。

（5）用 2～5 ml 宽嘴吸管慢慢地吸出上层液相中的 DNA，注意不要搅动中间相的蛋白质。如需进一步除去蛋白质，可用氯仿、正丁醇反复提取，直到上层液相透明，最后将含 DNA 的上清液转到一个新的 50 ml 离心管中。

（6）加入 2 倍体积的 95%乙醇，用玻璃棒将乙醇和样品轻轻混合，使 DNA 沉淀，转至含 70%乙醇的试管中漂洗，静置 5 min。

（7）将带有 DNA 的玻璃棒放在含有稀 SSC（0.1×SSC）的试管中，静置 0.5～2 h，DNA 脱落。所用 SSC 体积不应超过最初病毒悬液的一半，切忌搅动，否则 DNA 可能断裂。

（8）待 DNA 完全脱落后，加足量的 10×SSC 使溶液达到标准浓度，DNA 应置 4℃冰箱中，直到完全溶解。如果是高分子量样品，则需一周时间才能完全溶解。

七、质粒 DNA 的纯化

见第十章内容。

八、注意事项

（1）DNA 样品不纯，抑制后续酶解和 PCR 反应。主要原因及对策：① DNA 中含有蛋白、多糖、多酚等分子：应重新纯化 DNA，采用酚-氯仿或过柱除去杂蛋白、多糖等分子。② DNA 在溶解前，有酒精残留：应重新沉淀 DNA，使酒精充分挥发。③ DNA 中残留有金属离子：增加 70%酒精洗涤的次数。④ DNA 中有 RNA 的干扰：加入 RNase 降解 RNA。

（2）DNA 降解。主要原因及对策：① 材料不新鲜或反复冻融：尽量取材新鲜，低温运输、保存。② 未能很好地抑制内源核酸酶的活性：样品解冻前应加裂解缓冲液，或提高裂解液中螯合剂的含量，从而抑制内源性核酸的作用。③ 提取过程中机械力过大，DNA 被打断：细胞裂解后的操作应轻柔。④ 外源核酸酶的干扰：所有试剂用无菌水配制，所有材料经高温灭菌后使用。⑤ 反复冻融：DNA 应分装于缓冲液中，避免反复冻融。

（3）DNA 提取量少。主要原因及对策：① 实验材料不佳或量少：尽量选用新鲜的材料。② 破壁或裂解不充分：动植物的组织、细胞要匀浆研磨充分，高温裂解的时间可适当延长，还可适当增加蛋白酶 K 的用量。③ 吸附或沉淀不完全：增加吸附的时间或低温沉淀效果更佳。④ 洗涤时 DNA 丢失：小心操作。

第三节　RNA 的提取

一、概述

cDNA 文库构建、蛋白质体外翻译、Northern 斑点分析等需要一定纯度和一定完整性的 RNA。完整性和均一性是评价 RNA 质量的两个关键标准。模板 RNA 的质量直接影响到 cDNA 合成的效率。要获得完整 RNA 取决于能否最低限度地避免纯化过程中内源及外源 RNA 酶对 RNA 的降解。由于 mRNA 分子的结构特点，容易受 RNA 酶的攻击而降解，加上 RNA 酶极为稳定且广泛存在，因而在提取过程中要严格防止 RNA 酶的污染，并设法抑制其活性，这是本实验成败的关键。所有的组织中均存在 RNA 酶，人的皮肤、手指、试剂、容器等均可能被污染，因此全部实验过程中均需戴手套操作并经常更换（使用一次性手套）。所用的玻璃器皿需置于干燥烘箱中 200℃烘烤 2 h 以上。凡是不能用高温烘烤的材料（如塑料容器等）皆可用 0.1%的焦碳酸二乙酯（DEPC）水溶液处理，再用蒸馏水冲净。除 DEPC 外，也可用异硫氰酸胍、钒氧核苷酸复合物、RNA 酶抑制蛋白等。此外，为了避免 mRNA 或 cDNA 吸附在玻璃或塑料器皿管壁上，所有器皿一律需经硅烷化处理。

RNA 纯化首先需要考虑的是纯化组织总 RNA 还是 mRNA。这决定了你采用何种方法纯化RNA。如果单纯从应用角度来讲，总RNA可以满足大部分应用，无论是进行Northern 斑点分析还是进行 RT-PCR，由于 mRNA 仅占总 RNA 的 5%左右，在 mRNA 纯化过程中，会造成部分 mRNA（尤其是含量较少的 mRNA）损失。mRNA 纯化程序较总 RNA 烦琐，成本相对要高一些，因此对于一般应用来讲，总 RNA 纯化已经足够。细胞内总 RNA 制备方法很多，主要有三种：异硫氰酸胍-CSCL 法、异硫氰酸胍-酚-氯仿法和玻璃纤维吸附法，它们都是基于变性剂如异硫氰酸胍或去污剂来破碎细胞的同时使细胞内 RNase 失活，然后除去细胞裂解液中的蛋白质、基因组 DNA 及其他细胞成分。许多公司有现成的总 RNA 提取试剂盒，可快速有效地提取到高质量的总 RNA。分离的总 RNA 可利用 mRNA 3′末端含有 poly（A）的特点，当 RNA 流经 oligo（dT）纤维素柱时，在高浓度盐缓冲液作用下，mRNA 被特异地吸附在 oligo（dT）纤维素上，然后逐渐降低盐浓度洗脱，在低盐溶液或蒸馏水中，mRNA 被洗下。经过两次 oligo（dT）纤维素柱，可得到较纯的 mRNA。纯化的 mRNA 在 70%乙醇中－70℃可保存 1 年以上。

二、动、植物组织 mRNA 的提取

1．材料

水稻叶片或小鼠肝组织。

2．设备

研钵，冷冻台式高速离心机，低温冰箱，冷冻真空干燥器，紫外检测仪，电泳仪，电泳槽。

3．试剂

（1）无 RNA 酶灭菌水：用经高温烘烤的玻璃瓶（180℃，2 h）装蒸馏水，然后加入 0.01%的 DEPC（体积/体积），处理过夜后高压灭菌。

（2）75%乙醇：用 DEPC 处理水配制 75%乙醇，然后装入高温烘烤的玻璃瓶中，存放于低温冰箱。

（3）1×层析柱加样缓冲液：20 mmol/L Tris-HCl（pH 7.6），0.5 mol/L NaCl，1 mmol/L EDTA（pH 8.0），0.1% SDS。

（4）洗脱缓冲液：10 mmol/L Tris-HCl（pH 7.6），1 mmol/L EDTA（pH 8.0），0.05% SDS。

4．操作步骤

（1）动、植物总 RNA 提取——Trizol 法

Trizol 法适用于人类、动物、植物、微生物的组织或培养细菌，样品量从几十毫克至几克。用 Trizol 法提取的总 RNA 绝无蛋白和 DNA 污染。RNA 可直接用于 Northern 斑点分析、斑点杂交、poly(A)$^+$分离、体外翻译、RNase 封阻分析和分子克隆。整个操作要戴口罩及一次性手套，并尽可能在低温下操作。

① 将组织在液氮中磨成粉末后，再将 50～100 mg 组织加入 1 ml Trizol 液中进行研磨，注意样品总体积不能超过所用 Trizol 体积的 10%。

② 研磨液室温放置 5 min，然后以 1 ml Trizol 液加入 0.2 ml 的比例加入氯仿，盖紧离心管，用手剧烈摇荡离心管 15 s，30℃孵育 2～3 min，4℃12 000×g 离心 10 min。

③ 取上层水至新的离心管中，按每毫升 Trizol 液加 0.5 ml 异丙醇的比例加入异丙醇，室温放置 10 min，4℃12 000×g 离心 10 min。

④ 弃去上清液，按每 ml Trizol 液加入至少 1 ml 乙醇的比例加入 75%乙醇，涡旋混匀，4℃下 7 500×g 离心 5 min。

⑤ 小心弃去上清液，然后室温或真空干燥 5～10 min，注意不要干燥过分，否则会降低 RNA 的溶解度。然后将 RNA 溶于水中，必要时可用 55～60℃水溶 10 min。RNA 可进行 mRNA 分离，或储存于 70%乙醇并保存于－70℃。RNA 沉淀在 70%乙醇中可于 4℃保存一周，－20℃保存 1 年。

（2）mRNA 提取

由于 mRNA 末端含有多 poly(A)$^+$，当总 RNA 流经 oligo（dT）纤维素时，在高盐缓冲液作用下，mRNA 被特异地吸附在 oligo（dT）纤维素柱上，在低浓度盐或蒸馏水中，mRNA 可被洗下，经过两次 oligo（dT）纤维素柱，可得到较纯的 mRNA。oligo（dT）纤维素柱用后可用 0.3 mol/L NaOH 洗净，然后用层析柱加样缓冲液平衡，并加入 0.02%叠氮钠（NaN_3）冰箱保存，重复使用。每次用前需用 NaOH 水层析柱加样缓冲液依次淋洗柱床。

① 用 0.1 mol/L NaOH 悬浮 0.5～1.0 g oligo（dT）纤维素。

② 将悬浮液装入灭菌的一次性层析柱中或装入填有经 DEPC 处理并经高压灭菌的玻璃棉的巴斯德吸管中，柱床体积为 0.5～1.0 ml，用 3 倍柱床体积的灭菌水冲洗柱床。

③ 用 1×柱层析加样缓冲液冲洗柱床，直到流出液的 pH 小于 8.0。

④ 将①中提取的 RNA 液于 65℃温育 5 min 后迅速冷却至室温，加入等体积 2×柱层析缓冲液，上样，立即用灭菌试管收集洗出液，当所有 RNA 溶液进入柱床后，加入 1 倍柱床体积的 1×层析柱加样溶液。

⑤ 测定每一管的 OD_{260}，当洗出液中 OD 为 0 时，加入 2～3 倍柱床体积的灭菌洗脱缓冲液，以 1/3～1/2 柱床体积分管收集洗脱液。

⑥ 测定 OD_{260}，合并含有 RNA 的洗脱组分。

⑦ 加入 1/10 体积的 3 mol/L NaAc（pH 5.2），2.5 倍体积的冰冷乙醇，混匀，－20℃下放置 30 min。

⑧ 4℃下 12 000×g 离心 15 min，小心弃去上清液，用 70%乙醇洗涤沉淀，4℃下 12 000×g 离心 5 min。

⑨ 小心弃上清液，沉淀用空气干燥 10 min，或真空干燥 10 min。

⑩ 用少量水溶解 RNA 液即可用于 cDNA 合成（或保存在 70%乙醇中并储存于－70℃）。mRNA 在 70%乙醇中－70℃可保存 1 年以上。

三、动、植物病毒 RNA 的提取

大多植物病毒 RNA 为单链 RNA，并且其极性与 mRNA 极性相同，植物病毒 RNA 提取较为简单，一般使用酚-氯仿即可获得满意结果。由于病毒 RNA 镶嵌于外壳蛋白里面，因此要充分剥去病毒外壳蛋白，一般需要多次进行酚-氯仿的抽提。整个操作应尽可能在低温下进行。

1．材料

提纯 TMV 病毒液（10 mg/ml）或动物新城疫病毒。

2．设备

冷冻台式离心机，低温真空干燥仪，电泳仪，电泳槽。

3．试剂

TE-饱和酚与氯仿体积比为 1∶1 的溶液，氯仿，3 mol/L NaAc（pH 5.2），乙醇（100% 和 70%），TE 缓冲液，无 RNA 酶的双蒸水。

4．操作步骤

（1）取一离心管加入提纯 TMV（10 mg/ml）400 ml，再加入等体积酚-氯仿，盖紧管盖后用手充分振荡 1 min，4℃下 12 000×g 离心 10 min。

（2）吸取水相于一新的离心管，再用酚-氯仿抽提，直至水相和有机相交界面无蛋白为止。

（3）吸取水相于新的离心管，加入等体积氯仿，用手倒置离心管数十秒，4℃下 12 000×g 离心 10 min。

（4）取水相，加入 1/10 倍体积的 3 mol/L NaAc（pH 5.2）、2.5 倍体积的冰冷乙醇，混匀，－20℃放置 30 min。

（5）4℃下 12 000×g 离心 15 min，小心弃去上清液，用 70%乙醇洗涤沉淀，4℃下 12 000×g 离心 5 min。

（6）小心弃去上清液，沉淀用真空干燥 5 min 或空气干燥 10 min，并溶于无 RNA 酶的双蒸水或 TE 缓冲液中。

（7）取 10 ml 进行电泳分析，另取 10 ml 用于 cDNA 合成。

四、注意事项

（1）RNA 样品不纯。原因及对策：① 抽提不彻底，存在蛋白等杂质的污染：保证彻底的裂解和一定转数、一定时间的离心，增加有机溶剂抽提的次数，用吸附柱纯化。② 存在 DNA 污染：减少处理样品的量，加入不含 RNase 的 DNase 处理，再次纯化。③ 离子浓度较高：增加漂洗次数。

（2）RNA 得率低。原因及对策：① 样品中含有杂质：去除样品中的杂质，离心除净样品中的培养基或储存液。② 样品过量和样品裂解或匀浆不彻底：减少样品用量，充分研磨样品，增加裂解液的用量和裂解的时间。③ RNA 未有效地吸附沉淀或洗脱：延长吸附时间以及保证异丙醇沉淀的时间和离心时间，再次洗脱。④ 样品 RNA 含量少：重复吸附，加入肝糖等有助 RNA 沉淀的试剂。

（3）RNA 容易降解。原因及对策：① 样品不新鲜或保存不当：尽量取新鲜的样品；取样后立即放入液氮中保存，或放入专门的储存液内，研磨样品时及时补充液氮。② 污染了 RNase：认真使用器具及试剂，严格操作。③ RNA 样品储存不当：－70℃冻存，分装使用，加入 RNase 抑制剂。

第四节　核酸定量与保存

核酸是基因操作的主要实验材料，在进行分子生物学研究中，必须对提取出的核酸经常进行定量检测，并妥善保存，这样才能保证研究工作的顺利进行。

一、核酸的检测

（一）紫外光谱分析法

紫外光谱分析法是基于分子内电子跃迁产生的吸收光谱进行分析的一种光学分析方法。紫外光区的波长范围为 10～400 nm，其中又分远紫外区（10～200 nm）和近紫外区（200～400 nm），远紫外区又称真紫外区。由于空气中的氧、二氧化碳和水都吸收紫外光，因此要研究物质分子对远紫外光的吸收必须在真空条件下进行，但实验中难以实现。所以，通常所说的紫外光谱法是指近紫外光谱。

核酸中含有嘌呤和嘧啶环，这种共轭体系产生$\pi \sim \pi^*$跃迁时，强烈吸收 260～290 nm 波段的紫外光，在 256～265 nm 处显示出特征吸收峰，在 230 nm 处吸收最小，在 195 nm 处有第二条带。

紫外吸收是实验室最常用的定量测定核酸的方法，对纯的核酸样品定量分析时，只要读出 OD_{260} 就可以算出含量，通常以 OD 值为 1 相当于 50 μg/ml 双螺旋 DNA，或 40 μg/ml 单链 DNA（或 RNA），或 20 μg/ml 寡核苷酸计算。核酸的纯度也可用紫外分光光度法进行鉴定，从 OD_{260}/OD_{280} 就可以判断样品的纯度，纯 DNA 的 OD_{260}/OD_{280} 应大于 1.8，纯 RNA 的 OD_{260}/OD_{280} 应达到 2.0。

核酸紫外检测步骤如下：

① 从冰箱中取出待测 DNA，37℃保温 30 min（或 60℃保温 3 min），旋涡混匀器上充分混匀。

② 将样品稍离心，放冰上备用。

③ 紫外分光光度计氘灯预热半小时。

④ 加 2 ml 10 mmol/L TE 至石英比色皿中，放入紫外分光光度计样品池参比位置，调零。

⑤ 将 10 μl 样品与 1.99 ml TE 混匀，加入比色皿中，测定吸光。

⑥ 分别读取 260 nm（OD_{260}）和 280 nm（OD_{280}）处吸光值，每次变换波长时要重新调零。

（二）荧光分光光度法

当紫外光照射到某些物质的时候，这些物质会发射出各种颜色和强度不同的可见光，而当紫外光停止照射时，这种光线也随之很快地消失，这种光线称为荧光。

荧光是分子吸收能量由基态到激发态后，处于较高能级振动水平的电子，经过内转换损耗部分能量后返回到激发态的最低振动水平。由高能级回到基态时，多余的能量发射出波长较长的光，溶液的荧光强度与溶液中该荧光物质的浓度成正比。因此，可采用荧光物质专一地与待测特质结合，通过测定荧光物质所产生荧光的强度来间接测定该待测物质的含量。

荧光分光光度法是目前生物学研究的常规分析方法，它具有灵敏度高、选择性强、测试样品用量少等优点，常用于定量分析激素、维生素、核酸、氨基酸等生物体内的微量物质。常规的 DNA 定量方法——紫外吸收法的最主要的缺点就是单链核苷酸和单核苷酸会产生干扰信号；核酸样品中的杂质也会影响结果；光吸收不能区分 DNA 和 RNA，灵敏度也相对较低（用 1 cm 的比色杯在 OD_{260} 值为 0.1 时相对应的双链 DNA 浓度为 5 μg/ml）。目前常用的荧光染料为 Hoechst 和 PicoGreen。Hoechst 染料是一种非常灵敏的荧光染料。Hoechst 33258 染料可选择性地与双链 DNA 结合，在有蛋白的情况下荧光信号并不显著增加，因此可检测和定量低至 10 ng/ml 的 DNA。另外一种常用的 DNA 探针 PicoGreen 可以直接定量 PCR 扩增产物而无须从反应混合物中纯化 DNA，并且可以检测到 DNA 中少量的重组蛋白的污染。Hoechst 33258 染料有明显的 AT 选择性，而 PicoGreen 试剂则很少有 AT 或 GC 选择性，因此能够对任何来源的 DNA 进行准确定量。目前常见的荧光测定仪器有：① TBS-380 型荧光分光光度计；② 自动记录式荧光分光光度计，如 PE 公司的 LS45/LS55 荧光分光光度计；③ 微机化的荧光分光计，如东胜 TECAN GENios PLUS 型。

荧光分析灵敏度高，影响因素多，操作时应注意下述因素。

① 温度对荧光的影响。一般而言，温度低时荧光强度高，温度升高时荧光强度降低，这是由于分子内部激发的能量转换成基态的振动能，经碰撞将能量传递给其他分子所致，所以精确测量时必须有恒温装置。

② pH 的影响。许多物质的荧光强度与 pH 有关，只有在一定的 pH 时才能产生稳定的荧光。首次进行分析时，应进行 pH 试验，选择产生稳定荧光的 pH。

③ 溶剂的影响。由于溶剂的吸光性质和杂质会干扰样品的荧光强度，所以在必须用有机溶剂时，要选择在溶质测定范围内没有吸收、纯度高的溶剂。

④ 荧光的消退。物质的荧光在光线照射或空气中放置时会逐渐消退，所以样品要在配制成溶液后立即测定。

⑤ 污染的防止。为了防止荧光分析中的污染，玻璃器皿要用浓硝酸浸泡漂洗，滤纸

要经过选择，尽量避免与其他媒介物接触。

DNA 荧光定量步骤如下：

① 从冰箱中取出待测 DNA，37℃下保温 30 min（或 60℃下保温 3 min），旋涡混匀器上充分混匀。

② 将样品稍离心，放冰上备用。

③ 荧光分光光度计使用前需预热半小时。

④ 对于低浓度的 DNA，用 50 μl 的 25 ng/μl 牛脾 DNA 储存液作真核生物 DNA 参比。

⑤ 用 25 ml 1×TEN（10 mmol/L Tris-HCl，1 mmol/L EDTA，0.1 mol/L NaCl）将 Hoechst stain（1 mg/ml）稀释至终浓度 100 ng/ml，于 25 ml 锡铂管中避光保存。

⑥ 用 2 ml TEN 对荧光分光光度计调零。

⑦ 用 100 ng DNA 储存液（25 ng/μl）调荧光分光光度计指针至“100”。

⑧ 然后用 25 ng（1 μl）、50 ng（2 μl）、75 ng（3 μl）、25 ng（5 μl）和 150 ng（6 μl）DNA 储存液于 2 ml 新鲜的 TEN 中，绘制标准曲线。

⑨ 用 1 ml TEN 冲洗石英比色皿 2～3 次。

⑩ 将 2 μl 样品加至 2 ml TEN 溶液中，混匀，读吸光值。

根据标准 DNA 产生的回归曲线可以计算样品的 DNA 浓度。

（三）凝胶电泳法

琼脂糖和聚丙烯酰胺凝胶电泳的原理与操作方法见第五章。在琼脂糖凝胶中加入溴化乙锭（Ethidium Bromide，EB）染料对核酸分子进行电泳，然后置于紫外光下观察，便可十分敏感而方便地检测出凝胶介质中 DNA 的强度和谱带的位置，即使仅含有 0.05 μg 的微量 DNA，也可以清晰地显现出来。在适当的染色条件下，荧光的强度同 DNA 的数量成正比，据此，人们可以估计 DNA 的浓度。另外，不同大小的 DNA 片段在凝胶中的迁移速度不同，据此，我们便能判断 DNA 分子质量以及样品有无降解。同时，通过同已知分子质量的标准 DNA 片段之间的比较，还可以测出迁移的 DNA 片段的分子质量。

凝胶电泳法检测核酸含量步骤如下：

（1）从冰箱中取出待测 DNA，37℃下保温 30 min（或 60℃下保温 3 min），旋涡混匀器上充分混匀。

（2）将样品稍离心，放冰上备用。

（3）1 μl 待测样品+2 μl 上样缓冲液+10 μl 灭菌超纯水，充分混匀。

（4）对照管中加入分子量标准 DNA（λDNA 或者牛胸腺 DNA 作为标准，一般最好用真核 DNA 作真核样本的标准）。

（5）将所有离心管稍离心。

（6）将所有样品与分子量标准一起加到胶的样品孔中。

（7）电泳，可以采用 1%琼脂糖凝胶 100 V 电泳 1 h，亦可采用 6%聚丙烯酰胺凝胶 200 V 电泳 3 h，然后染色、拍照。

（8）一般商品分子量标准，如 Lambda *Hind* Ⅲ电泳图谱每条带的浓度是已知的，用凝胶图像分析软件对待测样品条带进行定量。

二、核酸的保存

（一）影响核酸保存的关键因素

影响核酸保存的因素很多，但其中关键的因素是保存液的酸碱度和保存温度。

（1）保存液的酸碱度。由于水稀释电解质可以断裂核酸的氢键，破坏其双螺旋结构，使核酸变性。因此，保存核酸时，必须注意水的影响，防止稀释变性。核酸溶液的保存也应注意 pH 的影响，过酸过碱均会导致碱基上氢键的解离，使氢键的稳定性下降以致断裂。

（2）保存温度。温度是影响核酸稳定性的重要因素。温度升高会增加核酸分子的内能，对核酸结构稳定性的维持不利，所以，核酸一般都是低温保存。

（二）核酸制品的保存方法

一般保存可用浓盐液、NaCl-柠檬酸缓冲液或 0.1 mol/L 醋酸缓冲液。并且 DNA 的液态保存需要一定的盐浓度。所用的盐浓度常为 0.01 mol/L NaCl，浓度不应低于 4～10 mol/L。用盐溶液保存核酸时，需配合低温（0℃以上）及加防腐剂（如氯仿等）、核酸酶抑制剂等措施，如 DNA 可在 0.15 mol/L NaCl 和 0.015 mol/L 柠檬酸钠溶液中加入几滴氯仿后于 4℃下保存，几个月后仍稳定不变。低分子质量 RNA（如 tRNA）可干燥保存，但高分子量 RNA 应在含 2% NaAc 的 75%乙醇中 4℃下保存，液态质粒可加甘油后再储存，也可在 10 mmol/L Tris-HCl（pH 7.8）、10 mmol/L NaCl、1 mmol/L EDTA-2Na 溶液中于 4℃下保存。

对 DNA 来说，在 pH 4～11 时的碱基较稳定，超出此范围 DNA 容易变性或降解，低温、稀碱下保存 DNA 及低温下保存 RNA 均较稳定。

固态核酸通常在 0℃以上低温干燥保存即可。小分子核酸保存温度还可更低一些，如固态 tRNA 可在－10℃以下保存。液态核酸室温下容易变性，短期最好低温（4℃）保存。电解质的存在对核酸冰冻有一定的保护作用，如将 DNA 在 0.15 mol/L NaCl 和 0.015 mmol/L 柠檬酸钠溶液中－70℃下快速冷冻，然后于－20℃下保存可达 1 年不变性。

复习思考题

1. 简述核酸提取的基本原理。
2. 血液中提取DNA时为什么要分离白细胞？
3. 如何防止RNA降解？
4. 如何进行核酸定量？
5. 核酸保存时应注意的事项是什么？

第四章　基因扩增技术

【知识目标】

- 熟悉基因扩增的原理；
- 理解影响聚合酶链式反应的因素；
- 掌握聚合酶链式反应编程、反应体系、引物设计；
- 了解不同的 PCR 技术。

【能力目标】

- 能操作 PCR 扩增仪；
- 能进行引物设计；
- 能处理 PCR 过程中出现的问题。

聚合酶链式反应即 PCR 技术，是美国 Cetus 公司人类遗传研究室的科学家 Mullis 于 1985 年发明的一种在体外快速扩增特定基因或 DNA 序列的方法，故又称为基因的体外扩增技术。它可以在试管中建立反应，与细胞内发生的 DNA 复制过程十分类似，经数小时之后，就能将极微量的目的基因或某一特定的 DNA 片段扩增数十万倍，乃至千百万倍，而无须通过烦琐费时的基因克隆程序，便可获得足够数量的精确的 DNA 拷贝，所以有人亦称之为无细胞分子克隆法。这种技术操作简单，容易掌握，结果也较可靠，为基因的分析与研究提供了一种强有力的手段，是现代分子生物学研究中的一项富有革命性的创举，对整个生命科学的研究与发展有着深远的影响。

第一节　基本原理

类似于 DNA 在细胞内的复制过程，其特异性依赖于靶序列两端互补的寡核苷酸引物。PCR 由变性—退火—延伸三个基本反应步骤构成：① 模板 DNA 的变性：模板 DNA 经加热至 94℃左右一定时间后，使模板 DNA 双链或经 PCR 扩增形成的双链 DNA 解离，使之成为单链，以便与引物结合，为下一步反应做准备；② 模板 DNA 与引物的退火（复性）：模板 DNA 经加热变性成单链后，温度降至 55℃左右，引物与模板 DNA 单链的互补序列配对结合；③ 引物的延伸：DNA 模板—引物结合物在 Taq DNA 聚合酶的作用下，以 dNTP 为反应原料，靶序列为模板，按碱基配对与半保留复制原理，合成一条新的与模板 DNA 链互补的半保留复制链，重复“循环变性—退火—延伸”三过程，就可获得更多的半保留复制链，而且这种新链又可成为下次循环的模板。每完成一个循环需 2～4 min，2～3 h 就能将待扩目的基因扩增放大几百万倍。到达平台期所需循环次数取决于样品中模板的拷贝。PCR 工作原理见图 4-1。

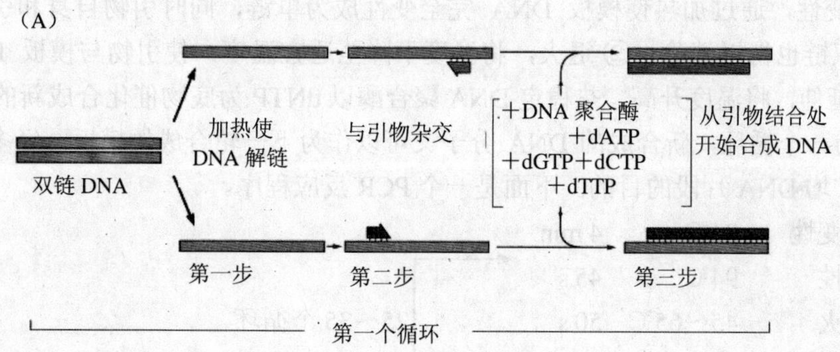

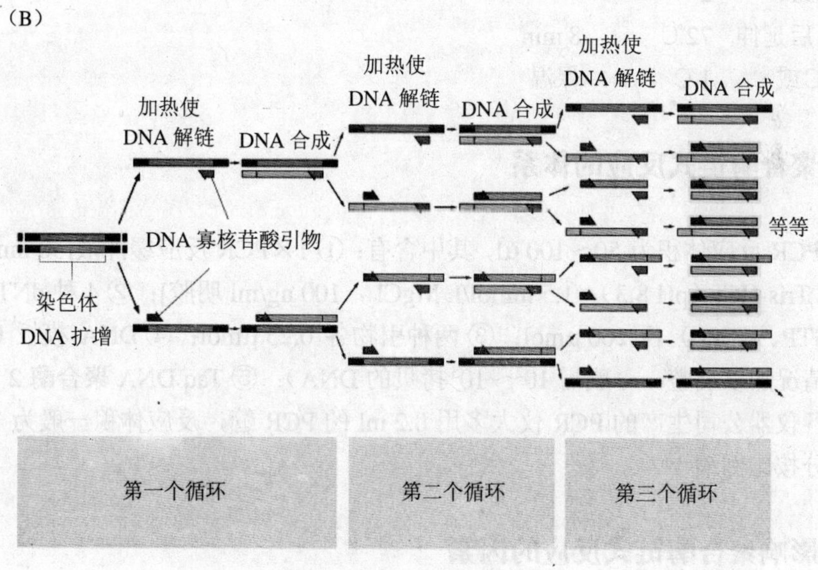

图 4-1 PCR 工作原理

第二节 反应体系

一、聚合酶链式反应编程

PCR 是一种反复循环（级联）的 DNA 合成反应过程。PCR 的基本反应由三个步骤组成：① 变性，通过加热使模板 DNA 完全变性成为单链，同时引物自身和引物之间存在的局部双链也得以消除；② 退火，将温度下降至适宜温度，使引物与模板 DNA 退火结合；③ 延伸，将温度升高，热稳定 DNA 聚合酶以 dNTP 为底物催化合成新的 DNA 链。以上三步为一个循环，新合成的 DNA 分子又可以作为下一轮合成的模板，经多次循环后即可达到扩增 DNA 片段的目的。下面是一个 PCR 反应程序。

1．预变性　94℃　4 min
2．变性　94℃　45 s
3．退火　45～65℃　50 s　25～35 个循环
4．延伸　72℃　1 min
5．GOTO　2
6．最后延伸　72℃　8 min
7．4℃或　1℃　保温

二、聚合酶链式反应的体系

标准 PCR 反应体积为 50～100 μl，其中含有：① 1×PCR 反应缓冲液[50 mmol/L KCl，10 mmol/L Tris-HCl（pH 8.3），1.5 mmol/L $MgCl_2$，100 ng/ml 明胶]；② 4 种 dNTP（dATP、dCTP、dGTP、dTTP）各 200 μmol；③ 两种引物各 0.25 μmol；④ DNA 模板 0.1 μg（需根据具体情况加以调整，一般需 10^2～10^5 拷贝的 DNA）；⑤ Taq DNA 聚合酶 2 U。

现在各仪器公司生产的 PCR 仪大多用 0.2 ml 的 PCR 管，反应体积一般为 10～25 μl，各反应成分按比例缩小。

三、影响聚合酶链式反应的因素

特异性、有效性和忠实性是检验 PCR 扩增效率的三个指标，但影响因素颇多，高特异性的反应条件可能与高产量的反应条件并不一致。PCR 反应的主要影响因素有以下几种。

1．变性温度与时间

双链 DNA 模板的变性温度由其 G+C 含量来决定，模板 DNA 的 G+C 含量越高，熔解温度也越高。变性的时间由模板 DNA 分子的长度来决定，DNA 分子越长，两条链完全分开所需的时间也越长。如果变性温度过低或时间太短，模板 DNA 中往往只有富含 AT 的区域被变性，这样在后续的反应中，随着温度的降低，模板 DNA 将会重新复性变成天然结构。

在应用 Taq DNA 聚合酶进行 PCR 反应时，变性往往在 94～95℃条件下进行。为了使大分子模板 DNA 充分变性，有人在 PCR 的第一个循环之前先在 94℃下预变性 4～5 min，接下来的每一步循环的变性只需要 45～60 s，时间过长对线性 DNA 来说，不但没有必要，有时还会有害。因此，对于 G+C 含量≤55%的线性 DNA 模板，常规 PCR 的变性条件是 94～95℃变性 45 s，当模板 DNA 的 G+C 含量≥55%时要用更高的变性温度。

2．退火温度与时间

退火的目的是使引物和模板 DNA 复性。复性过程采取的温度至关重要。引物与模板的退火温度由引物的长度及 G+C 含量决定，引物长度为 15～25 bp 时，其退火温度可由 T_m 值确定，T_m=4（G+C）+2（A+T），退火温度为 T_m 值－5℃。复性温度过高，引物不能与模板很好地复性，扩增效率很低。复性温度过低，引物将产生非特异复性，导致非特异性 DNA 片段的扩增。虽然退火温度可以通过理论计算出来，但没有一个公式适用于不同长度和不同序列的寡核苷酸引物。最好在比两条寡核苷酸引物的熔解温度低 2～10℃内进行系列预实验来对复性条件进行优化，或者通过控制 PCR 仪在连续的循环中逐渐降低复性温度来确定最佳退火温度。一般来说，退火温度通常在比理论计算的引物和模板的熔解温度低 3～5℃的条件下进行。退火时间一般为 20～40 s，时间过短会导致延伸不充分，延伸时温度的升高会导致引物从模板脱落，PCR 反应失败。若待扩增的目的 DNA 片段含量很少，可在 PCR 前几次循环中适当延长退火时间，这样有利于引物与模板的结合，提高 PCR 反应的灵敏度。

3．延伸时间

即寡核苷酸引物的延长，通常在热稳定 DNA 聚合酶催化 DNA 合成的最适温度下进行。对于 Taq DNA 聚合酶，最适温度一般为 72～78℃。在这一温度下，Taq DNA 聚合酶的聚合速率约为 2 000 bp/min。延伸时间由扩增片段的长度决定，扩增小于 500 bp 的 DNA 片段的延伸时间为 20 s，扩增 500～1 200 bp 的 DNA 片段的延伸时间为 40 s，扩增片段大于 1 kb，则需增加延伸时间。当扩增片段小于 500 bp 时，则可省略延伸步骤，因为退火温度下，Taq DNA 聚合酶的活性已足以完成短序列的合成。

4．循环次数

PCR 扩增所需的循环数取决于反应体系中起始的模板 DNA 的浓度及引物延伸和扩增的效率，一般为 25～35 次，此时 PCR 产物的积累即可达最大值，刚进入“平台期”，即使再增加循环数，PCR 产物量也不会再有明显的增加。随着循环次数的增加，一方面由于产物浓度过高，导致自身相结合而不与引物结合，或产物链缠结在一起，导致扩增效率的降低；另一方面，随着循环次数的增加，Taq DNA 聚合酶活性下降，引物及 dNTP 浓度下降，易发生错误掺入，导致非特异性产物增加。因此，在得到足够产物的前提下应尽量减少循环次数。

5. Taq DNA 聚合酶浓度

Taq DNA 聚合酶的浓度是影响 PCR 反应的重要因素，25 µl 反应体系中 Taq DNA 聚合酶的用量为 0.5～1 U。增加酶量会导致反应特异性下降；酶量过少，则影响反应产量。此外，不同厂家生产的酶的性能及质量有所不同，需根据具体情况选用。

6. 引物浓度

引物是与靶 DNA 的 3′端和 5′端特异性结合的寡核苷酸片段，是决定 PCR 特异性的关键。引物浓度一般为 0.1～0.5 µmol/L，浓度过高会引起模板与引物的错配，PCR 反应特异性下降，同时形成引物二聚体的几率增大，引物二聚体是一非模板依赖的双链 PCR 产物。PCR 所用引物质量要高，且需纯化。冻干引物于－20℃至少可保存 12～24 个月，液体状态于－20℃可保存 6 个月。引物不用时应于－20℃保存。

7. dNTP

dNTP 浓度取决于扩增片段的长度，一般为 50～200 µmol/L。dNTP 溶液应用 NaOH 调 pH 至 7.0，且 4 种 dNTP 的浓度应相等。若任何一种浓度明显不同于其他几种时，会诱发聚合酶的错误掺入，降低新链合成速度。高浓度的 dNTP 易产生错误碱基的掺入，浓度过低会降低反应产量。dNTP 可与 Mg^{2+}结合，使游离的 Mg^{2+}浓度下降，从而影响 DNA 聚合酶的活性。因此要注意 dNTP 和 Mg^{2+}两者之间的浓度关系。

8. 缓冲液

要维持 PCR 反应体系的 pH，必须用缓冲液。目前最为常用的缓冲液为 10～50 mmol/L Tris-HCl（pH 8.3～8.8）。Tris-HCl 是一种双极性离子缓冲液，能够改变反应液的缓冲能力，如将 Tris-HCl 浓度加大到 50 mmol/L，pH 8.9，有时会增加产量。反应混合液中 50 mmol/L 以内的 KCl 有利于引物的退火，50 mmol/L NaCl 或 50 mmol/L 以上的 KCl 则抑制 Taq DNA 聚合酶的活性。

9. Mg^{2+}

Mg^{2+}是 Taq DNA 聚合酶活性所必需的。Mg^{2+}浓度除影响酶的活性与忠实性外，也影响引物的退火、模板与 PCR 产物的解链温度、产物的特异性、引物二聚体的形成等。浓度过低时，酶活性显著降低；过高时，则酶催化非特异产物的扩增。由于 dNTP 和寡核苷酸都能结合 Mg^{2+}，因而反应体系中 Mg^{2+}的浓度必须超过 dNTP 和引物来源的磷酸盐基团的摩尔浓度。

10．模板

模板是待扩增序列的核酸。基因组DNA、质粒DNA、噬菌体DNA、预先扩增的DNA、cDNA和mRNA等都能作为PCR反应的模板。无论标本来源如何，待扩增核酸都需要部分纯化，使核酸标本中不含蛋白酶、核酸酶、DNA聚合酶抑制剂以及能与DNA结合的蛋白质。在一定范围内，PCR产量随模板浓度的升高而显著升高，但模板浓度过高会导致反应的非特异性增加。为了保证反应特异性，一般采用微克水平的基因组DNA或10^2～10^5拷贝的待扩增片段作为模板。

11．其他因素

PCR反应中加入一定浓度的添加剂，如DMSO（二甲基亚砜）、甘油或甲酰胺等，可提高PCR扩增效率及特异性。在反应中为防止蒸发而加的液状石蜡油质量要高，不能含抑制Taq DNA聚合酶活性的杂质。

第三节　引物设计

一、引物设计的一般原则

所谓PCR引物，是指与待扩增的靶DNA区段两端序列互补的人工合成的寡核苷酸短片段，其长度通常在15～30个核苷酸之间，它包括上游引物和下游引物两种。上游引物是5′端与正义链互补的寡核苷酸，用于扩增编码链或mRNA链；下游引物是3′端与反义链互补的寡核苷酸，用于扩增DNA模板链或反密码链。PCR引物设计的目的是为了找到一对合适的核苷酸片段，使其能有效地扩增模板DNA序列。因此，引物的优劣直接关系到PCR的特异性成功与否。

要设计引物首先要找到DNA序列的保守区，同时应预测将要扩增的片段单链是否能形成二级结构，如这个区域单链能形成二级结构，就要避开它；如这一段不能形成二级结构，那就可以在这一区域设计引物，一般引物长度为15～30 bp，扩增片段长度为100～600 bp。

引物序列中G+C含量一般为40%～60%，而且4种碱基的分布最好随机，不要有聚嘌呤或聚嘧啶存在，否则引物设计得就不合理，应重新寻找区域设计引物。

同时引物之间也不能有互补性，一般一对引物间不应多于4个连续碱基的互补。

引物确定以后，可以对引物进行必要的修饰，例如可以在引物的5′端加酶切位点序列，标记生物素、荧光素、地高辛等，这对扩增的特异性影响不大，但3′端绝对不能进行任何修饰，因为引物的延伸是从3′端开始的。这里还需提醒的是3′端不要终止于密码子的第 3 位，因为密码子第 3 位易发生简并，会影响扩增的特异性与效率。

综上所述，PCR 引物的设计一般遵循以下原则：

（1）引物应在核酸序列保守区内设计并具有特异性。引物与非特异扩增序列的同源性不要超过 70%或有连续 8 个互补碱基同源。

（2）产物不能形成二级结构。某些引物无效的主要原因是受引物重复区 DNA 二级结构的影响，选择扩增片段时最好避开二级结构区域。用有关计算机软件可以预测 mRNA 的稳定二级结构，有助于选择模板。实验表明，待扩区域自由能小于 58.61 kJ/mol 时，扩增往往不能成功。若不能避开这一区域时，用 7-deaza-2′-脱氧 GTP 取代 dGTP 对扩增的成功是有帮助的。

（3）引物长度一般在 15～30 个碱基之间。寡核苷酸引物长度为 15～30 bp，一般为 20～27 bp。引物的有效长度：L_n=2（G+C）+（A+T），L_n 值不能大于 38，因为大于 38 时，最适延伸温度会超过 Taq DNA 聚合酶的最适温度（74℃），不能保证产物的特异性。

（4）G+C 含量在 40%～60%。引物的 T_m 值是寡核苷酸的解链温度，即在一定盐浓度条件下，50%寡核苷酸双链解链的温度。有效启动温度一般高于 T_m 值 5～10℃。若按公式 T_m=4（G+C）+2（A+T）估计引物的 T_m 值，则有效引物的 T_m 为 55～80℃，T_m 值最好接近 72℃，以使复性条件最佳。

（5）碱基要随机分布。引物中四种碱基的分布最好是随机的，不要有聚嘌呤或聚嘧啶的存在。尤其 3′端不应超过 3 个连续的 G 或 C，因为这样会使引物在 G+C 富集序列区错误引发。

（6）引物自身不能有连续 4 个碱基的互补。引物自身不应存在互补序列，否则引物自身会折叠成发夹状结构，即引物本身复性。这种二级结构会因空间位阻而影响引物与模板的复性结合。若用人工判断，引物自身连续互补碱基不能大于 3 bp。

（7）引物之间不能有连续 4 个碱基的互补。两引物之间不应有互补性，尤应避免 3′端的互补重叠以防引物二聚体的形成。

（8）引物 5′端可以修饰。引物的 5′端限定着 PCR 产物的长度，它对扩增特异性影响不大。因此，引物 5′端可以被修饰而不影响扩增的特异性。引物 5′端修饰包括：加酶切位点；标记生物素、荧光、地高辛、Eu^{3+}等；引入蛋白质结合 DNA 序列；引入突变位点；插入与缺失突变序列以及引入一启动子序列等。

（9）引物 3′端不可修饰。引物的延伸是从 3′端开始的，不能进行任何修饰。3′端也不能有形成任何二级结构的可能，除在特殊的 PCR（AS-PCR）反应中，引物 3′端不能发生错配。

（10）引物 3′端要避开密码子的第 3 位。如扩增编码区域，引物 3′端不要终止于密码子的第 3 位，因为密码子的第 3 位易发生简并，会影响扩增特异性与效率。

二、限制性内切酶保护碱基

限制性内切酶用于识别特定的 DNA 序列，此外，酶蛋白还要占据识别位点两边的若干个碱基，这些碱基对内切酶稳定地结合到 DNA 双链并发挥切割 DNA 的作用是有很大影响的，被称为保护碱基。保护碱基常见于 PCR 引物设计时，为保护 5′端外加的内切酶识别位点，使酶切完全而添加。其次，在分子克隆时，相邻的 2 个酶切位点往往不能同时使用，因为一个位点切割后留下的碱基过少以致影响旁边的酶切位点切割。

克隆 PCR 产物的方法之一，是在 PCR 产物两端设计一定的限制酶切位点，经酶切后克隆至用相同酶切的载体中。但实验证明，大多数限制酶不能切断裸露的酶切位点，必须在酶切位点旁边加上一个至几个保护碱基，才能使所定的限制酶对其识别位点进行有效切断。表 4-1 列举了 21 种限制酶，比较了各种限制酶在其酶切位点旁边分别加 0、1、2、3 个保护碱基后的切断情况。结果显示，基本上所有限制酶，在其酶切位点旁边加上 3 个以上的保护碱基后，可以对其酶切位点进行有效切断。

表 4-1 各种限制酶在其酶切位点旁边分别加 0、1、2、3 个保护碱基后的切断情况

限制酶	保护碱基数量/个			
	0	1	2	3
Aat Ⅱ	−	+	+	+
Apa Ⅰ	−	−	±	+
BamH Ⅰ	−	±	+	+
Bgl Ⅱ	−	−	±	+
Bstx Ⅰ	−	±	+	+
Cla Ⅰ	−	±	+	+
EcoR Ⅰ	−	±	+	+
EcoR Ⅴ	−	+	+	+
Hind Ⅲ	−	−	−	+
Kpn Ⅰ	−	−	+	+
Nco Ⅰ	−	−	+	+
Nhe Ⅰ	−	+	+	+
Not Ⅰ	−	−	+	+
Pst Ⅰ	−	−	±	+
Sac Ⅰ	−	±	+	+
Sal Ⅰ	+	+	+	+
Sma Ⅰ	−	±	+	+
Spe Ⅰ	+	+	+	+
Sph Ⅰ	−	−	+	+
Xba Ⅰ	−	±	+	+
Xho Ⅰ	−	−	±	+

注：“-”表示不能切断；“±”表示不完全切断；“+”表示完全切断。

至于在哪个酶后面需要加什么碱基，没有什么特殊的规定。一般的原则是如果引物中的 AT 含量高，那么添加的保护碱基就以 CG 碱基为主，相反则以 AT 为主。一般的保护碱基最好在 5～6 个比较好一些。另外一点就是要注意添加的碱基不能与引物中的相邻碱基或者保护碱基本身形成在下一步酶切中要使用的酶切位点。比如说在 *Hind* Ⅲ后面添加的保护碱基不能构成 *Pst* Ⅰ的酶切位点。一般在考虑 T_m 值的时候不用考虑添加的保护碱基。

三、引物设计软件

现在 PCR 引物设计大都通过计算机软件进行。可以直接提交模板序列到特定网页，得到设计好的引物，也可以在本地计算机上运行引物设计专业软件。软件的引物设计功能主要体现在两个方面：首先是引物分析评价功能，该功能只有少数商业版软件能够做到，其中以“Oligo”较优秀；其次是引物的自动搜索功能，各种软件在这方面的侧重点不同，因此自动搜索的结果也不尽相同。自动搜索功能以“Premier”为较强且方便使用，“Oligo”其次，其他软件如“Vector NTI Suit”、“Dnasis”、“Omiga”和“Dnastar”都带有引物自动搜索功能。要想得到效果很好的引物，在自动搜索的基础上还要辅以人工分析。本章以“Premier”和“Oligo”为例介绍引物设计软件。

（一）Premier 5.0 软件应用简介

1. 功能

“Premier”的主要功能分四大块，其中有三种功能比较常用，即引物设计（Primer）、限制性内切酶位点分析（Enzyme）和 DNA 基元查找（Motif）。“Premier”还具有同源性分析功能（Align），但并非其特长，在此略过。此外，该软件还有一些特殊功能，其中最重要的是设计简并引物，另外还有序列“朗读”、DNA 与蛋白序列的互换（Protein）、语音提示键盘输入（）等。

有时需要根据一段氨基酸序列反推到 DNA 来设计引物，由于大多数氨基酸（20 种常见结构氨基酸中的 18 种）的遗传密码不止一种，因此，由氨基酸序列反推 DNA 序列时，会遇到部分碱基的不确定性。这样，设计并合成的引物实际上是多个序列的混合物，它们的序列组成大部分相同，但在某些位点有所变化，称之为简并引物。遗传密码规则因物种或细胞亚结构的不同而异，比如在线粒体内的遗传密码与细胞核是不一样的。“Premier”可以针对模板 DNA 的来源以相应的遗传密码规则转换 DNA 和氨基酸序列。软件共给出八种生物亚结构的不同遗传密码规则供用户选择，具体是：纤毛虫大核（ciliate macronuclear）、无脊椎动物线粒体（invertebrate mitochondrion）、支原体（mycoplasma）、植物线粒体（plant mitochondrion）、原生动物线粒体（protozoan mitochondrion）、一般标准（standard）、脊椎动物线粒体（vertebrate mitochondrion）和酵母线粒体（yeast mitochondrion）。

2. 使用步骤及技巧

“Premier”软件启动界面见图 4-2。其主要功能在主界面上一目了然。限制性酶切位点分析及基元查找功能比较简单，点击该功能按钮后，选择相应的限制性内切酶或基元（如－10 序列，－35 序列等），按确定即可。常见的限制性内切酶和基元一般都可以找到，还可以编辑或者添加新限制性内切酶或基元。

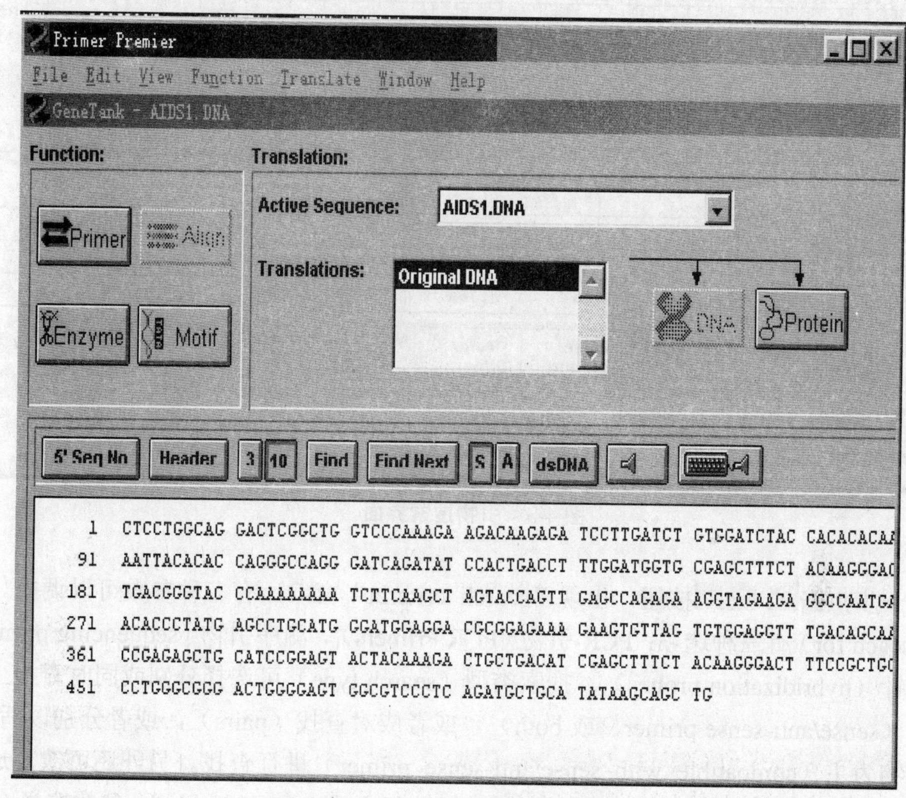

图 4-2 “Premier”软件启动界面

进行引物设计时，点击 Primer 按钮，见界面图 4-3。

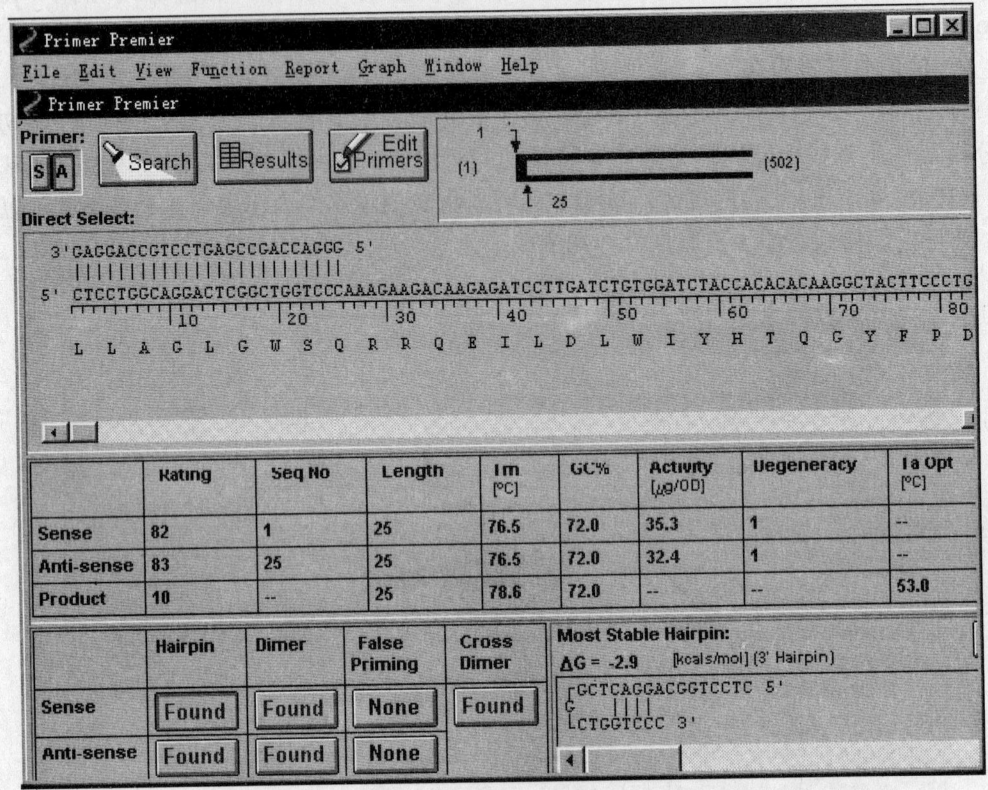

图 4-3 引物搜索界面

进一步点击 Search 按钮，出现“search criteria”窗口，有多种参数可以调整。搜索目的（seach for）有三种选项：PCR 引物（PCR Primers），测序引物（sequencing primers），杂交探针（hybridization probes）。搜索类型（search type）可选择分别或同时查找上、下游引物（sense/anti-sense primer，或 both），或者成对查找（pairs），或者分别以适合上、下游引物为主（compatible with sense/anti-sense primer）进行查找。另外还可改变选择区域（search ranges）、引物长度（primer length）、选择方式（search mode）、参数选择（search parameters）等。使用者可根据自己的需要设定各项参数。如果没有特殊要求，建议使用默认设置。然后按 OK，随之出现的 search progress 窗口中显示“search completed”时，再按 OK，这时搜索结果以表格的形式出现，共有三种显示方式：上游引物（sense）、下游引物（anti-sense）、成对显示（pairs）。默认显示为成对方式，并按优劣次序（rating）排列，满分为 100 即各指标都能达标（图 4-4）。

Search Results

Sense　Anti-sense　Pairs

100 pairs found.

#	Rating	Seq No	Length	Tm [°C]	GC%	Product Size	Ta Opt [°C]	Degeneracy	Mark
[illegible]	[illegible]	[illegible]	[illegible]	[illegible]	[illegible]	[illegible]	[illegible]	[illegible]	
2	88	17 294	18 18	51.9 53.7	55.6 50.0	278	52.4	1.0 1.0	
3	88	17 287	18 19	51.9 53.3	55.6 52.6	271	52.4	1.0 1.0	
4	85	231 407	18 18	49.3 50.1	50.0 50.0	177	51.0	1.0 1.0	
5	84	13 145	18 18	58.8 59.3	61.1 61.1	133	53.8	1.0 1.0	

图 4-4　引物搜索结果

点击其中一对引物，如 1#引物，并把上述窗口挪开或退出，显示“Pimer Premier”主窗口，如图 4-5 所示。

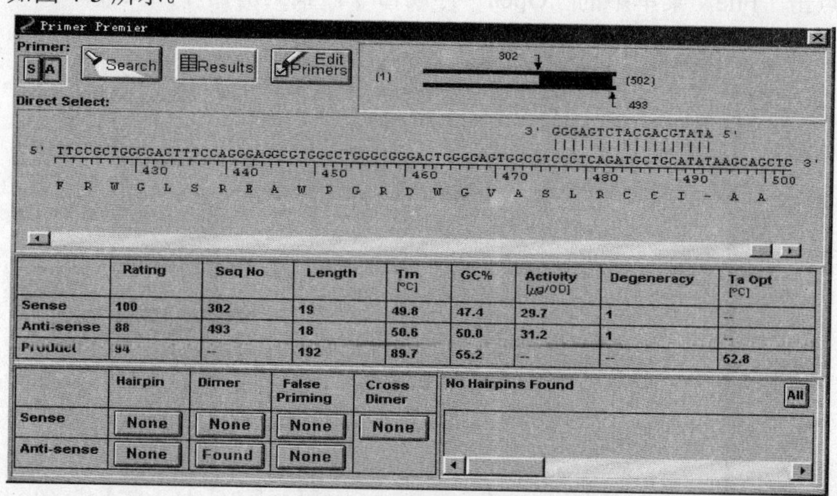

图 4-5　引物编辑界面

该图分三部分，最上面是 PCR 模板及产物位置，中间是所选的上下游引物的一些性质，最下面是四种重要指标的分析，包括发夹结构（hairpin）、二聚体（dimer）、错误引发情况（false priming）以及上下游引物之间二聚体形成情况（cross dimer）。当所分析的引物有这四种情况形成的可能时，按钮由 None 变成 Found，点击该按钮，在左下角的窗口中就会出现该结构的形成情况。一对理想的引物应当不存在任何一种上述情况，因此最好是最下面的分析栏没有 Found，只有 None。值得注意的是中间一栏的末尾给出该引物的最佳退火温度，可参考应用。

在需要对引物进行修饰编辑时，如在 5′端加入酶切位点，可点击 Edit Primers，然后修改引物序列。若要回到搜索结果中，则点击 Results 按钮。

如果要设计简并引物，只需根据原氨基酸序列的物种来源选择前述的八种遗传密码规则，反推至 DNA 序列即可。对简并引物的分析不需像一般引物那样严格。

总之，“Premier”有优秀的引物自动搜索功能，同时可进行部分指标的分析，而且容易使用，是一个相当不错的软件。

（二）Oligo 软件应用简介

1．功能

在专门的引物设计软件中，“Oligo”的功能是很强大的。“Oligo 5.0”的初始界面是两个图：Tm 图和 ΔG 图；“Oligo 6.0”的界面更复杂，出现三个图，多了个 Frq 图。“Oligo”的功能比“Premier”还要单一，就是引物设计。

2．使用步骤及技巧

（1）点击“File”菜单中的“Open”浮动命令，找到所需序列文件，打开即可（图 4-6）。

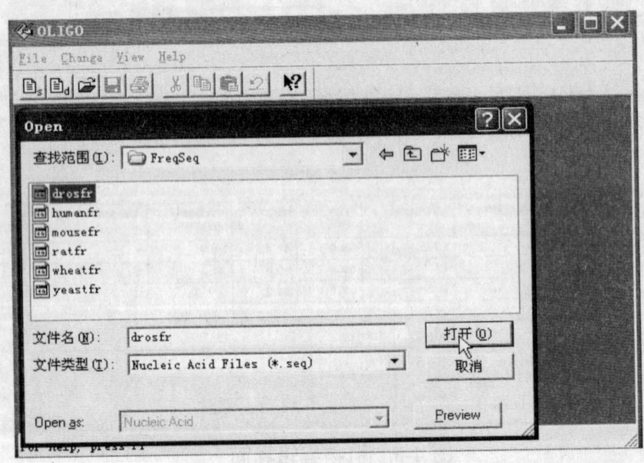

图 4-6　打开序列窗口

进入引物设计模式后，一般会弹出三个窗口（图 4-7），分别是 Tm、ΔG 和 Frq 窗口，其中的 Tm 窗是我们引物设计的主窗口，其他的两个窗口则在设计过程中起辅助作用，比如 Frq 窗口可以使我们很直观地看到所设计的引物在相应物种基因组中的出现频率，如果我们的模板是基因组 DNA 或混合 DNA 时，该信息就显得有用了，而 ΔG 窗口则可以显示引物的 5′端稳定性是否稍高于 3′端等。

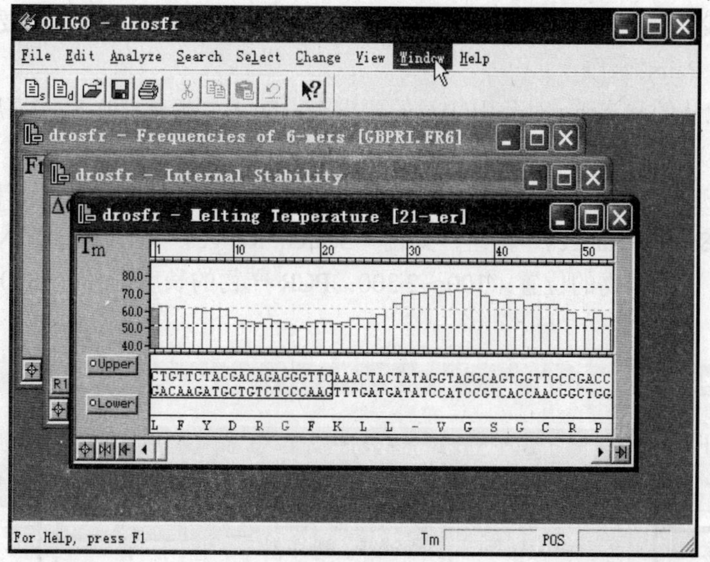

图 4-7 引物设计模式窗口

（2）点击“Search”菜单中的“For Primers and Probes”命令，进入引物搜索对话框（图 4-8）。

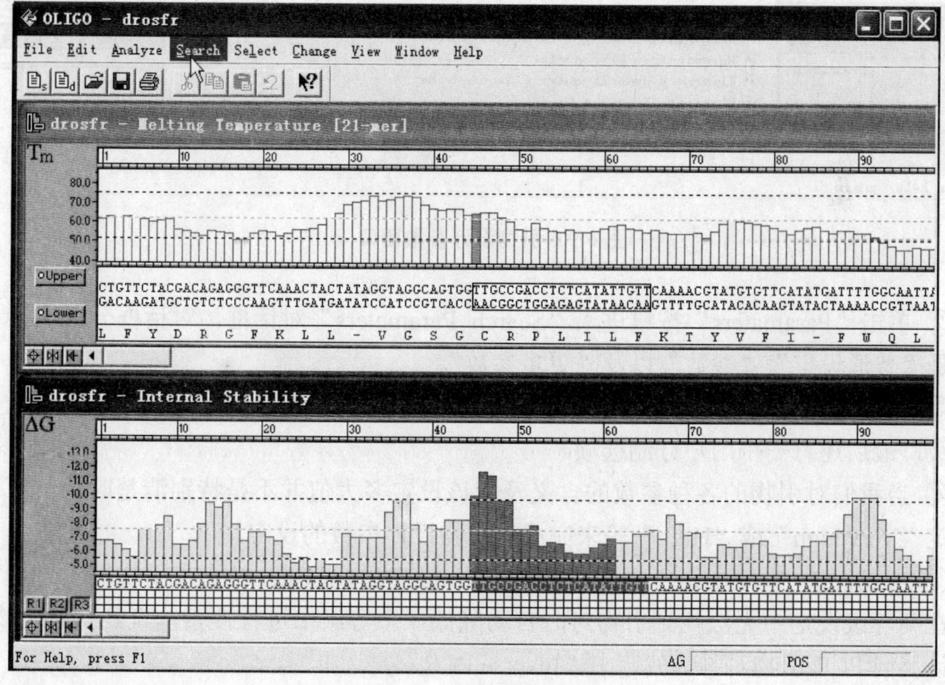

图 4-8 引物搜索窗口

（3）由于我们要设计的是一对 PCR 引物，因此正、负链的复选框都要选上，同时选上“Compatible Pairs”。

在 Oligo 默认的状态下，对此引物对的要求有：① 无二聚体；② 3′端高度特异；③ GC 含量有限定；④ 去除错误引发引物。

（4）剩下的工作是确定上、下游引物的位置及 PCR 产物的长度以及引物设计参数（图 4-9）。

① 单击“Search Ranges”按钮，弹出“Search Ranges”对话框。输入上游引物的范围：1～2 000；下游引物的位置：100～2 300；PCR 产物的长度：600～800 bp。

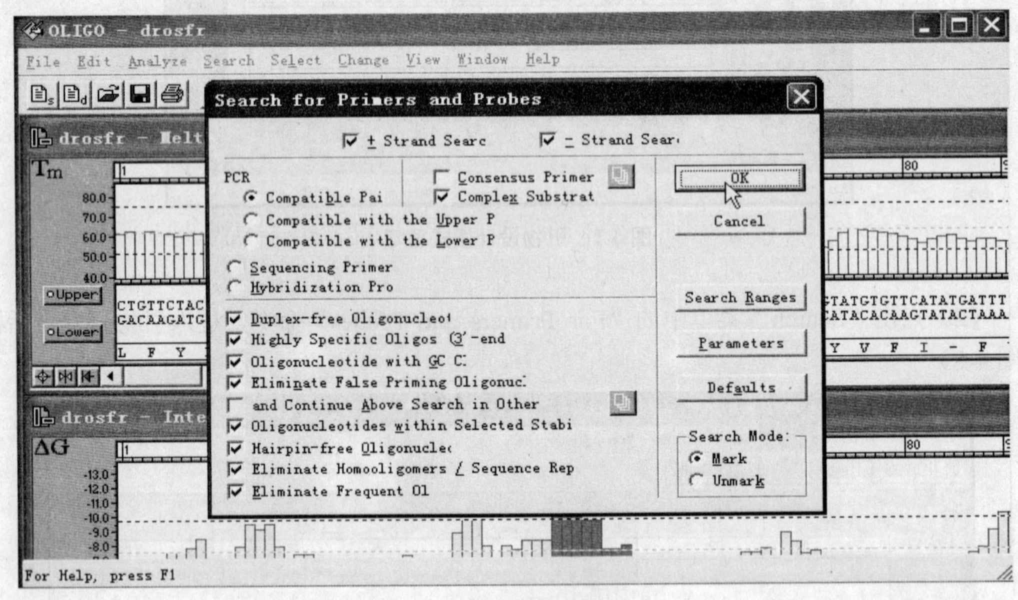

图 4-9　引物设计参数窗口

② 单击“Paramaters”按钮进入“Search Parameters”对话框，对话框分三个活页，分别是“普通设定”、“参数”以及“更多参数”。

③ 在“普通设定”窗口，为我们提供了对引物非常直观的设定方法，从高到低分六个等级，最后还有一个用户订制选项。

④ 当我们对引物的各种参数的含义及应该设定多大值并不是特别清楚时，就可以直接设定“Very high”或“High”等来完成对引物设计参数的设定。

⑤ 当我们选中“Automatically Change String”后，“Oligo”会在引物搜索过程中。如果在高等级设定中无法找到引物对时自动降低一个等级来进行搜索，直到找到引物对。在设计反向 PCR 引物对时，就选中“Inverse PCR”复选框。

⑥ 我们还可以让引物的长度改变，以适应设定的 T_m 值或 PE（Prime Efficiency，引

发效率），也可以限定所选引物对的最大数目。

⑦ 在“Parameters”窗口中，实际上需要我们改动的只有引物的长度，根据试验的要求做相应的改变。其他参数就使用“Oligo”的默认值，一般无须改变。在“More Parameters”窗口中，一般也无须作任何改变，直接用“Oligo”的默认值即可。

（5）点击“OK”进入搜索窗口，再次单击“OK”后，“Oligo”自动完成引物对的搜索，并出现一个搜索结果窗口，显示出得到的引物对数目。

（6）点击“OK”，出现“Primer Pairs”窗口（如图 4-10），在窗口中列出了 17 对引物的简单信息：引物位置、产物长度、最佳退火温度及 G+C 含量。单击“Sort”按钮，可以按产物长度、最佳退火温度及 G+C 含量从小到大或从大到小的顺序排列。

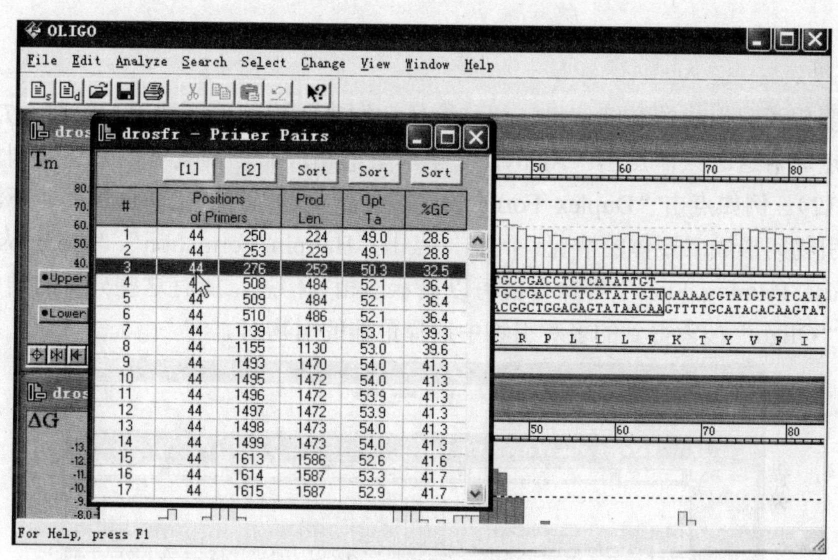

图 4-10　引物搜索结果

（7）点击任意一对引物，在旁边马上弹出一个叫“PCR”的窗口（图 4-11），在窗口中我们可以看到这对引物在模板中的大概位置和最佳退火温度（该温度可以直接应用于我们实际 PCR 中的第二步退火）。另外还有引物的 T_m 值、G+C 含量、引发效率，同时还计算出了产物的 T_m 值与引物 T_m 值的差异以及引物间 T_m 值的差异。一般我们尽量保持前者在 20℃以内，后者在 5～6℃。点击不同的引物对时，“PCR”窗口的内容同时作相应的改变。

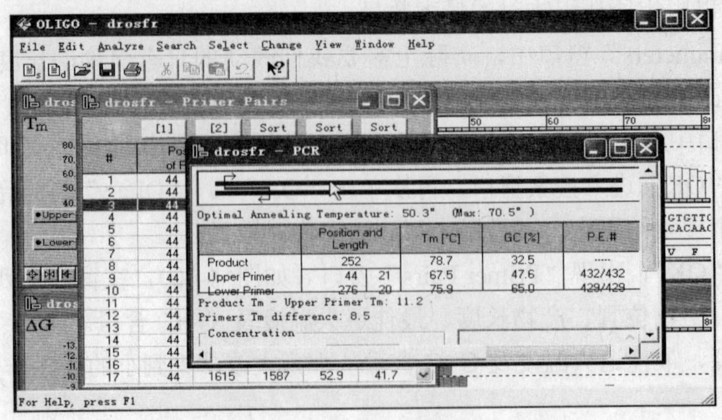

图 4-11　PCR 窗口

（8）要想了解引物的详细信息，如二聚体、发夹结构的形成情况、组成、T_m 值和错误引发位点等，这时只需点击“Analyze”菜单中的相应命令，就可以分别得到相关的信息（图 4-12）。例如点击“Duplex Formation”，我们就可以得到上游引物间、下游引物间及上下游引物间形成二聚体的情况。同样，点击“Hairpin Formation”、“Composition and Tm”、“False Priming Sites”等命令就可以显示出相关信息。所有这些分析的结果都有助于我们从“Oligo”搜索得到的多对引物中选择最佳的引物对。

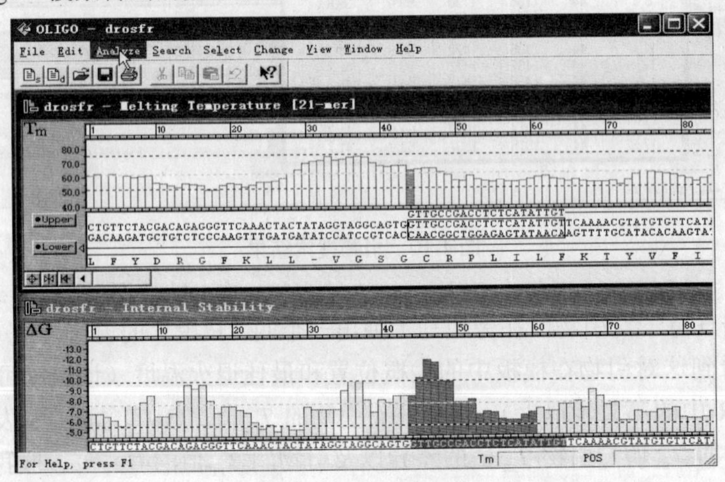

图 4-12　引物分析窗

需要说明的是：① 如果一次搜索得到的引物对太多时，我们可以适当提高选定的条件和规定更合适的搜索范围来减少引物对数；② 引物一般尽量不要在 3′端或是离 3′端太近的位置形成二聚体，同时二聚体的 ΔG 绝对值尽量小于 10；③ 对于错误引发，在普通 PCR 中，如果引发效率在 160 以上时，就可能出现杂带，在测序反应中，错误引发效率则应该严格控制在 120 以下。

（9）“Oligo”中每对引物的详细信息可以直接导出为一个文本文件。首先点击“File”菜单中的“Print/Save Options”，在出现的对话框中选中“Selected”；在“Analyze Ⅰ”中选择需要保存的信息；在“Analyze Ⅱ”中选中“PCR”，单击“OK”按钮退出，这时再次点击“File”菜单，点击“Save”浮动命令中的“Data Save as”，选择路径及文件名即可。

第四节　常用技术类型

一、反转录 PCR

常规的聚合酶链式反应（PCR）是以 DNA 为模板进行指数扩增。由于绝大多数真核生物的结构基因由外显子和内含子组成，而且内含子的序列较长，因此很难获得这些序列，即使能获得，也给后续分析带来很多不便。但真核生物 DNA 在转录过程中经剪接可将内含子部分去除，获得成熟的 mRNA。因此可用经反转录得到相应的 cDNA 作为 PCR 的模板，因此反转录-聚合酶链式反应（Reverse Transcription-Polymerase Chain Reaction，RT-PCR）应运而生。

（一）原理

RT-PCR 是一种从细胞 RNA（mRNA）中高效、灵敏地扩增 cDNA 序列的方法。顾名思义，它由两大步骤组成，一是反转录（RT）；二是 PCR。从一步法提取的细胞总 RNA 中去除 rRNA 和 tRNA 后获得 mRNA，即可进行 RT-PCR（图 4-13）。首先，在反转录酶作用下将 RNA（mRNA）反转录成 cDNA 第一链，即以 oligo（dT）、随机六聚寡核苷酸或基因特异序列为引物与 mRNA 杂交，然后由 RNA 依赖的 DNA 聚合酶（反转录酶）催化合成相应互补的 cDNA 链。以该 cDNA 第一链为模板，可进行 PCR 扩增。根据靶基因设计用于 PCR 扩增的基因特异的上下游引物，基因特异的上游引物与 cDNA 第一链退火，在 DNA 聚合酶（如 Taq）作用下合成 cDNA 第二链。再以 cDNA 第一链和第二链为模板，用基因特异的上下游引物 PCR 扩增获得大量的 cDNA。

（二）方法

现以 Promega 公司的试剂盒为例，简要介绍 RT-PCR 的操作步骤：

① 将总 RNA 或 poly（A）+mRNA 样品在 75℃变性 5 min，迅速置于冰中。

② 将下列反应体系中的成分加入到反应管中：

25 mmol/L $MgCl_2$	4 μl
10×反转录缓冲液	2 μl
10 mmol/L 4 种 dNTP 混合液	2 μl
RNase 抑制剂	0.5 μl
AMV 反转录酶	15 U
oligo（dT）、随机六聚寡核苷酸或基因特异引物	0.5 μg
总 RNA 或	10 pg～1 μg（RNA）
poly（A）+mRNA	1 pg～0.1 μg（mRNA）
补 ddH_2O 至总体积	20 μl

③ 若用 oligo（dT）引物或基因特异引物，将上述混合液 42℃保温 15 min；若用随机六聚寡核苷酸引物，将上述混合液室温放置 10 min 后，再在 42℃条件下保温 15 min。42℃保温时间可根据需要适当延长，若要获得较长或更多的 cDNA，可将保温时间延长至 1 h。

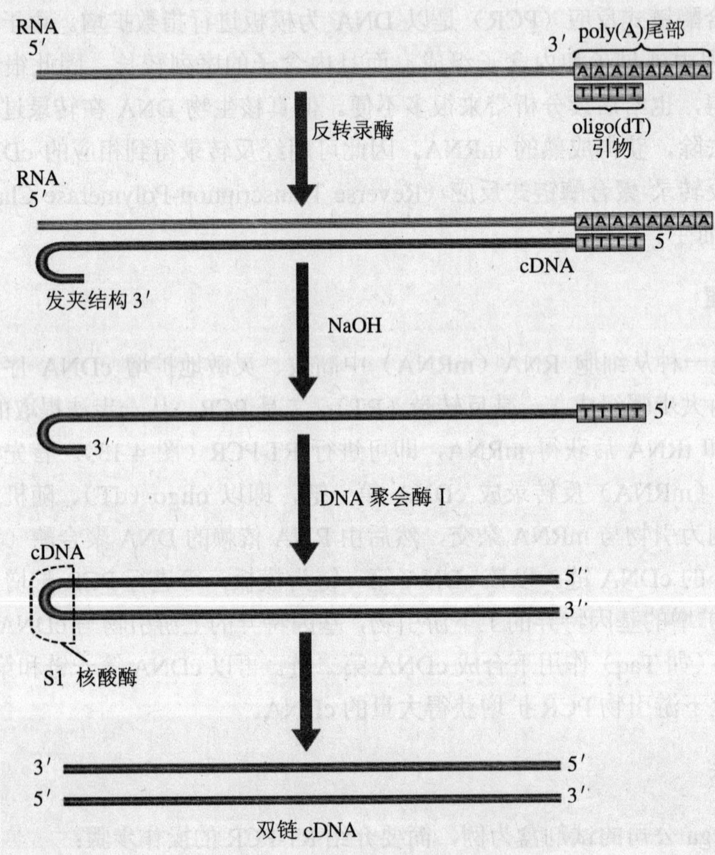

图 4-13 RT-PCR 原理

④ 95℃加热 5 min 灭活 AMV 反转录酶，置冰浴 5 min。此时合成的 cDNA 第一链可保存于−20℃冰箱中。

⑤ 将 cDNA 稀释到 100 μl 的 TE 或水中，用于 PCR 扩增。

⑥ 将下列反应体系中的成分加入到反应管中：

cDNA 第一链	10～20 μl
10×反转录缓冲液（或 PCR 缓冲液）	9.8 μl
10 mmol/L 4 种 dNTP 混合液	1.8 μl
25 mmol/L $MgCl_2$	7.5 μl
上游引物	50 pmol
下游引物	50 pmol
Taq DNA 聚合酶	2.5 U
补 ddH_2O 至总体积	100 μl

⑦ 按常规进行 PCR 扩增。

⑧ 用琼脂糖凝胶电泳检测 PCR 扩增产物。

二、定量 PCR

定量 PCR（quantitative PCR）是利用 PCR 反应来测量样品中的 DNA 或 RNA 的原始模板拷贝数量。利用在 PCR 的每个循环都能同步检测到 PCR 产物的增加，以获得达到反应饱和前的资料，如此即可成功和轻易地利用 PCR 来确定样品中 DNA 或 RNA 的原始模板量，可用于取代 Northern 印迹分析与传统底片影像显影分析的缺点。定量 PCR 的原理和定性分析相似，分为两种：第一种为定量竞争性 PCR，将标准品 DNA 与检测样品 DNA 于同一处理中进行增殖放大，共同竞争已知数量的引物，进而估算检测样品的含量；第二种为实时定量 PCR，用 DNA 探针连接荧光试剂，DNA 探针与 PCR 产物结合后，检测荧光强度，并用计算机软件分析，进行量化计算，灵敏度为 0.1%。定量 PCR 不仅可以应用在基础研究、临床检测上，还可以在海关及食品卫生检疫方面发挥重要的作用。德国、瑞士等欧洲国家已将实时定量 PCR 方法用于转基因食品的检测中，以期更精确地量化 DNA 含量。

1．原理

经典 PCR 一般分为扩增与检测两个阶段，常用溴化乙锭染色，以凝胶电泳为定性检测手段。由于定性实际上就是定量的一种粗约表现，因此只要对检测手段进行改进就可以实现精确定量。荧光标记技术是分子生物学最常用的标记技术，荧光染料或荧光标记物与扩增产物结合后，被激发的荧光强度和扩增产物含量成正比。而根据扩增原理，扩增是呈指数增长，因此在反应体系和反应条件完全一样的条件下，样本含量应与扩增产物的对数成正比，故在一定条件下荧光强度和样本的含量成正比。

2. 方法

（1）内参照法

在不同的 PCR 反应管中加入已定量的内标物和引物，内标物用基因工程方法合成，上游引物用荧光标记，下游引物不标记。在模板扩增的同时，内标物也被扩增。在 PCR 产物中，由于内标物与靶模板的长度不同，二者的扩增产物可用电泳或高效液相色谱分离，分别测定其荧光强度，以内标物为对照定量待检测模板。

（2）竞争法

选择由突变克隆产生的含有一个新内切酶位点的外源竞争性模板，在同一反应管中，待测样品与竞争模板用同一对引物同时扩增（其中一个引物为荧光标记）。扩增后用内切酶消化 PCR 产物，竞争性模板的产物被酶解为两个片段，而待测模板不被酶解，可通过电泳或高效液相色谱将两种产物分开，分别测定荧光强度，根据已知模板推测未知模板的起始拷贝数。

（3）PCR-ELISA 法

利用地高辛或生物素等标记引物，扩增产物被固相板上特异的探针所结合，再加入抗地高辛或生物素酶标抗体——辣根过氧化物酶结合物，最终酶使底物显色。常规的 PCR-ELISA 法只是定性实验，若加入内标，作出标准曲线，也可实现定量检测。

（4）荧光定量 PCR

荧光定量 PCR（FQ-PCR）是最近才出现的一种定量 PCR 检测方法，可采用外参照的定量法，也可采用内参照的定量法。荧光定量 PCR 的基本特点是：用产生荧光信号的指示剂显示扩增产物的量，荧光信号通过荧光染料嵌入双链 DNA，或双重标记的序列特异性荧光探针，或能量信号转移探针等方法获得，大大地提高了检测灵敏度、特异性和精确性。动态实时连续荧光监测，免除了标本和产物的污染，且无复杂的产物后续处理过程，高效、快速。主要有以下几种检测方法。

① 双链 DNA 内插染料：某些染料如 SYBR Green Ⅰ能选择性地与双链 DNA 结合，同时产生强烈荧光。在 PCR 过程中 SYBR Green Ⅰ可与新合成的双链 DNA 结合，产生的荧光信号与双链 DNA 含量成正比，荧光的检测在每一循环的延伸期后进行。SYBR Green Ⅰ与非特异性双链 DNA（如引物二聚体）结合产生的干扰可通过溶解曲线分析而得到解决。但其缺点是不能区分阳性与假阳性产物。

② 水解探针检测模式：水解探针（TaqMan）技术是高度特异的定量 PCR 技术，其核心是利用 Taq 酶的 3′→5′外切核酸酶活性切断探针，产生荧光信号。由于探针与模板是特异性结合，所以荧光信号的强弱就代表了模板的数量。

③ 分子信标技术：是在同一探针的两末端分别标记荧光分子和淬灭分子，与 TaqMan 探针不同的是该探针 5′和 3′末端自身可形成一个 8 个碱基左右的发夹结构，此时荧光分

子和淬灭分子邻近，因此不会产生荧光。当溶液中有特异模板时，该探针与模板杂交，从而破坏了探针的发夹结构，即 FRET 消失，于是溶液便产生荧光，荧光的强度与溶液中模板的量成正比，因此可用于 PCR 定量分析。该方法的特点是采用非荧光染料作为淬灭分子，因此荧光本底低。

三、快速扩增末端技术

尽管 cDNA 克隆技术发展迅速，但获得 mRNA 的全长转录产物 cDNA 往往是比较困难的，尤其是获得 mRNA 的 5′端。这是由于 mRNA 反转录本身的限制，mRNA 的二级结构、转录条件和转录引物均影响这一过程。目前，通过预处理减少 mRNA 二级结构、改善反转录条件和使用特异引物延伸 cDNA 等一系列措施使全长 cDNA 的克隆成功率有了增加，但这种过程需要几周乃至数月才能完成。PCR 技术为 cDNA 克隆方法开辟了新纪元，使用 cDNA 末端的快速扩增（Rapid Amplification of cDNA Ends，RACE）可在 1～2 d 内完成反转录 cDNA 的分析。cDNA 末端的快速扩增是一种基于 mRNA 反转录和 PCR 技术建立起来的，以部分已知区域序列为起点，扩增基因转录未知区域，从而获得 mRNA（cDNA）完整序列的方法。

1．3′RACE（图 4-14）

3′RACE 用于 mRNA 已知序列下游（即 3′端）和未知序列的扩增，可分为两步：

① 反转录获得 3′端第一链 cDNA 序列

由于大多数真核 mRNA 的 3′ 端本身就具有 poly（A）尾，这也就为 mRNA3′ 序列的反转录提供了天然的引物互补退火位点。与一般的 mRNA 反转录相似，3′ RACE 反转录引物也有 oligo（dT）序列，用于与 poly（A）尾巴的互补退火。但 3′ RACE 反转录引物的两端还有特殊的结构，在其 5′ 有一特定序列，这一特定序列又由外侧引物区 OP（Outer Primer）和内侧引物区 IP（Inner Primer）两部分组成，OP 和 IP 将为以后的两轮 PCR 扩增提供引物序列。为了降低扩增中的同聚尾的长度，让反转录在紧接 poly（A）尾交界处起始，可在 3′ RACE 反转录引物的 3′ 端加入一个锚定核苷酸。3′ RACE 反转录引物是一种杂合引物，又被称做锚定引物（Anchoring Primer，AP）

② 第一链 cDNA 片段 3′端的扩增

可根据目的基因的已知序列设计两条基因特异性引物 GSP1（又被称做外侧基因特异性引物 GSOP）和基因特异性引物 GSP2（又被称做内侧基因特异性引物 GSIP），同时又由于在反转录过程中已经在 cDNA 的 5′端引入了外来的 OP 来进行第一轮 PCR 扩增。然后再用“嵌套”引物进行二次 PCR 扩增循环，以减少非特异产物的扩增。

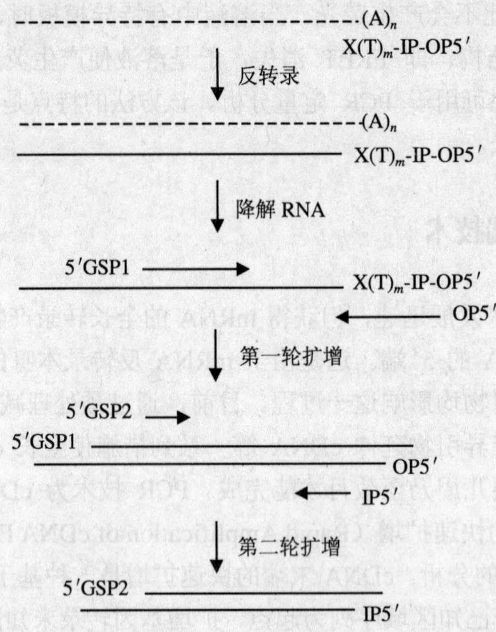

（A）$_n$:poly（A）；X（T）$_m$-IP-OP5′:锚定引物 AP；OP：外侧引物；

IP：内侧引物；X：锚定核苷酸；GSP1：基因特异引物 1；GSP2：基因特异引物 2

图 4-14　3′RACE 示意图

2. 5′RACE（图 4-15）

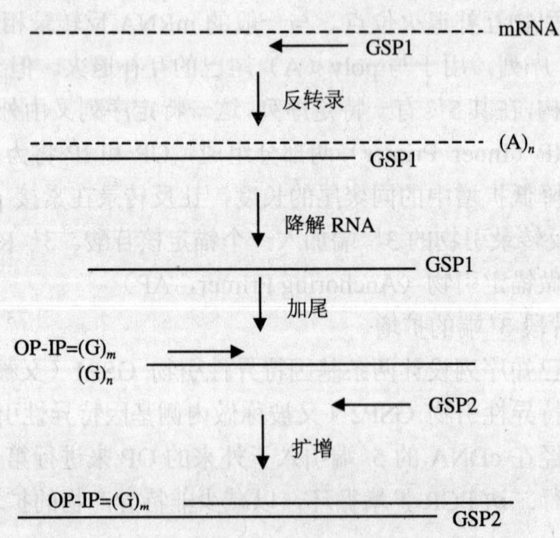

图 4-15　5′RACE 示意图

5′ RACE 用于目的 mRNA 已知序列上游（即 5′ 端）的未知序列的扩增。mRNA 的 5′ 端不同于其 3′端，它没有天然的寡聚核苷酸尾巴，为此需要设计一种能够解决将锚定引物 AP 序列引入其 cDNA 的方法。

在经典 5′ RACE 中，利用了脱氧核苷酸末端转移酶（TdT）能在 DNA3′ 端添加寡聚脱氧核苷酸尾巴的活性，首先以已知序列的 GSP1 作为反转录引物，产生第一链 cDNA，并在 TdT 的作用下生成加尾 cDNA，然后进行与 3′ RACE 相似的操作方法，通过与第一链加尾 cDNA 的多聚核苷酸尾巴互补，在生成第二链 cDNA 时引入锚定引物序列。

在新 RACE 中与经典 5′RACE 引入锚定序列的方式不同，新 RACE 锚定引物序列在反转录之前就通过连接酶连接到了 mRNA 的 5′末端。反转录时，只有那些进行到目的 mRNA 5′末端的反应，互补锚定序列才会整合进第一链 cDNA 3′端，在以后的 PCR 扩增中，由于以锚定序列作为引物，也只有那些全长的 cDNA 才能被称做 RNA 连接酶介导的 RACE。新 RACE 的设计目的就在于仅扩增全长、加帽的 mRNA。

四、单链构象多态性 PCR

（一）原理

在非变性条件下，DNA 单链可自身折叠形成具有一定空间结构的构象，这种构象是由 DNA 单链中的碱基顺序决定，其稳定性靠分子内部的相互作用力（主要是氢键）来维持。相同长度的单链 DNA 因其组成的碱基顺序不同，甚至单个碱基不同，所形成的构象就有所不同。由于聚丙烯酰胺凝胶电泳具有极高的解析和分辨力，在不含变性剂的中性聚丙烯酰胺凝胶电泳中，DNA 单链的迁移率除与 DNA 的长短有关外，更主要的是取决于 DNA 单链所形成的构象。DNA 或 RNA 的 PCR 产物经变性处理后，当靶 DNA 或 RNA 中因单个碱基置换、碱基插入或碱基缺失等改变时，其单链构象也发生改变，这种构象的改变就可以通过中性聚丙烯酰胺凝胶电泳的迁移率变化而体现出来。单链构象多态性 PCR（SSCP-PCR）就是依据这种 DNA 单链的构象特性，结合凝胶电泳技术来检测基因变异（图 4-16）。

（二）方法

见第七章。

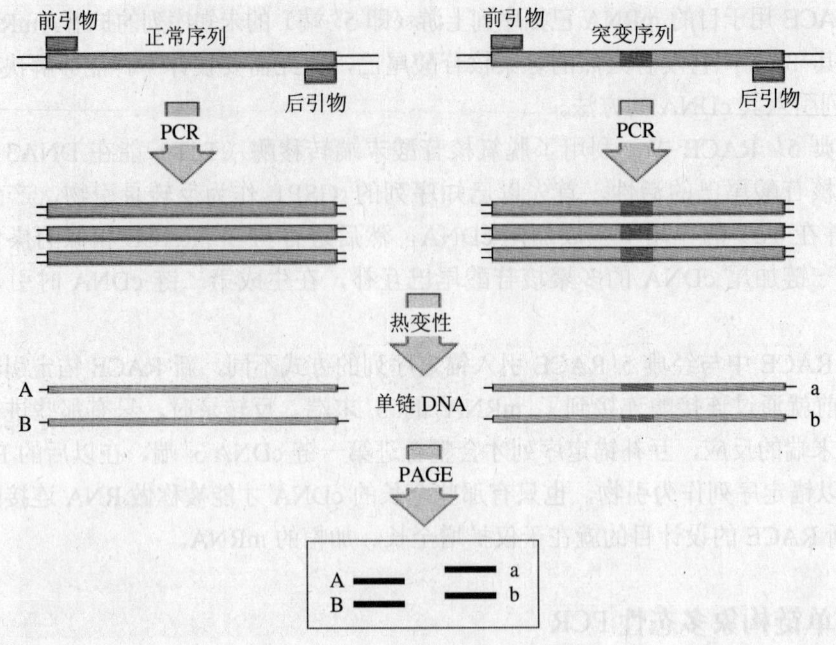

图 4-16　SSCP-PCR 原理示意图

五、其他

（一）巢式 PCR

有时由于扩增模板含量太低，为了提高检测灵敏度和特异性，可采用巢式 PCR（Nested PCR，N-PCR），N-PCR 是 PCR 的一种改良模式，它由两轮 PCR 扩增和两对引物所组成，一对引物对应的序列在模板的外侧，称外引物；另一对引物互补序列在同一模板的外引物的内侧，称内引物，即外引物扩增产物较长，含有内引物扩增的靶序列，这样经过两次 PCR 放大，可将单拷贝的目的 DNA 片段检出。首先对靶 DNA 进行第一步扩增，然后从第一次反应产物中取出少量作为反应模板进行第二次扩增，第二次 PCR 引物与第一次反应产物的序列互补，第二次 PCR 扩增的产物即为目的产物。

N-PCR 的优点是：第一，克服了单次扩增“平台期效应”的限制，使扩增倍数提高，从而极大地提高了 PCR 扩增的敏感性。第二，由于模板和引物的改变，降低了非特异性反应连续放大进行的可能性，保证了反应的特异性。第三，内侧引物扩增的模板是外侧引物扩增的产物，第二阶段反应能否进行，也是对第一阶段反应正确性的鉴定，因此可以保证整个反应的准确性及可行性。

N-PCR 的缺点是进行二次 PCR 扩增引起交叉污染的几率大。为了克服此缺点，可在同一反应管中进行 N-PCR，主要利用内外引物 T_m 不同：外引物 T_m 高，内引物 T_m 低。PCR 反应开始的若干轮循环采用较高的退火温度，内引物由于 T_m 值低，高温下无法与模板结合而不能延伸；而外引物可与模板退火延伸，再采用较低的退火温度进行后面的循环，内引物则可与模板退火延伸，这样实际上进行了二次扩增，但只进行一次操作，可减少交叉污染的机会。

（二）热启动 PCR

在制备的 DNA 模板中始终存在一定量的单链 DNA，在低于引物退火的温度下，将产生大小不同的非特异性片段。同时，引物之间也形成二聚体，并在 Taq 酶的作用下延伸。这些非特异性产物又可作为引物在以后的 PCR 的循环中继续扩增，使非特异性产物不断累积。非特异性产物累积的同时，也是 PCR 反应体系各成分被消耗之时，最终 PCR 扩增的特异产物将大大减少。在传统的 PCR 反应中，反应体系各成分均是一次加全并进入循环，由室温（25℃）上升至高温（94～95℃）。就在这温度的上升过程中，引物错配、二聚体形成，继而导致非特异产物的扩增。这时利用各种物理化学方法控制 PCR 反应的必需组分，如 DNA 聚合酶或镁离子，直到反应混合物被加热到可以阻止非特异引导和引物聚合的温度后再启动 PCR，从而达到有效扩增特异性 PCR 产物的目的。热启动 PCR 的技术主要有以下几种。

① 一般方法：将 PCR 反应体系中的 Taq 酶扣除，直至循环仪温度上升至 70℃后再加入，这是最早的热启动 PCR。然而，上述方法操作较烦琐，需反复开关 PCR 管盖，加大了工作量，同时也增加了样品交叉污染的机会，尤其是在扩增样品量较大时。可以将 PCR 反应体系各成分混匀后，置于冰浴中，此时 Taq 酶无活性，且引物之间或引物与模板之间退火的机会也降至最低。当 PCR 循环仪温度上升至 70℃以上时，方将各扩增样品置于循环仪中。该方法取得了极好的扩增效果，同时减少了样品间交叉污染的几率和工作量。

② 蜡丸介导法：与蜡丸同时加入 dNTP、引物以及部分缓冲液，加热至 80℃，蜡丸熔化，再在室温下冷却，在反应液表面形成一蜡隔。然后在蜡隔上加入 Taq 酶、DNA 模板及部分 10×缓冲并进入 PCR 循环。当循环仪温度上升至 80℃时，蜡隔熔化使蜡隔上下两部分反应液混合而达到热启动的目的。为使蜡隔上下两部分反应液混合更充分、更完全，蜡隔上下反应液体积应调至（1∶1）～（3∶1）。引物和 Mg^{2+}须放置在蜡隔的下边，酶和 KCl 及模板应放置在蜡隔的上边。

③ N-尿嘧啶糖基化酶介导法：在 PCR 反应体系中加入微量 dUTP 和 N-尿嘧啶糖基化酶（UNG）。在低温下产生的非特异性产物均掺入尿嘧啶，可被 UNG 酶降解，从而减少非特异扩增产物。当循环仪温度上升至 70℃时，UNG 酶失活，因此保证了 PCR 进入扩增时，无非特异性的寡核苷酸的干扰，有效地增加了特异产物扩增的几率。

④ Taq Start™单抗法：Taq Start™是利用针对Taq聚合酶特异抗原决定簇的单克隆抗体在常温下与Taq聚合酶结合，使其失去聚合作用。当温度大于70℃时，抗体失活，同时释放出Taq聚合酶。这种抗原抗体反应不影响Taq聚合酶的活性。由于Taq Start™单抗与Taq酶的结合使其暂时丧失活性。在常温下，即使存在着引物二聚体和引物错配现象，但无聚合酶的延伸作用参与，当反应温度继续上升至70℃时，这些引物二聚体和引物错配现象将明显减少，以致消失。在此条件下，引物只能获得与它的靶位点退火的机会，从而使PCR能特异地扩增目的片段。

⑤ 酶修饰法：在Fast Start Taq酶的某些氨基酸残基上添加热不稳定修饰基因，在室温下可以引起Taq酶失去活性，从而在引物与特异性的序列结合时没有产物延伸。在高温下，这些修饰基团被去除，Fast Start Taq酶被激活。

（三）不对称PCR

不对称PCR的目的是扩增产生特异长度的单链DNA。其原理为PCR反应中采用两种不同浓度的引物，经若干轮循环后，低浓度的引物被消耗殆尽，以后的循环只产生高浓度引物的延伸产物，结果产生大量单链DNA。不对称PCR制备的单链DNA在用于序列测定时不必在测序之前除去剩余引物，可简化操作、节约人力物力。另外，用cDNA经不对称PCR进行序列分析或SSCP分析也是现在研究真核外显子的常用方法。引物数量不对称PCR的应用使DNA测序和一些疾病的检验变得更加简便，但是在实际应用时由于两种引物的碱基组成不同，其扩增效率可以相差10^4倍；此外，还需要严格控制引物的数量和模板数量，因而不能保证每次不对称PCR都能获得成功。后来发展的热不对称PCR，使得不对称PCR变得更加简单实用。热不对称PCR主要有如下两种。

① 引物浓度不对称PCR。是通过不等量的一对寡核苷酸引物引导扩增得到大量单链DNA的反应，其中低浓度引物被称为限制性引物，限制性引物量的多少在整个反应中起决定性作用，只有限制性引物基本耗完之后才开始单链DNA的合成；高浓度引物称为非限制性引物，非限制性引物在整个反应中都是过量的，类似于常规PCR中的引物。在不对称PCR中限制性引物与非限制性引物在每一反应中的摩尔浓度相差悬殊，其最佳比例一般是（1∶50）～（1∶100），关键是限制性引物的绝对量。

② 热不对称PCR。通过一对引物的碱基数目与组成不同造成退火温度的差异。设计引物时两引物的退火温度可以根据常用的软件进行分析，也可以根据退火温度的常用计算公式 T_m=69.3+0.41（G+C%）－650/L 计算（L=引物长度）。设计时，在最初的10～15个循环中使用较低的引物退火温度（根据限制性引物的退火温度决定，一般略低于限制性引物的退火温度），这时变性后两引物都可以与模板结合，引导DNA链的合成，产生双链产物，随后将PCR的退火温度提高（根据非限制性引物的退火温度决定），此时限制性引物不能再与模板发生退火，只有非限制性引物可以与模板结合后继续引导扩增，

从而产生大量单链。

（四）等位特异 PCR

等位特异 PCR 有很多别名，如错配 PCR、扩增耐突变系统、错配扩增突变分析。其基本原理为：Taq DNA 聚合酶缺少 3′→5′外切酶活性，在一定条件下，PCR 引物 3′末端的错配导致产物的急剧减少，针对不同的已知突变，设计适当的引物，可以通过 PCR 方法直接达到区分突变型与野生型基因的目的。该方法要求制备 3 个 PCR 引物，其中 2 个引物分别含有待测 DNA 中突变位点的突变碱基及正常碱基，另外 1 个为正常对侧引物。当分别经过 PCR 扩增后，正常引物仅将正常 DNA 扩增出，而含突变碱基的引物将突变 DNA 链扩增出，然后用普通琼脂糖凝胶电泳检测有无扩增产物。

（五）锅柄 PCR

锅柄 PCR 是用来扩增已知 DNA 片段的未知旁侧序列的有效方法。其原理为：用限制性内切酶消化基因组 DNA，产生 5′突出末端的 DNA 片段，再用碱性磷酸酶处理，防止酶切 DNA 片段自身连接或环化，人工合成的寡核苷酸片段 5′端与酶切 DNA 片段 5′突出末端互补，其 3′端包含已知 DNA 片段的互补序列。用 T4 连接酶连接人工合成的寡核苷酸片段和 DNA 酶切片段，结果产生具有 3′突出末端的 DNA 片段。在稀释的条件下变性退火，变性产生的单链 DNA 因其 3′端序列与已知 DNA 序列互补，所以退火时更易形成自身杂交链，可将其 3′端进行延伸，最终形成一个锅柄结构的单链 DNA，这样未知序列两侧均为已知序列，可设计引物进行 PCR 扩增。

（六）竞争引物 PCR

竞争引物 PCR（Competitive Polymerase Chain Reaction，C PCR），也称定量竞争性 PCR（Quantitative Competitive Polymerase Chain Reaction，QC-PCR），是在常规 PCR 基础上改进并发展起来的一种新型的 PCR 扩增技术。通常 QC-PCR 首先在逆转录酶作用下将 mRNA 转变为 cDNA，然后在对 cDNA 进行扩增时加入已知浓度的竞争性参考模板，两种模板在同一试管内可以竞争同一对引物，两者的产物由于大小不同或酶切位点的不同可以区别开来，并通过对两者扩增产物在凝胶电泳上电泳条带的测量而对 mRNA 的初始浓度进行定量。经过多年的不断完善，目前竞争性 PCR 技术已发展成为一种通用的 PCR 技术，并且是最为精通的定量 PCR 技术，广泛应用于病毒性疾病诊断、遗传疾病诊断、病原体鉴别、原癌基因的检测、组织中低丰度 mRNA 检测等临床和科研领域。

（七）降落 PCR

降落 PCR 是 Don 于 1991 年最早发明的，指每一个（或 *n* 个）循环降低 1℃（或 *n*℃）

的退火温度，直至达到一个较低的退火温度，这个温度称为“touchdown”退火温度，然后以此退火温度进行 10 个左右的循环。据统计，正确和非正确退火温度之间的 1℃差异将造成 PCR 产物量的 4 倍差异，如果相差 5℃，就会产生 4^5（1 024）倍的差异，因此相对于非正确产物，正确的产物可以得到富集。退火温度起始在高于计算的 T_m 值的 15℃左右，在接下来的循环中，退火温度以每次 1～2℃逐渐降低，直到降至 T_m 值以下 5℃，当达到特异的引物—模板结合的 T_m 值时，扩增就会开始。当退火温度降到非特异扩增发生的水平时，特异产物会有一个几何级数的起始优势，在剩余反应中，特异产物会竞争胜出非特异的产物，特异产物优先扩增，从而产生单一的占主导地位的扩增产物。这种方法主要用于避免非特异 PCR 产物的出现，尤其是当使用复杂的基因组 DNA 模板，非特异的退火更容易发生时。

（八）反向 PCR

常规的 PCR 技术是用于扩增两段已知序列之间的 DNA 片段，而对于已知序列侧翼的未知 DNA 序列的扩增，则毫无办法。但是，在很多时候，我们又非常渴望了解某些特异性遗传标记侧翼的序列，如转座子或病毒是整合至基因组的什么位点；某一缺失基因丢失了哪一部分；某一 cDNA 的启动子是什么等。利用反向 PCR 技术（Inverse Polymerase Chain Reaction，I-PCR）就可以解决上述问题。

由于 I-PCR 是用于扩增已知序列侧翼的 DNA 片段，因此它的一对引物尽管与常规 PCR 引物一样与已知序列互补，但方向却是相反的。用这样一对引物进行常规 PCR 扩增，是无法得到足够产物的，因为每个引物只能对各自的模板进行线性扩增，无法进行指数级增长。所以，对用 I-PCR 进行扩增的 DNA 模板必须先经过酶切，然后连接环化，使其引物方向成为相对，故 I-PCR 主要包括：酶切、自身连接环化、PCR 扩增、直接序列分析或克隆后再测序。

第五节　PCR 技术应用

一、遗传病诊断

遗传病是由于遗传物变化而引起的机体某一功能或缺陷或异常所致的疾病，其根本变化在于遗传物质，其类型包括单基因遗传病、染色体遗传病及多基因遗传病。遗传病诊断除询问病史、一般物理诊断、普通实验室检查及了解症状外，过去常应用系谱分析，以染色体及性染色质检验作为遗传病诊断的主要依据，再辅以相关的酶学分析从而作出诊断。随着分子生物学的迅速发展及其在遗传性疾病诊断中的广泛应用，诞生了基因诊断技术，基因诊断技术为遗传病的临床诊断起了很大的促进作用。PCR 技术是基因诊断主要技术之一。这种快速、灵敏的基因体外扩增技术与多种分子生物学手段相配合可以检出大部分已知的基因突变、基因缺失、染色体错位等。PCR 技术日益成为遗传病诊断的最有效、最可靠的方法之一。Duchenne 型肌营养不良症（DMD）是一种很常见的人类遗传疾病，为 X 性染色体隐性遗传肌肉变性疾病，50%的病例由基因缺失引起，大约每 3 500 个男婴就有一个，1/3 的病例由新的突变所致。目前尚无有效的治疗方法，因而高度准确的产前诊断和 DMD 阳性筛选是十分重要的。Chamberlain 等利用多重 PCR 技术对 DMD 进行了检测。同样，Becker 型肌营养不良症、甘油激酶缺乏症、类固醇硫酯酶缺乏症和β地中海贫血症也可以用多重 PCR 检测出来。还有像亨廷顿舞蹈病、遗传性结肠癌和乳腺癌等可以通过等位基因特异性 PCR 检测出来。

二、性别鉴定

胚胎性别鉴定的方法有核型分析法、H-Y 抗原法、X-连接酶检测法和 PCR 法等。核型分析法准确率可达 100%，但要获得良好的细胞中期染色体扩散较难，胚胎可鉴别率较低，鉴别时间也很长。H-Y 抗原是否为雄性特异性抗原尚有争议。由于各种家畜早期雌性胚胎 X 染色体的失活与激活的确切时间还不清楚，因而降低了 X-连接酶检测法的准确率，且使用的染料影响胚胎的存活。这些因素使前几种方法在生产实际中的应用受到限制。而 PCR 法因其准确、快速、灵敏等优点，成为目前比较理想的胚胎性别鉴定方法。1990 年，英国学者 Sinclair 和 Gubbay 在哺乳动物（包括人类）Y 染色体上发现性别决定区（Sex Determining Region of the Y，SRY），并推断 NrJSRY 就是人们正在寻找的 TDF（一种 DNA 结合蛋白）。Koopman（1991）等将含有 SRY 基因的片段显微注入雌性小鼠（XX）胚胎中，导致雌性生殖原基退化而雄性结构出现，从而证明了 SRY 为哺乳动物的性别决定基因。SRY 基因仅仅是涉及性别决定过程的基因之一，近年来发现 Y 染色体上存在一种锌指结构基因（Zinc-finger Y gene，ZFY），与性别分化有关，在 X 染色体上存在其同源序列 ZFX。PCR 法的实质就是与性别决定有关的基因检测技术。合成特异性引物，对早期胚胎进行活组织取样，然后进行 PCR 扩增，能扩增出目标条带的胚胎即为雄性胚胎，否则即为雌性胚胎。PCR 法鉴定胚胎性别研究的成功，使胚胎的性别鉴定进入了一个崭新的发展阶段。随着 PCR 技术的不断改进和简化，相信在不久的将来这项技术会在畜牧业生产中得到应用和推广。

三、转基因检测

PCR 技术是目前用于转基因检测的常用技术。正如前面所介绍，PCR 技术是在体外快速特异地扩增目的基因 DNA 片段的有效方法。利用这项技术，能在几小时内使皮克（pg）水平的起始物达到纳克（ng）乃至微克（μg）水平，扩增产物经琼脂糖凝胶电泳、溴化乙锭染色后很容易观察，不通过杂交分析就可以鉴定出基因组中的一些序列。这项技术对转基因生物的鉴定和分析尤其快速和方便。根据转基因生物中外源基因的特点，设计并合成相应的引物，以转基因生物 DNA 为模板在 PCR 仪中进行 PCR 扩增反应，如果 PCR 扩增反应的产物与外源基因片段相同，表明该样品中含有外源基因，可以判定为非转基因生物。应用 PCR 法检测易出现假阳性，可用 PCR-Southern 杂交进一步验证。与 Southern 分析相比，PCR 检测 DNA 用量少、操作简单、成本低，不需同位素即可完成。但 PCR 检测的假阳性高，从而造成检测结果的误差。

四、疾病诊断

PCR 技术具有高度的敏感性、较强的特异性及快速简便等优点，在病原微生物及寄生虫的检测方面显示了巨大的优越性。自 20 世纪 80 年代应用于临床检测以来，得到了越来越广泛的应用。在临床疾病检测中，不仅用于传染病的诊断，对与生物体感染有关的疾病均可使用该技术。如结核病的诊断，传统的诊断方法在确定病原菌时需采集标本在实验室进行人工细菌培养，由于结核杆菌繁殖缓慢（每 18～20 h 一代），故需长时间（2～3 周）才能培养出典型菌落，并且培养过程需规范的标本采集技术、适宜的环境条件、一定的实验条件等，所以，病原确定较缓慢。利用 PCR 技术，只需少量或微量标本即可在短时间内确定病原菌。除结核病的诊断外，乙型肝炎、梅毒、艾滋病等病毒感染性疾病，弓形虫病、卡氏肺孢子虫病等寄生虫病以及伤寒沙门菌感染、痢疾志贺菌感染、肾综合征出血热、风湿性关节炎等自身免疫性疾病均可用 PCR 技术诊断。

复习思考题

1. PCR 的原理是什么？与 DNA 复制有何异同？
2. 如何构建 PCR 反应体系和程序？
3. 影响 PCR 反应的因素有哪些？
4. 如何设计 PCR 引物？
5. 简述 PCR 技术发展及应用。

第五章　电泳技术

【知识目标】

- 掌握电泳基本原理；
- 掌握常用电泳技术；
- 熟悉影响电泳结果的因素；
- 了解电泳技术的分类。

【能力目标】

- 能进行常规电泳操作；
- 能分析影响电泳的因素；
- 能知道常用电泳技术。

第一节　基本原理

一、电泳技术发展简史

带电颗粒在电场作用下，向着与其电荷相反的电极移动，称为电泳。电泳技术的发展很快，其发展过程见图 5-1。

目前，电泳技术已广泛应用于蛋白质、氨基酸、核酸、嘌呤、嘧啶以及其他有机化合物甚至无机离子等领域，是分离和鉴定混合物中带电粒子（包括离子、高分子电解质、胶体粒子、病毒颗粒以及活的细胞如细菌和红细胞等）的技术。电泳技术所需设备简单，操作方便，有很高的分辨率和选择性，在生化研究和临床检验方面发挥了巨大作用。

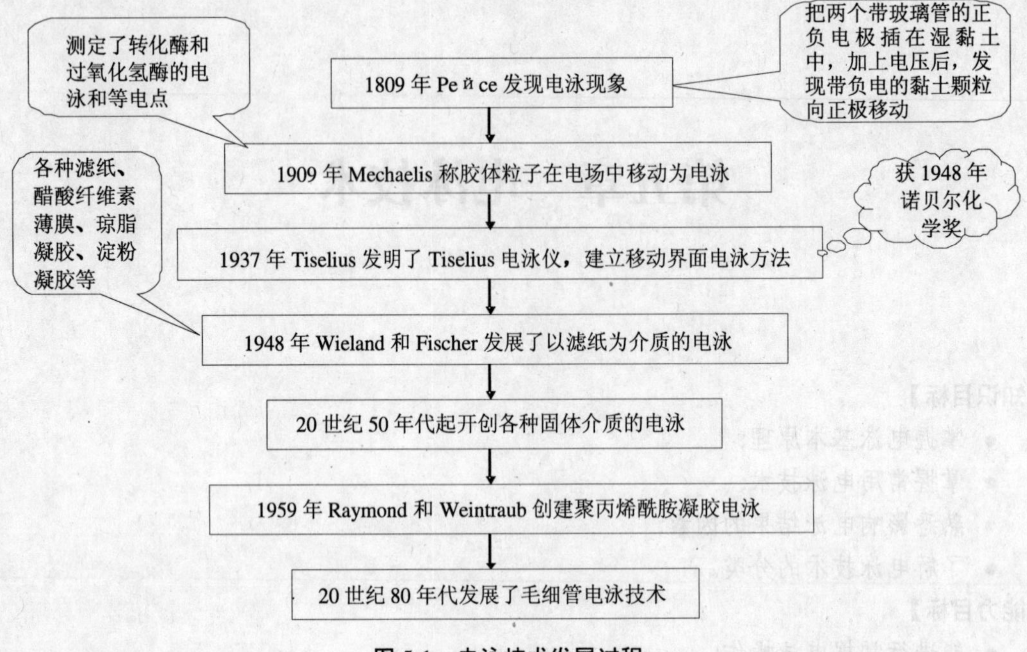

图 5-1　电泳技术发展过程

二、电泳基本原理

电泳基本原理如图 5-2 所示。

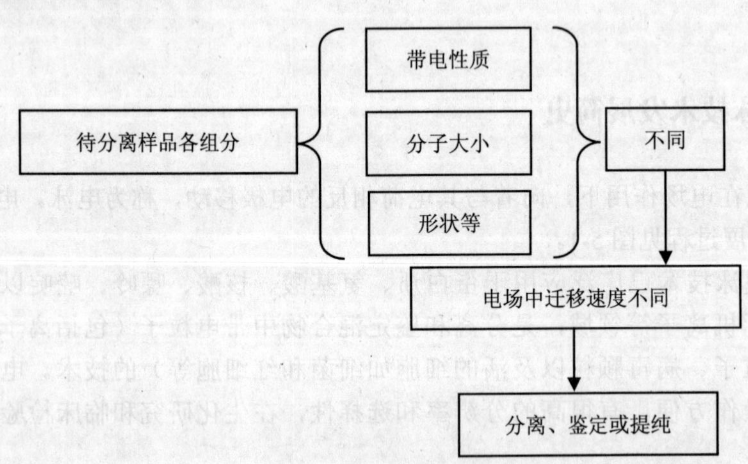

图 5-2　电泳基本原理

氨基酸、多肽、蛋白质和核酸等都具有可电离基团，在一定 pH 的溶液中形成带正电荷或负电荷的离子。在电场中阳离子向负极移动，阴离子向正极移动。

在稀溶液中，电场对带电粒子的作用力（F）等于粒子的净电荷（Q）与电场强度（E）的乘积：

$$F=QE$$

作用力（F）使带电粒子向与其电荷方向相反的电极方向移动。在移动过程中，粒子会受到介质黏滞力的阻碍。黏滞力（F'）的大小与分子大小和缓冲液黏度成正比。因此，待分离组分的迁移率与带电粒子所带电荷成正比，与分子的大小和缓冲液的黏度成反比。

三、影响电泳分离的主要因素

影响电泳分离的主要因素如图 5-3 所示。

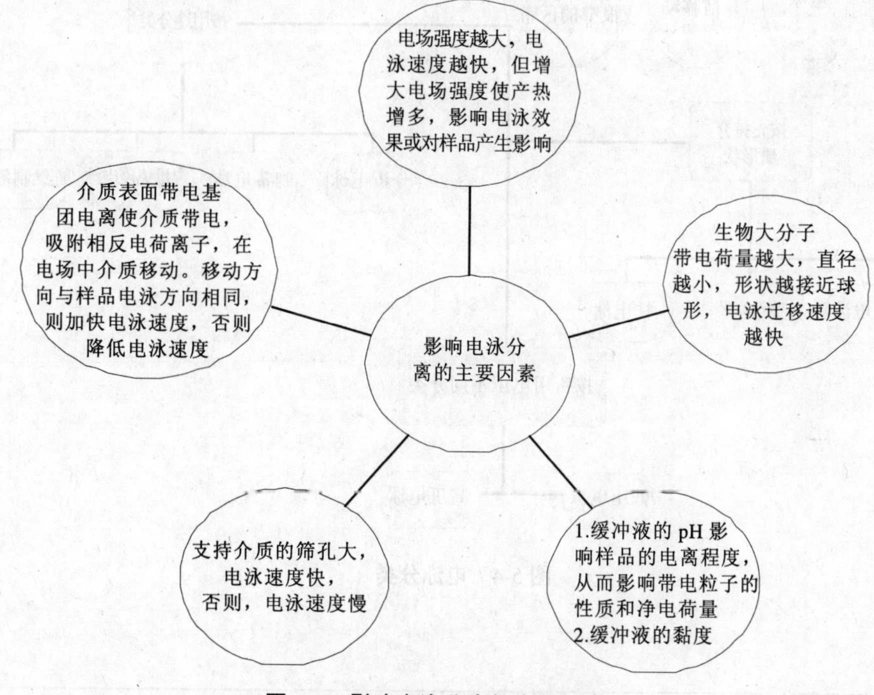

图 5-3　影响电泳分离的主要因素

四、电泳的分类

电泳技术存在不同的分类体系，如图 5-4 所示。

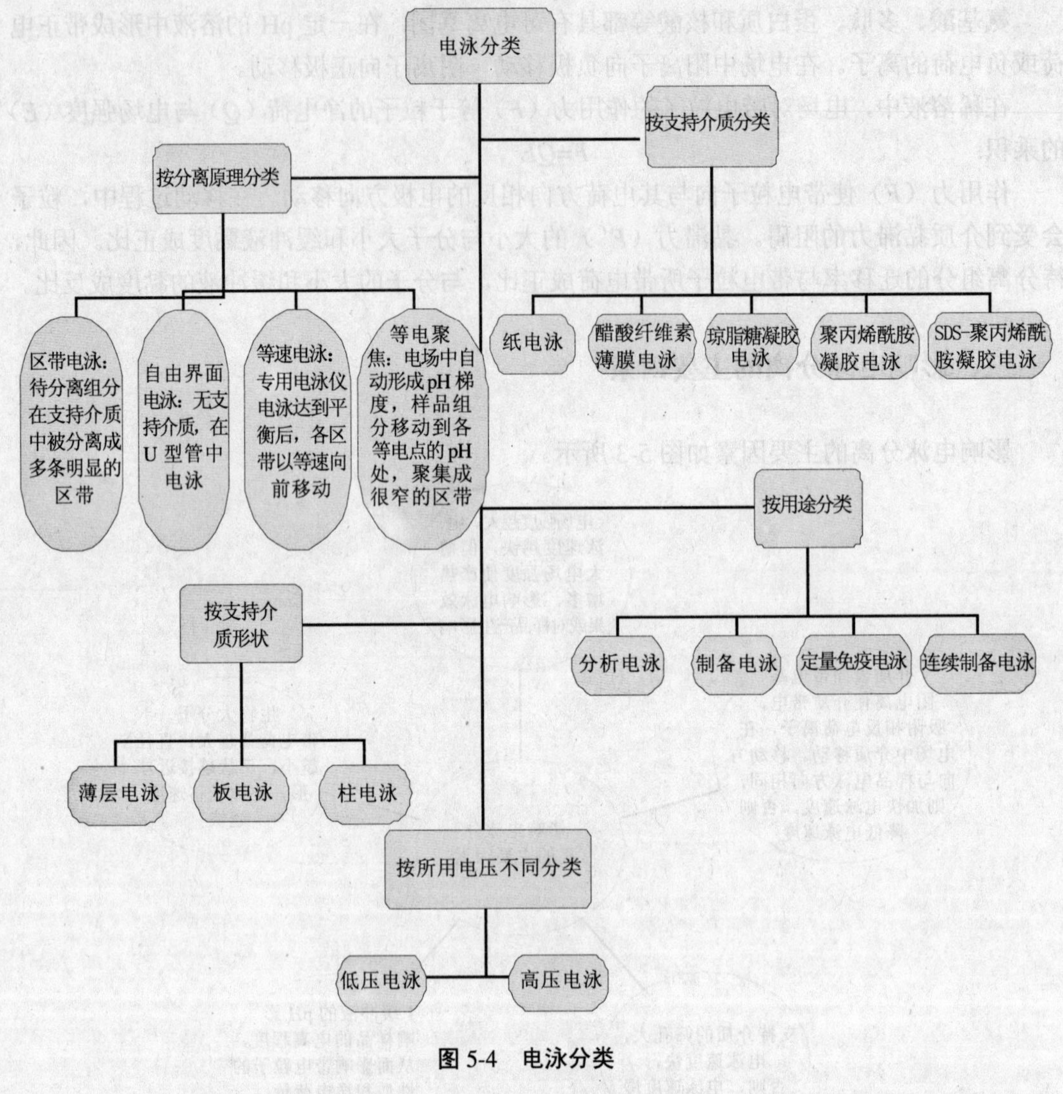

图 5-4　电泳分类

第二节　琼脂糖电泳

一、琼脂糖电泳概述

琼脂糖主要是从海洋植物琼脂中提取出来的线性多糖，一般还含有多糖、蛋白质和盐等杂质，每个厂商及每一批号的产品中杂质的含量不尽相同，对 DNA 的电泳迁移率的影响也不一样。现在有些公司生产出不含核酸酶的琼脂糖，在 EB 染色后，荧光背景非常低。经化学修饰后熔点降低的琼脂糖叫低熔点琼脂糖，主要应用于染色体 DNA 琼脂糖内包埋后原位进行内切酶酶切、DNA 片段回收以及小 DNA 片段（10×500 bp）的分离。

琼脂糖加入缓冲溶液中，加热溶解，冷却后成胶，称为琼脂糖凝胶。琼脂糖之间以分子内和分子间氢键形成较为稳定的交联结构。琼脂糖凝胶的孔径决定于琼脂糖的浓度，低浓度的琼脂糖形成较大的孔径，而高浓度的琼脂糖形成较小的孔径。

琼脂糖凝胶可用于蛋白质和核酸的电泳支持介质，琼脂糖凝胶电泳法尤其适用于分离、鉴定和纯化 DNA 片段。用 EB 染色，在紫外灯下，凝胶中 1 ng DNA 即能直接观察到。该方法操作简便，条件易于具备，大小分子均可很好地分离。

二、琼脂糖凝胶电泳操作步骤

琼脂糖凝胶电泳操作步骤见图 5-5。

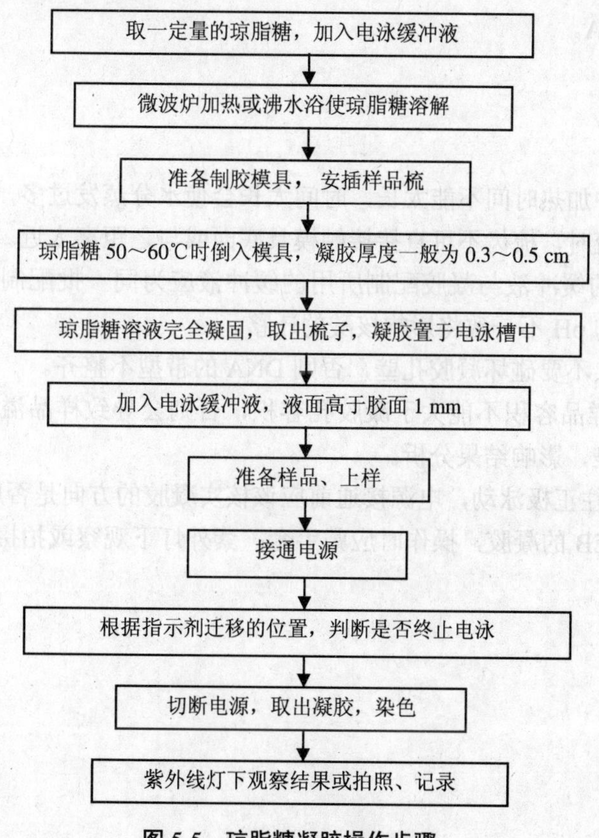

图 5-5　琼脂糖凝胶操作步骤

三、影响电泳迁移率的因素

琼脂糖凝胶电泳对核酸的分离作用主要依赖于核酸的分子量和分子构型，而凝胶的类型及其浓度与被分离核酸的分子大小有关。

（1）DNA 分子通过琼脂糖凝胶的速率（电泳迁移率）与其分子量的常用对数成反比。

（2）一定大小的 DNA 片段在不同浓度的琼脂糖凝胶中电泳迁移率不相同，低浓度、低电压分离大分子 DNA 效果较好，胶的浓度越低，适用于分离的 DNA 分子越大。但是凝胶浓度不能过低，否则制胶有困难，电泳结束后将胶取出也有困难。

（3）在低电压情况下，线性 DNA 分子的电泳迁移率与所用电压成正比。但是如果电压增高，电泳分辨率反而下降。因为电压增高，样品流动速度增快，大分子在高速流动时，分子伸展开，摩擦力增加，分子量与移动速度不一定呈线性关系。

（4）在分子量相当的情况下，DNA 的电泳速度次序如下：共价闭环 DNA＞线性 DNA＞开环的双链环状 DNA。

四、注意事项

（1）注意微波炉加热时间不能太长，时间太长会使水分蒸发过多，而改变凝胶浓度。

（2）安插样品梳时，梳齿不可直接接触模具底面或与之距离太近。

（3）电泳槽中的缓冲液与凝胶配制所用的缓冲液应为同一批配制，若电泳缓冲液与凝胶中的离子强度和 pH 不一致将影响核酸的迁移。

（4）加样时枪头不要碰坏凝胶孔壁，否则 DNA 的带型不整齐。

（5）加样时，样品容积不能大于凝胶孔容积，否则会导致样品溢出，流入邻近样品孔造成样品交叉污染，影响结果分析。

（6）DNA 样品往正极泳动，电源接通前应该核实凝胶的方向是否放置正确。

（7）对于含有 EB 的凝胶，操作时应戴手套；紫外灯下观察或拍摄电泳结果应戴有机玻璃防护面罩。

第三节　聚丙烯酰胺凝胶电泳

一、聚丙烯酰胺凝胶电泳概述

聚丙烯酰胺凝胶电泳（PAGE）早在 1959 年由 Raymond 和 Weintraub 建立，是以聚丙烯酰胺凝胶作为支持介质的界面电泳。

聚丙烯酰胺凝胶是由丙烯酰胺与亚甲双丙烯酰胺聚合而成的三维网状结构（图 5-6）。

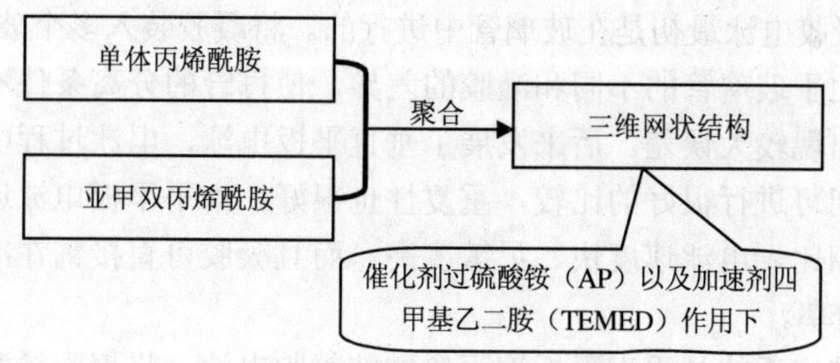

图 5-6　聚丙烯酰胺三维网状结构形成示意图

这种三维网状空间结构属不带电荷的非离子型多聚物，在电场中的电渗和吸附作用小。在实际应用中，根据被分离物质的分子量大小而选择适宜孔径的凝胶，聚丙烯酰胺凝胶的孔径可以通过改变丙烯酰胺和亚甲双丙烯酰胺的浓度来控制。丙烯酰胺的浓度可以在 3%～30%（体积分数），丙烯酰胺浓度低的凝胶具有较大的孔径，如 3%的凝胶孔径大，对蛋白质没有明显的阻碍作用；高浓度的丙烯酰胺凝胶具有较小的孔径，对蛋白质分子具有分子筛作用，可用于根据蛋白质分子质量进行分离的电泳中。

聚丙烯酰胺凝胶电泳可根据电泳样品的电荷、分子大小及形状的差别分离物质。这种介质既具有分子筛效应，又具备静电效应，所以分辨率高于琼脂糖凝胶电泳，它适用于低分子量蛋白质（低于 100）、寡聚核苷酸的分离和 DNA 的序列分析。聚丙烯酰胺凝胶电泳具备分离只相差 1 个核苷酸的不同 DNA 片段的特性，是 DNA 序列分析因素中的关键技术之一。

从方法学上看，聚丙烯酰胺凝胶电泳分为两类（图 5-7）。

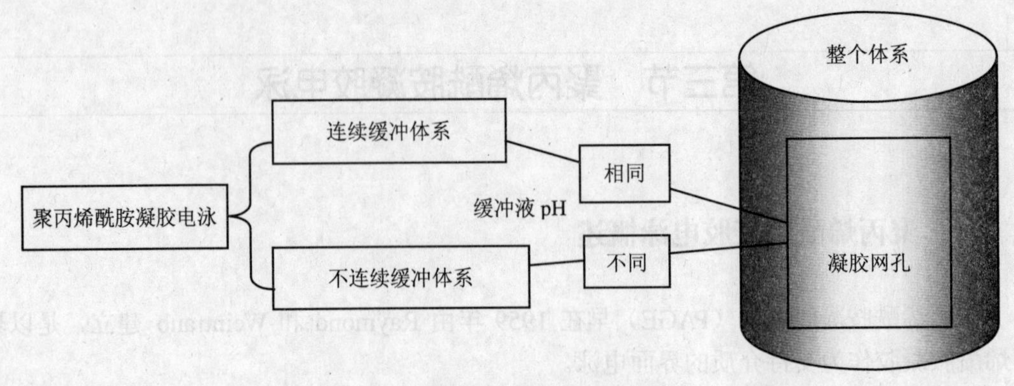

图 5-7 聚丙烯酰胺凝胶电泳分类

聚丙烯酰胺凝胶电泳最初是在玻璃管中进行的。将凝胶装入多个玻璃管中进行电泳，称做柱状电泳。由于玻璃管的不同和灌胶的差异，使每管的分离条件不同，从而对各管样品进行比较时出现较大误差。后来发展了垂直平板电泳，电泳过程中各样品所处条件比较一致，样品间可进行很好的比较，重复性也很好。水平平板电泳近年来发展很快，与垂直平板电泳相比，电泳速度快、灵敏度高，而且凝胶可直接铺在冷却板上，可通过加高电压提高分辨率。

目前应用比较广泛的是垂直平板聚丙烯酰胺凝胶电泳，将聚丙烯酰胺凝胶灌于两块封闭的平板之间，然后进行垂直电泳。其原理主要是氧能抑制丙烯酰胺的聚合反应，在封闭的双层玻璃平板的夹层中灌胶后，仅有顶层的部分凝胶与空气中的氧气接触，从而大大降低了氧对聚合的抑制作用。

虽然聚丙烯酰胺凝胶的灌制比琼脂糖凝胶繁杂，但有以下几个优点是琼脂糖凝胶所不具备的：① 分辨率极高：既使最大的片段比最小的片段长 500 倍（如 1 bp 与 500 bp）也能分离；② 比琼脂糖凝胶的上样量大：在 10 mm×1 mm 胶孔中上 10 μg DNA 样品，分辨率无明显下降；③ 回收的 DNA 样品纯度高；④ 聚丙烯酰胺凝胶无色透明，紫外吸收低，抗腐蚀性强，机械强度高，韧性好。

二、操作过程

（1）试剂：

① 30%丙烯酰胺（丙烯酰胺∶亚甲双丙烯酰胺＝29∶1）：

丙烯酰胺	29 g
亚甲双丙烯酰胺	1 g
H_2O	加至 100 ml

② 1×TBE（Tris-硼酸-EDTA 电泳缓冲液）：

Tris-硼酸　　　　89 mmol/L

EDTA（pH 8.0）　2 mmol/L

③ 10%过硫酸铵：

过硫酸铵　　　　1 g

H_2O　　　　　加至 10 ml

聚丙烯酰胺凝胶的配制比例见表 5-1。

表 5-1　聚丙烯酰胺凝胶的配制

试剂	不同浓度的凝胶中各成分的添加量/ml				
	3.5	5.0	8.0	12.0	20.0
30%丙烯酰胺	11.6	16.6	26.6	40.0	66.6
水	67.7	62.7	52.7	39.3	12.7
6×TBE	20.0	20.0	20.0	20.0	20.0
10%过硫酸铵	0.7	0.7	0.7	0.7	0.7

加 35 μl TEMED 至 100 ml 丙烯酰胺混合液中。

（2）垂直电泳槽、两块制胶玻璃板、垫条、梳子、夹子若干。

（3）操作步骤：见图 5-8。

三、注意事项

（1）操作时应持玻璃板边缘，避免手上的油脂印在玻璃板的工作面上，以免灌胶时产生气泡。

（2）注意避免梳齿下带进气泡，检查是否有丙烯酰胺液泄漏。

（3）凝胶和电泳储液槽中使用的 TBE 要同期配制，否则影响电泳效果。

（4）电压不宜过高，电压过高将引起升温，导致 DNA 带形弯曲，甚至使小的 DNA 片段解链。

（5）丙烯酰胺与亚甲双丙烯酰胺在储存过程中，因光或碱的催化，会慢慢转变成丙烯或双丙烯酸。为此，应将它装入棕色瓶中 4℃保存。

（6）凝胶一般厚 0.5～2 mm，过厚的凝胶会因产热而影响电泳结果。

（7）丙烯酰胺是一种神经毒素，可经皮肤吸收，应小心操作，需戴手套和面罩操作。

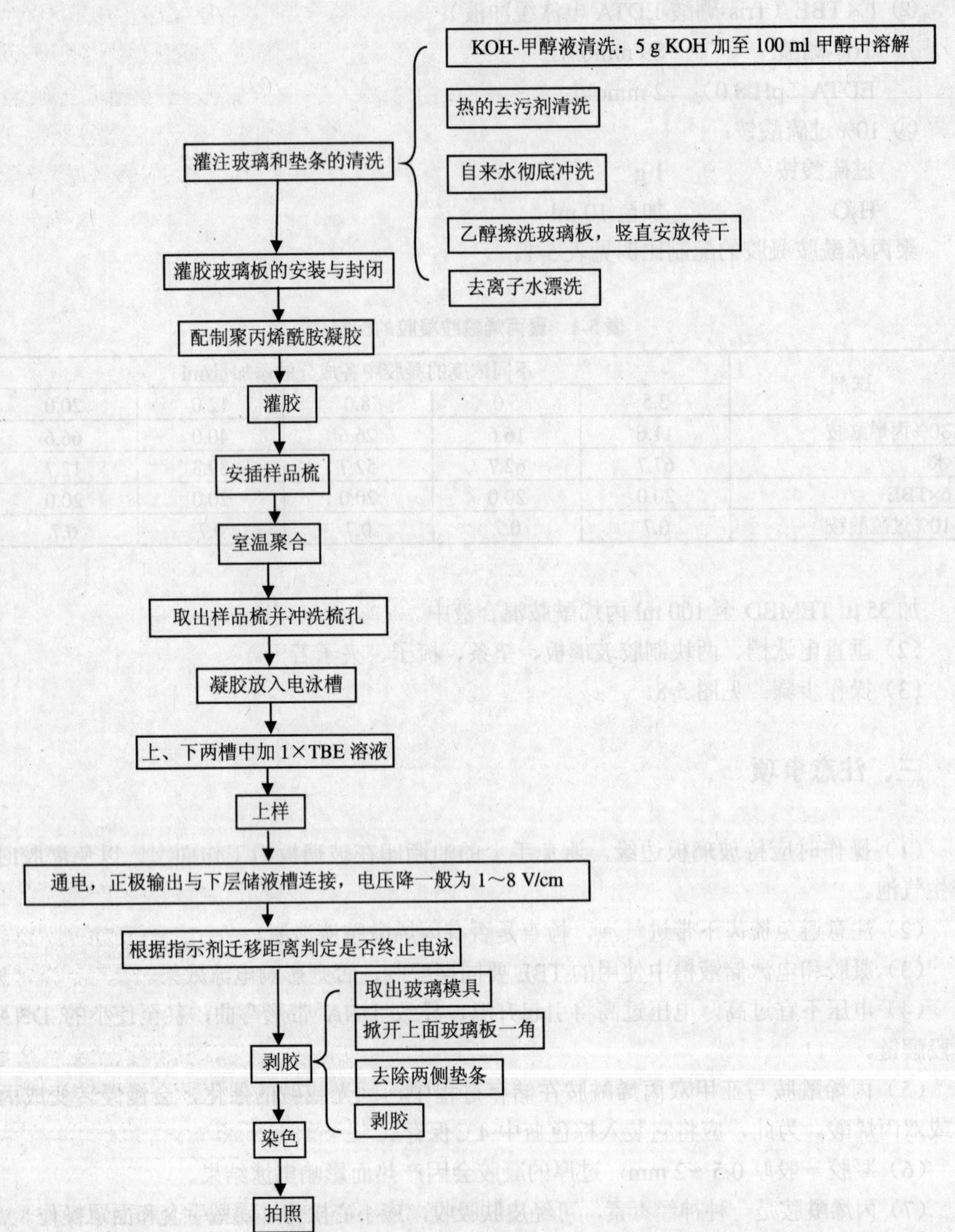

图 5-8 聚丙烯酰胺凝胶电泳操作步骤

第四节　其他电泳技术

一、醋酸纤维素薄膜电泳

（一）概述

醋酸纤维素薄膜电泳是区带电泳的一个重要分支，它以醋酸纤维素膜为支持介质。醋酸纤维素是纤维素的羟基进行乙酰化所形成的纤维素醋酸酯，将它溶解于有机溶剂（如丙酮、氯乙烯、氯仿、乙酸乙酯等）后，涂成均匀薄膜，即醋酸纤维素膜（CAM）。它是一种细密而且薄的微孔膜，具有均一的泡沫状结构，有强的渗透性，对分子运动无阻力，早期曾用做细菌滤膜，后来用做区带电泳的支持介质，具有简便、快速、样品用量少、分辨率高、样品无“拖尾”和吸附现象等优点，详述如下。

（1）醋酸纤维素膜对各种蛋白质样品的吸附作用极小，因此无“拖尾”现象；

（2）不吸附染料，薄膜上未与蛋白质结合的染料可完全洗掉，脱色后背景清晰；

（3）分离区带狭窄清楚，定量测定的精确性提高；

（4）由于醋酸纤维素膜的亲水性弱，它所容纳的缓冲液较少，电泳时大部分电流是由样品传导的，所以分离速度快、电泳时间短；

（5）样品用量少、灵敏度高；

（6）醋酸纤维素膜的电泳图谱经过冰醋酸、乙醇溶液或其他透明液处理后可使膜质透明化，有利于光吸收、扫描测定和膜的长期保存。

醋酸纤维素薄膜电泳须在密闭容器中较低电流的情况下使用。因薄膜吸水量较小，避免过分蒸发。

电泳装置如图 5-9 所示：

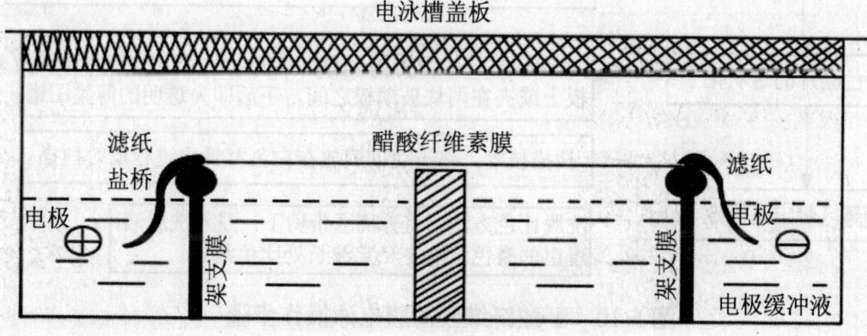

图 5-9　醋酸纤维素薄膜电泳装置

醋酸纤维素薄膜电泳应用范围较广，可用于检测和分析血浆蛋白、脂蛋白、糖蛋白、甲胎球蛋白、体液、脊髓液、脱氢酶、多肽、核酸以及其他生物大分子物质。由于醋酸纤维素薄膜电泳法快速而又简便，目前已在临床医学和生物化学等领域成为一种常规技术。

（二）操作步骤（图 5-10）

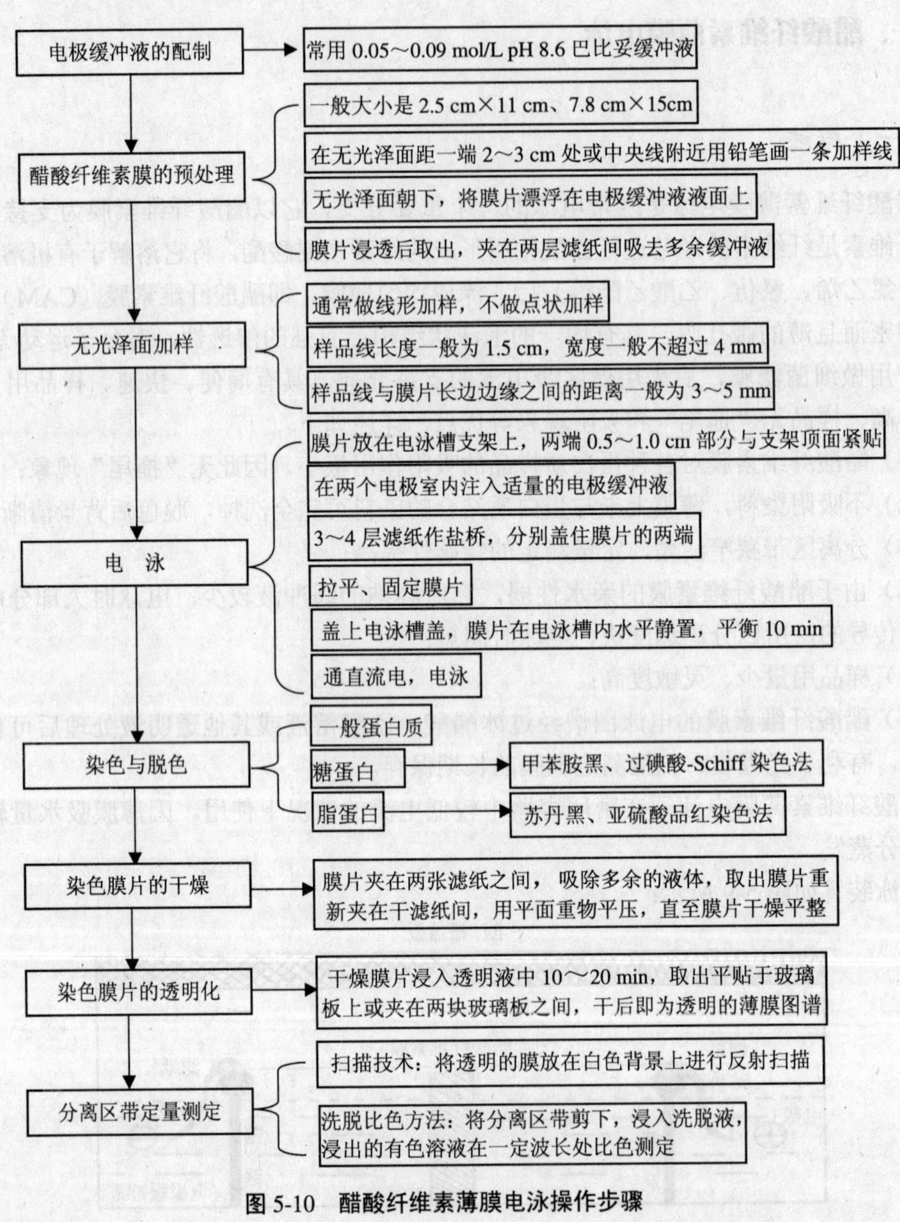

图 5-10　醋酸纤维素薄膜电泳操作步骤

（三）结果计算

比色测定结束后，各组分的含量按下式计算：

$$某蛋白质组分含量=\frac{某蛋白质组分的吸光度}{样品中各蛋白组分的吸光度}\times 100\%$$

（四）注意事项

（1）膜片电泳前的预处理：浸膜的正确方法是将膜片漂浮在缓冲液的表面上，膜片在逐渐吸收缓冲液的过程中下沉到缓冲液中。如果一开始就将膜片全部浸没，膜片上会聚集许多小空气泡从而形成许多不透明的斑点，需要很长时间才能将膜片浸透。此外，膜片浸透后用滤纸吸去多余的缓冲液时既不能吸得太干也不能过湿。太干不利于电泳分离；太湿会影响加样，使样品线条扩散变宽，电泳时各组分的起始点参差不齐，从而影响分离效果。

（2）电泳缓冲液浓度的选择：醋酸纤维素膜电泳常用 pH 8.6 巴比妥缓冲液，其浓度一般都是在 0.05～0.09 mol/L 进行选择。缓冲液浓度不能过高也不能过低，缓冲液浓度过低，会使区带移动速度过快、区带宽度增大；缓冲液浓度过高，会使区带移动速度减慢，从而导致某些分离区带过于集中而不易分辨。

（3）加样量：根据具体条件通过一系列预实验来选择最适宜的加样量。

（4）不同的样品组分有不同的染色方法。对于醋酸纤维素膜，选择染色液的主要原则有三点：第一，任何染色液都不应该是醋酸纤维素膜的溶剂。一般应尽可能选择水溶性染料，而不选择醇溶性染料。第二，尽可能选择对样品组分着色力强的染料。第三，选择高质量的染料，否则杂质过多会使染色后的背景加深，导致分离区带不清晰而难以辨认。

（5）膜面尽可能不与手指直接接触，以免膜面受到污染。如果在同一电泳槽内同时安放几张膜片，应避免相邻膜片之间彼此接触。

（6）当样品线不在膜片的中央位置时，要注意正、负极的正确接法。

（7）采用扫描技术得到的定量结果，在很大程度上取决于所选用的染色法以及膜的透明程度。

二、等电聚焦电泳

（一）等电聚焦电泳概述

蛋白质是一种两性电解质，其所带电荷的性质和数量随分子所在环境酸碱度的变化而变化。在 pH 低于其等电点（pI）的溶液中，蛋白质分子带正电荷，在电场中向负极移动；

而在高于其等电点的 pH 溶液中，蛋白质分子带负电荷，在电场中向正极移动。当溶液 pH 为该蛋白质分子的等电点时，蛋白质分子的净电荷为零，在电场中不移动，见图 5-11。

对于普通电泳，在直流电场中，pH 是均一、相对稳定的，多种带电组分依其电荷性质和数量的不同向不同方向以不同速度移动。等电聚焦电泳就是在电泳支持物中加入人工合成的两性载体电解质，它是一种脂肪族的多氨基多羧基化合物。当通以直流电时，两性载体电解质形成一个从阳极到阴极逐步递增的 pH 梯度。不同蛋白质分子的氨基酸组成不同，其等电点也不同。当把蛋白质分子放入此体系中时，蛋白质分子处于低于其等电点的 pH 环境中，则带正电荷，向负极移动；反之，蛋白质分子处于高于其等电点的 pH 环境中，则带负电荷，向正极移动。最后都聚集在相当于其等电点 pH 的位置上，不再泳动。等电聚焦就是根据不同蛋白质分子等电点的差异而实现对各种蛋白质的分离的。

等电聚焦电泳原理见图 5-11：

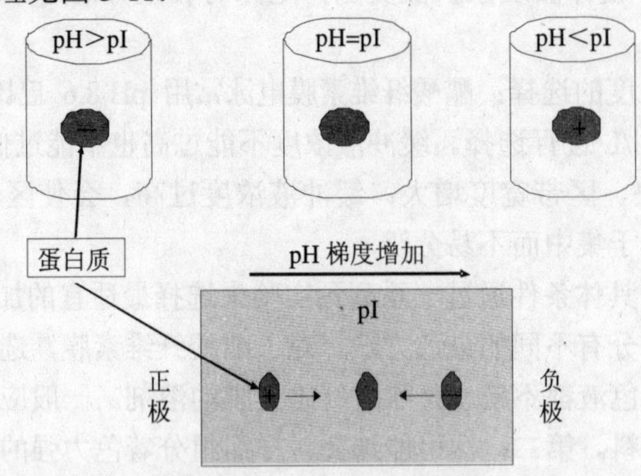

图 5-11 等电聚焦电泳原理

等电聚焦多采用水平平板电泳，平板电泳装置如图 5-12 所示。

图 5-12 平板电泳装置

（二）等电聚焦操作过程（图 5-13）

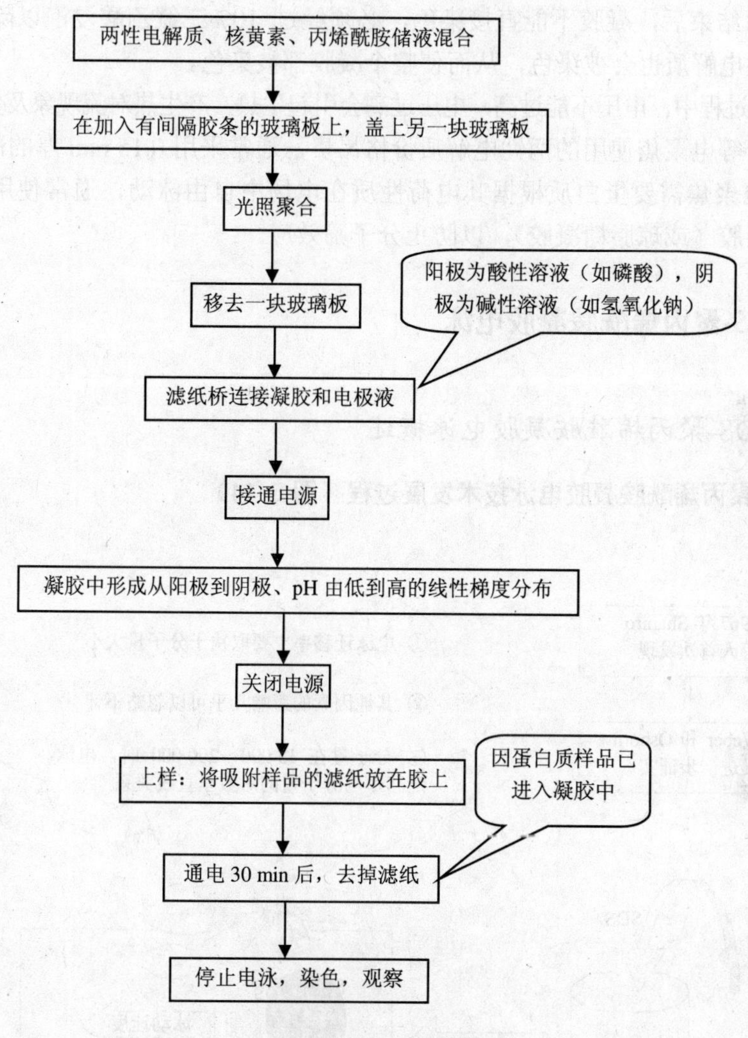

图 5-13　等电聚焦操作过程

（三）注意事项

（1）等电聚焦电泳的分辨率很高，可以分辨出等电点相差 0.01 的蛋白质，适合于研究蛋白质的微观不均一性。

（2）待分离蛋白质组分可以加在凝胶的任何位置，也可以在制胶时混入凝胶中。

（3）等电聚焦电泳除了可对不同等电点的蛋白质进行分离外，还可用于测定蛋白质的等电点。

（4）等电聚焦分离速度快，蛋白质可保持天然活性状态。

（5）电泳结束后，凝胶不能直接染色，必须经过 10%三氯乙酸浸泡以除去两性电解质，否则两性电解质也会被染色，从而使整个凝胶都被染色。

（6）电泳过程中，电压不能过高，电压过高会引起生热，产生热对流现象及蛋白质变性。

（7）由于等电聚焦使用的两性电解质价格昂贵，通常采用 0.15 mm 厚的薄层凝胶。

（8）等电聚焦需要蛋白质根据其电荷性质在电场中自由泳动，通常使用较低浓度的聚丙烯酰胺凝胶（或琼脂糖凝胶），以防止分子筛效应。

三、SDS-聚丙烯酰胺凝胶电泳

（一）SDS-聚丙烯酰胺凝胶电泳概述

1. SDS-聚丙烯酰胺凝胶电泳技术发展过程（图 5-14）

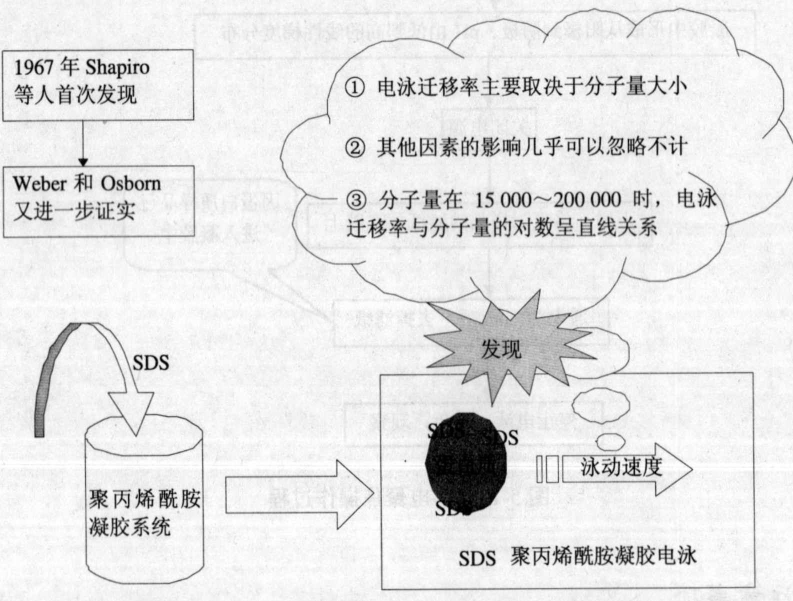

图 5-14 SDS-聚丙烯酰胺凝胶电泳技术发展过程

2. SDS-聚丙烯酰胺凝胶电泳原理（图 5-15）

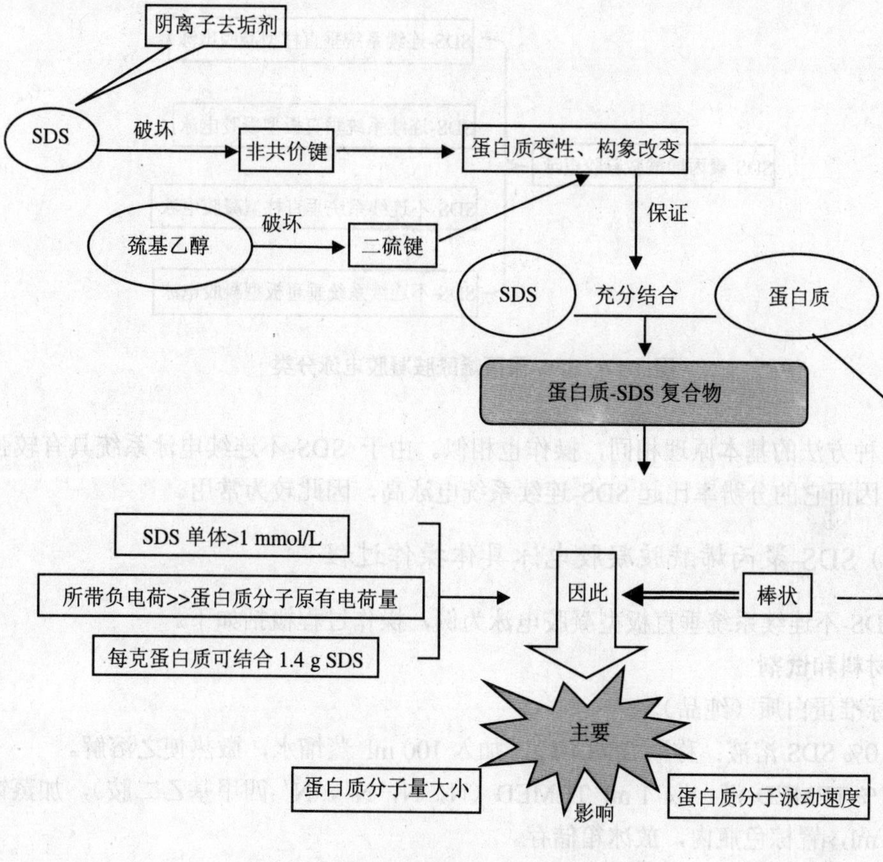

阴离子去垢剂
SDS
破坏
非共价键
蛋白质变性、构象改变
巯基乙醇
破坏
二硫键
保证
SDS
充分结合
蛋白质
蛋白质-SDS 复合物
SDS 单体>1 mmol/L
所带负电荷>>蛋白质分子原有电荷量
每克蛋白质可结合 1.4 g SDS
因此
棒状
主要
蛋白质分子量大小
影响
蛋白质分子泳动速度

图 5-15　SDS-聚丙烯酰胺凝胶电泳原理

3. SDS-聚丙烯酰胺凝胶电泳的应用（图 5-16）

SDS-聚丙烯酰胺凝胶电泳方法简便、快速、重复性好，应用愈来愈广。

SDS-聚丙烯酰胺凝胶系统
分离
蛋白质组分
测定
蛋白质的分子量
分析
蛋白质亚基组分

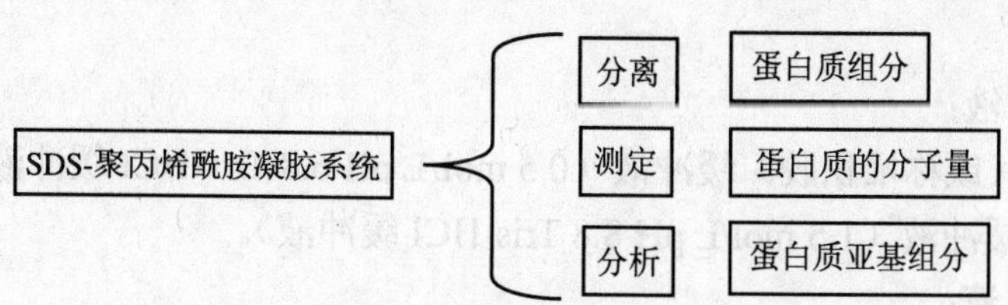

图 5-16　SDS-聚丙烯酰胺凝胶电泳的应用

4．SDS-聚丙烯酰胺凝胶电泳的分类（图 5-17）

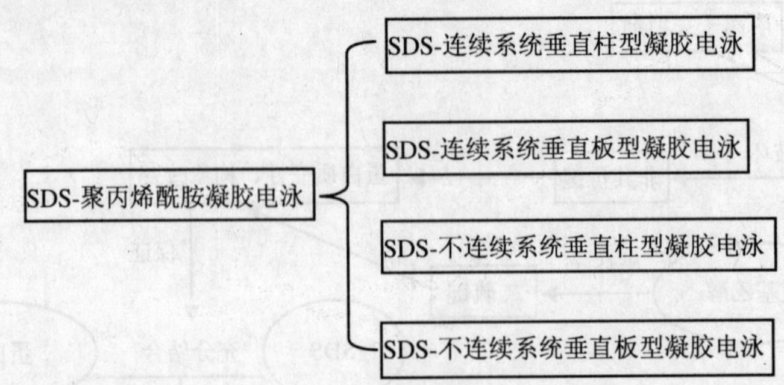

图 5-17　SDS-聚丙烯酰胺凝胶电泳分类

这四种方法的基本原理相同，操作也相似。由于 SDS-不连续电泳系统具有较强的浓缩效应，因而它的分辨率比起 SDS-连续系统电泳高，因此较为常用。

（二）SDS-聚丙烯酰胺凝胶电泳具体操作过程

以 SDS-不连续系统垂直板型凝胶电泳为例，操作过程概括如下。

1．材料和试剂

① 标准蛋白质（纯品）。

② 10% SDS 溶液：称取 SDS 10 g，加入 100 ml 蒸馏水，微热使之溶解。

③ 1% TEMED 液：取 1 ml TEMED（N，N，N′，N′-四甲基乙二胺），加蒸馏水稀释至 100 ml，置棕色瓶内，放冰箱储存。

④ 10%（质量浓度）过硫酸铵溶液：称取过硫酸铵 1 g，溶于 10 ml 蒸馏水中，临用前配制。

⑤ 蛋白质样品处理液（2×）：含 2%SDS、5%巯基乙醇、10%甘油、0.02%溴酚蓝的 0.01 mol/L pH 8.0 Tris-HCl 缓冲液。

⑥ 电极缓冲液：含 0.1%SDS 的 0.025 mol/L Tris-HCl、0.25 mol/L 甘氨酸缓冲液（pH 8.3）。

⑦ 凝胶缓冲液：

（a）浓缩胶（或称堆积胶）缓冲液（0.5 moI/L pH 6.8 Tris-HCl 缓冲液）；

（b）分离胶缓冲液（1.5 mol/L pH 8.8 Tris-HCl 缓冲液）。

⑧ 凝胶储备液：

（a）浓缩胶储备液（10%丙烯酰胺-0.5%亚甲双丙烯酰胺溶液）；

（b）分离胶储备液（30%丙烯酰胺-0.8%亚甲双丙烯酰胺溶液）。

2. 操作方法（图 5-18）

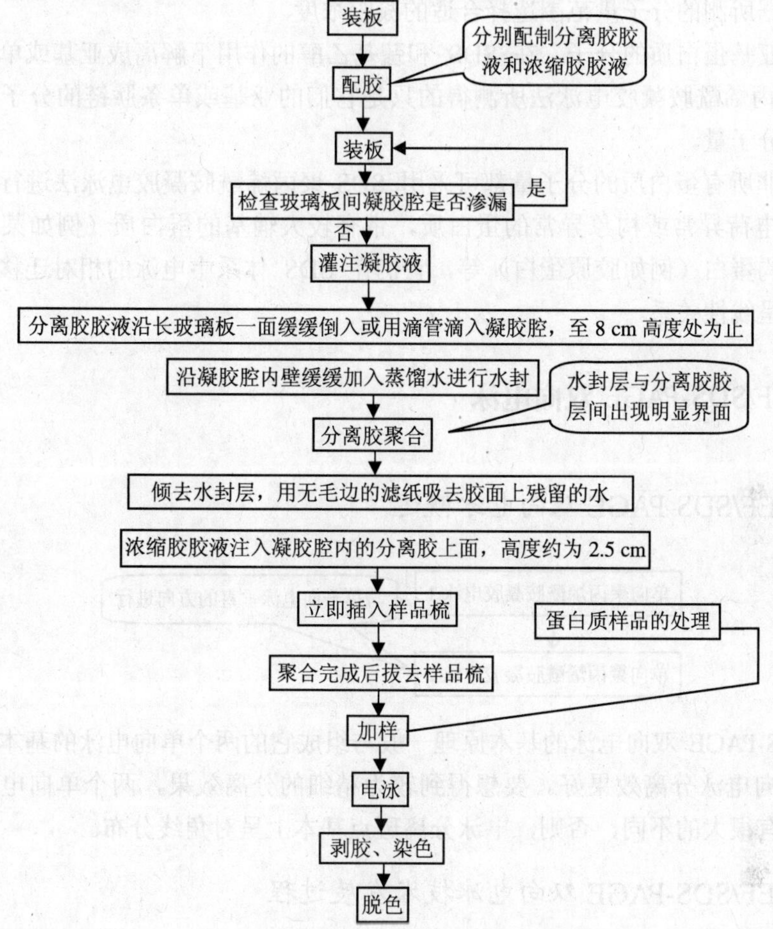

图 5-18 SDS-聚丙烯酰胺凝胶电泳操作方法

（三）注意事项

（1）当 SDS 单体浓度大于 1 mmol/L 时，平均每克蛋白质可结合 1.4 g SDS，相当于 1 个 SDS 分子结合 2 个氨基酸残基。

（2）只有在蛋白质分子内的二硫键被彻底还原后，SDS 才能定量地结合到蛋白质分子上，并使之具有相同的构象，一般以巯基乙醇作还原剂。

（3）溶液中的 SDS 总量至少要是蛋白质总量的 4 倍，低于这个比例，就可能使电泳迁移率偏低。

（4）溶液的离子强度应该较低，最高不得超过 0.26 mol/L，因为 SDS 在水溶液中是以单体和分子团的混合形式存在的，在低离子强度的溶液中，SDS 单体具有较高的平衡浓度。

（5）根据所测的分子量范围选择合适的凝胶浓度。

（6）多亚基蛋白质的分子，在 SDS 和巯基乙醇的作用下解离成亚基或单条肽链。因此，SDS-聚丙烯酰胺凝胶电泳法所测得的只是它们的亚基或单条肽链的分子量，而不是完整分子的分子量。

（7）并非所有蛋白质的分子量都可采用 SDS-聚丙烯酰胺凝胶电泳法进行测定。这些蛋白质是：电荷异常或构象异常的蛋白质，带有较大辅基的蛋白质（例如某些糖蛋白）以及一些结构蛋白（例如胶原蛋白）等，它们在 SDS 体系中电泳的相对迁移率与其分子量的对数不呈线性关系。

四、IEF/SDS-PAGE 双向电泳

（一）IEF/SDS-PAGE 双向电泳概述

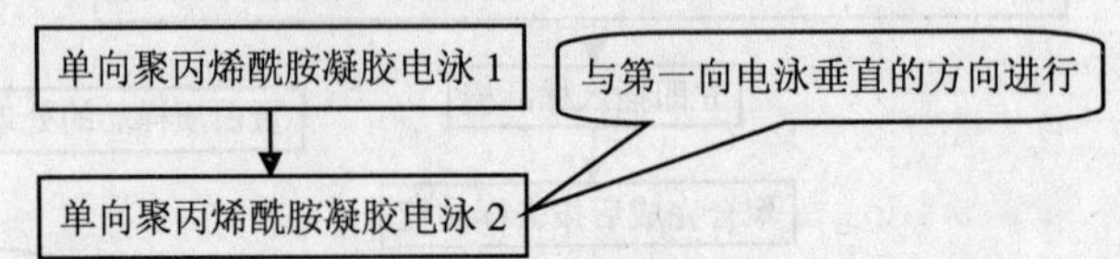

IEF/SDS-PAGE 双向电泳的基本原理一般与组成它的两个单向电泳的基本原理相同。但是不比单向电泳分离效果好。要想得到较为精细的分离效果，两个单向电泳所依据的分离原理应有很大的不同，否则，电泳分离斑点基本上呈对角线分布。

（二）IEF/SDS-PAGE 双向电泳技术发展过程

1975 年，O’Farrell 等人发现了 IEF/SDS-PAGE 双向电泳。

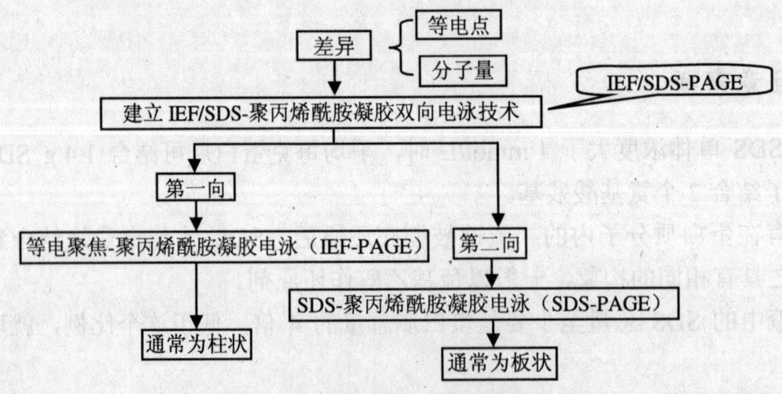

图 5-19　IEF/SDS-PAGE 双向电泳发展过程

（三）双向 IEF/SDS-PAGE 电泳操作过程

1. 双向电泳 IEF/SDS-PAGE 与单向电泳 IEF-PAGE 和 SDS-PAGE 之间的操作差异（图 5-20）

双向电泳 IEF/SDS-PAGE 与单向电泳 IEF-PAGE 和 SDS-PAGE 的分离原理相同，但具体操作却有较大差别。

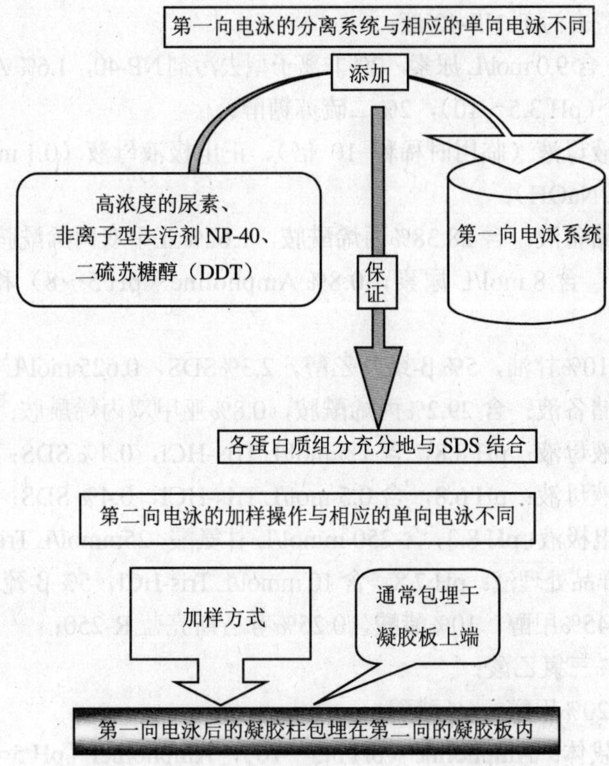

图 5-20　双向电泳与单向电泳的操作差异

包埋方式如图 5-21 所示。

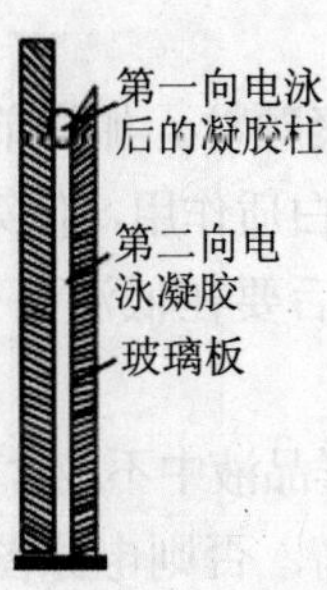

图 5-21　上层包有凝胶柱的凝胶板侧面图

需要注意的是，由于第二向电泳的分离系统不同于第一向，因此，第一向电泳后的凝胶柱须在第二向电泳分离系统内振荡平衡，以保证平衡液与单向 SDS-PAGE 所用的蛋白质样品处理液相一致（内含β-巯基乙醇和 SDS 等）。

2．双向电泳 IEF/SDS-PAGE 电泳操作过程

（1）试剂

① 10%非离子型去污剂 NP-40 液；

② 样品裂解液：含 9.0 mol/L 尿素，2%非离子型去污剂 NP-40，1.6% Ampholine（pH 5～8），0.4% Ampholine（pH 3.5～10），2%二硫苏糖醇；

③ 第一向电极液母液（临用时稀释 10 倍）、正电极液母液（0.1 mol/L 磷酸）、负电极液母液（0.2 mol/L NaOH）；

④ 第一向凝胶储备液：含 28.38%丙烯酰胺，1.62%亚甲双丙烯酰胺；

⑤ 样品覆盖液：含 8 mol/L 尿素，0.8% Ampholine（pH 5～8）和 0.2% Ampholine（pH 3～10）；

⑥ 平衡液：含 10%甘油，5% β-巯基乙醇，2.3%SDS，0.625 mol/L Tris-HCl；

⑦ 第二向凝胶储备液：含 29.2%丙烯酰胺，0.8%亚甲双丙烯酰胺；

⑧ 分离胶缓冲液母液：pH 8.8，含 1.5 mol/L Tris-HCl，0.4% SDS；

⑨ 浓缩胶缓冲液母液：pH 6.8，含 0.5 mol/L Tris-HCl，0.4% SDS；

⑩ SDS-PAGE 电极液：pH 8.3，含 250 mmol/L 甘氨酸，25mmol/L Tris-HCl，0.1% SDS；

⑪ 标准蛋白质样品处理液：pH 7.8，含 10 mmol/L Tris-HCl，5% β-巯基乙醇，2% SDS；

⑫ 染色液：含 45%甲醇，10%醋酸，0.25%考马斯亮蓝 R-250；

⑬ 固定液：50%三氯乙酸；

⑭ 脱色液：含 20%甲醇，6%醋酸；

⑮ 两性电解质载体：Ampholine（pH 3.5～10），Amphoinel（pH 5～8）；

⑯ TEMED（四甲基乙二胺）；

⑰ 20%过硫酸铵。

（2）操作方法见图 5-22。

3．注意事项

（1）样品液中不应含有蛋白质凝聚颗粒。加样前，应离心去除，否则影响电泳效果。

（2）尽可能除去核酸，否则易与蛋白质作用，使第一向 IEF-PAGE 中的电泳分辨率降低。

（3）蛋白质样品加入样品处理液后要在低温条件下存放，否则会改变蛋白质的带电性质，影响其电泳行为和分离效果。

（4）第一向 IEF-PAGE 中，蛋白质样品液中不应含有 SDS，否则对 pH 梯度产生不良影响。

（5）蛋白质样品的加样量不能过高，否则电泳图谱中的斑点过大，致使各斑点之间的距离减小而降低分辨力。而且过大的斑点还可能覆盖邻近的低含量的蛋白质组分的斑点。

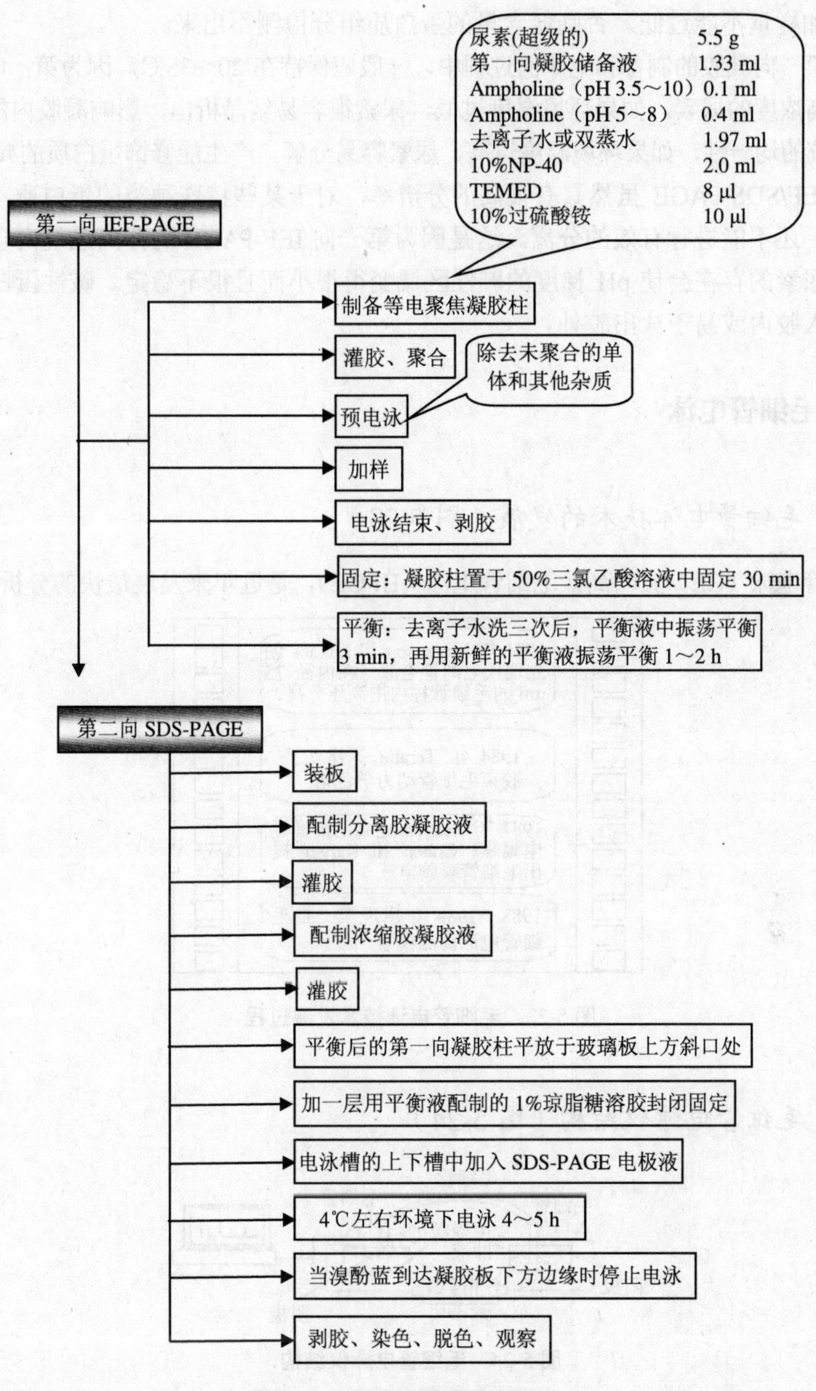

图 5-22 双向电泳操作过程

（6）加样量不能过低，否则低含量的蛋白质组分检测不出来。

（7）第一向凝胶的制备和电泳的过程中，一般应保持在 20～35℃。因为第一向电泳的凝胶中含有高浓度的尿素。如果环境温度过低，尿素很容易结晶析出，影响凝胶内的尿素浓度和分离系统的均一性，如果环境温度过高，尿素容易分解，产生能修饰蛋白质的异氰酸盐。

（8）IEF/SDS-PAGE 虽然具有很高的分辨率，对于某些特殊种类的蛋白质（例如碱性蛋白质等）还不能进行有效的分离。这是因为第一向 IEF-PAGE 的分离系统内含有高浓度的尿素，尿素的存在会使 pH 梯度的碱性区域变得很小而且很不稳定。碱性蛋白质组分通常难以进入胶内或易于泳出胶外。

五、毛细管电泳

（一）毛细管电泳技术的发展（图 5-23）

毛细管电泳（CE）又叫高效毛细管电泳（HPCE），是近年来发展最快的分析方法之一。

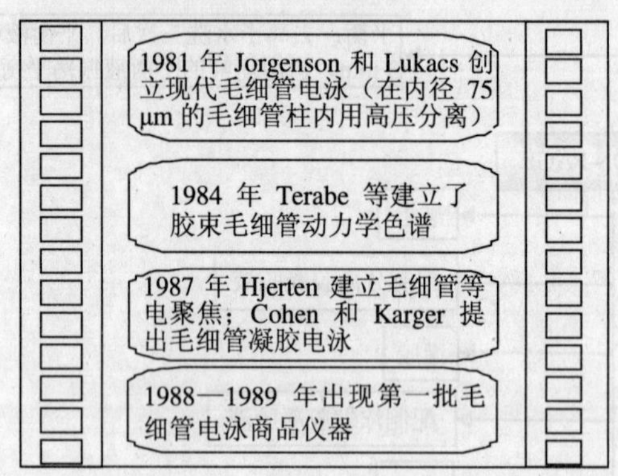

图 5-23 毛细管电泳技术发展过程

（二）毛细管电泳仪结构（图 5-24）

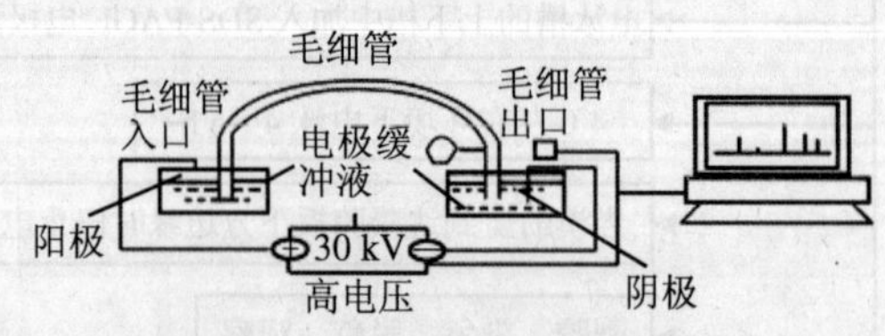

图 5-24 毛细管电泳仪结构

（三）毛细管电泳原理（图 5-25、图 5-26）

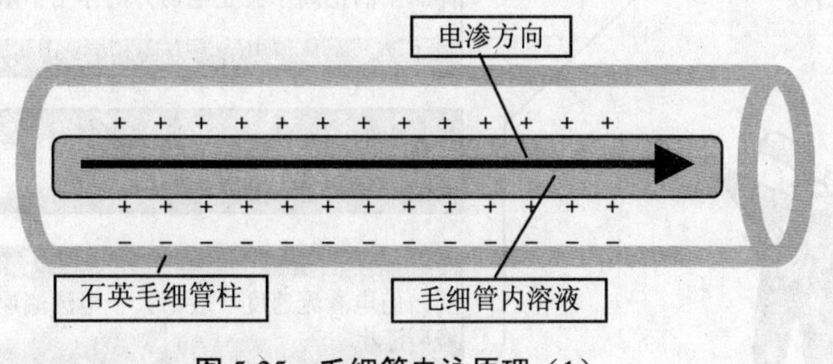

图 5-25　毛细管电泳原理（1）

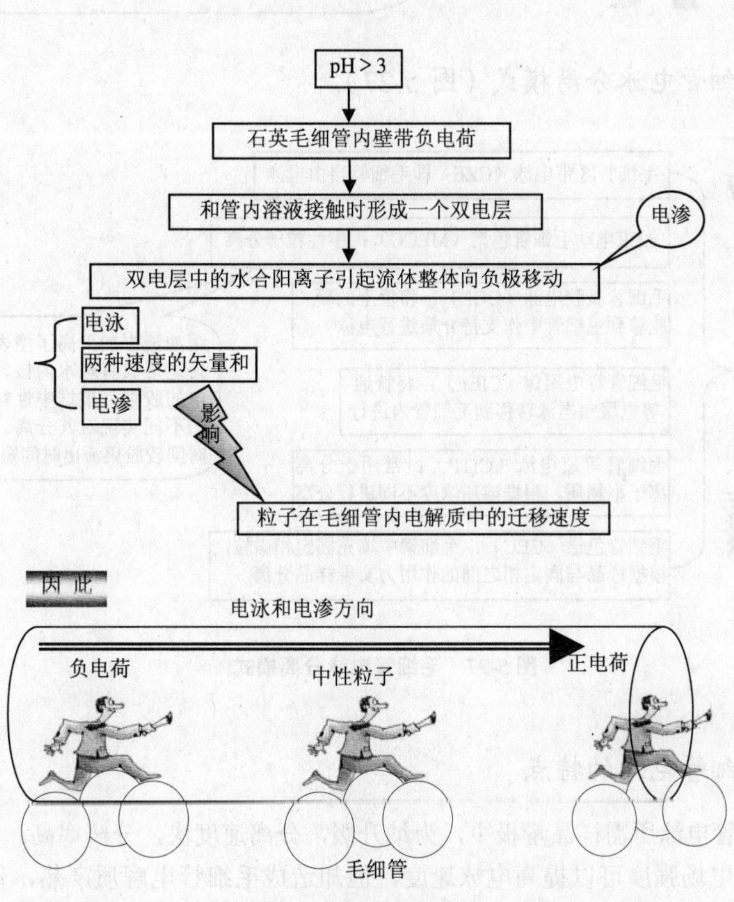

图 5-26　毛细管电泳原理（2）

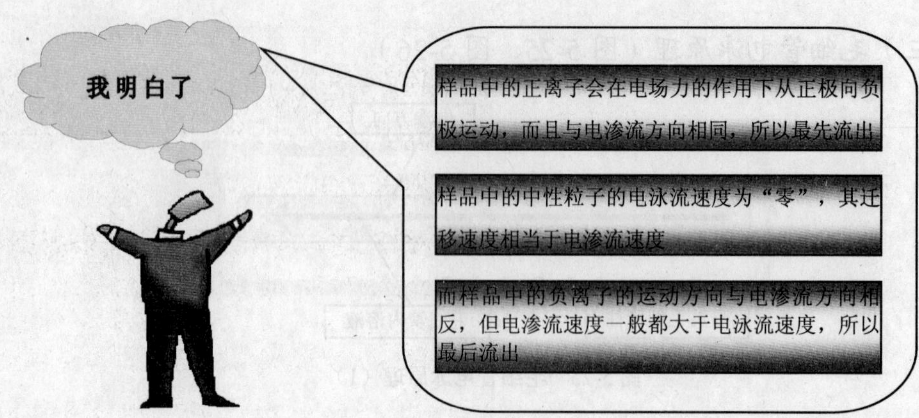

（四）毛细管电泳分离模式（图 5-27）

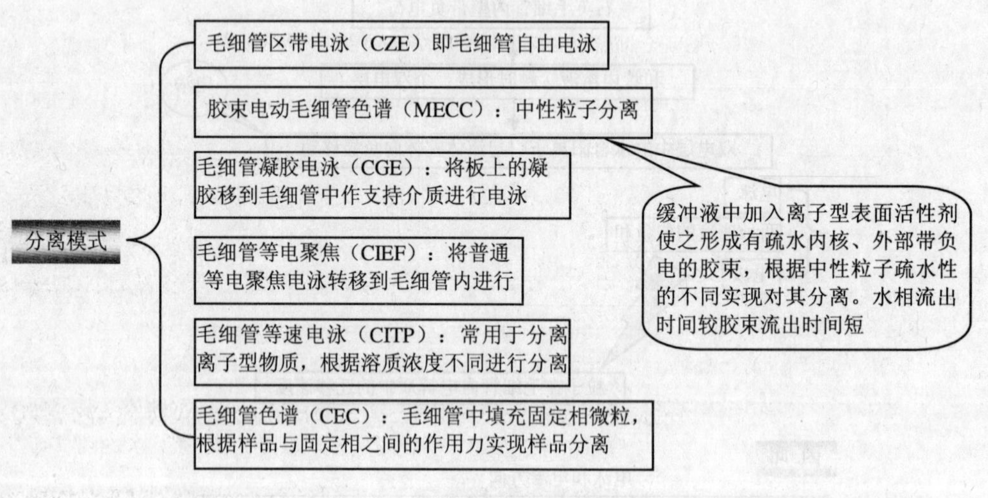

图 5-27　毛细管电泳分离模式

（五）毛细管电泳的特点

（1）毛细管电泳所需样品量极少，为纳升级，分离速度快，分辨率高。

（2）增加电场强度可以提高电泳速度，但却造成毛细管电解质产热，使电泳谱带变宽，柱效下降，所以应加强散热。

（3）毛细管电泳不仅能分离带电离子，而且可以分离不带电的中性粒子。

复习思考题

1. 简述电泳的基本原理。
2. 简述影响电泳分离的基本因素。

第六章　基因重组技术

【知识目标】

- 熟悉分子重组的基本概念；
- 理解基因转移原理；
- 掌握分子重组及转化方法；
- 了解重组子筛选方法。

【能力目标】

- 能进行分子重组操作；
- 能进行重组子转化；
- 能进行常规的重组子鉴定。

基因操作的核心是基因重组，即目的基因的 DNA 片段与适当的表达载体在 DNA 连接酶的作用下连接形成重组 DNA 分子，再转入相应的受体细胞进行繁殖，从而使外源目的 DNA 得到表达。

第一节　重组 DNA 分子的构建

一、重组 DNA 的概念

通过分离、纯化、扩增等一系列实验步骤后获得目的基因，再根据欲使目的基因进行有效表达的受体细胞选择适当的载体，然后将目的基因与表达载体在体外进行有效连接，即 DNA 分子的体外重组。

DNA 重组依赖于限制性核酸内切酶、DNA 连接酶和其他修饰酶的作用，分别对外源目的基因和表达载体进行适当切割和修饰后，将外源目的基因与表达载体正确地连接在一起，再转入受体细胞，实现目的基因在受体细胞内的有效表达。

目的 DNA 分子的体外重组可概括为以下几个步骤：① 外源 DNA 与载体连接，形成重组 DNA；② 通过转化将重组 DNA 引入受体细胞；③ 筛选含重组 DNA 的克隆（图 6-1）。核酸限制性内切酶和 DNA 连接酶的发现与应用，为 DNA 分子的体外重组提供了有力的工具。

通常在进行外源 DNA 同载体分子的连接反应时，需考虑以下因素：① 实验步骤尽可能简单易行；② 为方便对目的 DNA 的后续操作，连接形成的“接点”序列应能被一定的核酸限制性内切酶重新切割；③ 不破坏目的基因的阅读框架。大多数核酸限制性内切酶都能切割 DNA 分子，并形成具有 1～4 个核苷酸的黏性末端。当载体和外源 DNA 经同样的内切酶，或用能产生相同黏性末端的限制酶切割时，所形成的 DNA 末端能彼此退火，并能被 T4 DNA 连接酶连接，形成重组体分子。

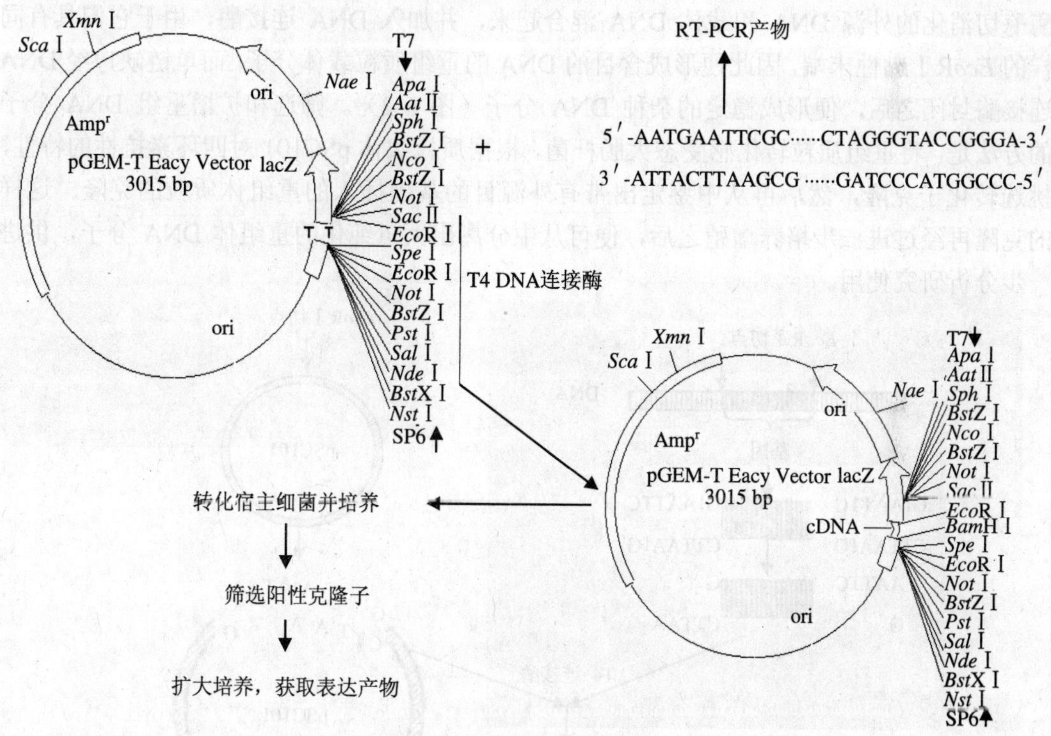

图 6-1 DNA 重组体的构建

根据限制性内切酶作用的性质，用两种限制酶同时消化一种特定的 DNA 片段时，将会产生两种不同黏性末端的 DNA 片段，如果载体分子也用相同的核酸内切酶切割，那么载体和外源 DNA 片段将可以以一种取向退火，形成重组 DNA 分子。

二、黏性末端 DNA 分子间连接

DNA 连接酶最突出的特点是，它能够催化外源 DNA 与载体分子之间发生连接作用，形成重组的 DNA 分子。应用 DNA 连接酶的这种特性，可在体外将具有黏性末端的 DNA 限制片段插入到适当的载体分子上，从而可以按照人们的意图构建出新的 DNA 杂种分子。具黏性末端的 DNA 片段的连接比较容易，也比较常用。重组 DNA 实验的一般程序是选用一种对载体 DNA 仅有唯一限制位点的限制性内切酶进行位点特异性切割。例如，*Eco*RⅠ限制酶对质粒 pSC101 DNA 仅有一个限制位点，因此经此酶消化之后就会形成全长的具黏性末端的线性 DNA 分子。再将外源 DNA 大片段也用 *Eco*RⅠ限制酶做同样的消化，就可以形成能插入到 pSC101 载体上的 DNA 限制片段。随后把这两种经同一种内切酶酶切消化的外源 DNA 和载体 DNA 混合起来，并加入 DNA 连接酶，由于它们具有同样的 *Eco*RⅠ黏性末端，因此便形成含目的 DNA 的重组质粒载体分子。而单链缺口经 DNA 连接酶封闭之后，便形成稳定的杂种 DNA 分子（图 6-2）。筛选和扩增重组 DNA 分子的方法是，将重组质粒转化感受态大肠杆菌，根据质粒载体 pSC101 对四环素抗性的特性，挑选转化子克隆，然后再从中鉴定出带有外源目的基因插入的重组体质粒的克隆。这样的克隆再经过进一步培养增殖之后，便可从中分离出大量纯化的重组体 DNA 分子，供进一步分析研究使用。

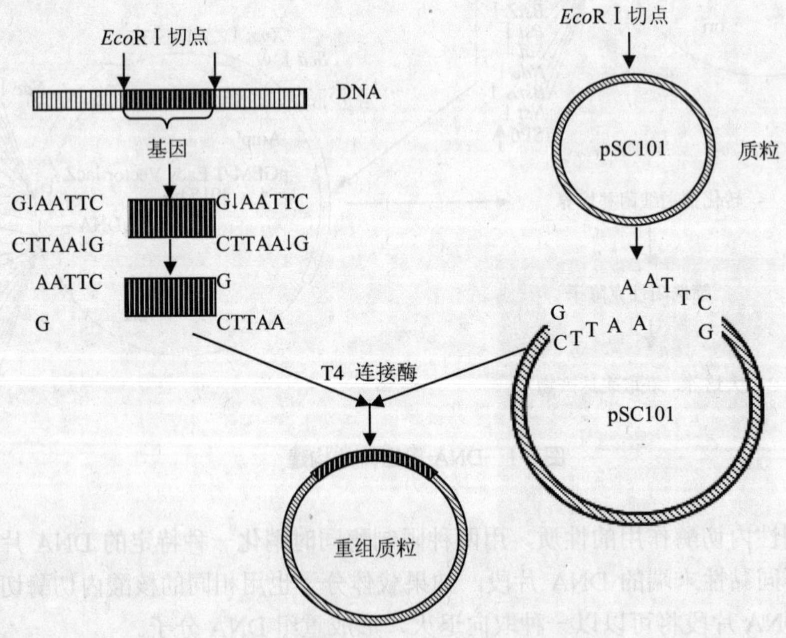

图 6-2　黏性末端 DNA 片段之间的连接

但这种方法也有其自身缺陷，由限制酶产生的具黏性末端的载体 DNA 分子，在连接反应过程中会发生自身环化作用，重新形成稳定的共价闭合环状结构。这样将导致只含有载体分子的转化子的克隆比例大幅度上升，最终给重组体 DNA 分子的筛选带来了麻烦。为了避免空载质粒载体分子的出现，一般用细菌性或小牛肠碱性磷酸酶（BAP 或 CIP）预先处理线性的载体 DNA 分子，移去其 5′末端的磷酸基团。这样可以阻止载体自身的环化。当然，作为供体的外源 DNA 限制性片段是不能用碱性磷酸酶处理的，以保证其 5′-P 基团能同质粒载体的 3′-OH 进行有效连接。这样形成的杂种 DNA 分子的每一个连接位点处，由于载体 DNA 都只有一条链与外源 DNA 发生了连接，而另外一条链由于失去了 5′-P 基团不能进行连接，故均留有一个具 3′-OH 和 5′-OH 的缺口（图 6-3）。尽管如此，这样的 DNA 分子仍然可以导入细菌细胞，并可在寄主细胞内完成缺口的修复工作。

（a）
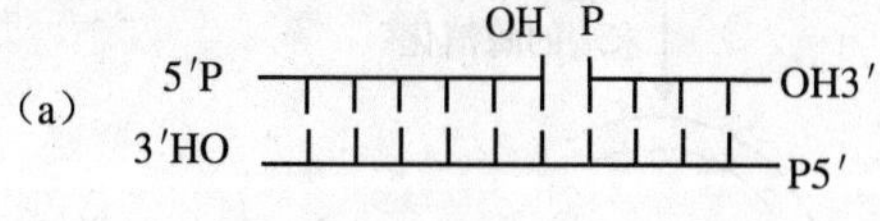

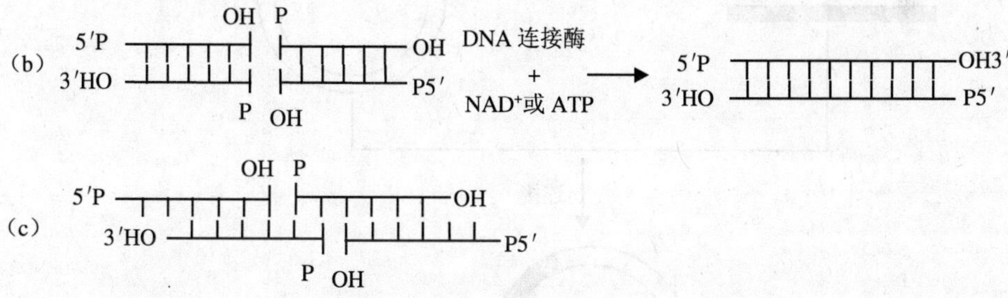

（a）平末端 DNA；（b）黏性末端 DNA；（c）平末端 DNA 与黏性末端 DNA 的连接

图 6-3 DNA 连接酶对缺口 DNA 的连接作用

三、平末端 DNA 分子间连接

如果外源 DNA 片段不是平末端，则可以通过以下两种方式获得平末端：一种是用产生平末端的限制性内切酶（如 *Eco*RⅤ、*Sma*Ⅰ）消化 DNA 底物以获得平末端 DNA 片段；另一种是用 Klenow 聚合酶补平带黏性末端的 DNA 分子或用 S1 核酸酶除去黏性末端 DNA 分子的黏性末端。同样，对用于克隆或表达的载体 DNA，如果其多克隆位点有能产生平末端的限制性核酸内切酶的识别位点，则用该酶切割载体分子。否则就先用产生黏末端的限制性核酸内切酶消化载体分子产生黏性末端，之后用大肠杆菌 Klenow 聚合酶或 S1 核酸酶补平或切平 DNA 末端，从而获得具有平末端的载体分子。

通过以上途径获得的具有平末端的外源 DNA 片段就可以和载体 DNA 分子进行平末

端连接了。平末端的连接策略如图 6-4 所示。和黏性末端 DNA 分子之间的连接相比，平末端间的连接效率明显低于黏性末端 DNA 间的连接，为 1%～10%。与插入式互补黏性末端连接一样，在进行平末端 DNA 间的连接反应时，外源 DNA 片段插入载体分子中没有方向性，重组体的连接方式较为复杂。

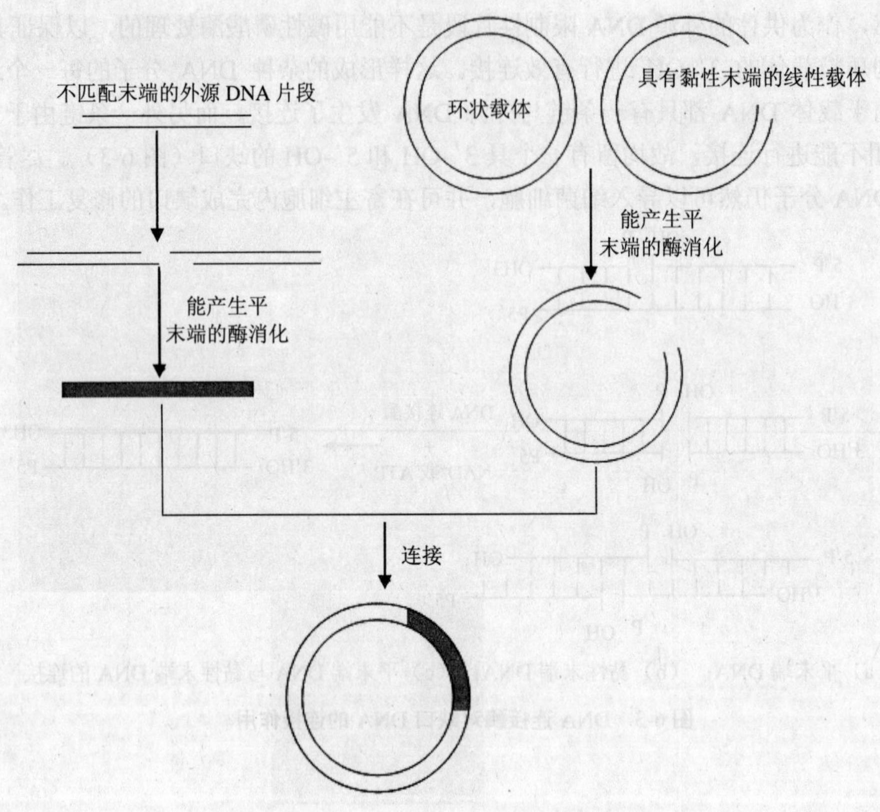

图 6-4 平末端 DNA 连接示意图

四、同聚物加尾法

在 DNA 重组研究工作刚刚开始时，美国斯坦福大学的 Labban 和 Kaiser 于 1972 年联合研究出一种可以连接任何两段 DNA 分子的方法。该方法的核心技术是利用末端脱氧核苷酸转移酶转移核苷酸的特殊功能来完成的。末端脱氧核苷酸转移酶是从动物组织中分离出来的一种异常的 DNA 聚合酶，它能将核苷酸（通过脱氧核苷三磷酸前体）加到 DNA 分子单链延伸末端的 3′-OH 上。这个过程的一个非常有用的特点是，它并不需要有模板链 DNA 的存在，所以当反应物中只存在一种脱氧核苷三磷酸时，便能够形成由同一种核苷酸组成的多聚物尾巴，通常情况下多聚核苷酸链长度可达 100 bp。但为了在平末端 DNA 分子上也产生出带 3′-OH 的单链突出末端，需要用 5′特异的核酸外切酶或是 *Pst* I 一类的核酸内切限制酶处理 DNA 分子，以移去少数几个末端核苷酸。在由经核酸外切酶处理过的 DNA、dATP 及末端脱氧核苷酸转移酶组成的反应混合物中，DNA 分子 3′-OH 末端将会出现全部由腺嘌呤核苷酸组成的 DNA 单链延伸，这样的突出片段称之为 poly（dA）尾巴（图 6-5）。反之，如果在反应混合物中加入的是 dTTP 而不是 dATP，那么这种 DNA 分子的 3′-OH 末端将会形成 poly（dT）尾巴。poly（dA）尾巴同 poly（dT）尾巴互补，因此任何两条 DNA 分子，只要分别获得 poly（dA）和 poly（dT）尾巴，就会彼此连接起来。对 DNA 分子两端所加的同聚物尾巴的长度并没有严格的限制，但一般只要 10～40 个核苷酸残基足可。上述这种连接 DNA 分子的方法叫做同聚物尾巴连接法，简称同聚物加尾法。

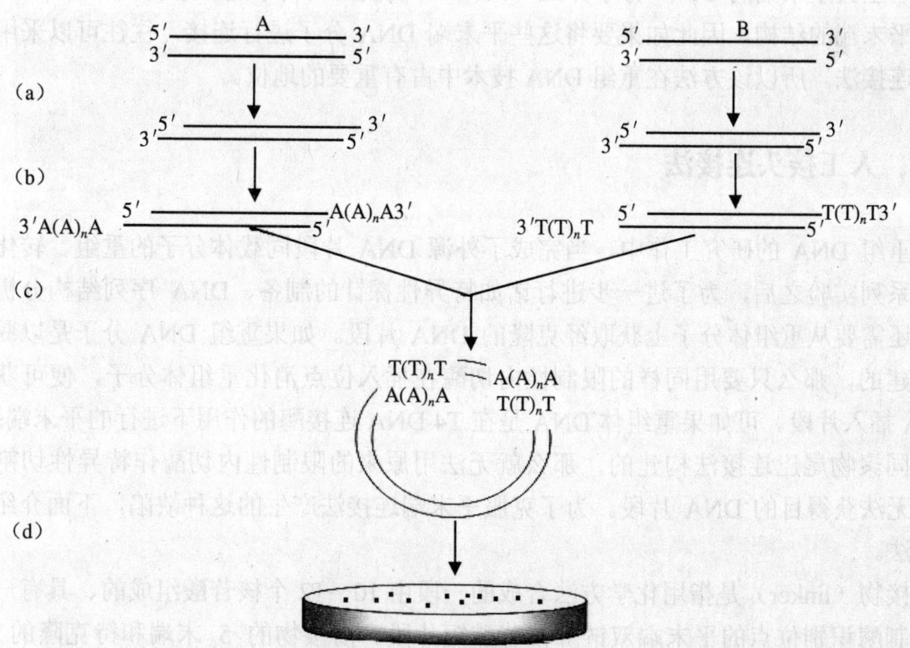

（a）用 5′-末端特异的核酸外切酶处理 DNA 片段 A 和 B，形成了延伸末端；（b）对片段 A 和片段 B 分别加入 dATP 和 dTTP，以及共同的末端脱氧核苷酸转移酶，各自形成 poly（dA）尾巴和 poly（dT）尾巴；（c）混合退火，通过 poly（dA）和 poly（dT）之间的互补配对，形成重组体分子；（d）转化大肠杆菌，筛选重组克隆子

图 6-5　应用互补的同聚物加尾法连接 DNA 片段

按照同样的道理，我们也可以给一种 DNA 分子的 3′末端加上 poly（dG）尾巴，给另外一种 DNA 分子的 3′末端加上 poly（dC）的尾巴，之后将两个不同的 DNA 分子连接起来。实际上，poly（dG）和 poly（dC）或 poly（dA）和 poly（dT）往往是不要求严格等长的，但这样的重组 DNA 分子上会留有未完全封闭的缺口或裂口。此时，需要用大肠杆菌 DNA 聚合酶Ⅰ或 klenow 大片段酶去补齐缺口，再用 DNA 连接酶合成最后的磷酸二酯键以封闭裂口。这种修复反应并不一定要在体外进行。如果互补的一对同聚物尾巴长度超过 20 个核苷酸，那么它们结合形成的 DNA 互补碱基对的结构相当稳定，这样的重组体分子虽然留有缺口，但它的稳定程度足以承受被导入受体细胞的转化操作过程。而一旦重组 DNA 分子进入寄主细胞内，宿主的 DNA 聚合酶和 DNA 连接酶就会对重组体 DNA 分子进行修复。

同聚物加尾法是一种十分有用的 DNA 分子连接法。通常不但由特定的限制性内切酶消化目的 DNA 会产生具平末端的 DNA 片段，用机械切割法破裂大分子量 DNA 分子也经常会产生具平末端的 DNA 分子。此外，RNA 模板经反转录过程获得的 cDNA 片段同样具有平末端的结构。因此如果要将这些平末端 DNA 分子进行连接，往往可以采用同聚物尾巴连接法。所以该方法在重组 DNA 技术中占有重要的地位。

五、人工接头连接法

在重组 DNA 的研究工作中，当完成了外源 DNA 片段同载体分子的重组、转化和扩增等一系列实验之后，为了进一步进行诸如特异性探针的制备、DNA 序列结构分析等的研究，还需要从重组体分子上获取经克隆的 DNA 片段。如果重组 DNA 分子是以黏性末端法构建的，那么只要用同样的限制性内切酶在插入位点消化重组体分子，便可获得目的 DNA 插入片段。可如果重组体 DNA 是在 T4 DNA 连接酶的作用下进行的平末端连接，或是用同聚物尾巴连接法构建的，那么就无法用原来的限制性内切酶作特异性切割，因此也就无法获得目的 DNA 片段。为了克服平末端连接法产生的这种缺陷，下面介绍衔接物连接法。

衔接物（linker）是指用化学方法合成的一段由 10～12 个核苷酸组成的、具有一个或数个限制酶识别位点的平末端双链寡核苷酸短片段。衔接物的 5′末端和待克隆的 DNA 片段的 5′末端，用多核苷酸激酶处理使之磷酸化，然后再通过 T4 DNA 连接酶的作用使两者连接起来。之后用适当的限制性内切酶消化具衔接物的 DNA 分子和克隆载体分子，结果可使二者都产生能进行配对的黏性末端。这样我们便可以按照常规的黏性末端连接法，将待克隆的 DNA 片段同载体分子进行连接（图 6-6）。

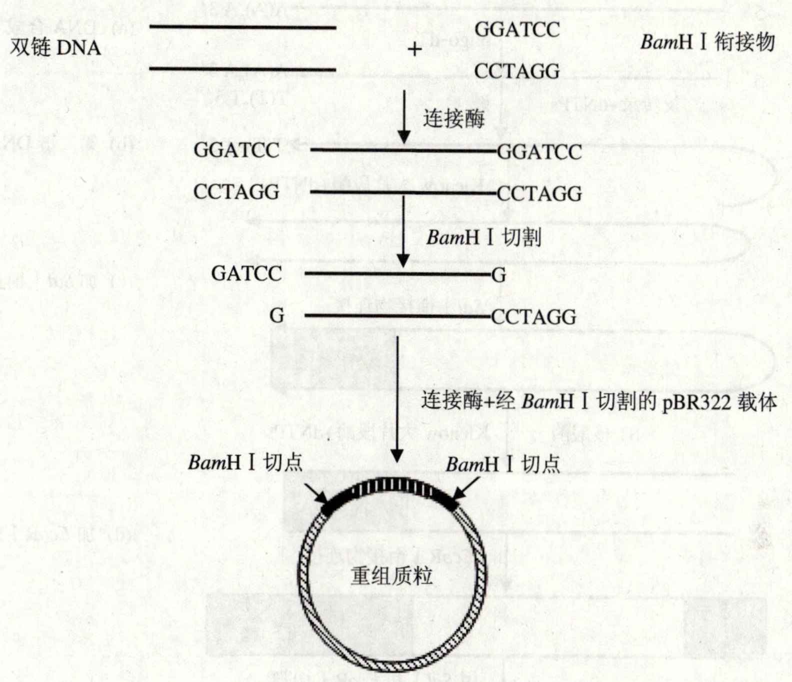

图 6-6　用衔接物分子连接平末端 DNA 片段示意图

这种用衔接物分子连接平末端 DNA 片段的方法，兼具同聚物加尾法和黏性末端法的优点，它可以根据实验的具体要求，设计具有不同限制性内切酶的识别位点的衔接物，并可根据实验需要人为增加其在连接反应混合体系中的浓度，以提高平末端 DNA 片段之间的连接效率。此外，采用双衔接物（double-linkers）技术，还可实现外源 DNA 片段的定向克隆。总之，衔接物连接法是进行 DNA 重组的一种既有效又实用的技术手段。

对那些具多克隆位点的克隆载体而言，双衔接物连接法更加实用，它的基本操作过程如图 6-7 所示。首先以 mRNA 为模板经反转录酶作用合成出相应的 cDNA 链，再通过 DNA 聚合酶合成该 cDNA 的第二条链，在进行合成反应的同时在此双链 DNA 的一端加上第一种 *Sal* I 衔接物；接着用 S1 核酸酶除去用于引导第二条 DNA 链合成的发夹结构，遗留的黏性短末端用大肠杆菌 Klenow 大片段酶补齐，并在已形成的双链 DNA 的另一端加上第二种 *Eco*R I 衔接物；最后，将两端分别连接有 *Sal* I 和 *Eco*R I 衔接物的 DNA 分子用 *Sal* I 和 *Eco*R I 限制性内切酶切割消化，之后插入到已用同一对限制性内切酶进行切割消化的 pUC8 克隆载体上，可实现外源 DNA 片段的定向克隆。

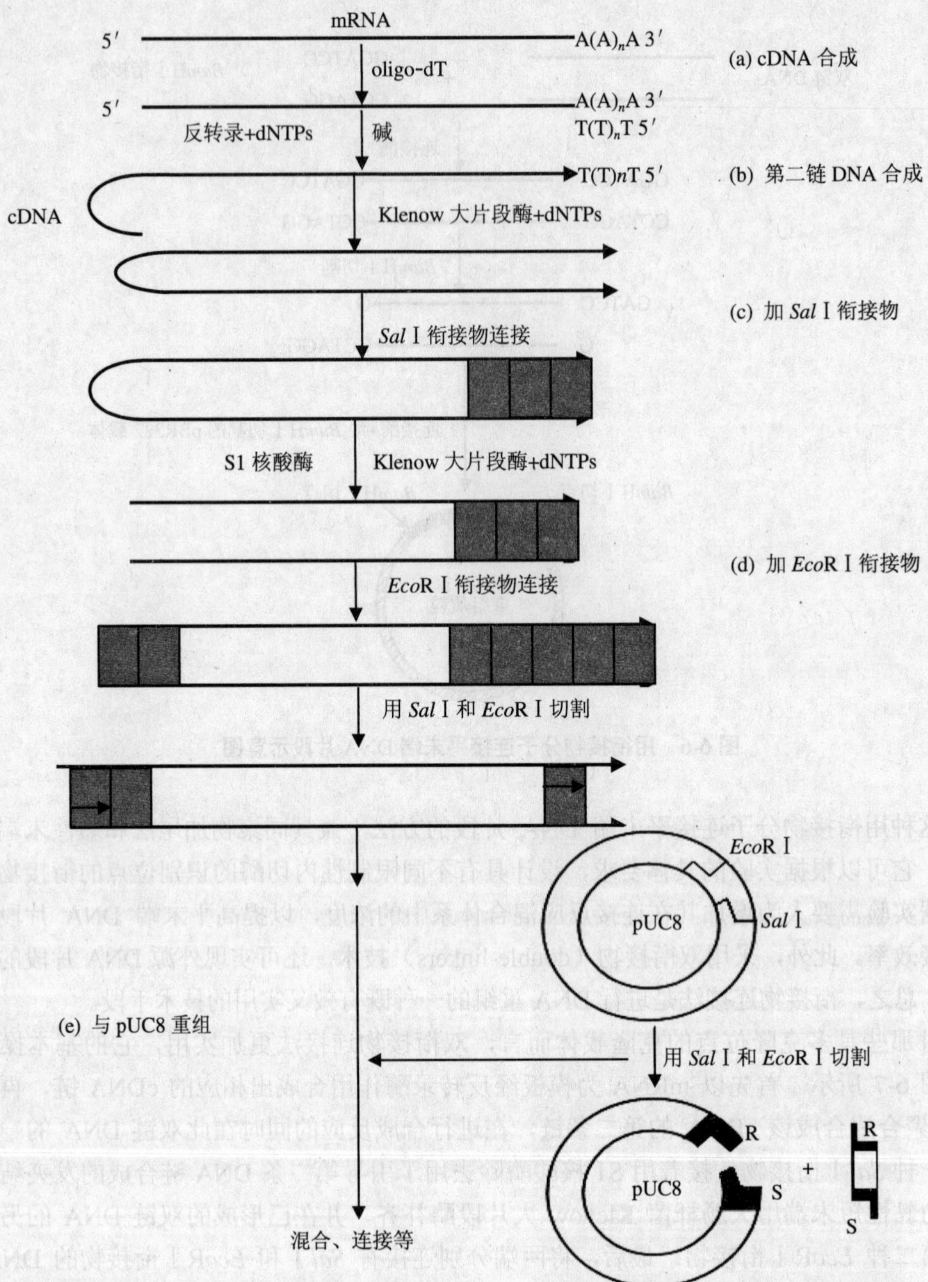

图 6-7 双衔接物连接法的基本程序

用双衔接物连接法进行目的基因的克隆，除了可实现定向插入外，还具有以下优点：由于双衔接物连接法使用的是一对非同尾酶切割消化克隆载体，这样就避免了无外源DNA片段插入、线性载体分子自身发生环化的问题。正是基于这样的优势，双衔接物连接法显得更为有用，即使是在逆转录过程中合成的 cDNA 的量极其微量，同样可得到有效的克隆。而且使用双衔接物连接法比同聚物加尾法在操作上更加理想和实用，尤其是利于克隆片段的再删除及随后的有关研究与操作。

六、其他连接方式

Taq DNA 聚合酶有类似于 TdT 酶的非模板依赖性延伸活性，因而，在 PCR 反应的最后一个循环后，再于 72℃后延伸 5 min 以上，这时 PCR 两条新生链的 3′末端总是带有一个非模板依赖性的“多余”碱基，而且这个所加的多余“毛边”碱基几乎总是腺嘌呤 A，这是由 Taq DNA 聚合酶对碱基 A 的优先聚合所致（图 6-8）。利用这一特性，可构建一种 ddT 或 dT 加尾的载体，对 PCR 产物直接进行克隆。

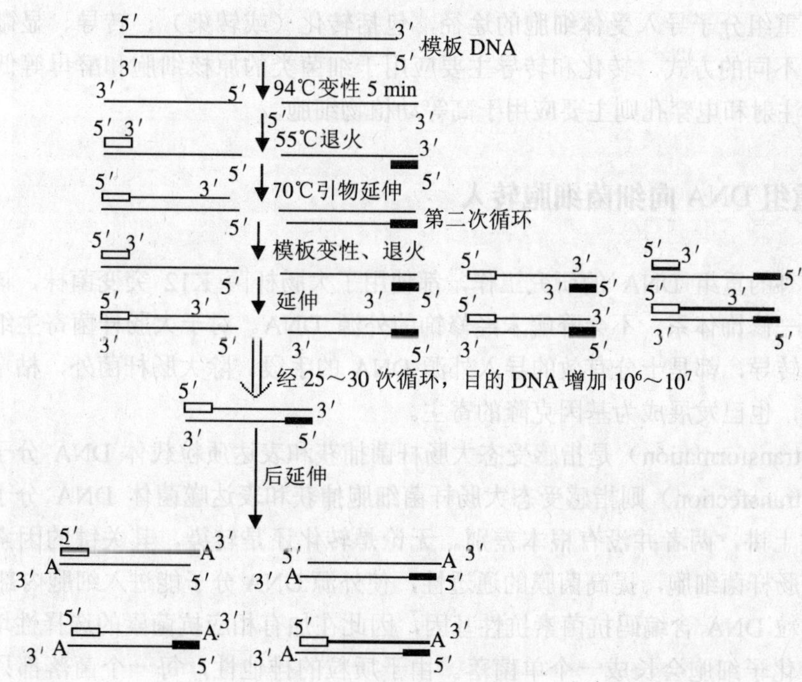

图 6-8 Taq DNA 聚合酶在 DNA 链的 3′末端加入一个“多余”的碱基 A

下面介绍 dT 加尾载体的构建策略（以 Bluescript 质粒为例）：

（1）Bluescript 质粒用 *Eco*RⅤ按标准方法酶切线性化；

（2）除 dNTP 外，按 PCR 的标准反应加入其他各种反应成分，最后加入 2 mmol/L dTTP、1 μg 质粒 DNA、1 个单位的 Taq DNA 聚合酶，反应总体积为 20 μl；

（3）70℃反应 2 h；

（4）经酚-氯仿抽提、乙醇沉淀纯化后即可使用。

ddTTP 因缺少 3′-OH 而不能再形成磷酸二酯键，所以构建 ddT 加尾的载体用 TdT 也能保证载体的 3′端只加上一个 T。

第二节　基因转移

连接反应形成的重组体分子需要导入适当的寄主细胞进行繁殖，才能获得大量重组 DNA 分子，这一过程称为基因的扩增。所以寄主细胞必须具备使外源 DNA 进行复制的能力，而且能够表达由导入的重组体分子所提供的某种表型特征，这样才有利于转化细胞的选择与鉴定。

将外源重组分子导入受体细胞的途径，包括转化（或转染）、转导、显微注射和电穿孔等多种不同的方式。转化和转导主要应用于细菌类的原核细胞和酵母等低等真核生物，而显微注射和电穿孔则主要应用于高等动植物细胞。

一、重组 DNA 向细菌细胞转入

几乎所有的重组 DNA 的研究工作，都使用了大肠杆菌 K12 突变菌株，该菌株由于丧失了限制—修饰体系，不会降解未经修饰的外源 DNA。对于大肠杆菌寄主细胞，无论是转化还是转导，都是十分有效的导入外源 DNA 的手段。除大肠杆菌外，枯草芽孢杆菌等其他菌株，也已发展成为基因克隆的寄主。

转化（transformation）是指感受态大肠杆菌捕获和表达质粒载体 DNA 分子的生命过程；转染（transfection）则指感受态大肠杆菌细胞捕获和表达噬菌体 DNA 分子的生命过程。从本质上讲，两者并没有根本差别。无论是转化还是转染，其关键的因素都是用氯化钙处理大肠杆菌细胞，提高菌膜的通透性，使外源 DNA 分子能进入细胞内部。

由于质粒 DNA 含编码抗菌素抗性基因，因此在加有相应抗菌素的选择性培养基平板上，一个转化子细胞会长成一个单菌落。由于质粒的排他性，每一个菌落都只含有来源于同一种转化质粒的质粒群体，这样的单菌落通常又叫克隆。

（一）重组质粒DNA分子转化大肠杆菌

转化现象最早是由 Griffith 于 1928 年在肺炎双球菌中发现的。转化现象在原核生物中广泛存在，是自然界中原核生物基因重组的一种主要方式。细菌转化的本质是受体菌直接吸收来自供体菌的游离 DNA 片段，即转化因子，并在细胞中通过遗传交换将之整合到自身的基因组中，从而获得供体菌相应遗传性状的过程。以革兰氏阳性菌为例，细菌的转化机制包括如下基本步骤。

1．细菌感受态的形成

当转化因子接近细菌细胞时，受体细胞分泌一种小分子量的激活蛋白，又称为感受因子，其功能是与细胞表面特异性受体结合，诱导细菌自溶素等特异蛋白的合成，使菌体胞壁部分溶解，局部暴露出细胞膜上的 DNA 结合蛋白和核酸酶等，此时细菌细胞处于感受态，极易接纳周围环境中的转化因子。

2．转化因子的吸收

位于受体菌细胞膜上的 DNA 结合蛋白可与转化因子的双链 DNA 特异性结合，然后激活邻近膜上的核酸酶，将双链 DNA 分子中的一条链逐步降解，同时将另一条链逐步转移到受体菌体内。

3．整合复合物前体的形成

进入受体细胞内的单链 DNA 与另一种游离的蛋白因子结合，形成整合复合物前体，它能有效地保护单链 DNA 免受各种胞内核酸酶的降解，并将其引导至受体菌的染色体 DNA 处。

4．单链DNA转化因子的整合

整合复合物前体中的单键DNA片段可以通过同源重组，置换掉受体细胞染色体DNA中的同源区域，形成异源杂合双键DNA结构。

5．转化子的形成

当受体菌自身的染色体组进行复制时，杂合双链区段亦随之进行半保留复制，当细胞一分为二后，该杂合染色体发生分离，形成一个新的转化子（图6-9）。

大肠杆菌是一种革兰氏阴性菌，其细胞表面的结构和组成均与革兰氏阳性菌有所不同，自然条件下很难进行转化，主要原因是转化因子很难被吸收，尤其是那些与大肠杆菌亲缘关系较远的 DNA 分子更是如此。在基因工程的研究和应用中，待转化入受体细胞内的 DNA 分子正是根据人们需要构建的外源重组质粒分子，而非来自供体菌自身的游离 DNA 片段，因此在大肠杆菌重组质粒 DNA 分子的转化实验中，很少采取自然转化的方法。通常采用人工的方法制备感受态细胞，然后进行转化处理，其中最具代表性的方法是Ca^{2+}诱导的大肠杆菌转化法。

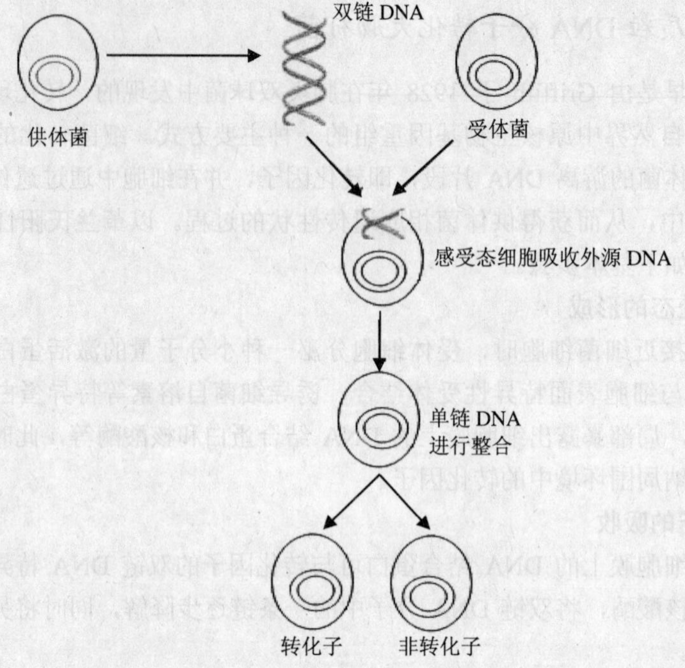

图 6-9 革兰氏阳性菌的转化

（1）Ca^{2+}诱导大肠杆菌转化法

① 制备感受态细胞。感受态细胞是指处于能吸收周围环境中 DNA 分子的生理状态的细胞。1970 年 Mandel 和 Higa 发现用 $CaCl_2$ 处理大肠杆菌，能促进其对λ噬菌体 DNA 的吸收。1972 年，Cohen 等人利用此法实现了质粒 DNA 对大肠杆菌受体细胞的转化，由此建立了用 $CaCl_2$ 制备大肠杆菌感受态细胞的常规方法。该方法重复性好，操作简便快捷，适用于批量制备感受态细胞。对这种感受态细胞进行转化，每微克质粒 DNA 可以获得 5×10^6～2×10^7 个转化菌落，完全可以满足常规克隆的需要。利用 $CaCl_2$ 制备感受态细胞的过程如下：

a．培养生命活动旺盛的细菌。为此首先需进行菌种的分纯活化，扩大培养。虽然真正用于制备感受态细胞的菌液不多，只需 3～5 ml，但扩大培养时的菌液仍需 30 ml 以上。在最适培养条件下培养至菌体细胞密度达 5×10^7 个/ml（OD_{600} 约为 0.4），使菌体处于对数生长后期。

b．沉淀菌体。取 3～5 ml 菌液在冰水浴中预冷 10 min，然后在 4℃下以适当的速度离心沉淀菌体，一般用 5 000×g 离心 5 min，使菌体既能完全沉淀，又不互相融结成团。

c．化合物处理。将沉淀好的菌体悬浮在等体积含 $CaCl_2$ 的预冷的无菌缓冲液中（50～100 mmol/L $CaCl_2$、10 mmol/L Tris-HCl，pH 8.0）。置冰水浴中 15 min 后，4℃下 4 000×g 离

心 5 min，去上清（尽量吸干沉淀）。沉淀物重新悬浮在 1/15 原体积的上述无菌预冷缓冲液中，4℃下放置 12～14 h，注意不要剧烈振荡。如此制备的感受态细胞，在 1～2 d 内能有效吸收外源 DNA 分子。

② DNA 分子转化感受态细胞。向 0.2 ml 新制备的感受态细胞中加入用 NTE 缓冲液（2 mmol/L NaCl，20 mmol/L Tris-HCl，1 mmol/L EDTA，pH8.0）溶解的 DNA 0.1 ml（约含 40 ng DNA），使 $CaCl_2$ 的终浓度为 50 mmol/L，冰浴 1 h 以上，期间轻摇几次，然后转移至 42℃的水浴锅内热击 2 min，以促进感受态细胞吸收 DNA 分子，之后马上转移到 37℃水浴锅中温育 5 min，加入 1 ml 不含抗生素的 LB 培养基，37℃振荡培养 30～60 min，即可用于铺板培养筛选转化子。

由于在转化处理的过程中，极有可能感染杂菌，最终导致假阳性转化子的出现，因此在鉴定转化子的实验过程中需设以下几种对照处理：

a. DNA 对照处理。用 0.2 ml 无菌水代替 0.2 ml 的感受态细胞，检验 DNA 溶液是否感染杂菌。

b. 感受态细胞对照处理。在转化反应液中用 0.1 ml NTE 缓冲液代替 0.1 ml DNA 溶液，检验感受态细胞是否感染杂菌。

c. 感受态细胞有效性对照处理。在 0.2 ml 感受态细胞中加入 0.1 ml 已知极易转化这种感受态细胞的质粒 DNA。

通过以上对照处理，证实用于转化的 DNA 溶液和感受态细胞均没有杂菌污染，以及感受态细胞是有效的，这样得到的转化子才有可能是非假阳性的。只要对照处理中有一项不符，就必须找出原因，重新进行转化处理。

（2）电穿孔转化法

电穿孔转化法最早用于将 DNA 导入真核细胞。1988 年，Dower 等人成功地应用该法进行了大肠杆菌的转化。其基本原理是利用高压电脉冲作用，在大肠杆菌细胞膜上进行电穿孔，形成可逆的瞬间通道，从而促进受体细胞对外源 DNA 的有效吸收。电穿孔转化法的效率受电场强度、电脉冲时间和外源 DNA 浓度等参数的影响，通过优化这些参数，每微克 DNA 可以得到 10^9～10^{10} 个转化子。电压增高或电脉冲时间延长时，转化效率将会有所提高，但同时导致受体细胞存活率的降低，转化效率的提高也因此被抵消。研究表明，当电场强度和脉冲时间的组合方式导致 50%～70%细菌死亡时，转化水平达到最高。

对用于电穿孔转化法的受体细胞的处理要比感受态细胞的制备容易得多，当细菌生长到对数中期时予以冷却、离心，然后用低盐缓冲溶液充分清洗以降低细胞悬浮液的离子强度，并用 10%甘油重悬细胞，使细胞浓度达到 3×10^{10} 个/ml，分装，在干冰上速冻后置于－70℃储存。这样，每小份细胞融解后即可用于转化，有效期达 6 个月以上。

一般电穿孔转化须在低温下（0～4℃）进行，转化效率要比在室温下提高约 100 倍。由于细菌细胞相对较小，因此与 DNA 导入真核细胞时相比，大肠杆菌的电转化要求有更高的场强，而反应体积则相对要小，以 20～40 μl 为宜。

（3）转化率的计算及其影响因素

转化率是指 DNA 分子转化受体菌获得转化子的效率。有两种表示方式，其一是以转化子数与用于转化处理的 DNA 分子数或质量的比率来表示；其二是以转化子数与用于转化处理的受体细胞数的比率表示。以用于转化处理的 DNA 分子数为基数的转化率为例，计算方法举例如下：

首先，必须计算出用于转化处理的 DNA 的分子数。对于 1 ng 长度为 1 kb 的 DNA 而言，因为 1 kb DNA 的分子量为 $660\times1\,000=6.6\times10^5$，所以 1 mol 1 kb DNA 的质量 $=6.6\times10^5$ g。

而 1 mol 物质的分子数 $=6.02\times10^{23}$ 个，故 1 g 1 kb DNA 的分子数 $=6.02\times10^{23}/(6.6\times10^5)=0.9\times10^{18}$ 个，相应地，1 ng 1kb DNA 的分子数约为 1×10^9 个，1 ng 10 kb DNA 的分子数则约为 1×10^8 个。

如果用 1 ng 1 kb DNA 进行转化处理，得到 1 000 个转化子，转化率为：$10^3/10^9=10^{-6}$，其含义是 10^6 个 DNA 分子才能获得 1 个转化子。如果用 1 ng 10 kb DNA 进行转化处理，得到 1 000 个转化子，转化率则为：$10^3/10^8=10^{-5}$'，相应的含义是 10^5 个 DNA 分子才能获得 1 个转化子。

以用于转化处理的受体细胞数为基数来计算转化率，首先必须测定菌液的 OD 值或计数细菌，计算出用于制备感受态细胞的受体菌总数，然后计算转化子与受体菌的比率。如用于制备感受体细胞的菌液每毫升含 5×10^7 个菌体，则 4 ml 菌液有 2×10^8 个菌体，将此菌液制备成感受态细胞，通过转化处理，获得 1 000 个转化子，则转化率为 $10^3/(2\times10^8)=5\times10^{-6}$。

很显然，在 DNA 分子数或菌体数相同的条件下，转化率越高，意味着转化过程中获得的转化子数越多，反之，获得的转化子数就少。影响转化率的因素很多，一般可以从重组 DNA、受体细胞和转化手段三方面加以考虑。

不同的重组 DNA 分子对同一受体菌进行转化的效率不一样。通常分子量较小的重组质粒 DNA 分子转化率较高，而分子量较大的重组质粒 DNA 分子转化率较低，对于大于 30 kb 的重组质粒很难进行转化。组成重组 DNA 分子的载体类型及其构型也会影响转化效率，与受体细胞亲和性较强的质粒载体进行转化时，转化率要高于那些与受体细胞亲和性较弱的质粒载体，而处于自然双螺旋闭环结构的质粒载体转化受体细胞往往要比处于开环结构或线性结构的质粒载体有更高的转化率。经酶切、连接等实验步骤后的载体 DNA 或重组 DNA 分子由于空间构象难以恢复，其转化率一般要比具有超螺旋结构的质粒的转化率低两个数量级。此外，重组 DNA 分子的浓度和纯度对转化率也会产生影响，重组 DNA 分子的浓度范围在 10 ng/100 μl 以下时，转化效率与 DNA 分子的数量成正比。

同一重组质粒 DNA 分子转化不同的受体细胞，有着不同的转化率。例如每微克完整的 pBR322 DNA 分子转化大肠杆菌 JM83 时，转化率不高于 10^3/μg DNA，但若转化 ED 8767 菌株时，则可获得 10^6/μg DNA 的转化率，若转化大肠杆菌 X1776 菌株，转化率更是高达

10^8/μg DNA。因此，受体细胞的选择对于重组DNA分子的转化也是极为重要的一环。

选择不同的转化方法，转化率也有所差异。在上述两种转化方法中，最佳转化率以电穿孔法最高，达 10^8～10^{10}；Ca^{2+}诱导转化法为 10^7～10^8。受体细胞的预处理或感受态细胞的制备对转化率影响最大。以Ca^{2+}诱导大肠杆菌转化法为例，菌龄、$CaCl_2$处理时间、感受态细胞的保存期以及热击时间均是重要的影响因素。在电穿孔转化法中，对受体细胞进行冰冻甘油预处理后的转化率，要比不经此预处理的转化率高10～100倍。

（二）重组λ噬菌体DNA分子转导大肠杆菌

由于λ噬菌体载体的分子量较大，再加上需插入的外源DNA分子，重组λ噬菌体DNA分子的长度可达48～51 kb，如此大的重组DNA分子直接用于转染，效率较低。此外，在进行DNA分子的体外连接反应时，λ噬菌体分子与外源DNA片段之间的结合完全是随机的，形成的重组DNA分子有相当一部分是没有活性的，这样的分子不能转染宿主细胞，因而导致转染效率明显下降。完整的、未经任何基因操作处理的λ噬菌体DNA的转染效率仅为 10^5～10^6，即每微克λ噬菌体转染受体细胞产生的噬菌斑数目为 10^5～10^6 pfu，而经酶切反应、连接反应等实验操作处理后的重组λ噬菌体DNA分子的转染效率下降到只有 10^3～10^4，显然这么低的转染效率很难满足一般的实验要求，如应用λ噬菌体载体构建基因文库时，转染效率至少要达到 10^6。当然，如果采用辅助噬菌体对受体细胞作预转染处理，可以明显提高噬菌斑的形成率，但辅助噬菌体的存在又会给基因克隆的实验带来诸多不便，因此在实际操作过程中很少使用。

将重组λ噬菌体DNA分子导入大肠杆菌受体细胞的常规方法是转导实验。所谓转导是指通过λ噬菌体（病毒）颗粒感染宿主细胞的途径把外源DNA分子转移到受体细胞内的过程。具有感染能力的λ噬菌体颗粒除含有λ噬菌体DNA分子外，还包括外膜蛋白，因此，要以噬菌体颗粒感染受体细胞，首先必须将重组λ噬菌体DNA分子进行体外包装。

所谓体外包装，是指在体外模拟λ噬菌体DNA分子在受体细胞内发生的一系列特殊的包装反应过程，将重组λ噬菌体DNA分子包装为成熟的具有转染能力的λ噬菌体颗粒的技术。该技术最早是由Becker和Gold于1975年建立的，后经过多方面的改进，已发展成为一种能高效地转移大分子量重组DNA分子的实验手段。其基本原理是根据λ噬菌体DNA体内包装的途径，分别获得缺失D包装蛋白的λ噬菌体突变株和缺失E包装蛋白的λ噬菌体突变株。由于不具备完整的包装蛋白，这两种突变株均不能单独地包装λ噬菌体DNA，但将两种突变株分别转染大肠杆菌，从中提取缺失D蛋白的包装物（含E蛋白）和缺失E蛋白的包装物（含D蛋白），两者混合后就能包装λ噬菌体DNA。λ噬菌体DNA体外包装的主要过程如下。

① 制备包装物。可以从多种材料中制备包装物，下面以溶原菌BHB2690（含D蛋白缺失突变的λ噬菌体）和BHB2688（含E蛋白缺失突变的λ噬菌体）为例介绍包装物和

制备。

首先，需单独培养这两种溶原菌。将两者分别接种于 50 ml 的 LB 液体培养基中，32℃振摇培养过夜，各取少量培养物分别在 32℃和 42℃进行平皿培养。如果仅在 32℃平皿中有细菌生长，表明是需要的菌株，则取足量菌液接种在预热至 32℃的 500 ml M9 培养基中，32℃振荡培养至对数生长中期（OD_{600} 约为 0.3），培养 2～3 h。

其次，诱导溶菌生长。将培养至对数生长中期的溶原菌预热至 45℃后振荡培养 15 min，然后转移至 38～39℃水浴中剧烈振荡，通气培养 2～3 h。取 1 ml 培养物置于小离心管中，加 1 滴氯仿，37℃保温 5～10 min，期间振荡数次。如培养物变清，则表明诱导成功。DNA 和蛋白质在氯仿存在下发生沉淀。

最后，收集和储存包装物。混合两种培养物，于冰水浴中冷却，然后在 4℃以 4 000×g 离心 10 min。沉淀的菌体悬浮在 300 ml 不含蛋白氨基酸且预冷的 M9 培养基中洗涤，在 4℃以 4 000×g 离心 10 min。弃上清液，尽量将残液去净。将沉淀悬于 0.004×原培养物体积的新鲜 CH 缓冲液［40 mmol/L Tris-HCl（pH 8.0），1 mmol/L 亚精胺，1 mmol/L 丁二胺，0.1% β-巯基乙醇，7%DMSO］中。快速分装于预冷的小离心管中，每管 50 μl，加盖，置于液氮中，冻结后于－70℃储存，6 个月内有效。也可分别制备和储存 BHB2690 和 BHB2688 两种包装物，待包装时才混合。

② 体外包装。制备λ噬菌体 DNA 混合液。取 0.1～1 μl λ噬菌体 DNA［溶于 5 μl 66 mmol/L Tris-HCl（pH 7.9），10 mmol/L $MgCl_2$］，加入适量 CH 缓冲液和 1 μl/L ATP（pH 7.5），混匀后冰浴储存。加入适量 CH 缓冲液，可以使包装物达到适当稀释度，提高包装效率。

第一次包装。取包装物（50μl）置于冰上升温，当其刚融化时加入λ噬菌体 DNA 混合液，边融化边搅拌，充分混匀后，置于 37℃保温 60 min。包装物刚融化时，细胞发生破裂，释放出的包装物可立即用于包装。如果融化完全后才加入λ噬菌体 DNA，由于菌体本身的 DNA 使包装反应液变黏，会阻碍外加λ噬菌体 DNA 与包装物的接触，影响包装效率。

第二次包装。另取包装物（50 μl）置冰上，加 5 μl 胰蛋白酶（100 μl/ml）和 2.5 μl 0.5 mol/L $MgCl_2$，边融化边搅拌，充分混匀后，继续在冰水浴中置 5～10 min。取出 20μl 加入第一次包装反应液中，充分混匀后，于 37℃保温 30 min，保温期间间隔几分钟用手指轻弹离心管壁。进行第二次包装，可提高包装效率 2～5 倍，而加入蛋白酶的目的是降低包装反应液的黏度，便于包装反应的顺利进行。

去除细胞屑。第二次包装后，在反应液中加入 1 ml SM 溶液每升含 NaCl 5.8 g，$MgSO_4 \cdot 7H_2O$ 2 g，1 mol/L Tris-HCl（pH7.5）50 ml，2%明胶 5 ml，高压灭菌]和 5 μl 氯仿，混匀后离心去除碎屑。上清液中含有活性的噬菌体颗粒，可储存数周。

除上述常规的体外包装方法外，Rosenberg 等于 1985 年建立了一种更为简便的方法，其要点是利用 *E. coli* C 菌株制备的细菌裂解液作包装物，进行λ噬菌体 DNA 的体外包装。

E. coli C 菌株有两个特点，一是溶原菌能产生λ噬菌体包装蛋白的所有组分；二是其所含原噬菌体缺失 cos 位点。因此，*E.coli* C 菌株被诱导后，能形成完整的头部包装蛋白体系，但由于λ噬菌体 DNA 缺乏 cos 位点，不能进行包装反应，导致λ噬菌体包装蛋白的积累。当在细菌裂解液中加入外源 DNA 时，其 cos 位点能被正确识别，故外源 DNA 可被正常包装，形成具有感染能力的λ噬菌体颗粒。此外，*E. coli* C 菌株由于缺乏 *E. coli* K 菌株的限制—修饰系统，因而对未修饰的外源 DNA 不产生降解作用，其包装效率比 *E. coli* K 高 2～7 倍。

经过体外包装的噬菌体颗粒可以感染适当的受体细胞，并将重组λ噬菌体 DNA 分子高效导入细胞中。在良好的体外包装反应条件下，每微克野生型的λ噬菌体 DNA 可形成 10^8～10^9 pfu。而对于重组的λ噬菌体 DNA，包装后的成斑率要比野生型的有所下降，但仍可达到 10^6～10^7 pfu，完全可以满足构建真核基因组基因文库的要求。

外源 DNA 分子通过转化和转导等方法导入大肠杆菌的技术已日趋成熟，用这些方法已获得了大量的转基因工程菌株。

二、外源目的基因向真核细胞转入

向真核细胞中转移基因的方法可分为两大类：一类需借助于载体；另一类不需借助于载体。

（一）借助于载体的基因转移

在真核生物中，借助于载体的基因转移主要是以重组的动植物病毒、反转录病毒及侵染植物的农杆菌 Ti 质粒或 Ri 质粒直接转染（转化）受体细胞，把外源 DNA 引入受体细胞。如反转录病毒（ret-rovirus）感染宿主细胞，并能把它们的基因插入到宿主的染色体上。用重组 DNA 技术制备携带外源基因的反转录病毒，并保留其插入宿主染色体的能力和繁殖感染的能力，这种重组病毒就是一种高频率整合的载体。Wilmut 等人用这种方法已成功将外源目的基因导入小鼠和绵羊的卵细胞中。由于鸡的卵原核不可能用显微镜注射法导入外源 DNA，反转录病毒感染法是制备转基因鸡的可行方法。这种方法具有定向性好、效率高、重复性好等优点。但也存在一些缺点，如载体的侵染宿主范围有限。因此除了不断改进载体系统之外，人们还一直在探索一种不需载体的转移方法。

（二）不需载体的基因转移

1. 磷酸钙转染法

该方法最初是由 Graham 等人于 1973 年建立的，其依据是哺乳动物细胞能捕获黏附在细胞表面的 DNA-磷酸钙沉淀物，使 DNA 转入细胞。基本操作过程为：将待转染的外源 DNA 同 $CaCl_2$ 混合制成 $CaCl_2$-DNA 溶液，逐滴加入到不断搅拌的 Hepers-磷酸钙溶液中，形成 DNA-磷酸钙共沉淀复合物。然后用吸管将沉淀复合物黏附在培养的哺乳动物单层细胞表面，保温几小时后，用新鲜培养液洗净细胞，再用新鲜培养基继续培养，直至外源基因高水平表达。这种方法可获得 10%左右的感染细胞。

DNA-磷酸钙共沉淀复合物中 DNA 的数量、共沉淀物与动物细胞接触的时间以及 DMSO（二甲基亚砜）和甘油等促进因子的作用时间均会影响 DNA 的转染效率。一般使用高浓度的 DNA（即 10～50 μg/ml）可获得高的转染率。保温时间因受体细胞的类型而异，如以 Hela 细胞作受体，保温 16 h 就能被有效转染。促进因子通常是在 DNA-磷酸钙共沉淀复合物被细胞吸收 48 h 后加入。DMSO 可十分明显地提高外源 DNA 在 BHK 细胞中的表达水平。

值得注意的是，在 DNA-磷酸钙共沉淀复合物的形成过程中，Hepers-磷酸钙溶液需不断搅动，DNA 溶液则应缓慢加入，否则将形成大块颗粒。理想的颗粒应是肉眼看不到，而在高倍显微镜下呈现均匀分布的细小颗粒。如果肉眼能看到颗粒出现，则说明所形成的颗粒太大，不利于受体细胞的吸纳。当颗粒形成时，一般溶液呈混浊状态，略带白色，如果溶液始终是透明的，则说明无颗粒形成或所形成的颗粒过小。

2. DEAE-葡聚糖转染法

二乙胺乙基葡聚糖（DEAE-dextran）是一种高分子量的多聚阳离子试剂，能促进哺乳动物细胞捕获外源 DNA 实现短时间的有效表达。本法最早是用于分析脊髓灰质炎病毒 RNA 的感染性，经过改良，可用于 SV40 病毒颗粒转染。基本操作过程主要有两种方式：① 先使病毒 DNA 直接与 DEAE-葡聚糖混合，形成 DNA-DEAE-葡聚糖复合物，再处理受体细胞。② 受体细胞先用 DEAE-葡聚糖溶液预处理，然后再接触 DNA。无论哪一种方式，受体细胞在转染处理之前，必须用等渗溶液除去培养液中的血清成分。目前有关 DEAE-葡聚糖的作用机制尚不十分清楚，一般认为 DEAE-葡聚糖能与外源 DNA 形成复合物，保护 DNA 免受核酸酶的降解；其次是 DEAE-葡聚糖可作用于受体细胞膜，增加其通透性，便于外源 DNA 分子进入。

细胞培养基中加入的 DEAE-葡聚糖溶液浓度因所用的受体细胞和操作方式不同而异，低浓度（200 μg/ml）和延长处理时间（8～16 h），可提高转染效率。如处理后再加入一定量的 DMSO 等促进因子，还可进一步提高转染效率。用于转染的 DNA 以每培养皿（直径 10 cm）加入 1～10 μg 为宜。

该方法操作简单，重复性高，并且转染效率高于磷酸钙法，用 SV40 DNA-DEAE-葡聚糖转染猿猴细胞，感染率可高达 25%。而单独用 SV40 DNA-磷酸钙沉淀转染猿猴细胞，感染率只有 15%。但用该方法转染哺乳动物细胞，不能获得稳定的转化细胞系，所以适用于基因瞬时表达的研究。

3. 聚阳离子-DMSO 转染法

此方法采用聚阳离子 poly-brene 处理哺乳动物细胞，以增加细胞表面对外源 DNA 的吸附能力，然后再用 25%～30% DMSO 短暂处理受体细胞，增加膜的通透性，提高其对

DNA 的捕获能力。按此方法转染反转录病毒 DNA，转染率同外源 DNA 的添加量成正相关，而且不加携带 DNA（carrier DNA）就可达到稳定的转染效果。目前该方法主要用于鸡胚细胞和小鼠成纤维细胞的转染。

4．显微注射转基因技术

应用显微注射器可以把重组 DNA 直接注入哺乳动物细胞。用此方法进行外源 DNA 的转移效率很高。获得稳定转化子的数量取决于外源 DNA 的性质。用 pBR322/HSV-1tK 重组 DNA 注射时，转化效率不到 0.1%，而用重组有 SV40 DNA 特定序列的 pBR322/HSV-1tK 重组 DNA 注射时，转化率高达 20%。注入每个细胞 DNA 的分子数，可通过适当稀释 DNA 样品来检测。一个熟练的技术员，每小时可注射 500～1 000 个细胞。

此外，为便于操作，也可采用“穿刺”（pricking）法。处于受体细胞周围的外源 DNA 随微针穿刺形成的小孔进入细胞内，或随穿刺针一起进入细胞。具体做法是：取处于对数生长期的受体细胞，加入蛋白酶及 EDTA 溶液，于 37℃下消化 15 min，移去消化液，用培养液漂洗细胞，然后接种在装有培养基的培养皿中[直径 6.0 cm 的培养皿中可接种（1～5）×10^3 个细胞]，37℃继续培养过夜，弃去培养基，用 pH 为 7.23 的磷酸盐缓冲液漂洗 2 次，然后加入含 DNA（5～1 000 μg/ml）的磷酸盐缓冲液，覆盖于培养细胞表面。划线标记一部分细胞进行穿刺，另一部分细胞作对照。穿刺结束后，马上移去 DNA-磷酸缓冲液，换培养基培养，如果要进行转化子的筛选可再换选择培养基继续培养。

5．电穿孔 DNA 转移技术

1982 年，Wang 和 Neumann 首次成功地应用电穿孔法将外源 DNA 导入小鼠成纤维细胞中。基本操作过程是将装有受体细胞和外源 DNA 混合液的特制小容器置于电脉冲仪的正负电极之间，在 0℃下加高压（2～4 kV）电脉冲 10 min 后，将受体细胞转移到新鲜培养基中继续培养 2 d 后，再进行转化子的筛选。经这样处理的细胞有 60%～80%能存活。如在电脉冲处理之前，用乙酸甲基秋水仙碱预处理细胞 10 h，可提高转化效率 3～10 倍。

应用电穿孔技术转染哺乳动物细胞，转染效率主要取决于受体细胞的类型，平均每 10^5 个活细胞中，可获得 25～30 个转化子。在电穿孔处理实验中，一般每 10^7 个细胞 DNA 的需要量为 10～40 μg，可获得较好的转染效果，并且在这个范围内 DNA 的浓度同被捕获的 DNA 量之间呈正相关。

6．脂质体介导法

利用脂质体介导法将外源 DNA 导入哺乳动物细胞具有应用潜力。包装成脂质体的 SV40 DNA 的转染率比裸露 DNA 的转染率高出 100 多倍。如先用 PEG 预处理受体细胞，提高其吸收周围培养基中脂质体的能力，转染率可提高 10～20 倍。在正常情况下，每个细胞平均可吸收 1 000 个左右的脂质体，若添加甘油或 DMSO 等促进因子，还可进一步提高受体细胞的吸收能力。由于脂质体具无毒、无免疫原性的优点，故其不仅可用于体外受体细胞的基因转化，而且可以在体内将外源基因转入肝细胞、血管内皮细胞等靶细胞或靶组织、靶器官位点，实现基因的瞬间表达或稳定表达，成为基因治疗的一种有效工具。

转化脂是美国 BRL 公司推出的一种新型脂质体商品，它由人工合成的阳离子脂质 *N*-[（1-2,3-二油基氧）丙基]-*N*, *N*, *N*-氯化三甲铵（DOTMA）和二油酰磷酯酰乙醇酯（DOPE）在超声波处理下制成的。DOTMA 带强正电荷，可以与带有负电荷的 DNA 分子自发地结合，因此只要把转化脂与 DNA 简单地混合，即可形成转化脂与 DNA 的复合体，把 DNA 包裹在脂质体内，并能有效地转化动物细胞及其他材料。一般 1～10 μg DNA 需要 100 μg 脂质体，包封率高。应用转化脂不仅可明显提高转化率，而且可免去耗时的制备工作，操作简便快捷，应用前景广阔。

第三节　重组子筛选与鉴定

一、遗传学检测法

1. 根据载体表型特征选择重组体分子（直接选择法）

载体分子通常都带有一个可选择的遗传标志或表型特征。质粒载体或柯斯载体具有抗药性标记或营养标记，而噬菌体能形成噬菌斑，也是用于选择的标记。

pBR322 质粒是 DNA 分子克隆中最常用的一种载体分子。它分子量小，含有编码四环素抗性蛋白基因（Tet^r）和氨苄青霉素抗性蛋白基因（Amp^r）。只要将转化的细胞培养在含有四环素或氨苄青霉素的培养基中，便可检测出转化子细胞。

检测外源 DNA 插入载体分子的常用方法之一是插入失活效应（insertional inactivation）。在 pBR322 质粒载体中，多克隆位点可接受外源 DNA 的插入。如在携带 Amp^rTet^r 基因的 pBR322 质粒的 Tet^r 基因位点插入外源 DNA 片段，pBR322 质粒载体的宿主细胞获得 Tet 抗性，可通过在培养基中加入 Tet 筛选出重组体分子。

另一种根据载体表型特征筛选重组分子的选择法是半乳糖苷酶显色反应选择法。将含 pUC 质粒的宿主细胞培养在添加有 X-gal 和乳糖诱导物 IPTG 的培养基中，由于基因内互补作用形成有功能的半乳糖苷酶，其可分解添加于培养基中无色的 X-gal，产生半乳糖和深蓝色的底物 5-溴-4-氯-靛蓝，使菌落呈现蓝色反应。在 pUC 质粒载体 *lacZ*α序列中含有多克隆位点，其中任何一个酶切位点插入外源 DNA 片段都会阻断α-肽的读码结构，使其编码的α-肽失活，结果使菌落呈白色。因此，根据半乳糖苷酶的显色反应，可检测出含有外源 DNA 的重组克隆（图 6-10）。

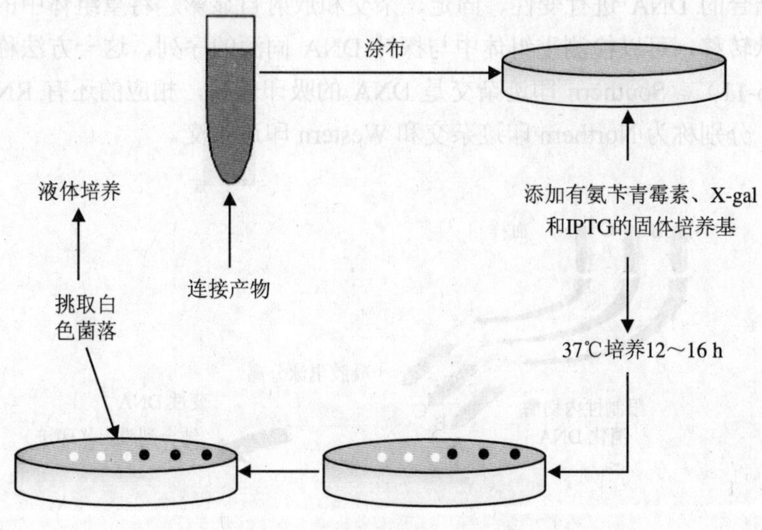

图 6-10　蓝白斑法筛选重组菌

2. 根据插入序列的表型特征选择重组分子（直接选择法）

重组 DNA 转化到大肠杆菌寄主细胞后，如果外源基因能实现其功能性的表达，要分离此种克隆，最简便的途径是根据表型特征进行直接选择。该方法的基本原理是，外源基因能对突变体大肠杆菌寄主细胞发生体内抑制或互补效应，使寄主细胞表现出外源基因编码的表型特征。如筛选λ噬菌体重组体时，主要依赖重组 DNA 的大小及形成噬菌斑的能力，只有重组体 DNA 是野生型噬菌体λDNA 的 75%～105%时，才能在培养平板上形成清晰的噬菌斑，而单一噬菌体载体 DNA 不会被包装成活的噬菌体颗粒。对替换型λ噬菌体载体，经体外包装及转导后其能否形成清晰的噬菌斑，是一种可利用的选择标记。

二、核酸分子杂交检测法

从基因文库中筛选带有目的基因的阳性克隆，一种常用的方法是，应用放射性标记的特定 DNA 或 RNA 作探针，进行 DNA-DNA 或 DNA-RNA 核酸杂交检测。应用放射性标记的探针原位筛选重组菌落的方法，最早是由 Grunstein 和 Hogness（1975）发明的；之后经 Hanahan 和 Meselson（1980）改良，可适用于高密度菌落的杂交筛选。菌落原位杂交的方法是，先将要筛选的菌落影印到平板表面的硝酸纤维素滤膜上，继续培养至长出菌落，取出长有菌落的滤膜，用碱处理裂解菌体，再将膜用蛋白酶 K 处理以除去蛋白质，在 80℃下烘烤膜以固定 DNA，最后用探针进行杂交。参照放射自显影底片上的曝光点，从平板上的相应位置挑出阳性菌落。噬菌斑原位杂交与菌落原位杂交的操作类似，也是将膜上结合的 DNA 进行变性、固定、杂交和放射自显影。将重组体中的 DNA 纯化出来进行电泳转移，可以检测重组体中与探针 DNA 同源的序列，这一方法称为 Southern 印迹法（图 6-11）。Southern 印迹杂交是 DNA 的吸印转移，相应的还有 RNA 和蛋白质的吸印转移，分别称为 Northern 印迹杂交和 Western 印迹杂交。

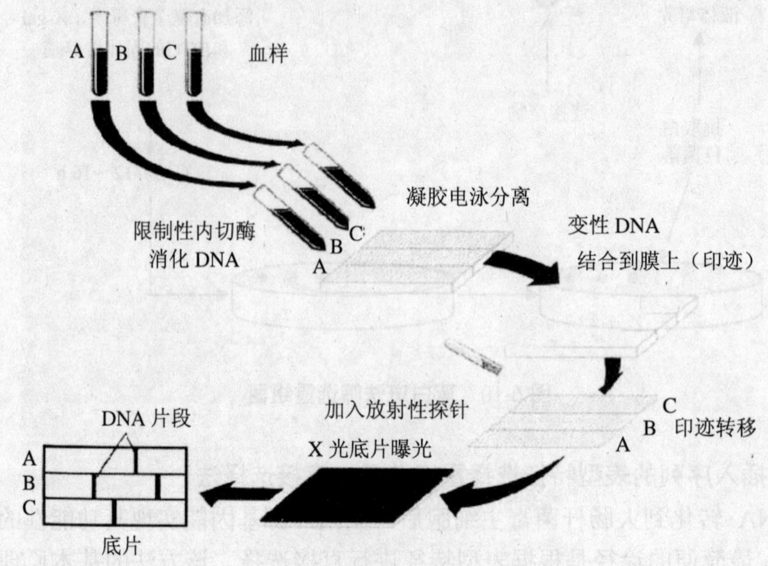

图 6-11 Southern 印迹杂交法示意图

三、物理检测法

虽然在多数情况下，基因克隆的目的都要求将某种特定的基因分离出来以便在体外进行分析，不过也有一些特殊的实验，如在有关真核生物 DNA 序列结构的研究中，需将 DNA 序列中的非基因编码区也克隆到质粒载体上。而对于这类重组体质粒，只要根据其相对分子量大于未荷载外源 DNA 的原始质粒载体的特点，就可以将其筛选出来。常用的重组体分子的物理筛选法有凝胶电泳检测法和 R-环检测法两种。

（一）凝胶电泳检测法

质粒 DNA 的电泳迁移率与其分子量大小成比例，因此，带有外源 DNA 序列、分子量相对较大的重组体 DNA 在凝胶中的迁移率，比不含外源 DNA 插入序列、分子量相对较小的质粒 DNA 缓慢。根据这种差别即可容易地鉴定出哪些菌落是含有外源 DNA 插入序列、分子量相对较大的重组质粒。

凝胶电泳筛选比抗药性插入失活平板筛选更进了一步。对某些假阳性转化菌落，如携带自身发生环化的载体、未消化的载体、两个相互连接在一起的载体以及有两个外源DNA 片段插入的载体等的菌落，用平板筛选法很难进行鉴别，但可以通过电泳法加以淘汰。这是因为从前两种假阳性转化菌落中分离出来的质粒 DNA 的分子大小各不相同，但和来自于阳性重组体的 DNA 分子相比，其 DNA 分子相对较小，在电泳场中的泳动率较大，在凝胶中的泳动距离大于阳性重组质粒载体 DNA 分子。相反，后两种重组 DNA 的分子较大，在凝胶中的泳动率较小，其 DNA 带的位置位于真阳性重组 DNA 带的后面（图 6-12）。所以，电泳法能筛选出携带外源 DNA 片段的阳性重组体。但如果插入的片段是大小相近的非目的基因片段，对这样的阳性重组体，电泳法则不能进行鉴别，这时只有用 Southern 印迹杂交，才能最终确定真阳性重组体。

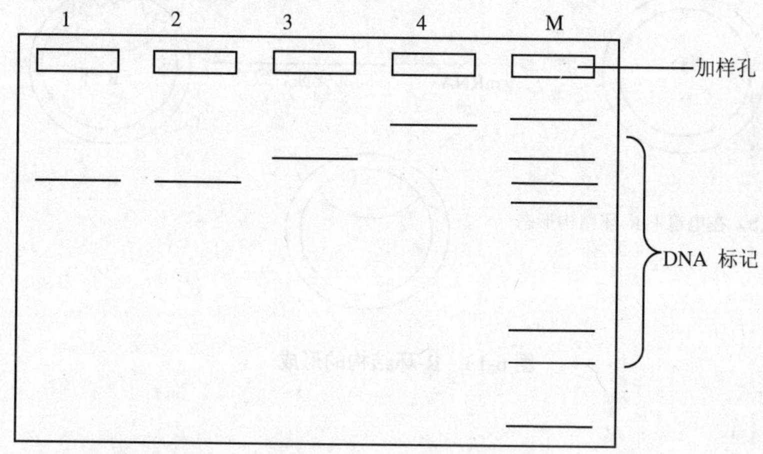

1．自身环化的载体 DNA 分子；2．未消化的载体 DNA 分子；3．携带有目的 DNA 片段的载体 DNA 分子；4．两个载体分子相连

图 6-12　凝胶电泳检测重组 DNA 分子示意图

在实际操作中通常是一次制备 12 个不同菌落的溶菌样品，同时进行电泳分析。一个单菌落一般含有大量的质粒 DNA，这些载体 DNA 足以在菌体染色体 DNA 前面形成一条独立的清晰的电泳谱带。

（二）R-环检测法

R-环是指 RNA 通过取代与其序列一致的 DNA 链而与双链 DNA 杂交，被取代的 DNA 单链与 RNA-DNA 杂交双链所形成的环状结构。在形成 R-环的条件下，即临近双链 DNA 的变性温度下和高浓度（70%）的甲酰胺溶液中，双链 DNA-RNA 分子要比双链 DNA-DNA 分子更为稳定。因此，将 RNA 及 DNA 的混合物置于退火条件下，RNA 便会同双链 DNA

分子中与其互补的序列退火形成稳定的DNA-RNA杂交分子，而被取代的另一条DNA链处于单链状态。这种由单链DNA分支和双链DNA-RNA分支形成的“泡状”体，即所谓的R-环结构。R-环结构一旦形成就十分稳定，而且在电子显微镜下可观察到（图6-13）。所以，应用R-环检测法可以鉴定出双链DNA中存在的与特定的RNA分子同源的区域。根据这样的原理，在有利于R-环形成的条件下，使待检测的已经纯化的质粒DNA分子在含有mRNA分子的缓冲液中局部变性。如果质粒DNA分子上存在与mRNA探针互补的序列，那么这种mRNA就将取代DNA分子中相应的互补链，形成R-环结构，然后在电子显微镜下观察，便可检测出重组质粒DNA分子。

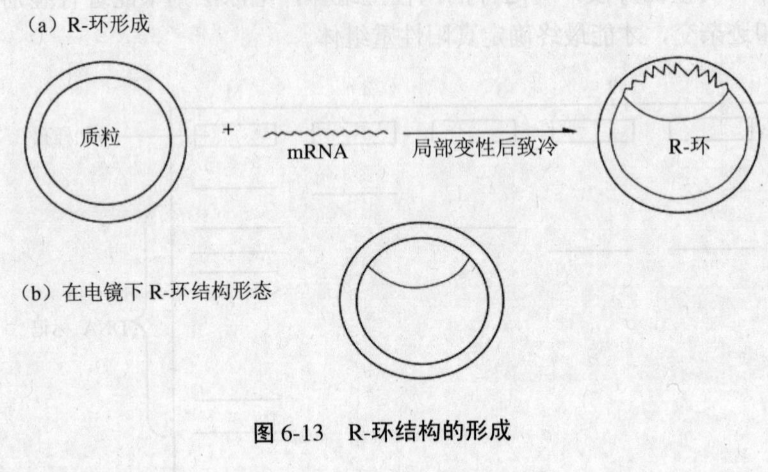

图6-13　R-环结构的形成

四、免疫学检测法

免疫学方法是一种专一性强、灵敏度高的检测方法。其基本原理是：以目的基因在宿主细胞内的表达产物为抗原，以该基因产物的免疫血清为抗体，通过抗原抗体反应将含目的基因的克隆子检出。

如果所要检测的重组克隆既无任何可供选择的基因表型特征，又无得心应手的探针，那么免疫学方法则是一种筛选重组体的重要途径。这种方法直接检测重组克隆所表达的蛋白产物，而且从克隆化获取基因产物的最终目的来看，免疫测定是其他任何检测方法所不能取代的。使用这种方法的前提条件是克隆基因可在宿主细胞内进行表达，而且必须具备有效的特异性抗体。

免疫化学检测法可分为放射性抗体测定法和免疫沉淀测定法。这些方法最突出的优点是，它们能够检测不为寄主提供任何用于选择的表型特征的克隆基因。

（一）放射性抗体检测法

现在已被许多实验室广泛采用的放射性抗体测定法所依据的原理为：

① 一种免疫血清含有好几种 IgG 抗体，它们识别抗原分子上的不同定子，并分别同各自识别的抗原定子相结合；

② 抗体分子或抗体的 Fab 部分，能够十分牢固地吸附在固体基质（如聚乙烯等塑料制品）上，而不会被洗脱掉；

③ 通过体外碘化作用，IgG 抗体便会迅速地被放射性同位素 ^{125}I 标记上。

在实际的测定中，首先把转化菌落涂布在普通培养皿的琼脂平板上，同时，还必须制备影印的复制平板。因为在后续的实验操作过程中，涂布在普通培养平板上的转化菌落要被杀死。接下来把细菌菌落溶解，所用的方法有：把平板放置在氯仿蒸气中；用烈性噬菌体的气溶胶喷洒；或用带有能被热诱发的原噬菌体的寄主菌处理等。这样可使阳性菌落释放出抗原蛋白。将连接在固体支持物上的抗体缓慢地同溶解的细胞接触，以利于抗原吸附到抗体上，并且使之结合成抗原—抗体复合物。然后，将这种吸附着抗原—抗体复合物的固体支持物取出来，与放射性标记的第二种抗体一道温育，以便检出这种复合物。未反应的抗体可以被漂洗掉，而抗原—抗体复合物的位置，则可通过放射自显影技术测定出来，并据此确定原平板中能合成抗原的细菌菌落的位置。

在讨论放射性抗体检测法的同时，有必要简单地介绍一下由 Broome 和 Gilbert 发展的双位点检测法。这种方法特别适用于含有杂种多肽菌落的分析，例如一种重组体质粒 DNA 分子可合成出由蛋白质 A 和蛋白质 B 融合形成的杂种多肽（A-B），为了从转化子菌落群中检测出能合成这种蛋白质多肽的克隆，可把抗 A-B 杂种多肽 A 蛋白部分的抗体固定在固体基质上，最简便的方法是直接涂抹在含聚乙烯的平皿上。再把抗 A-B 杂种多肽 B 蛋白部分的第二种抗体在体外用放射性同位素 ^{125}I 进行标记，作为检测抗体使用。因为第一种抗体只同 A 部分蛋白质结合，^{125}I 标记的第二种抗体只同 B 部分蛋白质结合，所以只有含有杂种多肽 A-B 的克隆才能呈阳性反应，这样便可十分准确地检测出重组体 DNA 分子。

用一个插入的外源基因取代质粒中某种蛋白质编码序列的终止密码子，并同质粒基因连接起来，由此产生的杂种蛋白质叫做融合蛋白。对这类融合蛋白的检测，免疫化学法同样适用。而且，若所研究的蛋白质不能由寄主细胞正常分泌出来，那么显而易见，这类融合作用往往有着特别的作用。一般使用 pBR322 质粒作载体，并将所研究的外源基因插入在编码β-内酰氨酶的 Amp^{r} 基因中。而我们知道，正是由于β-内酰氨酶的功能，细菌才表现出氨苄青霉素抗性的特征（Amp^{r}）。随后根据 pBR322 质粒载体对四环素抗性的表型特征筛选出 Tet^{r} 的菌落，而且还可根据插入失活作用检测有无外源 DNA 分子的插入，即从 Tet^{r} 菌落群中筛选出 Amp^{r} 表型特征的细菌。一旦有外源目的基因的插入，其编码的蛋白质产物就会同β-内酰氨酶融合。而β-内酰氨酶能透过菌体细胞壁而被分泌到菌落周围的培养基去。这样，便能够按双位点测定法检测这种融合杂种蛋白质的存在。

在放射性抗体检测法的基础上又发展了一类非放射性的免疫分析方法，如荧光免疫分析、酶联免疫分析以及化学发光免疫分析等。这些方法具有和放射免疫法相同的灵敏度和特异性，而且没有像同位素那样的半衰期和安全防护等问题，是一类很有发展前途的检测技术。

（二）免疫沉淀检测法

免疫沉淀检测法同样可以鉴定能合成某种蛋白质的菌落。其具体做法是，在培养细菌的琼脂培养基中加入被测蛋白质分子的特异性抗体，如果被检测的细菌能够分泌出这种特定的蛋白质，那么在它的周围就会出现一条由抗原—抗体沉淀素所形成的白色圆圈（图 6-14）。在含有特异性抗β-半乳糖苷酶抗体的琼脂培养基上，生长着能分泌β-半乳糖苷酶的菌落。但也有报道称，免疫沉淀检测法灵敏度低，易受干扰，实用性差。后来对这种方法进行了适当的改进，使之也可用来检测非分泌型蛋白质。

第一种改良法是使用λcI 857 噬菌体溶源性大肠杆菌作寄主。λcI 857 是一种λ噬菌体的突变型，含有一种在 42℃条件下会发生热失活的热敏感阻遏物。把生长着待检测菌落的原培养基平板影印到加有抗体的琼脂平板上，等影印平板中的菌落长到肉眼可以辨认时，将培养温度升高到 42℃。经过大约 1 h 以后，平板中就会有许多细菌被热诱导而发生溶菌作用。结果菌体的内容物就被释放出来，散布在周围的培养基中，其中的目的基因的编码蛋白就会同添加在培养基中的特异性抗体发生反应，并在菌落的周围形成一圈沉淀素带。

第二种改良的方法是将添加有抗体和溶菌酶的琼脂小心地倾注到菌落上，并使琼脂凝固。在溶菌酶的作用下，处于菌落表面的细菌会发生溶菌反应，逐步释放出细胞内的蛋白质。如果有菌落能分泌出目的基因的编码蛋白，它们就会与琼脂培养基中的抗体发生反应，形成沉淀素圈。

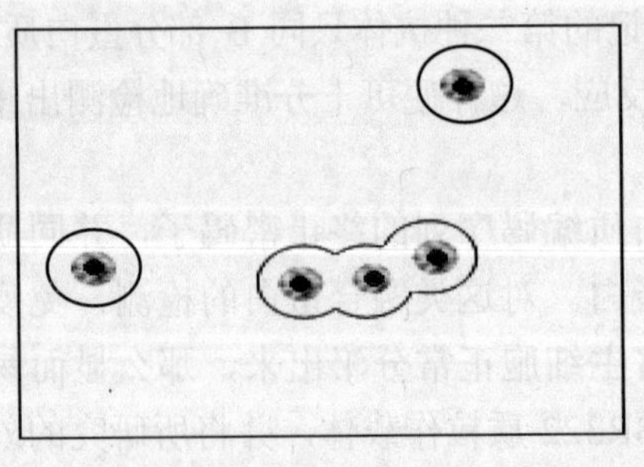

（a）

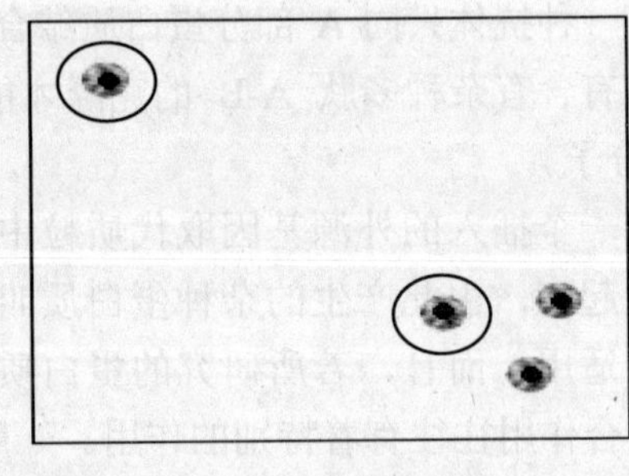

（b）

（a）每个菌落的周围都环绕着一圈沉淀素带；

（b）lac^+菌落的周围有一圈沉淀素带，而在 lac^-菌落的周围没有沉淀素带

图 6-14　免疫反应形成的沉淀素圈

五、核酸序列分析

核酸序列分析是指通过一定的方法确定 DNA 分子上核苷酸的排列顺序，也即确定 DNA 分子中 A、T、C、G 四种碱基的排列顺序。测序的结果直接反映了转化子中有无目的基因的存在。

核苷酸序列分析的方法主要有 Maxam-Gilbert 化学降解法和 Sanger 双脱氧链终止法。这两种方法对 DNA 测序的原理不同，但都建立在高分辨率的变性聚丙烯酰胺凝胶电泳技术的基础上，将差别仅有一个核苷酸的单链 DNA 区分开来，其分离长度可达 300～500 bp。

随着 DNA 测序技术的不断发展及其重要性的日益提高，DNA 序列分析已变得越来越简单快速，正朝着自动化和商品化的方向发展，从而极大地提高了 DNA 序列分析的速度及准确性。

复习思考题

1. 如何将内部没有 *Hind*Ⅲ和 *Eco*RⅠ位点的外源 DNA 片段定向克隆在 pUC18 载体上并将其导入大肠杆菌细胞中进行扩增？
2. 总结归纳本章基因克隆各种方法的适用范围和应用条件。

第七章　常用载体

【知识目标】

- 熟悉载体的分类；
- 理解噬菌体及单链载体；
- 掌握常用载体的概念及其使用方法；
- 了解表达载体及超级载体。

【能力目标】

- 能选择正确的载体；
- 能正确使用常用的载体。

载体的认识与应用是基因操作的重要环节之一。所谓载体（vector）是指携带外源基因进入受体细胞的运载工具，它的本质是DNA复制子。载体一般必须具备以下3个基本条件：（1）具有复制子，能在宿主细胞内自主复制，并携带重组DNA分子一同扩增；（2）具有单一限制性内切酶的酶切位点或多克隆位点（Multiple Cloning Sites，MCS）。在载体上，每一种限制性内切酶位点最好是单一的，且位于DNA复制非必需区，插入外源基因后不影响载体复制；（3）有合适的选择标记基因，用来筛选重组DNA。最常用的标记基因是抗药基因，如抗氨苄青霉素、抗四环素、抗氯霉素、抗卡那霉素等抗生素的抗性基因。

载体按来源和性质不同可分为不同类型。目前研究得最深入、使用得最多的载体是经过改造的质粒载体和噬菌体载体。按复制方式可分为严紧型和松弛型载体；按功能和用途不同，可分为克隆载体、表达载体、测序载体、转化载体、穿梭载体、多功能载体等；按受体细胞不同，可分为原核生物载体、真核生物载体、大肠杆菌载体、酵母载体、植物基因工程载体、动物基因工程载体等。目前原核载体系统（以大肠杆菌为代表）研究得最成熟，已有多种优良的商业化载体可供选择。

第一节 质粒载体

质粒载体可能是迄今为止应用最广泛、功能最强大，最容易操作的载体。它们是实验室永不疲倦的工作机。它包含载体所必需的 3 种组成部分：复制必需区、选择标记和限制性核酸内切酶酶切位点。

一、质粒载体的生物学特性

质粒是细菌染色体外自然存在的 DNA，通常是环形，双链，超螺旋。自然界中存在大量质粒，大多数细菌中都有质粒，霉菌、蓝藻、酵母和少数动植物细胞甚至线粒体中都发现有质粒的存在。质粒的大小变化很大，从几千个碱基到几十万个碱基对，但用做载体的质粒通常很少（一般 2～5 kb）。大部分质粒载体来源于一种天然质粒 ColE1。

质粒最突出的特点是它能散布抗生素抗性基因，即质粒从一个细胞转移到另一个细胞，即质粒的转移性。根据质粒的转移性可将其分为接合型（conjugative）与非接合型（non-conjugative）。大多数细菌产生耐药性可归咎于质粒，但目前基因工程中的质粒载体失去了转移抗生素抗性基因的能力。从安全角度考虑，目前基因操作的质粒载体主要选用非接合型质粒，它缺少转移所必需的 mob 基因，因此不能发生自我迁移，从而避免了 DNA 跨物种间遗传屏障的潜在危险。

（一）质粒复制

在基因操作中，利用质粒可以被复制的特点，插入一段 DNA 到质粒中，当质粒被复制时，插入片段也同时被复制。无论天然质粒还是人工构建的克隆质粒，能够在宿主体内复制是质粒最基本的特点。宿主细胞含有质粒复制所需的酶及其他成分，质粒只需要提供几百个碱基的遗传信息就可以进行正确复制。质粒通常只编码少数几个其自身复制所需要的蛋白质，甚至许多情况下只编码其中一个蛋白质。质粒编码的复制蛋白位于距其作用位点 ori（复制起始点）序列非常近的地方，因此只有 ori 位点周围一小部分区域是复制所必需的。质粒的这部分复制序列也叫复制起始点，也称起始子 ori。

质粒一般采用 ColE1 的起启区作为起始子，质粒的复制起始决定质粒的拷贝数。野生型 ColE1 大约每个细胞有 15 个拷贝，大多数现代基因工程载体常常每个细胞多达几百个拷贝。这使我们可以很方便地提取大量的质粒，如果想表达目的基因，多拷贝可以有效地提高表达量。然而，这可能也是一个缺点，即使不表达外来基因，大量的质粒也会使细菌的生长速度越来越慢。如果外源基因或者其表达产物对细菌有害，很难分离到正确的克隆。有时为了特定的目的，我们也使用低拷贝的载体或者将不同的载体联用，这些载体不需要细胞具有持续的活力。

有些质粒能够在不同的种属的细菌中复制（广谱宿主质粒），但有些只能在特定的菌株中复制。从某种意义上讲，这是一个优点。如果基因工程载体有某些潜在的危险或克隆的片段对环境具有危害性，使用窄范围的载体可以防止质粒将所携带的基因转移到其他生物中去。

通常仅在大肠杆菌中进行遗传操作是不能满足需要的，比如当需要把外源基因克隆进特定细菌如枯草杆菌，这时有必要分离、构建新的质粒载体，新载体的复制起点仅在枯草杆菌中起作用。在进行基因克隆时，它的功能不如大肠杆菌载体。此时，可以用大肠杆菌作为中间宿主进行克隆，研究想要克隆的基因的结构与功能。可以在质粒中插入两个复制子，这样在大肠杆菌中复制时使用复制子，在所选用的载体中复制时使用另外一个复制子。这种由人工构建的具有两种不同复制起点和选择标记，可在两种不同宿主细胞中存活和复制的质粒载体也称为穿梭载体，因此它可以在两个不同的菌株之间转移基因，也可以用穿梭载体在大肠杆菌和真核生物之间转移基因。目前已经构建成功大肠杆菌—原核细胞、大肠杆菌—真核细胞穿梭载体的有大肠杆菌—枯草芽孢杆菌穿梭载体、大肠杆菌—土壤农杆菌穿梭载体、大肠杆菌—酿酒酵母穿梭质粒载体和大肠杆菌—牛乳头状瘤病毒穿梭载体。不过，迄今为止还没有发展出适用的大肠杆菌—植物细胞穿梭质粒载体。

因此，质粒克隆载体的第一个重要的特点是复制起始位点，在质粒图谱中通常用 ori 表示。

（二）克隆位点

克隆载体的第二个特点是克隆位点，它必须是唯一的限制性位点，限制性内切酶只能在这里进行一次酶切。如果一个环形分子在一个位置断裂，变成线性分子，末端相对很容易重新连接起来形成一个完整的环形分子。如果一个酶不止一次切割分子，质粒将被切成两段或三段，再将它们连接起来形成一个完整的分子将是十分困难的。天然质粒可能只有一个或两个这样的单一酶切位点，但必须位于复制非必需区或非功能区。

限制酶切次数和酶切片段的位置对质粒非常重要，因为两个酶切片段连接时，由相同的内切酶产生的片段重新产生原来的酶切位点。因此当插入一个 *Bam*H Ⅰ片段至载体上由 *Bam*H Ⅰ片段产生的位点时，重组的分子就会有两个该酶的位点，在插入片段的两端各有一个酶切位点（如图 7-1），这是检测插入片段是否存在的基础。用该酶消化重组质粒，将会释放一个 DNA 片段，其大小将与欲克隆的片段大小一致。然而如果重组质粒有两个该酶切位点，如果想再回收该酶切片段将是很困难的。

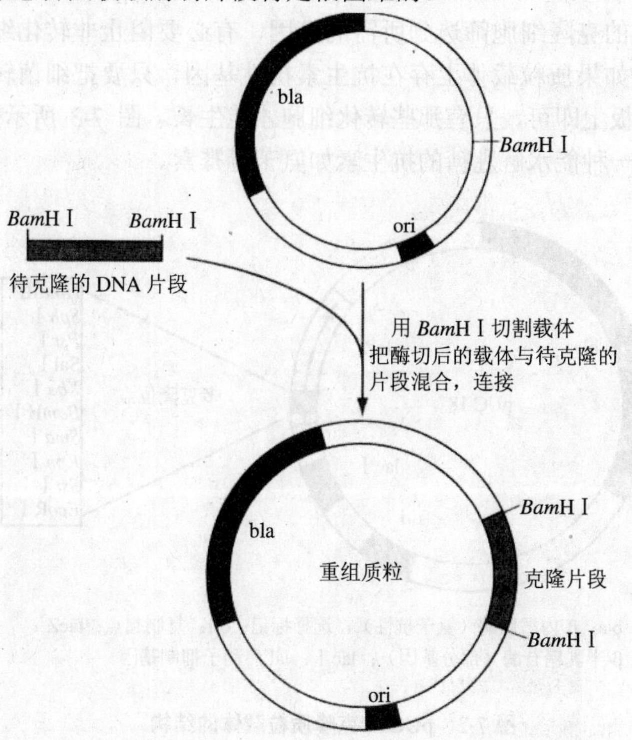

bla：β-内酰胺酶（氨苄抗性），选择性标记；ori：复制起始位点

图 7-1　质粒克隆载体

大多数情况下我们想插入几个片段到一个载体中；或者想联合表达一个基因的信号区、另一个基因的编码区；或者想插入选择标记以便鉴定质粒是否存在；或者我们想插入其他质粒的复制起点，构建一个穿梭载体，因此我们必须在克隆位点上预留一些酶切位点供插入其他片段使用。解决这个问题的最好方法就是构建一个多克隆位点（MCS）——一段短 DNA 区域包含一系列内切酶的识别位点。可以通过人工合成的方法合成一段核苷酸序列来包含所需要的酶切位点，并把它们插入到质粒中。图 7-2 表示 pUC18 的结构，它是我们常用的克隆载体家族的一员，可以看到，pUC18 包括上述多克隆位点。如果在 *Bam*H Ⅰ 位点插入一个片段，仍然留下许多酶切位点供其他片段的插入。

（三）选择标记

质粒具有复制起点和 MCS 还远远不够，对于一个有效的载体来讲最重要的特点是选择标记。载体需要选择标记的原因是连接以及转化的效率比较低。甚至对于高效的系统，比如大肠杆菌（目前应用最好的），使用天然的质粒 DNA 进行转化，只有约 1%细菌细胞真正摄入外源 DNA。如果不用大肠杆菌做宿主菌，实际的转化效率可能还要低一些。因此，为了能从转化的克隆细胞筛选到所需的基因，有必要阻止非转化细胞（那些没有摄取质粒）的生长。如果质粒载体上存在抗生素抗性基因，只要把细菌转化液涂在含有相应抗生素的琼脂平板上即可，只有那些转化细胞才能生长。图 7-3 所示为 pUC18 携带半乳糖苷基因，编码一种能水解乳糖的抗生素如氨苄青霉素。

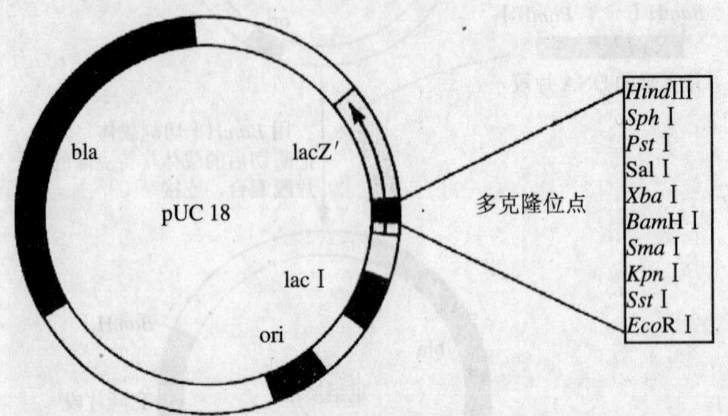

bla：β-内酰胺酶（氨苄抗性），选择标记；ori：复制起点；lacZ′：β-半乳糖苷酶（部分基因）；lac I：lal 启动子抑制基因

图 7-2　pUC18 克隆质粒载体的结构

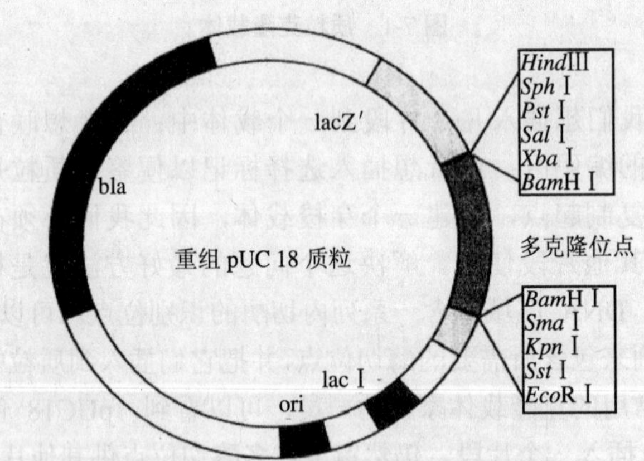

lacZ 基因被插入的外来 DNA 打断，在 X-gal 板上显白色；bla：β-内酰胺酶（氨苄抗性），选择性标记；ori：复制起点；lacZ′：β-半乳糖苷酶（部分基因）；lac I：lac 启动子抑制基因

图 7-3　pUC18 克隆质粒载体的使用

此外，质粒还具有不相容性，即不同质粒不能稳定地共存于同一宿主细胞中，称为

不相容性（incompatibility）。在细胞的增殖过程中，其中必有一种会被逐渐稀释、排斥掉。

二、插入失活

pUC18 还有一个重要特点就是插入失活。多克隆位点位于半乳糖苷酶（lacZ）基因的 5′端。这段人工合成的寡核苷酸（多克隆位点）经过巧妙设计，不会影响 lacZ 基因的开放读码框，它仅仅在半乳糖苷酶的 N 端添加几个氨基酸，并不影响该酶的功能，半乳糖苷酶仍能水解半乳糖。更准确地讲，pUC18 携带了部分 lacZ 基因，而大肠杆菌携带了其余的基因。宿主基因不能单独分解半乳糖苷酶，因此没有携带质粒的宿主菌称为 lac^-菌，它不能分解乳糖。当 pUC18 被插入宿主后，质粒编码的肽段将与宿主的表达产物结合形成完整功能的酶。因此我们可以说具有 pUC18 与缺少 lacZ 的宿主是互补的。

我们可以很容易地通过涂有显色底物 5-溴-4-氯-3-吲哚-D-半乳糖苷（一般称为 X-gal）的琼脂板，在异丙基含硫半乳糖苷（IPTG）诱导下检测到半乳糖苷酶活性。X-gal 底物是无色的，但β-半乳糖苷酶作用会释放出显色基团，在琼脂板上显示深蓝色。携带有 pUC18 的克隆在培养基上显示蓝色。然而，如果在克隆位点插入外源片段，半乳糖苷酶基因（通常情况下）将被打断，大肠杆菌克隆将显示白色。这种插入失活的优点在于不仅能够区分转化细胞（因为它们能够在氨苄青霉素平板上生长），而且能区分重组质粒与 pUC18 载体自连的克隆。插入失活标记并不是克隆载体必需的，但它提供了一个简便的方法来监测连接是否成功，克服了许多缺点。用这种方法可筛选阳性重组子，称为蓝白斑筛选，该筛选法应用十分广泛。

但必须要注意的是，如果插入片段相对较小，如果它正好包括一系列的三碱基编码序列，lacZ 基因的转录和翻译仍然可以进行，β-半乳糖苷酶仍然具有足够的活性（尽管在 N 端增加了许多额外的氨基酸），即使重组菌也只能看到蓝斑。相反地，白色菌落并不能保证克隆成功，因为如果克隆位点缺失单个碱基，或者插入不必要的碱基，将导致 lacZ 处于错误的读码框中，因此引起β-半乳糖苷酶失活。

质粒载体的优点在于，相对于其他载体比较小，易于操作，简单且通用性较强。质粒载体可以用做多种生物的载体而不需要了解宿主或载体的详细的分子生物学知识，但同时它的克隆容量相对受到限制，插入片段也较小。

三、转化

细菌的转化现象是 1928 年由 Fred Griffth 通过肺炎双球菌培养实验发现的。他发现丧失毒力的细胞可以通过加入灭活的病毒株提取物获得转染性。多年以后，Avery、MacLeod 和 McCarty 提出了转化原则，提出 DNA 是遗传物质的本质。

这个实验是基于天然的肺炎双球菌可以从周围环境中摄取裸 DNA，这种能力称为感受态。许多细菌具有天然的感受态，尽管目前已在多种细菌中发现天然感受态现象，但天然感受态仍然不适合遗传操作的要求（效率与选择性）。特别是大肠杆菌似乎没有自然感受态。因此有必要寻找其他的方法把质粒 DNA 引入细菌细胞中。尽管这些方法差异很大，但都称为转化，一般定义为：摄入裸 DNA 以区别于基因水平转移，如联结（通过细胞与细胞之间的接触转移）和转染（通过噬菌体感染介导的基因转移）。

大肠杆菌感受态制作是通过冰冷的氯化钙洗涤，加入质粒 DNA，然后使混合液处于温和的热休克状态中（比如在 42℃下 2 min）。在培养液中使细胞稀释是很有必要的，然后培养 30～60 min 使细胞得到复苏，此时抗性选择标记基因得以表达，然后把细胞涂布于含有合适的抗生素的选择性培养基中。尽管它是一个简单的方法，但效率很低，平均每 10^4 个细胞只能转化 1 μg 超螺旋质粒 DNA。经过多年的探索，转化过程有了一些改进，主要是改进了感受态细胞的制备方法及筛选大肠杆菌突变株使之更适合转化。现在大肠杆菌最高转化率大约是每微克质粒 DNA 可以转化 10^9 个细胞。如果要得到更高的转化率，现在也可以通过从生物技术公司购买制备好的感受态细胞。尽管很多文献上常用转化率（每微克 DNA 转化子的数量）这个术语，但转化子数量与所用的 DNA 并不存在线性关系。转化时最好使用低浓度的 DNA，如果提高 DNA 浓度，细菌细胞摄取 DNA 的效率会降低；如果 DNA 浓度过高，不只是转化效率会降低，实际的转化子数量也会降低。

连接最好使用高浓度 DNA，转化作为连接的下一步，最好使用低浓度的 DNA，使用连接产物的一小部分即可。如果需要大量的转化子，放大转化步骤并不能得到满意的结果，最好多做几个单个、小量的转化。

建立在引入感受态和热休克基础上的转化也可以用于非大肠杆菌中，不过需要重新优化转化条件。

电转化也是一种功能很强大的方法。细菌细胞用水冲洗后会除去电荷，然后与 DNA 混合，置于高压脉冲电场，这时细胞壁表面产生许多短暂的孔洞可供外源 DNA 进入。在复苏培养基中稀释细胞，然后涂布于选择性培养基上。尽管电转化相对容易得到不同细菌的转化子，但有许多参数需要优化，比如细胞生长的参数，混悬液的温度、时间或电压等。

外源 DNA 是借助电场产生的孔洞通过简单扩散作用进入细菌的，这是一种非特异的作用。其他物质如 RNA 和蛋白质也可以通过电穿孔方法进入细菌细胞。电穿孔的方向性也是非特异的，细胞内的物质也能够扩散到细胞外部，可以利用这个原理纯化细菌细胞的质粒 DNA。既然质粒可以从一个细菌细胞出来，然后进入另一个细胞，电穿孔可以用来在不同的菌株中进行基因转移，只需将两种菌株简单混合即可。

其他常用的方法是植物与动物细胞基因转移方法，包括显微注射、原生质转化等。

四、常见的质粒载体类型

1．pBR322 质粒

（1）pBR322 质粒的构建。pBR322 来源于三个天然质粒：pSC101（Tet^r 基因）ColE1（带有 pMB1 复制子）和 pSF2124（Amp^r 基因），经过融合—转位—重排—缺失，最终构建成质粒 pBR322（图 7-4）。

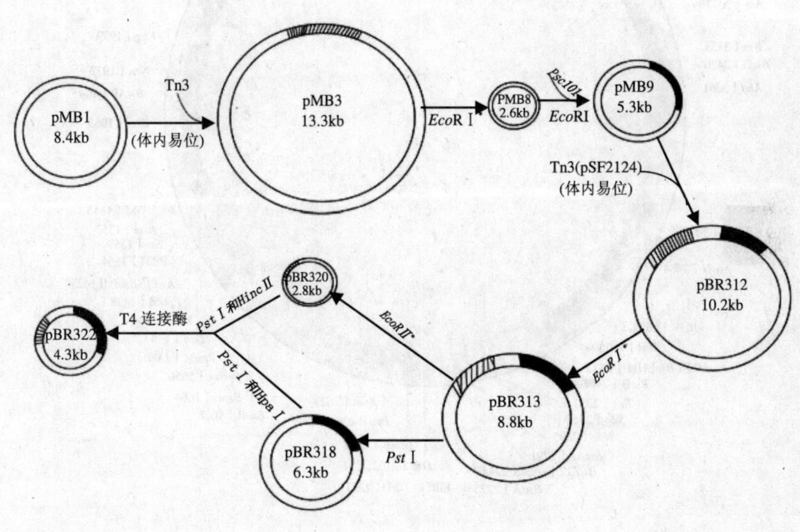

全黑部分代表 Tet^r 基因，条线部分代表 Amp^r 基因

图 7-4　pBR322 质粒的构建过程

（2）pBR322 的限制性图谱（图 7-5）。① DNA 大小（4 363 bp，2.6×10^6）；② 零点（环形图谱的起止点）；③ ori（复制起始点，箭头示复制方向）；④ 选择标记（两个抗性标记：Amp^r、Tet^r，箭头表示转录方向）；⑤ 重要的单一酶切点（分别密集分布在 Amp^r 区、Tet^r 区，提供了插入失活和选择标记）；⑥ 内切酶旁的数字，表示该酶的切口位置。

（3）pBR322 的应用。① 常规的原核细胞克隆载体（用于扩增、保存 DNA，片段的长度多小于 2 kb），应用最广。② 改造成衍生质粒，如 pBR325、pBR327、plink322 等。③ 利用 pBR322 构建原核表达载体，包括非融合性表达载体 pKK223-3、分泌型表达载体 pINⅢ系统及融合表达载体 pGEX 系统。

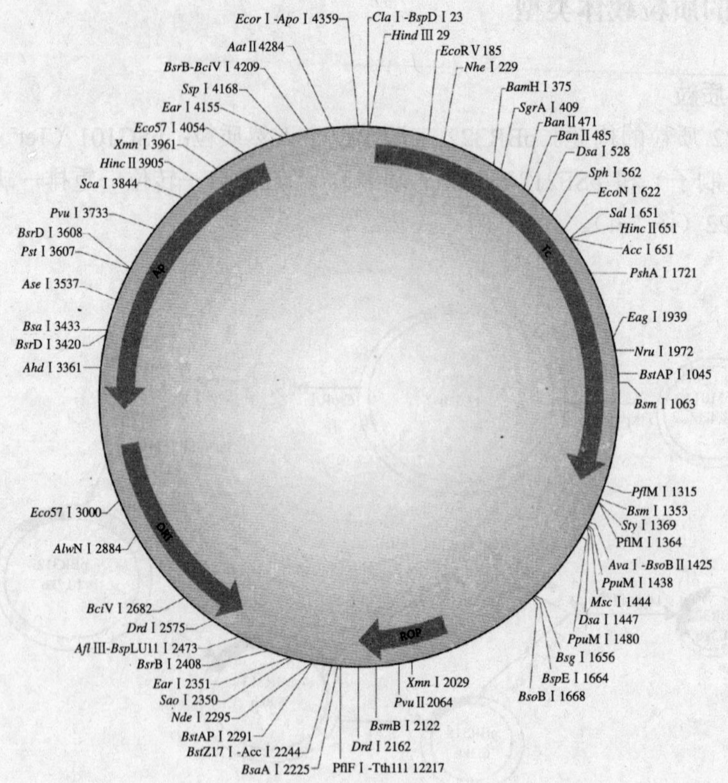

（引自 R L Rodriguez 等，1983）

图 7-5　pBR322 限制性内切酶图谱

（4）pBR 322 的宿主细胞。包括 HB101、JM107、JM109、LE392 等。这些宿主细胞的共同特征主要是：其 F′因子上的 lacIq、CacAM15 基因经过修饰，致α-肽表达缺陷。

2．pUC 载体

（1）pUC 载体系列。包括 pUC8/9、pUC12/13 和 pUC18/19，成对构建，两者的差别仅在于多克隆位点的方向相反。

（2）pUC18/19 的特点（图 7-6 为限制图谱）。pUCl8/19 是由 pBR322 和 M13 噬菌体构建的双链 DNA 质粒载体，长 2.69 kb，含有 pBR322 的复制起始点、大肠杆菌 lacZ′基因、Amp^{r}抗性基因；含有 M13 的 MCS（置于 lacZ′中），便于插入目的 DNA。pUC 质粒系列是应用较普遍的质粒载体。

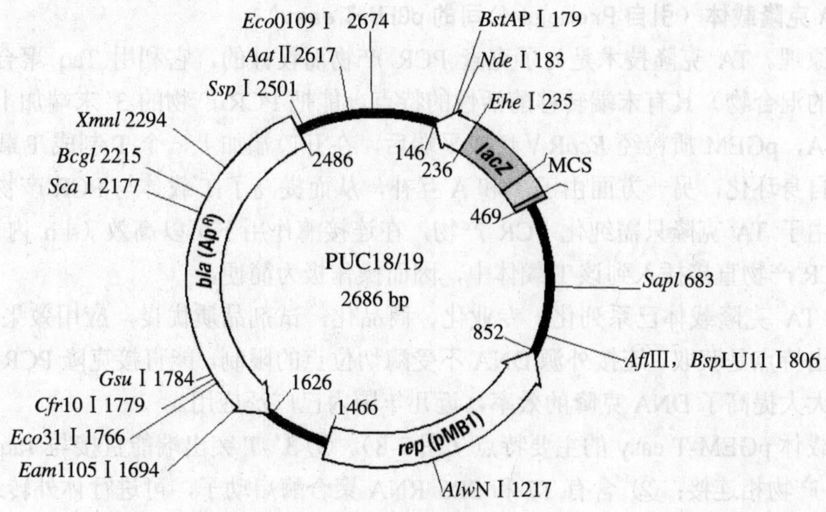

图 7-6　pUC18/19 克隆载体限制图谱

pUC 质粒呈多拷贝（500～700 个/细胞）对数生长，可用氯霉素扩增。

（3）受体细胞：包括 JM101、JM105、JM107 和 JM109 菌株等。这些菌株都是带琥珀突变载体的允许细胞，虽经甲基化修饰但并不限制转染的 DNA，可进行β-半乳糖苷酶的α-肽互补。

（4）pUC 质粒载体的优点：①相对分子质量小（约 2.7 kb）、拷贝数高；②具有多克隆位点（图 7-7），方便于克隆、转移、测序等；③可进行蓝白斑筛选，用组织化学法检测重组体。

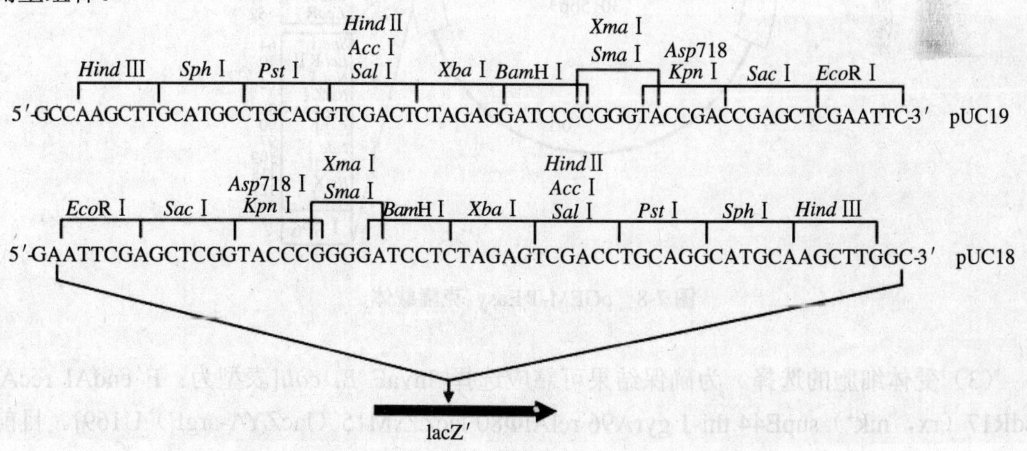

图 7-7　pUC18 和 pUC19 载体中的多克隆位点示意图

3. TA克隆载体（引自Promega公司的pGEM-T easy）

（1）原理。TA 克隆技术是为了克隆 PCR 产物而设计的，它利用 Taq 聚合酶（和某些聚合酶的混合物）具有末端转移酶活性的特点，能把 PCR 产物的 3′末端加上一个非模板依赖的 A，pGEM 质粒经 *Eco*RⅤ切成平端后，在开口端加上一个 T 制成 T 载体，一方面避免了自身环化，另一方面由于 T 和 A 互补，从而提高了 T 载体与 PCR 产物之间的连接效率。由于 TA 克隆只需纯化 PCR 产物，在连接酶作用下可以高效（4 h 内）、一步到位地把 PCR 产物直接插入到该 T 载体中，因而操作极为简便。

目前 TA 克隆载体已系列化、专业化、商品化，试剂品质优良，应用效果也好。TA 载体的突出特点是获取、连接外源 DNA 不受酶切位点的限制，能直接克隆 PCR 产物，TA 克隆技术大大提高了 DNA 克隆的效率，近几年国内已广泛应用。

（2）载体 pGEM-T easy 的主要特点（图 7-8）。① 3′-T 突出端能直接与 Taq 聚合酶扩增的 PCR 产物相连接；② 含有 T7 和 SP6 RNA 聚合酶启动子，可进行体外转录；③ 通用的 polylinker T 接头两侧有 *Eco*RⅠ酶切位点，容易切取插入子；④ 多克隆位点含有 lacZ 基因，插入失活可以通过蓝白斑法筛选重组菌落；⑤ M13 提供了测序的正向和反向引物结合位点。

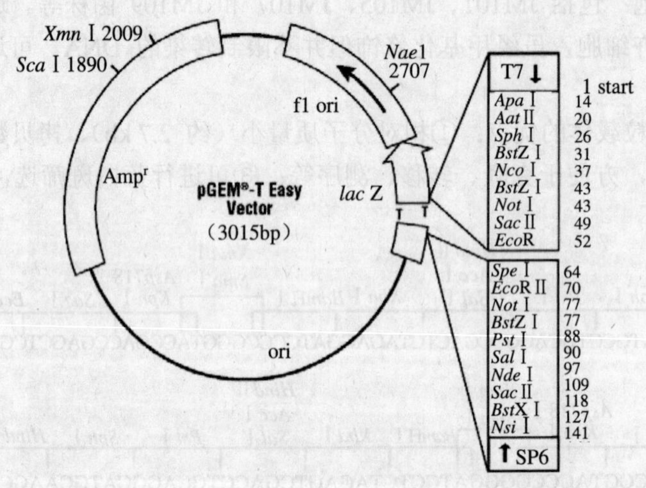

图 7-8　pGEM-T Easy 克隆载体

（3）受体细胞的选择。为确保结果可靠应选择 InvaF *E. coli*[表型为：F′endAl recAl hsdR17（rx，mk⁺）supE44 thi-1 gyrA96 relAlΦ80 lacZ△M15（lacZYA-argF）U169]。目前一般选择 JM109 或 DH5α作为受体细胞。

该受体菌株是一个高拷贝数的质粒，其表型提供了以下特征：① 用蓝白斑法可筛选出携带β-半乳糖苷酶（CacZ△M15）的α-肽的重组克隆；② 能减少转化质粒的同源重组

(recA)；③ 可提高 DNA 复制水平；④ 研究来自载体中携有 f1 复制起始点的单股 DNA。

（4）使用方法。TA 载体为一克隆载体，主要应用于克隆 DNA，也可用于转录。

① 连接：在 0.2 ml 或 0.5 ml 反应管中加入下列成分

pGEM-T 或 pGEM-T easy 载体	50 ng
纯化的 PCR 产物	10～50 ng
T4 连接酶	2～3 Weiss Units
10×连接缓冲液	1 μl

补超纯水至总体积为 10 μl，可以 16℃或 4℃过夜。

② 转化：

a．将 50 μl 感受态细胞 JM109 或 DH5α于冰浴上解冻；

b．将 5 μl 连接产物与感受态细胞混匀，冰浴 30 min；

c．42℃热休克 90 s，立即冰浴 3～5 min；

d．加入 400 μl 预冷的 LB 液体培养基，37℃轻摇培养 45～60 min；

e．取 200 μl 在 LB 固体培养基（含 Amp、IPTG、X-gal）上铺平板，自然干燥 5～10 min，37℃倒置培养过夜。

③ 鉴定：经 12～16 h 培养后，培养皿上生长着许多白色和蓝色菌落，蓝色菌落只含有载体，而白色菌落为 DNA 重组子（载体＋插入片段），可通过 PCR、限制性酶切或测序进一步鉴定阳性克隆。

4．其他质粒载体

从 pUC 系列派生了许多能在体外转录和克隆基因的载体，它们的共同特点是都带有噬菌体（T3、T7 或 SP6）编码的依赖 DNA 的 RNA 聚合酶转录单位的启动子，使载体能体外转录插入的外源 DNA，但是它们又各有特点，例如：pGEM3/4 含有 SP6、T7 启动子和 MCS，便于插入、克隆外源 DNA；pGEM-3Z/4Z 比 pGEM-3/4 长出一段 lacZ′序列，用蓝白斑筛选重组体（图 7-9）；pGEM-3Zf（+/－）是一对带有 f1 噬菌体 DNA 复制起点的载体，在该起点以互为相反的方向在体内产生单链 DNA 或者在体外产生 RNA，这些产物能与插入多克隆位点的外源 DNA 双链中任意一条链互补（图 7-10）。pGEM-5Zf（+/－）和 pGEM-7Zf（+/－）与 pGEM-3Zf（+/－）的不同体现在多克隆位点内限制性内切酶的数量和组成有所不同。

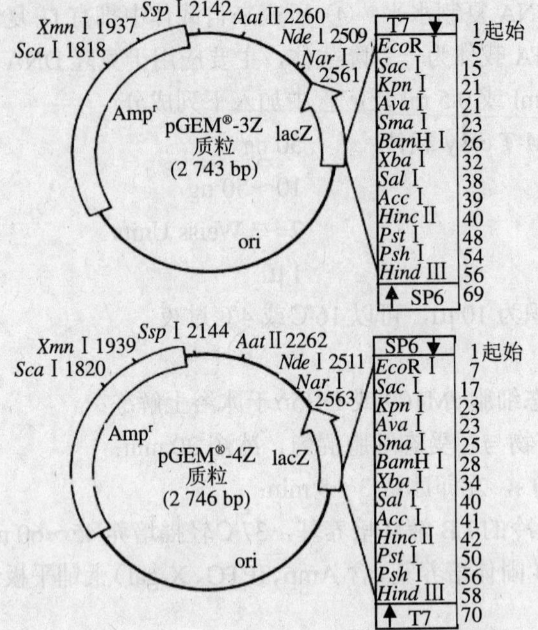

图 7-9 pGEM-3Z/4Z 的物理图谱

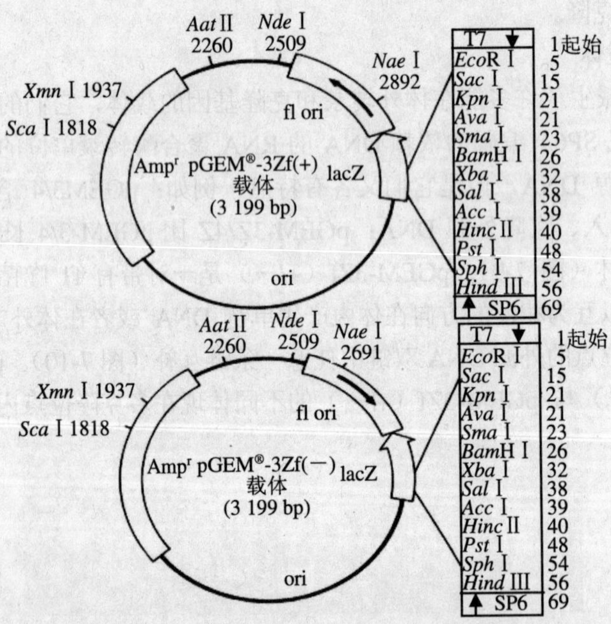

图 7-10 pGEM-3Zf（+/−）的物理图谱

第二节　基于λ噬菌体的载体

克隆相对较小的 DNA 片段，质粒载体无疑是首选。尽管没有明确规定质粒载体到底可以插入多大的片段，但如果插入较大片段，重组质粒会在大肠杆菌中变得极不稳定，转化效率会显著降低，质粒的复制能力会大大降低。基于λ噬菌体的载体能有效地克隆较大片段 DNA，尤其适合建立基因文库，因为插入片段越大，克隆数量越少，克隆效率越高。同时，由于噬菌斑比细胞菌落清楚得多，用噬菌体载体进行基因文库筛选特别容易（图 7-11）。

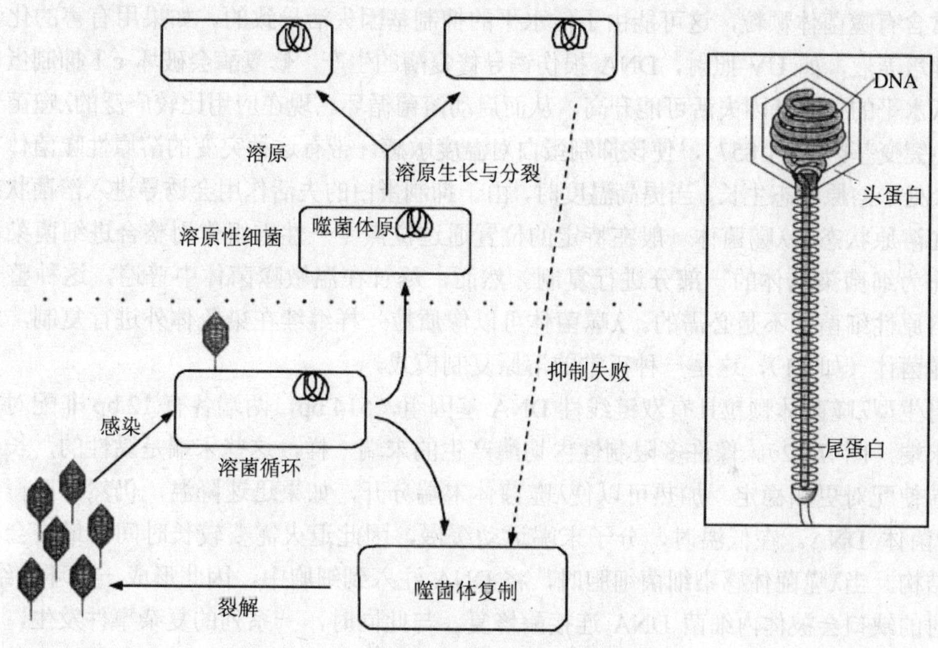

图 7-11　λ噬菌体的溶菌循环与溶原循环

一、λ噬菌体的生物学

（一）溶原状态

λ噬菌体是一种温敏型噬菌体，当它感染大肠杆菌时，它可能进入一个溶菌循环，结果导致细胞的裂解，释放出噬菌体颗粒；也有可能进入与宿主不同程度的稳定状态，称为溶原状态。在溶原状态，几乎所有抗菌素的基因表达被一种抗菌素抑制蛋白关闭，这种抑制蛋白是cⅠ基因的产物。在溶原状态的建立过程中，该基因的表达需要另外两个基因的作用：cⅡ和 cⅢ。受环境条件和噬菌体与宿主的遗传组成影响，感染细胞的比例每个周期不断下降。某些噬菌体突变株只能产生溶菌感染，会导致清晰的噬菌斑上升，而野生型的噬菌体会产生混浊的噬菌斑，由于噬菌体处于溶原状态，能抵抗λ噬菌体的进一步攻击（称为超感染免疫状态）。从另一方面讲，某些宿主菌带有一种突变（称为 hfⅠ，高频溶菌），将产生高比例的溶原状态。当遇到野生型λ噬菌体感染时，当我们需要更稳定地改变宿主菌时，比如我们想研究噬菌体所携带基因的表达，这种菌是有用的。一般而言，当用λ噬菌体作载体时，我们对重组菌携带克隆的基因更感兴趣，溶菌状态对这种应用更重要。

尽管溶原状态相对稳定，但这种稳定也不是绝对的。溶原状态下噬菌体培养液的上清液中常含有噬菌体颗粒，这可能由于低水平的抑制基因失活导致的。如果用有害的化学试剂处理培养液，如 UV 照射，DNA 损伤诱导修复酶的生产，修复酶会破坏 cⅠ抑制蛋白，这种低水平的抑制基因失活可能升高，从而启动溶菌循环。现在应用比较广泛的λ噬菌体携带 cⅠ突变基因（cⅠ857），使该抑制蛋白对温度敏感。带有这种突变的溶原性噬菌体在低温时会处于溶原状态生长，当提高温度时，由于抑制蛋白的失活作用会诱导进入溶菌状态 。

在溶原状态，λ噬菌体一般在特定的位置通过位点专一性重组作用整合进细菌染色体中，作为细菌染色体的一部分进行复制。然而，尽管在温敏噬菌体中普遍，这种整合作用对溶原性细菌并不是必需的。λ噬菌体可以像质粒一样继续在染色体外进行复制，对于某些噬菌体（如 P1），这是一种正常的溶原复制模式。

野生型λ噬菌体颗粒具有双链线性 DNA 基因组，514 bp，两端各有 12 bp 非配对但互补的末端（图 7-12）。像许多限制性内切酶产生的末端一样，这些末端是黏性的，长的黏性末端使配对更加稳定。加热可以使λ噬菌体末端分开，如果迅速降温，仍然可以得到线性λ噬菌体 DNA。在低温时，分子末端运动缓慢，因此退火需要较长时间，最终会形成环状结构。当λ噬菌体感染细菌细胞时，将 DNA 注入到细胞中，因此形成一个环状结构，不配对的缺口会被体内细菌 DNA 连接酶修复。与此同时，一系列的复杂事件发生，影响接下来的基因表达，决定是进入溶菌状态还是稳定的溶原状态。我们不需关注细菌是进入溶菌状态还是进入溶原状态的细节，要强调的是一旦进入一种状态将是不可逆转的，λ噬菌体将继续某个过程。

（二）溶菌循环

在溶菌循环中，环形 DNA 开始像质粒一样被复制（θ复制），产生更多的环形 DNA。最后，复制转成其他模式（滚环复制），产生长的线性 DNA 分子，由不同拷贝数量λ噬菌体基因组首尾相连形成连续的结构。在这个过程中，噬菌体携带的基因被表达产生噬菌体颗粒所需要的组件。这些蛋白首先被装配成两个分离的结构：头端（空的前体结构供 DNA 插入）和尾端（DNA 包装时与头相连）。

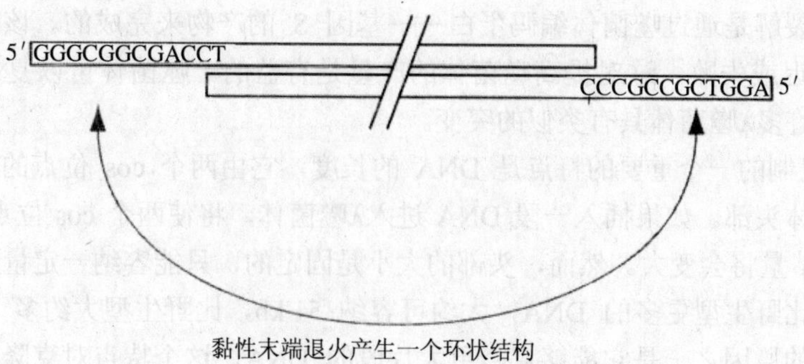

图 7-12 λ噬菌体的黏性末端

包装过程中首先在多个长度噬菌体 DNA 识别酶切位点，在这些位置产生非对称的切口。这些 DNA 上不稳定的缺口导致成熟噬菌体 DNA 上的黏性末端，即黏性末端位点（cos 位点）。伴随这些剪切作用，两个 cos 位点（DNA 区域是一个单位长度的噬菌体基因组）被紧密装配到噬菌体头部，这个过程称为包装。当噬菌体头部成功包装后，再加上尾部形成成熟的噬菌体颗粒，最终从细胞中释放出来（图 7-13）。

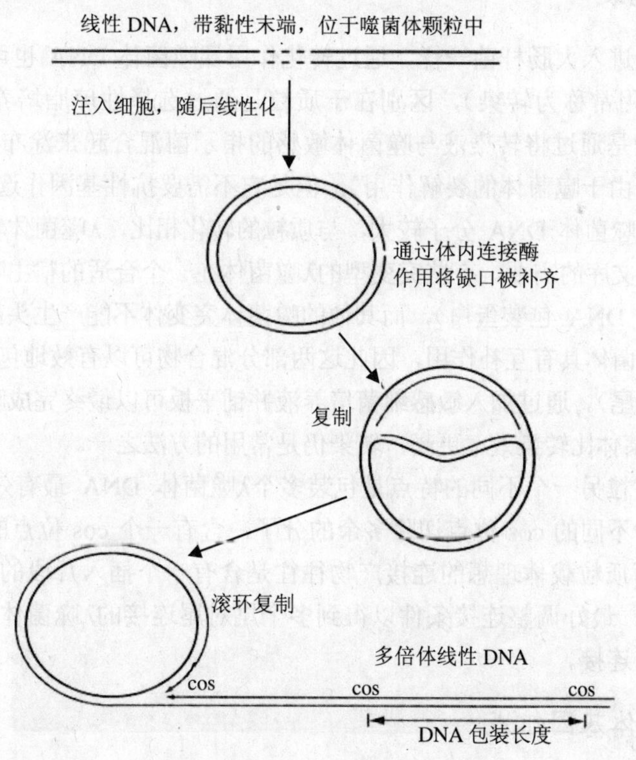

图 7-13 λ噬菌体的复制过程

细菌细胞裂解是通过噬菌体编码蛋白——基因 S 的产物来完成的。该基因的突变将导致裂解的延迟或失败，这对提高噬菌体的产量是有益的。噬菌体可以复制较长一段时间而不裂解，许多λ噬菌体具有类似的突变。

λ噬菌体复制的一个重要的特点是 DNA 的长度，它由两个 cos 位点的距离决定，并被包装成噬菌体头部。如果插入一段 DNA 进入λ噬菌体，将使两个 cos 位点的距离延长，因此包装 DNA 量将会变大。然而，头部的大小是固定的，只能容纳一定量的 DNA。λ噬菌体可以容纳比野生型更多的 DNA，大约可容纳 51 kb，比野生型大约多 5%。利用λ噬菌体作为载体的原因之一是它能够克隆更大片段的 DNA，这个特点对克隆大片段是个极大的限制。解决的办法只有删除那些正常存在的 DNA。因为λ噬菌体包含许多基因，有些是非必需的，特别是在溶菌循环中，我们可以删除任何与溶原建立无关的基因，但不能删除太多。噬菌体头部包装需要一定量的 DNA，尽管有许多基因是非必需的，我们不能把所有非必需的基因删除。两个 cos 剪切位点之间至少需要 37 kb 的 DNA（大约相当于 75%野生型），才能保证产生有活性的噬菌体。

包装限制的存在是λ噬菌体载体设计与应用的重要特点。

（三）体外包装

如同质粒转化进入大肠杆菌一样，通过转化作用裸噬菌体 DNA 也可以导入细菌细胞（噬菌体的转化作用常称为转染），区别在于质粒是通过选择性琼脂培养基来筛选细胞克隆，而噬菌体转染是通过将转染液与噬菌体敏感的指示菌混合起来涂布于溶化的琼脂上，寻找不透明的斑（由于噬菌体的裂解作用），但是它不需要抗性基因作选择性标记。

然而，大部分噬菌体 DNA 分子较大，与质粒的转化相比，λ噬菌体转染的效率较低，不能满足构建基因文库的需要。有些突变型的λ噬菌体在一个合适的宿主噬菌体中，能产生空噬菌体头（缺乏 DNA 包装蛋白），而其他的噬菌体突变体不能产生头部但可产生包装所需蛋白。这两种噬菌体具有互补作用，因此这两部分混合物可以有效地包装 DNA，可进行体外包装（包括加尾）。通过加入敏感细菌培养液并铺平板可以最终完成噬菌体颗粒包装。尽管体外包装λ噬菌体比转染效率更高，转染仍是常用的方法之一。

这种体系与质粒另一个不同的特点是包装多个λ噬菌体 DNA 最有效。参与 DNA 包装的酶一般在两个不同的 cos 位点切除多余的分子，含有一个 cos 位点的单个环形分子不能很好地包装，而质粒载体理想的连接产物往往是含有一个插入片段的拷贝的单环质粒。对于λ噬菌体载体，最好调整连接条件以得到多个尾对尾连接的λ噬菌体分子。线性λ噬菌体黏性末端很容易连接。

（四）λ噬菌体基因组成

λ噬菌体基因是一条线性双链 DNA 分子，长约 48 502 bp，在λ噬菌体 DNA 分子的每个末端都有短的 12 个核苷酸的单链 5′突出，它们在序列上是互补的：左边是 5′-GGGCGGCGACCT-3′，右边为 3′-CCCGCCGCTGGA-5′。当 DNA 注射到宿主细胞中时就利用这些突出形成一种环形结构，这种由黏性末端结合形成的双链区段称为 cos 位点。它是λ噬菌体包装必需的序列。

λ噬菌体功能上相关的基因在图谱上聚集成簇，只有两个正调节基因 N 和 Q 除外。位于图谱左端的基因编码噬菌体粒子的头部蛋白基因 W、B、C、D、E、F 和尾部蛋白基因 Z、U、V、G、H、M、L、K、I、J 等（图 7-14）。中央区域的基因与重组和溶原过程有关，如整合删除基因 int、xis 和 att；重组基因 red、gam；中央区的右边有调节基因（N、cⅠ、cro），DNA 合成基因（O、P），晚期功能调节基因（Q）和宿主细胞裂解基因（S、R）。此外还有 b2 区域，目前其功能还不清楚。

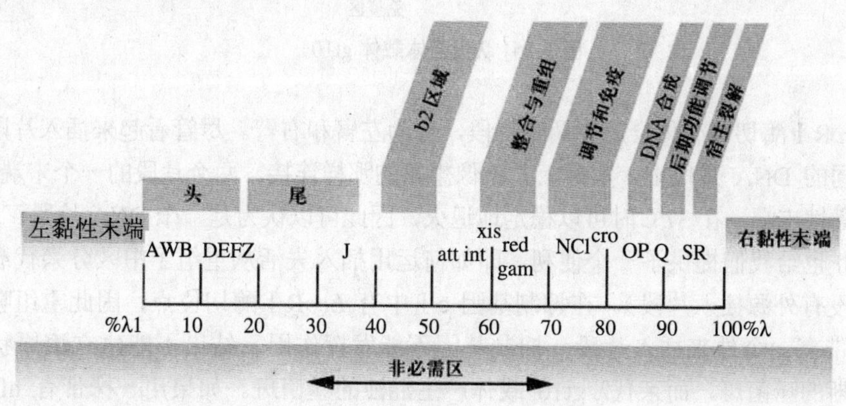

图 7-14　λ噬菌体全长 DNA 中某些基因的物理位置

二、λ噬菌体载体

（一）插入型载体

λ噬菌体载体最简单的形式是插入型载体。这在概念上与质粒载体比较接近，比如它们都含有一个供 DNA 插入的单克隆位点。然而，野生型λ噬菌体 DNA 含有许多常用内切酶的位点，比如在正常λ噬菌体上有 7 个 *Hind* Ⅲ酶切位点，因此将把载体酶切成八个片段时请注意环形质粒分子与线性λ噬菌体分子的不同，酶切一个环形分子仍然得到一个片段，而酶切一个线性分子将得到两个片段。要把这些片段按正确的顺序重新连接将是不可能的。为了解决这个问题，所有的λ噬菌体载体都进行了遗传改造，去除了不想要的酶切位点，比如通过删除带有这些酶切位点的区域（也可以提高载体的装载容量），或者选择序列突变体使酶切位点改变。

图 7-15 所示为λ噬菌体载体——λ-gt10，在这个载体中，只有一个酶切位点 *Eco*RⅠ可以酶切 DNA。对该载体进行的删除以及其他改造除了移去了不必要的酶切位点，同时也使噬菌体大小减至 43.3 kb（仍然足够容纳活的噬菌体颗粒，并含有噬菌体生活必需的基因），因此最大可以容纳外来基因达 7.6 kb。

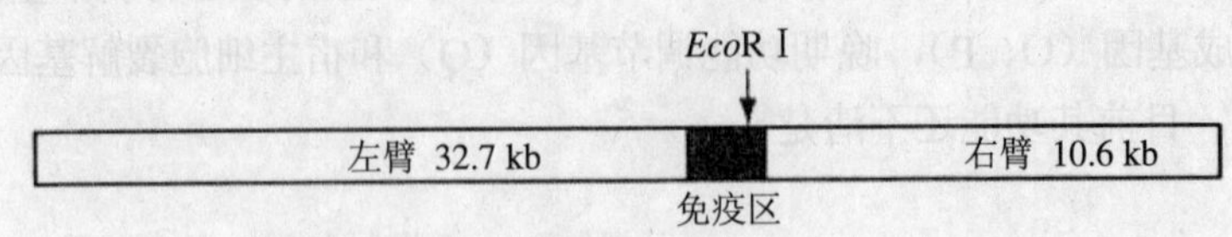

图 7-15　λ噬菌体载体 gt10

用 *Eco*RⅠ酶切该载体会产生两个片段，称为左臂和右臂。尽管看起来插入片段将连接到两个不同的 DNA 片段上，实际上并不像想象的那样连接。两个片段的一个末端都来自λ噬菌体的黏性末端，在 37℃时可以稳定地退火，因此可以认为是一个 DNA 片段。

λ-gt10 也给我们提供了一个便利，即如何运用插入失活从重组子中区分亲代载体（载体自连，没有外源插入片段）。在抑制基因 cⅠ中有 *Eco*RⅠ酶切位点，因此重组噬菌体在这个位置带有一个外来插入片段，抑制基因不能发挥作用。结果不能建立溶原状态，所以产生清晰的噬菌斑，而亲代λ-gt10 载体产生混浊的噬菌斑。如果用一株带有 hf1（高频溶原）突变的宿主菌，这种区别将更加明显。在这株突变菌中，任何亲代噬菌体都将有效地建立溶原状态，而不进入溶菌状态，重组子因而可以获得。由于重组子中插入外来基因，抑制蛋白不能发挥作用，因此不能建立溶原状态。因此，可以从自连的载体中得到大量的重组噬菌斑，而不必用碱性磷酸酶进行去磷酸化处理。

另外一个λ噬菌体插入型载体的例子是λ-gt11，它的使用方法与λ-gt10 不同。它允许克隆片段表达，这将在后面的表达载体中进行讲述。

属于插入型载体的大约有 3 类：①*β*-半乳糖苷酶失活的插入型载体：如λgt11、λgt18～23、Charon2，都含有 lacZ 基因，其上含有多种限制性核酸内切酶的单一酶切位点，可用蓝白斑法筛选重组体。② 免疫功能失活的插入型载体：如λ-gt10 及 Charon6、Charon7 等，它的免疫区段（imm^{434}）具有 *Eco*RⅠ和 *Hind* Ⅲ两种内切酶的单一酶切位点，为外源 DNA 提供了理想的克隆位点，可以根据噬菌斑的形态筛选重组体。③ λzap 插入型载体。

λ-DNA 的包装容量一般在 37～51 kb，换句话说，不能制作小于 37 kb 的插入型载体，或者说不能生长得到所需要的 DNA。相应地，也不能插入大于 51 kb 的 DNA 片段，片段过大，重组 DNA 不能被包装进噬菌体头部。因此一个插入型载体的最大克隆容量为 14 kb

(51－37)。这远远大于我们常见的质粒载体的克隆容量，但仍然小于我们特定目标的需要。为了提高克隆容量，人们又发展了一种λ载体，称为替换型载体。

（二）替换型载体

限制插入型载体的克隆容量主要是包装限制，这是由噬菌体头部包装的物理性质决定的，不是由基因的本质决定的。有许多基因并不是溶菌状态所必需的，但如果删除这些基因，会使噬菌体 DNA 太小而不能得到活的后代。这恰恰为我们设计另一类载体提供了思路：不是简单插入外源 DNA，而是在载体装配过程中用一些 DNA 替换载体序列，因此称之为替换型载体。

图 7-16 是一个替换型载体，EMBL4。它不是用一种限制性内切酶仅仅切一次（本例中用 *Bam*HⅠ），有两个酶切位点可以酶切 DNA。载体 DNA 因此被切成三个片段：左臂、右臂（可以通过黏性末端进行退火）。第三个片段不是必需的（除非为了维持 DNA 的大小），可以丢弃，因为这个片段的目的只是为了帮助填充噬菌体头，因此也称为垃圾片段。

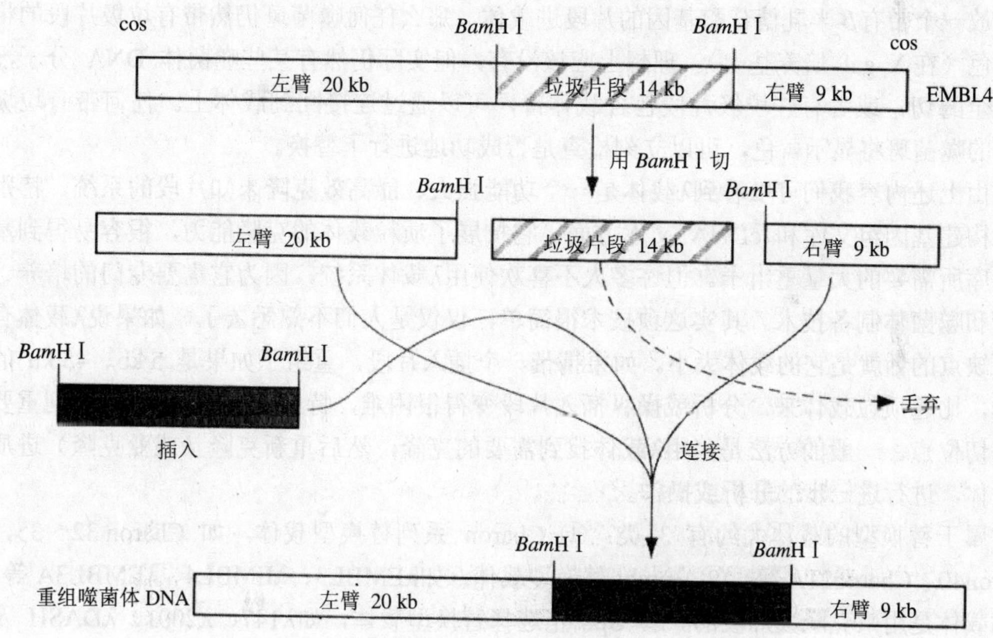

图 7-16 替换型载体 EMBL4

在实际使用时，该载体用 *Bam*HⅠ酶切，可以通过电泳将垃圾片段分离出来。垃圾片段将被丢弃，左右臂与经限制性酶切的克隆片段连接起来。克隆片段可以经 *Bam*HⅠ酶切处理，也可以用产生互补末端的酶处理，如 *Sau*3A。把左右臂混合物与酶切克隆片段混合物连接得到重组噬菌体 DNA，通过包装进入噬菌体头部。这种载体的克隆容量相对提高，此时两个臂相加大约为 29 kb，所以我们可以克隆 22 kb（51－29）外源片段进载体。

这种载体还有一个优点：左右臂相加只有 29 kb，远远小于包装所需要的最小体积，任何左右臂配对连接后如果没有外来插入片段都将太小，不能产生活性的噬菌体颗粒。只有大小 8 kb（37－29）阳性插入片段的重组载体才能产生有活性的噬菌体。因此，它提供了一种选择阳性重组子的方法，但前提是插入片段至少要 8 kb。因此，基因文库中没有非重组噬菌斑。

在质粒载体的筛选策略中，从自连载体分子中筛选重组子，比如用碱性磷酸酶处理载体，防止载体重新环化，而对于替换型载体并没有必要。此外，我们还需要对插入片段去磷酸化。在构建基因文库过程中，一个载体中插入多个片段将导致我们无法分析来自基因组的插入片段的性质，对插入片段进行磷酸化处理可以有效地防止插入片段之间的连接，因此可以保证所有的重组子只带有一个单插入片段。

替换型载体还有一个有用的特点，因为垃圾片段是噬菌体产生的非必需片段（头部装配之外的片段），所以可以不是λ-DNA 片段。它可以是任何我们想要的片段，因此我们可以放一个带有β-半乳糖苷酶基因的片段进载体，那么任何噬菌斑仍然带有垃圾片段的将显蓝色（在 X-gal 培养基上）。理想上应该没有，但实际仍然有某些噬菌体 DNA 分子没有完全酶切，或者有些垃圾片段包含载体臂，可以通过连接回到载体上。任何带有垃圾片段的噬菌斑将显示蓝色，可以立刻检查是否成功地进行了替换。

由上述内容我们可以看到λ载体是一个功能强大、能高效克隆未知片段的系统，特别是在构建基因组文库和 cDNA 文库方面。它扩展了质粒载体的克隆能力，很容易得到基因文库所需要的大量重组子。但许多人不喜欢使用λ载体系统，因为它需要专门的培养、检测和噬菌体制备技术。其实这项技术很简单，仅仅是人们不熟悉罢了。如果说λ载体有什么缺点的话就是它的载体大小。如果携带一个插入片段，重组子如果是 5 kb、45 kb 的载体，比起质粒载体来，分析或操纵插入片段变得很困难，特别是λ载体含有一系列重要的酶切位点。一般的方法是，用λ载体找到需要的克隆，然后重新克隆（或亚克隆）进质粒载体，进行进一步的分析或操作。

属于替换型的载体大约有 3 类：① Charon 系列替换型载体，如 Charon 32～35，Charon40、Charon21A 等。② λembl 替换型载体，如λEMBL3、λEMBL4、λEMBL3A 等，这类载体是用来克隆大片段的。③ Spi⁻正选择替换型载体，如λ147、λ2001、λDASH 及λ EMBL 系列，该类载体的共同特征是在中间填充片段上都有具λ噬菌体 red 基因和 gam 基因，当它被外源 DNA 置换后，便获得 Spi⁻表型，能在 P2 噬菌体的溶原性细菌中生长并形成噬菌斑。

尽管λ载体是应用最广泛的噬菌体载体，但也有一些为特定目的而设计的噬菌体载体，如 P1 和 M13。

第三节　柯斯质粒

串联的单位长度的λDNA分子在其cos位点之间相距37～52 kb（λ^+DNA大小的75%～105%）时，可以进行有效的包装，cos位点是包装所需的切割底物。事实上，只有cos位点附近的一小部分区域是包装系统识别所必需的。λ噬菌体包装反应有两个基本要求：cos位点DNA的物理大小。柯斯质粒正是利用了这个特性使克隆载体具有更大的容量（大于替换型λ载体）。

一、柯斯质粒的特点

带有cos黏性末端的位点的λ DNA质粒称为柯斯质粒。它既可以用做基因克隆的载体，也可以用于体外包装系统，像所有的质粒载体一样，具有复制起点、选择标记（通常是抗生素标记）以及克隆位点。其酶切、与插入片段连接以及接下来的重组子纯化过程，或多或少地与一个普通质粒相似。然而，与质粒载体用连接混合物转化细菌细胞不同，柯斯质粒用连接混合物像λ载体一样进行体外包装。因为柯斯质粒带有cos位点，可以作为体外包装的底物，但只有足够大时才可以进行。

柯斯质粒本身很小，只有5.4 kb（图7-17），远远不能满足包装的需要。只有当插入一个32～45 kb大小的DNA片段时才能成功地进行包装。因此不仅要提高克隆的容量，而且需要阳性筛选，插入片段必须足够大。

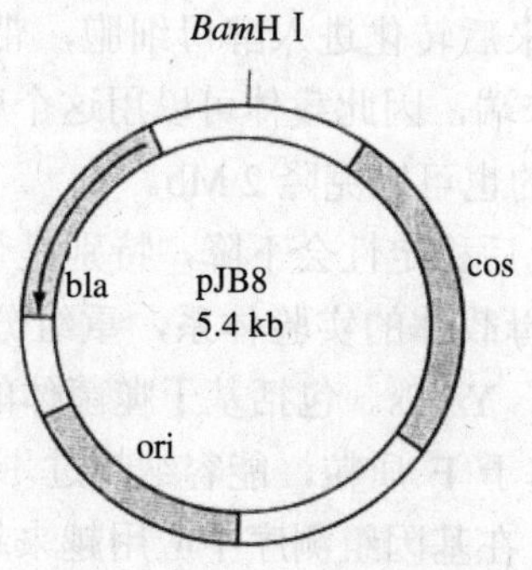

图7-17　柯斯质粒结构

柯斯质粒与质粒的连接过程几乎没有什么不同。其体外包装反应需要两个单独的cos位点，因此最好用多聚体结构来装配正常的λ噬菌体DNA底物。可以调整连接条件来满足多聚体形成的要求，或者使用更复杂的柯斯质粒设计，或用复杂的酶切与连接策略保证只有多聚体连接才能成功，从而提高柯斯质粒克隆的效率。但要指出的是，尽管最终连接成多聚体，体外包装反应将保证每个重组克隆只含有一个单体柯斯质粒。

然而，尽管包装反应的产物是噬菌体颗粒，但在感染宿主菌后不会产生更多的噬菌体，不表达任何噬菌体功能。它们不带有生产噬菌体的任何基因，也不带有裂解细菌的基因，因此不能得到噬菌斑。但柯斯质粒可以像质粒一样复制，亦可以在抗生素平板上筛选菌落。

对于较大的基因组，比如哺乳动物，柯斯质粒的克隆容量仍然偏小，需要容量更大的载体。然而，对于中等或小的基因组，用几百个柯斯质粒可以覆盖，因此对于基因组作图或测序已经足够。

相对于λ载体，柯斯质粒具有一些优势，比如他们可以用质粒的技术进行增殖与纯化，而不必采用人们不熟悉的噬菌体技术。相对于插入片段，柯斯质粒体积较小，而λ载体相当于插入片段的一半。对感兴趣的片段进行亚克隆，或得到携带想要的基因的片段相对来讲方便得多。柯斯质粒提供了一个有效的克隆大片段外源 DNA 的方法，由于可以容纳大片段的 DNA，因此对于构建真核基因组文库而言，柯斯质粒是很有吸引力的载体。

二、超级载体：YACs 与 BACs

尽管柯斯质粒是用来构建哺乳动物基因文库的第一代载体，但它的容量太小，不足以容纳人类基因组。因此发展其他的超级载体，特别是能携带 100 kb 以上片段的载体成为必要。第一个是人工酵母染色体，与柯斯质粒类似，这个载体可以通过载体的知识来构建。以前提到的穿梭载体、YACs 载体可以像质粒一样在大肠杆菌中繁殖。限制性酶切除了大部分端粒之间无用的片段，把其他的载体分子切成两个线性的臂，每个带有一个选择性标记。插入片段连接进来后转化进入酵母细胞，带有互补的标记。一个有效的重组子还必须含有 tel 序列每个末端，因此载体可以用这个序列建立功能性端粒。YACs 常用来克隆 600 kb 的片段，最大的也可以克隆 2 Mb。

然而，YACs 带有插入片段后稳定性会下降，特别是带有较大的片段易于发生基因重排现象。由于多数实验没有酵母载体的实验体系，重组分子的提取与纯化也很不方便。因此，大细胞染色体慢慢代替了 YACs。包括基于噬菌体的 P1，能容纳超过 100 kb 的插入片段；细胞染色体 BACs，基于 F 质粒，能容纳超过 300 kb 的插入片段。这些载体没有类似于 YACs 的不稳定问题，在基因组测序中应用越来越广泛。

第四节 M13 载体

M13、fl、fd 是包含一个环形的单链 DNA 分子的丝状大肠杆菌噬菌体。单链噬菌体也可以构建成载体，这类主要以 M13 噬菌体构建发展起来的载体，具有一些其他质粒载体不具备的优势：① 它们不存在包装限制，最大可以克隆长度大于 6 倍的 DNA 分子，能克隆较大的片段。② 可以从噬菌体颗粒中产生大量含外源 DNA 序列的单链 DNA 分子。这些单链 DNA 分子在序列测定、基因定点突变或探针制备中特别有用。③ 这些载体容易测定外源 DNA 片段的插入方向，如果两个片段的插入方向相反，它们产生的单链 DNA 就会发生杂交，这样可以通过电泳来检测到。④ 可以从大肠杆菌中制备双链复制型 DNA，如同质粒一样，能在体外进行基因克隆操作。⑤ 其两种形式的 DNA 分子都能够转染感受态的大肠杆菌，或产生噬菌斑。

一、丝状大肠杆菌噬菌体的生物学

M13 是一种有性噬菌体（图 7-18），更准确地讲是 F 特异性的，它只能侵染具有 F 菌毛的肠细菌菌株。M13 噬菌体在感染大肠杆菌时通过纤毛进入宿主细胞内，故其只能感染大肠杆菌雄性株。它附着于细胞表面纤毛的末端，携带有 F 型质粒，因此不能感染没有携带这类质粒的细菌。不过噬菌体基因组 DNA 如何从 F 菌毛的末端进入细胞内部现在仍不清楚。噬菌体 DNA 的复制不会使宿主细胞发生裂解。相反，感染的细胞继续生长分裂，但其速率比未感染的细胞要慢，只相当于正常细胞的 1/3～1/2，并挤出病毒粒子。每个细胞每代可以释放多达 1 000 个噬菌体粒子到培养基中。

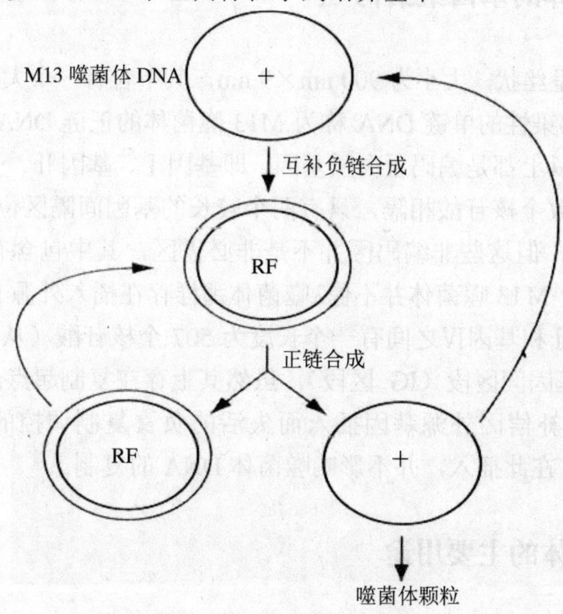

图 7-18　M13 单链噬菌体复制

当 DNA 进入细胞后，以（+）DNA 为模板，合成其互补的（－）DNA，形成双链复制型分子（RF DNA）（replication form DNA，RF DNA）。它以“θ”形式进行 DNA 复制。当在宿主细胞内积累 100～200 个 RF DNA 分子后，M13 噬菌体的基因Ⅱ产物便在 RF DNA 的正链特定位点上作用，产生一个切口，正式开始 M13 基因组的复制，单链 DNA 再次转变成双链形式。单链中间体的生产需要一个特别的信号，因此完全是特异性的，总是同一个链出现这种形式。两条合成链的分离并不是 M13 特有的，在其他噬菌体甚至质粒中也见到类似情况。然而大多数噬菌体 DNA 在细胞内是双链的，可以通过常规的纯化方法分离到。

噬菌体 DNA 的连续复制在细胞内产生了质粒样的 DNA 分子。同时，噬菌体基因开始表达，这些基因中的一个表达产物与单链产物相结合，开始产生噬菌体颗粒。通过细胞膜，这些 DNA 被挤出，在这个过程中变成包被蛋白。噬菌体纤毛长度由 DNA 分子长度决定，不像λ颗粒，其大小是由组成的蛋白结构决定的。因此，M13 没有绝对的包装限制，尽管当较大的片段插入时，噬菌体脆性增强。

M13 一个重要的，也是奇怪的特点是感染但并不导致细胞裂解，噬菌体颗粒继续产生，细胞可以继续存活，尽管生长缓慢。感染导致菌苔上产生噬菌斑，但这些菌斑是由于生长速度减缓而不是细胞裂解。由于细胞可以继续存活，因此可以产生较高滴度的噬菌体。

二、M13 噬菌体的基因组结构

M13 噬菌体外形呈丝状，大小为 900 nm×9 nm，其中含有一个大小为 6.4 kb 的单链闭环 DNA 分子，这条感染性的单链 DNA 称为 M13 噬菌体的正链 DNA［(+) DNA］。M13 噬菌体基因组的 90%以上都是编码蛋白质基因，即基因Ⅰ、基因Ⅱ、……、基因Ⅹ，这 10 个基因中大多数仅以数个核苷酸相隔，只有两个较长的基因间隔区位于基因Ⅷ和基因Ⅲ、基因Ⅱ和基因Ⅳ之间。但这些非编码区并不是非必需区，其中包含有复制和转录的顺式调控序列。由此可见，M13 噬菌体并不像λ噬菌体那样存在插入外源 DNA 的非必需区域。但人们发现，在基因Ⅱ和基因Ⅳ之间有一个长度为 507 个核苷酸（从 5 498 个核苷酸至第 6 005 个核苷酸）的基因间区段（IG 区段），虽然其上存在复制起点，但基因Ⅱ和基因Ⅳ的某些突变可以部分补偿因外源基因插入而失活的负责复制调控的顺式作用序列的功能。因此，外源 DNA 在此插入，并不影响噬菌体 DNA 的复制。

三、M13 噬菌体的主要用途

M13 的主要特点是它提供了获得单链基因的简便方法，通过其他方法是很困难的。从 M13 克隆获得单链 DNA 广泛地应用于基因测序。尽管目前双链 DNA 模板广泛地用于测序，单链测序仍是许多实验室的首选。M13 的另外一个应用就是可以进行点突变。M13 载体还有另外一个角色，与单链 DNA 制备无关的，就是噬菌体展示技术。

基于 M13 的载体已经通过工程的方法获得多个酶切位点，这些载体包含β-半乳糖苷酶基因，用以区别重组子还是亲代载体，就像 pUC18 一样。DNA 片段可以被克隆进这些位点，用与质粒一样的方法，用白噬菌斑代表重组克隆，蓝噬菌斑（在 X-gal 培养基上）代表非重组噬菌体。就像最初讨论的那样，与 pUC18 一样，一些蓝斑可能插入较小的片段，不会改变 lacZ 的开放读码框。

如果从感染的培养基上清液中分离到噬菌体颗粒，其中包含所克隆的单链形式的基因。要指出的是由于应用过程的特异性，在所有的噬菌体中只是同一条链。

大多数 M13 噬菌体载体都是成对构建的，如 M13mp8/M13mp9、M13mp11/M13mp12、M13mp18/M13mp19 等，它们之间的区别在于多克隆位点相同、方向相反。

M13 噬菌体载体存在明显的不足，主要表现为插入片段不稳定，特别当插入较大的片段时，很容易发生缺失或重排，其实际的克隆能力很小。其次是理论上有两种插入方向，实际上主要按其中的一种方向插入。为了克服M13 的这些缺点，人们又设计了一类新型载体——噬菌粒载体，它集中了质粒和丝状噬菌体载体的长处，具有很大优越性。pUC118 和 pUC119 噬菌粒载体是把含有 M13 噬菌体复制起点的 476 bp 长的 IG 片段分别插入到 pUC18 和 pUC19 质粒载体的 *Nde* I 位点上构建而成的。除了多克隆位点的取向相反外，两者的分子结构完全一样。可以利用氨苄青霉素和组织化学法筛选重组子。此外，在多克隆位点的两侧具有 T7 噬菌体 RNA 聚合酶启动子，可进行体外转录。

第五节　表达载体

上述载体只能克隆一段 DNA，而不考虑克隆基因的表达。如果取一段其他生物的基因克隆进大肠杆菌，可能有许多原因导致该基因不会表达。最简单的原因是转录与翻译的信号有关。提高克隆基因表达的基本方法是把这些信号加入到载体上，邻近克隆位点的位置。我们称这样的载体为表达载体。

一、表达载体的类型

表达载体有两种类型。如果载体只携带一个启动子，而翻译却依靠克隆基因本身携带的信号，这样的载体称为转录融合载体（图 7-19）。另一方面，如果载体提供翻译信号（插入克隆片段到载体的编码区），会得到翻译融合载体（图 7-20）。需要注意的是在这种情况下阅读框必须与启动子相吻合。pUC18 质粒是一个转录融合型载体，尽管很少有文献提到。更好的例子是λ-gt11 载体（图 7-21），这是一个插入型载体，长约 43.7 kb（最大可以克隆 7 kb 外源片段），已经把它改造成包括β-半乳糖苷酶基因，具有一个单 *Eco*R Ⅰ 酶切位点的载体。这使该载体增加了两个特点：① 在 *Eco*R Ⅰ 位点插入 DNA 将使β-半乳糖苷酶基因失活，因此在含有 X-gal 培养基上重组子会显示白色噬菌斑；② 如果插入子处于正确的方向并且阅读框正确，将会产生一个融合蛋白，包含外源基因片段的产物。这种融合蛋白不可能有生物学功能，因为它与克隆基因连在一起，包含太多外来的物质。

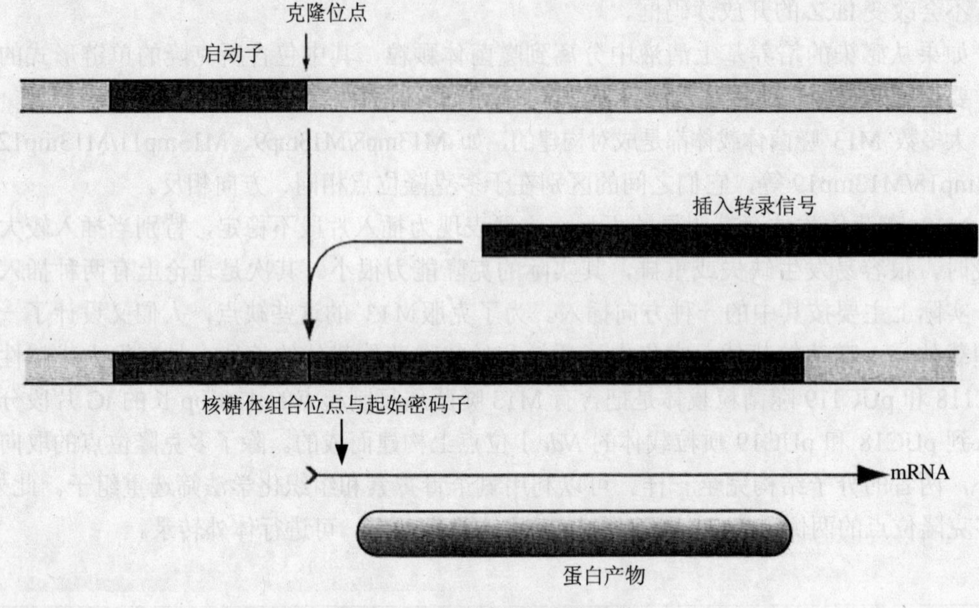

图 7-19　转录融合型表达载体

为了更好地使用表达载体，需要确定表达的开关。大多数诱导型启动子的调控，比如 lac 操纵元，可能相对较弱，在抑制状态或非诱导状态下仍有部分表达。用噬菌体启动子可以进行更好的控制，一般是 T7 噬菌体。T7 启动子控制迟表达的基因，即那些感染后期表达的基因。大肠杆菌 RNA 聚合酶不能识别该启动子，但需要 T7 RNA 聚合酶——一种在感染早期表达基因的产物。因此如果我们克隆一个片段到 T7 启动子下游，使用一个普通大肠杆菌宿主（缺少 T7 聚合酶基因）将不能表达。一旦构建正确，我们可以提取质粒，并把它放到一个大肠杆菌菌株内（经过基因工程改造含有 T7 聚合酶基因），因此可以表达克隆基因。如果 T7 聚合酶基因是自我调控的，比如把它放到一个 lac 启动子之下，调控 T7 聚合酶的表达（通过加入不同量的 IPTG），仍然可以控制表达量。如果缺少非诱导型的 lac 启动子，使用一些设备也可以诱导或抑制 T7 聚合酶。

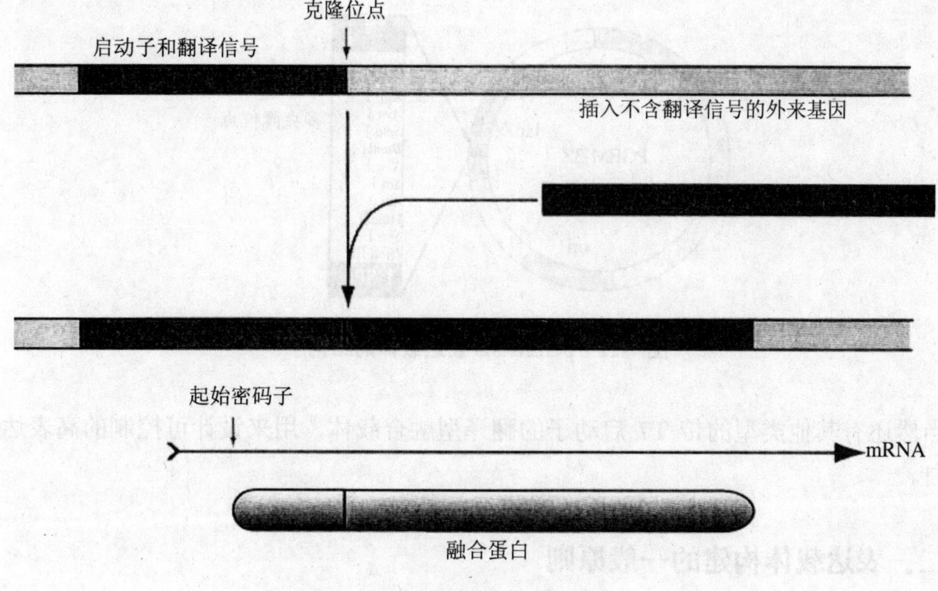

图 7-20　翻译融合型表达载体

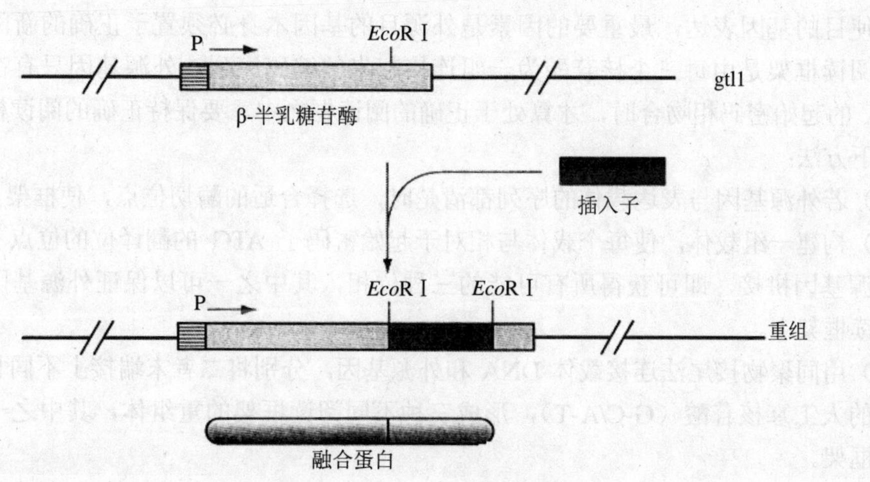

图 7-21　λ-gt11 表达融合蛋白

图 7-22 为 pGEM-32 表达载体的结构。这个载体中，在 T7 启动子附近有一个多克隆位点，因此任何插入的片段都将在 T7 启动子的控制之下。这是一个转录融合型载体，它可以用来得到克隆基因的 RNA 拷贝，用来制作杂交的探针。这个载体实际上在多克隆位点的另一侧还具有第二个启动子，来源于噬菌体 SP6，因此如要提供一个 SP6 聚合酶，可以得到另一链的 RNA 拷贝。进行 RNA 试验是很有用处的，比如 RNase 保护试验。

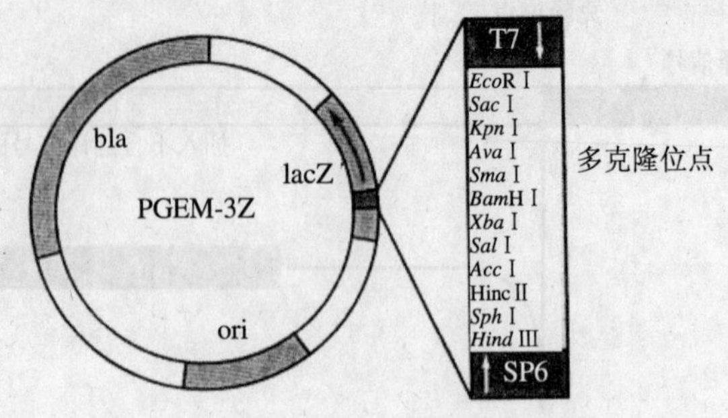

图 7-22 pGEM-3Z 表达载体的结构

当然还有其他类型的带 T7 启动子的翻译型融合载体，用来设计可控制的高表达水平的蛋白。

二、表达载体构建的一般原则

1. 阅读框架与外源基因高效表达

要使目的基因表达，最重要的因素是外源目的基因本身必须置于正确的新阅读框架之中。阅读框架是由每三个核苷酸为一组连接起来的编码序列。外源基因只有在它与载体 DNA 的起始密码相吻合时，才算处于正确的阅读框之中。要保持正确的阅读框架，常采用以下方法：

（1）若外源基因与表达载体的序列都清楚时，选择合适的酶切位点，使框架正确。

（2）构建一组载体，使每个载体与相对于起始密码子 ATG 的翻译位的位点不同，分别与外源基因拼接，即可获得所有可能的三种位相，其中之一可以保证外源基因处于正确的阅读框架中。

（3）用同聚物接尾法连接载体 DNA 和外源基因，分别将二者末端接上不同长度的相互配对的人工寡核苷酸（G-C/A-T），形成三种不同阅读框架的重组体，其中之一具有正确阅读框架。

（4）用人工接头调节阅读框架。

2. 启动子与外源基因高效表达

有效的转录起始是外源基因能否在宿主细胞中高效表达的关键步骤之一，换句话说，转录起始的速率是基因表达的主要限速步骤。要使基因高效表达，必须选择强启动子。常见的原核启动子有 lac 启动子，trp 启动子，tac 启动子，P_L 和 P_R 启动子以及 T 7 噬菌体启动子。强启动子可以起始高水平转录，但也容易导致质粒不稳定。

3．转录的有效延伸和终止与外源基因高效表达

强启动子容易导致质粒不稳定，从而影响基因的有效延伸与终止，转录衰减或非特异终止都会诱发转录提前终止，必须在强启动子下游设计一个终止子以增强质粒的稳定性。主要有以下措施：

（1）除去衰减子。衰减子具有简单终止子的特性，为保证转录完全，在表达载体构建过程中要尽量避免。

（2）插入抗转录终止序列。为防止 mRNA 在转录过程中非特异终止，抗转录终止序列可加入到表达载体上。

（3）强转录终止序列。有的表达载体不能有效地终止基因转录，为了保证正确的转录终止，防止不必要的转录，使 mRNA 长度限制到最小，增加质粒的稳定性，需要设计强转录终止序列以帮助终止。

4．有效的翻译起始与外源基因高效表达

原核基因中翻译起始位点周围有一组特殊的序列，控制基因的翻译过程，SD 序列是其中最主要的一种。它提供合适的核糖体结合位点，启动正确、高效的翻译过程。要保证翻译起始达到最大效率，一般要注意以下几个因素。

（1）起始密码子的偏爱性，AUG 是最佳的起始密码子，GUG、UUG、AUU 有时也可用，但并非最佳选择。

（2）SD 序列，一般至少含 AGGAGG 序列中的四个碱基。

（3）SD 序列与起始密码子间的距离，以 9±3 个碱基最适宜。

（4）除 SD 序列外，处于起始密码子前的两个核苷酸应该是 A 和 U。

（5）在翻译起始区周围不应该形成明显的二级结构。

（6）起始密码 AUG 后的序列是 GCAU 或 AAAA 序列，能提高翻译的效率。

5．终止密码子选择与外源基因高效表达

在原核生物中，翻译的终止由两个释放因子控制，RF1 识别 UAA 和 UAG，而 RF2 识别 UAA 和 UGA。三个终止密码子的效率是不同的，其中 UAA 的效率最高，同时由于它被两个释放因子识别，因此基因操作中一般用它作为终止密码子。

6．外源蛋白的稳定性与外源基因高效表达

外源蛋白表达后能否在宿主细胞中稳定积累，不被内源蛋白水解酶所降解，这是基因能否高效表达的一个重要因素。可以采用以下几种措施增加蛋白质的稳定性。

（1）构建融合基因，产生融合蛋白

融合蛋白指表达的蛋白质或多肽 N 端由原核 DNA 编码，C 末端由克隆的真核 DNA 的完整序列编码，由此表达出来的蛋白质由一条短的原核多肽和真核蛋白结合在一起，统称为融合蛋白。融合蛋白是避免细菌蛋白酶破坏的最好措施。

（2）构建可分泌蛋白

分泌蛋白表达是防止宿主菌降解的有力措施。蛋白质的分泌表达至少具备三个要素：① 要有一段信号肽；② 要有相应的转运机制；③ 成熟蛋白内有相关的分泌氨基酸序列。分泌表达的量往往很低，转运成功的例子也较少。

（3）使外源蛋白在宿主细胞中以包涵体的形式表达

包涵体是研究最早、应用最广泛的表达策略，已经积累了许多成功的经验。重组蛋白在胞内表达（又称胞质表达）时，常常以不溶性蛋白聚集成的晶状物，即包涵体（inclusion body）的形式存在。包涵体的形成是外源蛋白高效表达时的普遍现象，其优点在于重组蛋白易分离，免受胞内蛋白酶的降解。

第六节　真核细胞中的克隆与表达载体

大部分初级载体（用来从其他生物中分离 DNA 片段）一般用细菌做宿主，比如大肠杆菌，因为大肠杆菌比较容易操作而应用范围广泛。真核宿主一般用来研究基因表达，但需要一个与真核细胞相似的环境，分析它们对宿主细胞的影响或者修饰，或者得到在细菌宿主中不能得到的产品。因此真核载体一般用来表达基因而不是构建基因文库或者进行初级的基因克隆，但 YACs 除外。不同的真核宿主具有不同的载体系统，如果要全部介绍它们几乎是不可能的。在本节中，主要介绍酵母和哺乳动物细胞基因工程的一些主要概念。

一、酵母

酵母（yeast）是一类单细胞的真核生物，具有完整的亚细胞结构和控制严密的基因表达调控机制，既能通过有丝分裂进行无性繁殖，也可通过减数分裂实现有性繁殖。绝大多数酵母具备作为基因表达系统的宿主条件，均可作为外源基因表达的宿主，其中酿酒酵母应用最多，其次是巴斯德毕赤酵母。酵母菌载体可根据其在酵母细胞中的复制形式、载体用途、载体表达外源基因的方式等来分类。按复制形式一般可分为质粒载体、酵母整合载体和酵母人工染色体。常见的质粒载体为酵母附加型质粒（Yeast Episomal plasmid，YEp)、酵母复制型质粒（Yeast Replicating plasmid，YRp）和酵母着丝粒型质粒（Yeast Centromere plasmid，YCp)。

酵母附加型质粒（YEp）来源于一种天然的酵母质粒（图 7-23)，直径大约为 2 μm，含有与 DNA 复制有关的部分序列，因此能在酵母中以比较高的拷贝（每细胞 25～100 个）独立复制。YEp 含一个大肠杆菌来源的复制起点，能在大肠杆菌宿主中生长/操作（它们是穿梭载体）。YEp 有一点与细菌克隆载体不同，即表现出极大的抗菌抗生素抗性。

酵母敏感的抗生素很少（尽管一些真菌可以），因此必须选择营养缺陷型作为宿主菌。例如，一株 S 菌带有一个 trp1 基因，不能在含色氨酸的培养基上生长。如果质粒载体带有一个 trp1 基因，转化子可以在色氨酸缺陷培养基上生长。其他常用的选择性标记包括 ura3（uracil），leu2（lecine），his3（hisidine），这些载体常带有大肠杆菌抗生素抗性标记。

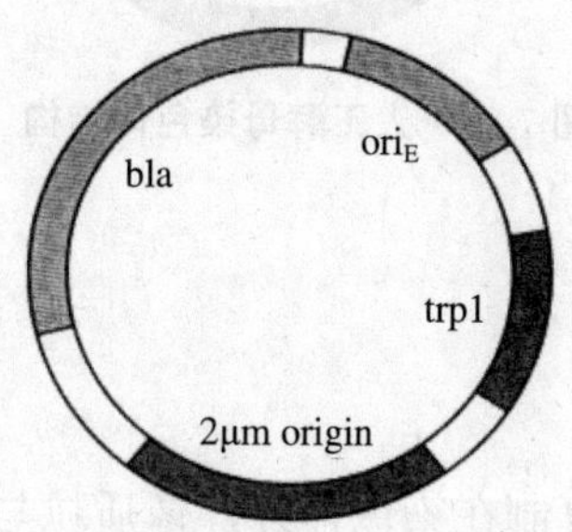

bla：β内酰胺酶；ori_E：复制起点；trpl：选择标记；2μm origin：酵母复制起点

图 7-23　酵母附加型质粒（YEp）载体结构

YEp 质粒转化带有内源性 2 μm 质粒的宿主细胞时相当稳定，拷贝数也较高。但是，当它转化带有内源性 2 μm 质粒的宿主细胞时就很不稳定，拷贝数也很低。因为当子代细胞在培养基中积累时它们会丢失，这是由于有丝分裂过程中的异常分配引起的。新的 YEps 载体，更多地考虑了 2 μm 载体的分子生物学特点，已经很稳定。

自主复制质粒可以通过插入酵母染色体特定序列来构建，这个序列就是酵母的自主复制序列（Autonomously Replicating Sequence，ARS）。这些质粒非常不稳定，如果去除着丝粒，稳定性会大大提高。相对于 YEp 载体，酵母着丝粒型质粒（YCp）在酵母中拷贝数很低，由于细胞毒性小，这对于基因表达是十分有利的。

由于酵母载体主要是表达真核基因，因此酵母载体一般都是表达载体。构建的原则与普通表达载体是相同的，但酵母与大肠杆菌表达信号不同。如果有必要，可以在载体中加入核定位信号序列。因为尽管酵母是真核生物，但总的基因组内含子较少，并不能保证进行正确的内含子切除。

还有两类酵母载体值得一提，酵母整合型质粒（YIp）和 YACs。YIp 不能独立地进行复制，而是通过重组作用进入酵母染色体进行复制，但其转化率是相当低的，且转化后回收克隆相当困难，这种载体唯一的优点是转化稳定性较高。YACs 是含有端粒的人工酵母染色体（图 7-24），它主要用来进行基因克隆。这一点与其他酵母质粒不同。

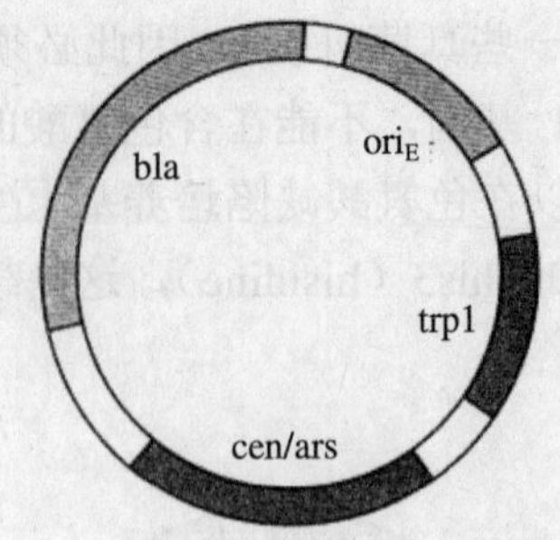

图 7-24　人工酵母染色体结构

二、哺乳动物细胞

在细菌中，克隆载体单独复制在染色体外，像质粒与噬菌体，许多酵母载体也如此。但在哺乳动物细胞中情况就有所不同，因为独立的质粒样的复制常常不能维持多长时间。一些载体能像质粒一样复制，特别是带有 SV40 复制起点的，它们能在哺乳动物细胞中复制，如 COS 细胞。如果把 DNA 插入染色体会得到更稳定的克隆，在哺乳动物细胞中将会变得很容易。在另外一种情况下，克隆载体允许把想克隆的基因放在一套表达信号后面，这些表面信号可能来自病毒，比如 SV40、CMV。一个基因插入多克隆位点，在 CMV 启动子作用下进行高水平的组成型表达，而多聚 A 信号则增强了 mRNA 的稳定。SV40 起点可以在 COS 细胞中进行异源表达，新霉素磷酸转移酶基因可以进行抗生素 G-418 筛选。这是一个穿梭载体，携带大肠杆菌复制起点以及氨苄抗性基因，因此可以在大肠杆菌中构建，在转移重组质粒进入哺乳动物细胞之前。现在有许多商业用哺乳动物细胞表达载体，具有更多复杂的特点。

基于不同的病毒，有许多其他类型的载体，我们可以把克隆基因从一个细胞转到另一个细胞。在所有这些载体中反转录病毒载体引起了人们特别的注意。反转录病毒具有一个 RNA 病毒基因组。当一个细胞被感染时，RNA 在病毒蛋白反转录酶作用下被拷贝成双链。这个蛋白存在于病毒内部并随 RNA 一起进入细胞。反转录酶是一种 RNA 指导的 DNA 聚合酶，我们在第八章将会介绍这个酶以及其应用。DNA 环化后，通过一种整合酶作用整合进宿主细胞。整合效率高是吸引人们使用这个系统进行动物细胞遗传操作的主要原因之一。

整合的 DNA 两边称为长末端重复序列即 LTR 序列，它包括一个强的转录信号整合病毒基因 gag、pol 和 env。全长的转录本病毒 RNA 被装配成颗粒，一个病毒区域称为 psi 位点，对这个过程至关重要。这个包装病毒颗粒需要宿主细胞上的糖蛋白外壳上，它们通过出芽生殖而不需要裂解细胞。这个糖蛋白决定了病毒进一步感染细胞的受体类型。

反转录病毒载体的构建是基于反转录病毒知识的积累，特别是 trans 蛋白，一个帮助病毒整合进宿主细胞的缺陷基因至关重要，主要的特点是顺式作用，因此需要在载体上定位，是 LTR 序列以及 psi 位点。

该载体是一种穿梭载体，因此大肠杆菌可以用来构建重组质粒，在多克隆降位点插入外源基因。这个构建子可以用来转移一种培养细胞包含 gag、pol、env 病毒生产所需的基因，整合进基因组。转染细胞因此能够生产病毒颗粒，包括重组子的 RNA 拷贝。这些颗粒也可以感染其他没有包含重要整合基因的细胞，因此病毒颗粒起了反转录酶与整合酶的作用。RNA 可以在这些细胞中拷贝成 DNA，这些 DNA 可以有效地整合进基因组。然而，由于这些细胞不带有重要的基因，不会有病毒颗粒产生。但是，基因现在已经稳定地整合进基因组中，可以由附近的载体的启动子进行表达。

其他细胞特异性的病毒颗粒是由辅助病毒携带的外壳基因决定的。用来自其他病毒的外壳蛋白来替换这些基因，特别是来自 vesicular stomatitics 病毒的 VSV-G 基因，可以用来感染多种细胞，不仅仅是哺乳细胞，可以感染鸡、仓鼠、斑马鱼、蝙蝠等物种。

三、总结

本章前半部分主要介绍了用高克隆容量的载体如噬菌体载体与柯斯质粒载体构建基因文库的优点，用其他的载体甚至可以获得更大的片段。对于相对较小的基因组，如细菌，并不需要这么大的插入片段，例如对于一个 300 kb 的基因组，可以用噬菌体替换型载体构建一个文库，插入片段在 15～20 kb，几百个克隆即可覆盖整个细菌基因组。进行这样的文库筛选是相对较可行的。然而，大片段的文库可以用来建立染色体的物理图谱。

对于较大的基因组，比如哺乳动物细胞，相对完整的基因文库需要几十万个噬菌体克隆，进行这样的筛选是费力的。这种情况下，使用超级载体更可行一些。

复习思考题

1. 试述蓝白斑选择法的原理。
2. 单链载体有什么用途？
3. 试述λ噬菌体溶原循环与溶菌循环相互转化的机制。
4. 为什么取代型载体比插入型载体容量大？
5. 如何构建一个表达载体？

第八章 常用工具酶

【知识目标】

- 熟悉工具酶的分类；
- 理解连接酶及 DNA 聚合酶；
- 掌握限制性核酸内切酶的概念及用途；
- 了解核酸酶的基本作用。

【能力目标】

- 能进行限制性酶切实验；
- 能进行 DNA 连接重组；
- 能使用主要的 DNA 聚合酶。

通过切割相邻两个核苷酸残基之间的磷酸二酯键，从而导致核酸分子发生水解断裂的蛋白酶叫做核酸酶，其中专门水解断裂 RNA 分子的酶叫做核糖核酸酶（RNase），而特异水解断裂 DNA 分子的酶称脱氧核糖核酸酶（DNase）。核酸酶按其水解断裂核酸分子的方式不同，可分为两种类型：一类是从核酸分子的末端开始，一个核苷酸一个核苷酸地消化降解多核苷酸链，这种酶为核酸外切酶；另一类是从核酸分子内部切割磷酸二酯键使之断裂形成小片段，叫做核酸内切酶。

基因的分离与重组，涉及一系列相互关联的酶的催化反应。已经知道的许多重要的核酸酶，如核酸内切酶、核酸外切酶，以及以 mRNA 为模板合成互补 DNA 的反转录酶等，在基因克隆的实验中都具有广泛的用途（表 8-1）。

表 8-1 重组 DNA 实验中常用的几种核酸酶

核酸酶	主要功能
II 型限制性核酸内切酶	在特异性的碱基序列部位切割 DNA 分子
DNA 连接酶	将两条 DNA 分子或片段连接成一个整体
大肠杆菌 DNA 聚合酶	通过向 3′端逐一增加核苷酸的方式填补双链 DNA 分子上的单链裂口
反转录酶	以 RNA 分子为模板合成互补的 cDNA 链
多核苷酸激酶	把一个磷酸分子加到多核苷酸链的 5′-OH 末端
末端转移酶	将同聚物尾巴加到线性双链 DNA 分子或单链 DNA 分子的 3′-OH 末端
核酸外切酶III	从一条 DNA 链的 3′-端移去核苷酸残基
λ核酸外切酶	催化自双链 DNA 分子的 5′端移走的单核苷酸，从而暴露出延伸的单链 3′端
碱性磷酸酶	催化从 DNA 分子的 5′端或 3′端或同时从 5′端和 3′端移去末端磷酸
S1 核酸酶	催化 RNA 和单链 DNA 分子降解成 5′-单核苷酸，同时也可切割双链核酸分子的单链区
Bal 31 核酸酶	具有单链特异的核酸内切酶活性，也具有双链特异的核酸外切酶活性
Taq DNA 聚合酶	能在高温（72℃）下以单链 DNA 为模板按 5′→3′方向合成新生互补链

第一节　限制性核酸内切酶

一、限制性核酸内切酶的发现

20 世纪 50 年代，人们在研究噬菌体的宿主范围时，发现了这样一种现象：在不同大肠杆菌菌株（如 K 菌株和 B 菌株）上生长的λ噬菌体（分别称为λ.K 和λ.B）能高频感染它们各自的宿主细胞 K 菌株和 B 菌株，但当将它们分别与其宿主菌交叉混合培养时，感染频率则下降为原来的万分之一。一旦λ.K 噬菌体在 B 菌株中感染成功，由 B 菌株繁殖出的噬菌体的后代便能像λ.B 一样高频感染 B 菌株，但却不再感染它原来的宿主 K 菌株（图 8-1）。这种现象被称为宿主细胞的限制和修饰作用。

后经研究发现，λ噬菌体的这种感染现象与三个连锁基因有关。其中，*hsd*R 编码限制性核酸内切酶，这类酶能识别 DNA 分子上的特定位点并将双链 DNA 切断。*hsd*M 的编码产物是 DNA 甲基化酶，这类酶能使 DNA 分子上特定位点的碱基甲基化，即起修饰 DNA 的作用；由于限制性核酸内切酶无法识别甲基化的 DNA 序列，从而保护了自身 DNA 分子免受自身内切酶的作用。而 *hsd*S 表达产物的功能主要是协助上述两种核酸酶识别特殊的作用位点。大肠杆菌 K 菌株和 B 菌株中含有不同的限制与修饰系统，λ.K 和λ.B 分别寄生在大肠杆菌 K 菌株和 B 菌株内，宿主细胞自身的甲基化酶已将大肠杆菌染色体 DNA 和噬菌体 DNA 加以特异性保护，封闭了自身限制性核酸内切酶的识别位点。一旦有外来 DNA 入侵时，便会遭到宿主自身的限制性核酸内切酶的特异性降解，在降解过程中，偶尔会有极少数外来 DNA 分子躲过内切酶的作用，可当其在宿主细胞内进行复制时，同样会被宿主的甲基化酶修饰。这就是为什么侵染 B 菌株的λ.K 噬菌体的子代能高频感染 B 菌株，但却丧失了在其原来宿主细胞 K 菌株中的存活能力的原因。几乎所有的细菌都能产生限制性核酸内切酶。事实上，正是由于限制性核酸内切酶的发现，才使我们对基因的操作成为可能，这是跨时代的突破。为此，在发现限制性核酸内切酶工作中作出突出贡献的科学家 W Arber、H Smith 和 D Nathans 荣获了 1978 年诺贝尔生物医学奖。

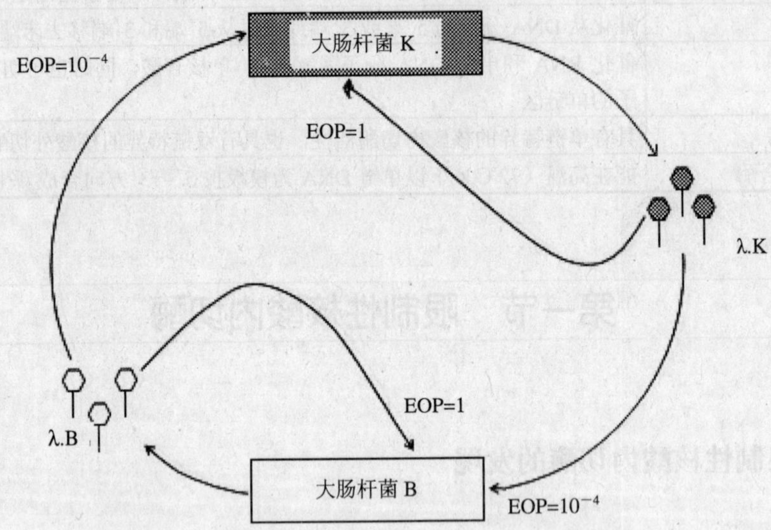

图中数字表示生长在不同宿主菌中的λ噬菌体的成斑率（EOP）

在大肠杆菌 K 菌株中生长的λ噬菌体用λ.K 表示，在 B 菌株上生长的用λ.B 表示

图 8-1　大肠杆菌控制的限制与修饰系统

限制与修饰现象广泛存在于原核细菌中，它有两方面的作用，一是保护自身 DNA 不受内切酶的作用；二是破坏入侵的外源 DNA，使之降解。细菌正是利用限制与修饰系统来区分自身 DNA 和外源 DNA。外源 DNA 可以通过多种方式进入某一菌体内，但它必须被修饰为受体细胞的限制性内切酶所无法辨认的结构形式，才能在寄主细胞内得以生存，否则会很快被降解。因此，在基因操作中，常采用缺少限制作用的菌株作为受体菌，以保证对外源基因操作的顺利完成。

二、限制性核酸内切酶的类型

在所发现的众多限制酶中，依据酶蛋白的组成和裂解目的 DNA 方式等的差异已鉴定出三类不同的限制性核酸内切酶，即Ⅰ型酶、Ⅱ型酶和Ⅲ型酶。这三种不同类型的限制性内切酶主要特性的比较见表 8-2。

表 8-2　限制性核酸内切酶的类型及其主要性质

类　型	Ⅰ型	Ⅱ型	Ⅲ型
限制和修饰活性	多功能的酶	核酸内切酶和甲基化酶是分不开的	具有一种共同亚基的多功能酶
蛋白质结构	三种不同的亚基	单一的成分	两种不同的亚基
切割反应辅助因子	ATP，Mg^{2+}，S-腺苷甲硫氨酸	Mg^{2+}	ATP，Mg^{2+}，S-腺苷甲硫氨酸
特异性识别位点	无规律，如 *Eco*K：$AACN_5GTGC$	旋转对称	无规律，如 *Eco*P15：CAGCAG
切割位点	距识别位点至少 400 bp 以上随机切割	位于识别位点或其附近	距识别位点 3′端 24～26 bp 处
酶催化转移	不能	能	能
DNA 易位作用	能	不能	不能
甲基化作用位点	特异性的识别位点	特异性的识别位点	特异性的识别位点
识别未甲基化序列，进行切割	能	能	能
序列特异性切割	不是	是	是
在 DNA 克隆中的作用	无用	十分有用	几乎没用

（一）Ⅰ型限制性核酸内切酶

Ⅰ型限制性核酸内切酶属复合功能酶，酶分子兼具限制、修饰两种功能。它需要 Mg^{2+}、ATP 和 S-腺苷甲硫氨酸作为催化反应的辅助因子，在降解 DNA 时伴有 ATP 的水解，因此具有核酸内切酶、甲基化酶、ATP 酶和 DNA 解旋酶四种活性。其显著特点在于酶的识别位点与切割位点不一致，即没有固定的切割位点，切割位点一般位于识别位点 400 bp 以上（最多可达 7 000 bp），并随机切割 DNA，不产生特异性 DNA 片段。

Ⅰ型限制性核酸内切酶的两个典型代表是 *Eco*K 和 *Eco*B，分别来自 *E.coli* 菌 K 株和 B 株，二者的相对分子质量相似，均为 300。*Eco*K 和 *Eco*B 均由三种亚基组成，其中特异性亚基 γ 多肽链具有特异性识别 DNA 序列的活性；修饰亚基β多肽链具有甲基化酶的活性；限制亚基α多肽链具有核酸内切酶活性。不同的是 *Eco*B 的修饰酶可与其限制酶分开，即α亚基与β、γ 亚基分开。

（二）Ⅱ型限制性核酸内切酶

Ⅱ型限制性核酸内切酶就是通常所指的DNA限制性核酸内切酶。Ⅱ型限制性核酸内切酶限制—修饰系统分别由限制酶与修饰酶两种不同的酶分子组成。Ⅱ型限制性核酸内切酶相对分子质量小，仅需 Mg^{2+}作为催化反应的辅助因子。它们能识别双链DNA的特殊序列，并在这个序列内进行切割，产生特异的DNA片段（图8-2）。Ⅱ型限制性核酸内切酶种类很多，并且可以特异地切割DNA而产生特异性片段，非常适宜对DNA进行操作。

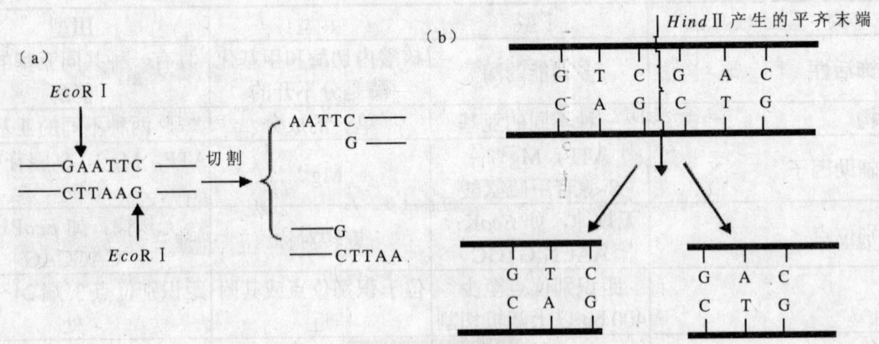

（a）限制性核酸内切酶 *Eco*RⅠ对DNA的切割；（b）限制性核酸内切酶 *Bam*HⅠ对DNA的切割

图8-2 限制性核酸内切酶切割DNA示意图

（三）Ⅲ型限制性核酸内切酶

Ⅲ型限制性核酸内切酶也有核酸内切酶和甲基化酶的作用。酶分子由两个亚基组成，其中M亚基（修饰亚基）负责位点识别与修饰，R亚基（限制亚基）则具有核酸酶的活性。Ⅲ型限制性核酸内切酶在DNA链上有特异的切割位点，其切割点距识别位点3′端24～26 bp，切割反应需要ATP、Mg^{2+}和S-腺苷甲硫氨酸的激活。目前知道的Ⅲ型限制性核酸内切酶数量很少，在分子克隆中的实际作用不大。

分析这三种类型的限制性核酸内切酶在基因工程技术中的作用，可归纳为：Ⅰ型限制性核酸内切酶不能用，Ⅱ型限制性核酸内切酶最有用，Ⅲ型限制性核酸内切酶基本不用。

三、限制性核酸内切酶的命名

1973年Smith和Nathams提出了限制性核酸内切酶的命名原则，1980年Roberts对其进行了系统化，在实际应用中又进一步简化形成了目前的命名方法，具体归纳如下。

① 用细菌属名的第一个字母（大写、斜体）和种名的第一、第二个字母，组成三个

字母的缩略语表示该酶来源的微生物的物种名称，例如，大肠杆菌（*Escherichia coli*）用 *Eco* 表示、流感嗜血菌（*Haemophilus influenzae*）用 *Hin* 表示。

② 用一个写在右下方的标注字母代表菌株或型，例如 Eco_{K}。如果限制与修饰体系在遗传上是由病毒或质粒引起的，则在缩写的寄主菌的种名右下方附加一个标注字母，表示此染色体外成分，如 Eco_{P1}，Eco_{R1}。

③ 如果一个特殊的寄主菌株具有几个不同的限制与修饰体系，则依照发现和分离的先后顺序用罗马字母表示。因此，流感嗜血菌 Rd 菌株的几个限制与修饰体系分别表示为 Hin_{d} Ⅰ、Hin_{d} Ⅱ、Hin_{d} Ⅲ等。

④ 所有的限制酶，除了总的名称核酸内切酶 R 外，还带有系统的名称，例如核酸内切酶 R. Hin_{d}Ⅲ。同样，修饰酶则在它的系统名称前加上甲基化酶 M 的名称。因此，相应于核酸内切酶 R. Hin_{d}Ⅲ的流感嗜血菌 Rd 菌株的修饰酶命名为甲基化酶 M. Hin_{d}Ⅲ。

由于以上命名规则比较烦琐，所以在实际应用上对这个命名体系已经作了进一步的简化：

① 由于附有标注的字母在印刷上很不方便，所以现在通行的是把所有的缩略语字母写成一行。

② 在上下文已经交代得十分清楚且只涉及限制酶的地方，核酸内切酶的名称 R 便被省去，例如限制性核酸内切酶 *Eco*RⅠ，*E* 代表属名 *Escherichia*，*co* 代表种名 *coli*，R 代表株系 RY13，Ⅰ代表在该菌株中首次分离到的限制性核酸内切酶。

四、限制性核酸内切酶的性质

（一）Ⅰ型和Ⅲ型限制性核酸内切酶的基本特性

Ⅰ型和Ⅲ型限制性核酸内切酶一般都是大型的多亚基蛋白复合物，既具有内切酶的活性，同时又具有甲基化酶的活性。与Ⅱ型限制性核酸内切酶相比，Ⅰ型限制性核酸内切酶还具有一些异常的特性。它们除了需要 Mg^{2+}之外，还需要 ATP 和 SAM（S-腺苷甲硫氨酸）等辅助因子，才能表现出正常的限制活性。如 *Eco*B 和 *Eco*K 这样的Ⅰ型限制酶，都是由三种不同的亚基组成，其中特异性亚基 γ 多肽链具有特异性识别 DNA 序列的活性；修饰亚基β多肽链具有甲基化酶的活性；限制亚基α多肽链具有核酸内切酶活性。

在 SAM 辅助因子存在的条件下，Ⅰ型核酸内切酶会与靶 DNA 分子上的一个二重识别序列结合。已经知道 *Eco*K 限制酶的二重识别序列为 $\mathrm{AAC(N)_6GTGC}$，如果这个识别序列的两条链都已被甲基化，ATP 将激活限制酶并使其从 DNA 分子上解离下来；如果识别位点是部分半甲基化的，即双链中的一条链发生了甲基化，ATP 将激活另一条链发生甲基化；而Ⅰ型限制性核酸内切酶对识别位点均未被甲基化的双链 DNA 分子有切割活性。

Ⅰ型限制性核酸内切酶对 DNA 分子的切割方式十分奇特：Ⅰ型限制性核酸内切酶结合于识别位点，以滚环式沿着 DNA 分子转位，而后从距识别位点 5′端一侧几千个碱基对处随机切割 DNA 分子。在转位和切割的过程中，都需要 ATP 的水解以提供能量。现在已经知道Ⅰ型限制性核酸内切酶兼具限制和修饰两种体系。虽然它们也像所有的限制性核酸内切酶一样，能够识别特异的核苷酸序列，但由于它们的切割位点基本上是随机的，因此Ⅰ型限制性核酸内切酶在 DNA 重组研究中几乎没有什么实际的用处。

现已知的Ⅲ型限制性核酸内切酶数量很少。*Eco*P1 是由两个亚基组成的蛋白质复合物，其中 M 亚基负责位点的识别与修饰，而 R 亚基则具有核酸酶的活性。Ⅲ型限制性核酸内切酶需 Mg^{2+}及辅助因子 ATP 和 SAM 的存在才能呈现出对 DNA 分子的切割活性。在反应体系内 *Eco*P1 会沿着靶 DNA 分子移动，并从距识别位点一侧 25 bp 处单链切割 DNA 分子。Ⅲ型限制性核酸内切酶的识别序列是非对称的，正如同Ⅰ型限制性核酸内切酶一样，在基因操作中它也没有什么实际的用途。

（二）Ⅱ型限制性核酸内切酶的基本特性

与Ⅰ型和Ⅲ型限制性核酸内切酶不同，Ⅱ型限制性核酸内切酶只有一种多肽链，并通常以同源二聚体的形式存在。它具有三个基本的特性：① 在双链 DNA 分子的特异性识别位点切割 DNA 分子，产生链的断裂；② 2 个单链断裂部位在 DNA 分子上的分布，通常不是彼此直接相对的；③ 因此断裂所形成的 DNA 片段，往往具有互补的单链黏性末端。

1. 基本特性

绝大多数的Ⅱ型限制性核酸内切酶均能识别由 4～8 个核苷酸所组成的特定的核苷酸序列。我们称这样的序列为限制性核酸内切酶的识别序列。而限制酶就是在其识别序列内部切割 DNA 分子，因此识别序列又称为限制性核酸内切酶的切割位点或靶序列。有些识别序列是连续的（如 GATC），有些则是间断的（如 GANTC），但都具有一个共同的特点，即同一条单链以中心轴对折可形成互补的双链，也即这些核苷酸对的顺序呈回文结构[图 8-3（a），（b）]。

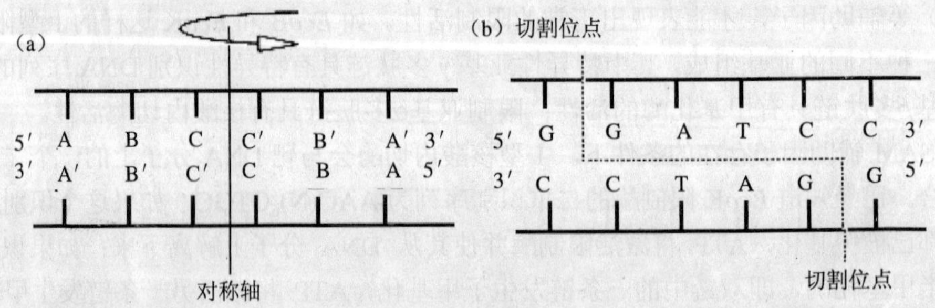

图 8-3　限制性核酸内切酶识别回文序列（a）和 *Bam*HⅠ的识别序列及切割位点（b）

以 *Bam*H I 这种限制性核酸内切酶为例[图 8-3（b）]，DNA 双链上远离对称轴的 G-G 磷酸二酯键，即切割位点处，在这种限制酶的作用下发生水解反应，从而导致链的断裂。这就是所谓的限制性核酸内切酶对 DNA 链的切割作用。

大量的实验表明，由限制性核酸内切酶的作用所产生的 DNA 分子的断裂类型，通常是属于下列情况之一：① 两条链上的断裂位置是交错地、但又是对称地围绕着同一对称轴排列，这种形式的断裂结果是形成具有黏性末端的 DNA 片段[图 8-4（a）]；② 两条链的断裂位置处于一个对称结构中心，这种形式的断裂产生具有平末端的 DNA 片段[图 8-4（b）]。通常所说的黏性末端，是指 DNA 分子在限制性核酸内切酶的作用下，形成的具有互补碱基的单链突出末端结构，它们能够通过互补碱基间的配对而重新连接起来。但具平末端的 DNA 片段不易重新连接。现已知有两种不同类型的限制性核酸内切酶都可产生黏性末端，一种是形成具有 3′-OH 单链延伸的黏性末端，*Pst* I 酶就属于这种类型[图 8-5（a）]；另一种是形成具有 5′-P 单链延伸的黏性末端，*Eco*R I 限制性核酸内切酶便是此种类型的一个代表[图 8-5（b）]。

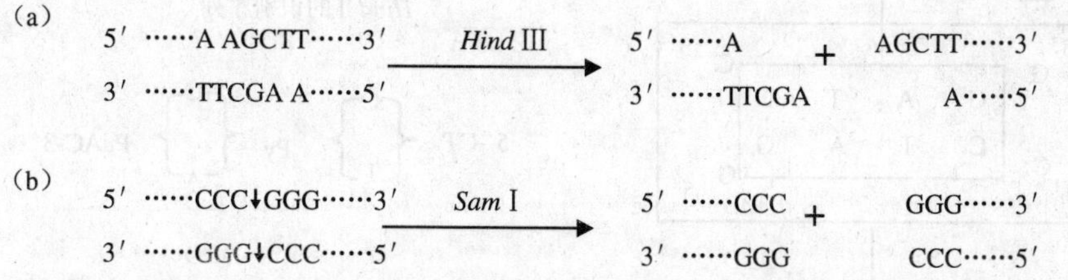

（a）

5′ ……A AGCTT……3′ —*Hind* III→ 5′ ……A + AGCTT……3′

3′ ……TTCGA A……5′ 3′ ……TTCGA A……5′

（b）

5′ ……CCC↓GGG……3′ —*Sam* I→ 5′ ……CCC + GGG……3′

3′ ……GGG↓CCC……5′ 3′ ……GGG CCC……5′

（a）*Hind* III对其识别序列的切割，产生了具 5′-P 的黏性末端；（b）*Sam* I 对其识别序列切割之后，产生的平末端

图 8-4 限制性核酸内切酶切割目的 DNA 产生的两种切割末端

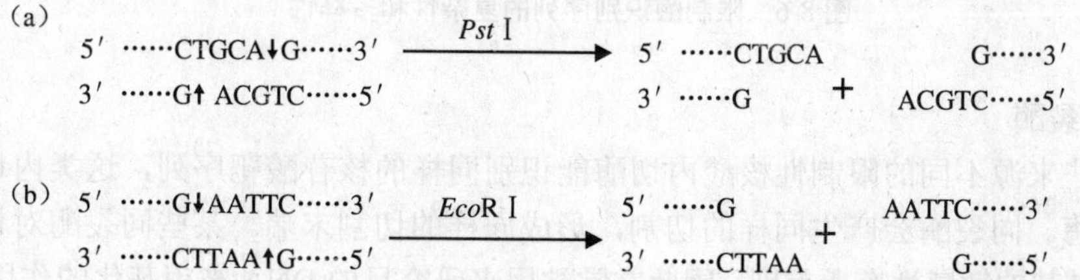

（a）

5′ ……CTGCA↓G……3′ —*Pst* I→ 5′ ……CTGCA + G……3′

3′ ……G↑ ACGTC……5′ 3′ ……G ACGTC……5′

（b）

5′ ……G↓AATTC……3′ —*Eco*R I→ 5′ ……G + AATTC……3′

3′ ……CTTAA↑G……5′ 3′ ……CTTAA G……5′

（a）*Pst* I 的识别序列，切割后形成 3′-OH 的单链黏性末端；

（b）*Eco*R I 的识别序列，切割后形成 5′-P 的单链黏性末端

图 8-5 黏性末端的类型

II 型限制性核酸内切酶的靶位点多种多样，有的限制性核酸内切酶的识别位点是 4 个核苷酸组成的短序列，有的限制酶的作用位点是由 6 个核苷酸组成的较长的靶序列，

还有的限制酶的切割位点包含 8 个核苷酸（*Not* Ⅰ：GC↓GGCCGC）。在一条随机排列的长 DNA 序列中，假定 4 种核苷酸出现的几率相同，那么我们期望的任何一种类型的 4 核苷酸组合，在平均 4^4（256）个核苷酸对中，就有一次的出现机会；而任何一种类型的 6 核苷酸组合，在平均 6^6（4 096）个核苷酸对中，也都有出现一次的机会。因此靶序列长度不相同的限制性核酸内切酶，对 DNA 分子随机切割的频率也不相同。DNA 碱基对的排列次序是影响限制酶切割频率的重要因素之一。例如，*Not* Ⅰ 限制酶的识别序列由 8 个碱基对组成，其中包括 CpG 双碱基，这在哺乳动物中是极其罕见的。因此，该酶切割 DNA 产生的片段的大小可达（1～1.5）$\times 10^6$ bp，特别适用于哺乳动物 DNA 大尺度物理图谱的构建。有些限制酶（如 *Sau*3A Ⅰ）识别的一种 4 核苷酸序列包含在另一种限制酶（如 *Bam*H Ⅰ）识别的六核苷酸序列之内[图 8-6（a）]；还有一类限制酶能识别多种核苷酸序列，首次被发现的Ⅱ型酶 *Hind*Ⅱ就属于这种例子，它能识别 4 种核苷酸序列[图 8-6（b）]：

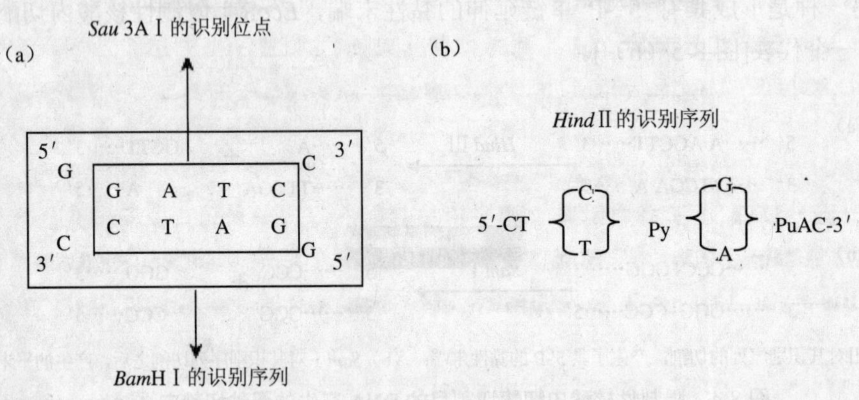

（a）*Sau*3A Ⅰ 的识别序列包含在 *Bam*H Ⅰ 的识别序列之内；（b）*Hind*Ⅱ的识别序列多样化

图 8-6　限制酶识别序列的复杂性和多样性

2．同裂酶

有一些来源不同的限制性核酸内切酶能识别同样的核苷酸靶序列，这类内切酶被统称为同裂酶。同裂酶会产生同样的切割，形成同样的切割末端。某些同裂酶对切割位点的甲基化碱基的敏感性有所差别，因此常常被用来研究目的 DNA 被甲基化的作用。例如，限制性核酸内切酶 *Hpa*Ⅱ和 *Msp* Ⅰ是一对同裂酶，共同的靶序列为 CCGG。当该靶序列中出现一个 5-甲基胞嘧啶（CC*GG，*表示发生甲基化的碱基）时，*Hpa*Ⅱ就不能进行有效切割，而 *Msp* Ⅰ对该甲基化的核苷酸的反应是中性的，它不管 C 是否发生了甲基化都能进行切割。现已发现许多动物，包括脊椎动物和棘皮动物，其基因组 DNA 中 90%以上的 DNA 是甲基化的，并都是在序列 CG 处以 5-甲基胞嘧啶的形式出现。这些甲基化的胞嘧啶有许多就发生在 *Msp* Ⅰ 内切酶的靶序列内，所以通过比较 *Hpa*Ⅱ和 *Msp* Ⅰ 的 DNA 消化产物就可检测出甲基化碱基发生的部位。

3. 同尾酶

与同裂酶对应的另一类限制性核酸内切酶，虽然它们来源各异，识别的靶序列也各不相同，但都产生相同的黏性末端，这类酶被统称为同尾酶。常用的限制性内切酶 *Bam*HⅠ、*Bcl*Ⅰ、*Bgl*Ⅱ、*Sau*3AⅠ和 *Xho*Ⅱ就是一组同尾酶，它们切割目的 DNA 之后都形成由 GATC 四个核苷酸组成的黏性末端。显而易见，由同尾酶切割所产生的 DNA 片段，能通过其黏性末端彼此之间的互补作用而连接起来，因此这类酶在基因克隆或重组实验中非常有用（图 8-7）。由一对同尾酶产生的黏性末端共价结合所形成的位点，称之为“杂交位点”。这类杂种位点的结构，一般不能再被原来的任何一种同尾酶所识别并切割。但亦有例外情况，由 *Sau*3AⅠ和 *Bam*HⅠ同尾酶所形成的杂种位点，对 *Sau*3AⅠ仍然是敏感的，但已不再是 *Bam*HⅠ的靶位点（表 8-3）。

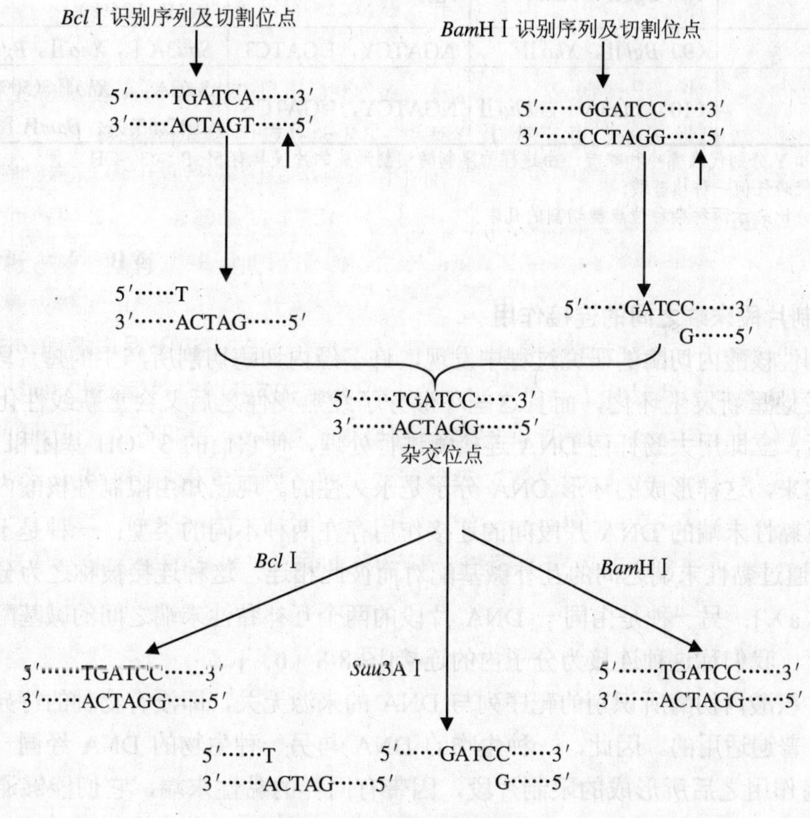

图 8-7 同尾酶的应用

表 8-3　产生 GATC 单链末端的一组同尾酶及其限制片段组合形成的杂种位点

限制酶	识别位点 (1)	同尾酶的组合	杂种识别位点 (2)	杂种位点的敏感性 (3)
Bam HⅠ	G↓GATCC	（1）*Bam*HⅠ，*Bcl*Ⅰ	GGATCA，TGATCC	*Sau*3AⅠ
*Bcl*Ⅰ	T↓GATCA	（2）*Bam*HⅠ，*Bgl*Ⅱ	GGATCT，AGATCC	*Sau*3AⅠ，*Xho*Ⅱ
*Bgl*Ⅱ	A↓GATCT	（3）*Bam*HⅠ，*Sau*3AⅠ	GGATCN，NGATCC	*Sau*3AⅠ，*Xho*Ⅱ（5%），*Bam*HⅠ（25%）
*Sau*3AⅠ	↓GATC	（4）*Bam*HⅠ，*Xho*Ⅱ	GGATCY，UGATCC	*Sau*3AⅠ，*Xho*Ⅱ，*Bam*HⅠ（50%）
*Xho*Ⅱ	U↓GATCY	（5）*Bcl*Ⅰ，*Bgl*Ⅱ	TGATCT，AGATCA	*Sau*3AⅠ
		（6）*Bcl*Ⅰ，*Sau*3AⅠ	TGATCN，NGATCA	*Sau*3AⅠ，*Bcl*Ⅰ（25%）
		（7）*Bcl*Ⅰ，*Xho*Ⅱ	TGATCY，UGATCA	*Sau*3AⅠ
		（8）*Bgl*Ⅱ，*Sau*3AⅠ	AGATCN，NGATCT	*Sau*3AⅠ，*Xho*Ⅱ（50%），*Bgl*Ⅱ（25%）
		（9）*Bgl*Ⅱ，*Xho*Ⅱ	AGATCY，UGATCT	*Sau*3AⅠ，*Xho*Ⅱ，*Bgl*Ⅱ（25%）
		（10）*Sau*3AⅠ，*Xho*Ⅱ	NGATCY，UGATCN	*Sau*3AⅠ，*Xho*Ⅱ（50%），*Bgl*Ⅱ（12.5%），*Bam*HⅠ（12.5%）

（1）U 和 Y 分别代表嘌呤和嘧啶。由这样的限制酶切割形成的片段具有 5′-P 和 3′-OH 基团；
（2）N 代表任何一种核苷酸；
（3）百分比表示两种杂种位点被切割的几率。

4．限制片段末端之间的连接作用

在限制性核酸内切酶的研究过程中发现，许多经内切酶切割所产生的短片段 DNA 分子都能自发地重新发生环化，而且这些环形分子经热变性之后又会重新线性化。但如果在环化之后，立即用大肠杆菌 DNA 连接酶进行处理，使它们的 3′-OH 基团和 5′-P 基团之间封闭起来，这样形成的环形 DNA 分子是永久性的。现已知由限制性核酸内切酶酶切所产生的具黏性末端的 DNA 片段间的连接作用存在两种不同的类型：一种是不同来源的 DNA 片段通过黏性末端之间的互补碱基配对而彼此相连，这种连接被称之为分子间的连接[图 8-8（a）]；另一种是由同一 DNA 片段的两个互补黏性末端之间的碱基配对而形成的环形分子，我们称这种连接为分子内的连接[图 8-8（b）]。

限制性核酸内切酶所识别的靶序列与 DNA 的来源无关，即没有物种的特异性，是对各种 DNA 普遍适用的。因此，一种生物的 DNA 与另一种生物的 DNA 经同一种限制性核酸内切酶作用之后所形成的限制片段，因带有同样的黏性末端，它们能够通过碱基互补配对而结合起来。从理论上讲，任何不同来源的 DNA，经过适当的限制性核酸内切酶处理之后，都可以通过它们的黏性末端或平末端连接起来。这一特性是重组 DNA 技术的重要基础之一，根据这一特性，我们才能够将不同来源的 DNA 片段重组成一种新的重组体分子或是构建为一个新的基因。

因为大多数限制性核酸内切酶都只识别唯一的靶序列，因此由一种特定的限制酶切割某种 DNA 分子，其切点数目是有限的。像细菌染色体基因组 DNA 全长约 3×10^6bp，可被限制性核酸内切酶切割成数百至数千个 DNA 片段，而哺乳动物的核 DNA 则可被切割为上百万个限制性片段。一些小分子量的 DNA 分子，如质粒 DNA 分子或噬菌体 DNA 分子，它们一般仅有 1～10 个限制性切割位点，而对某些特定的限制酶甚至不存在限制位点。

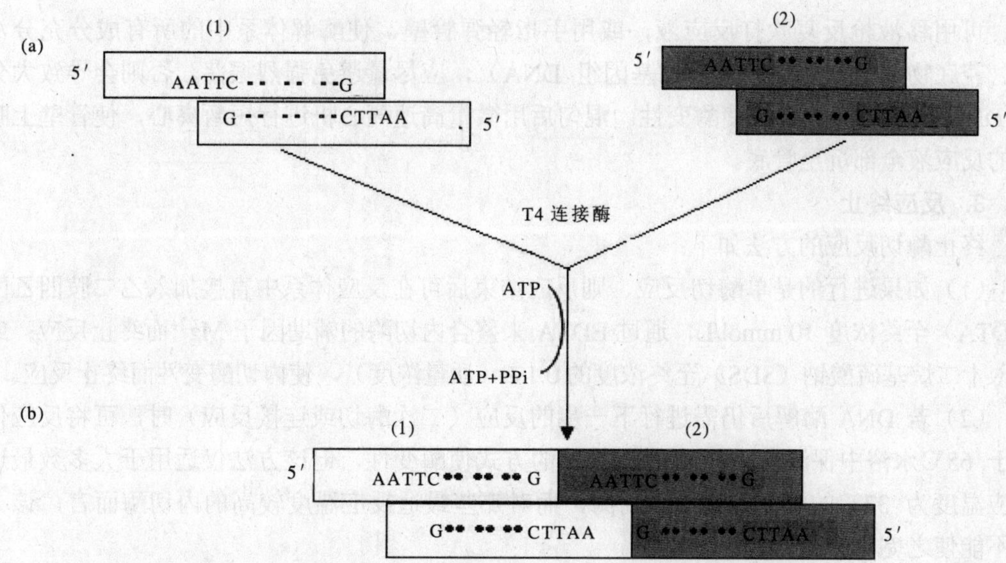

（a）具有 *Eco*RⅠ黏性末端的两条 DNA 链之间发生的分子间连接；

（b）具有黏性末端的同一条 DNA 片段发生的分子内自我连接

图 8-8　具黏性末端的 DNA 片段的结合方式

五、限制性核酸内切酶的反应条件

（一）标准酶解体系的建立

一个单位的限制性核酸内切酶定义为：在合适的温度和缓冲溶液中，在 20 μl 反应体系中，1 h 完全降解 1 μg DNA 所需的酶量。对大量 DNA 的酶解，可按比例适当扩大反应体系。加入过量的酶，可缩短反应时间并达到完全酶解的效果，但加入的酶过量，大量储存液中的甘油也将进入反应体系，会影响酶解效果，而且许多限制性核酸内切酶一旦过量后它的切割特异性将下降，所以一般推荐稍加大反应酶量（2～5 倍）和适当延长反应时间。

（二）酶解过程

1．酶解体系

在保证酶液体积不超过反应总体积 10%的前提下，尽量减小反应总体积。一般在反应体系内的其他成分加入之后，再加入酶。

2．混匀

可用移液枪反复吹打反应液，或用手指轻弹管壁，使酶解体系中的所有成分充分混合。若底物 DNA 分子较大（如基因组 DNA），应尽量避免强烈振荡，否则会导致大分子 DNA 发生断裂，并可使酶变性。混匀后用微量高速离心机进行短暂离心，使管壁上吸附的反应液全部沉至管底。

3．反应终止

终止酶切反应的方法如下：

（1）如果进行的是单酶切反应，则反应结束后可在反应体系中直接加入乙二胺四乙酸（EDTA）至终浓度 10 mmol/L，通过 EDTA 来螯合内切酶的辅助因子 Mg^{2+}而终止反应；或加入十二烷基硫酸钠（SDS）至终浓度的 0.1%（质量浓度），使内切酶变性而终止反应。

（2）若 DNA 酶解后仍需进行下一步的反应（二次酶切或连接反应）时，可将反应体系于 65℃水浴中保温 20 min，通过加热的方式使酶变性，但该方法仅适用于大多数最适反应温度为 37℃的限制性核酸内切酶，而对那些最适反应温度较高的内切酶而言，该方法不能使之完全失活。

（3）用酚-氯仿抽提，然后用乙醇沉淀，此法最为有效而且也有利于对 DNA 的下一步酶学操作。

4．酶解结果鉴定

酶解结束后，不必立即终止反应，可先取适量反应液进行快速微型琼脂糖凝胶电泳，在紫外灯下观察酶切结果后，再决定是否终止反应。

（三）限制性核酸内切酶对 DNA 分子的不完全酶解

如果一种限制性核酸内切酶对 DNA 分子上所有的识别位点均能够全部酶解，我们称这样的酶解为完全的酶切消化作用。然而，实际上有时限制性核酸内切酶对底物 DNA 分子的酶切是不完全的，我们称之为不完全的酶切消化作用。这类不完全的酶切消化反应，可以获得大小不同的酶切片段，这对于构建物理图谱和基因组文库是非常必要的。在实际操作中，进行局部酶解的方法有减少酶量、增加反应体积、缩短反应时间和降低反应温度等。

（四）限制性核酸内切酶酶解反应中的注意事项

限制性核酸内切酶切割 DNA 是基因重组技术中的基本环节，酶解反应正确与否，直接关系到整个实验的成败。因此在操作过程中，应注意以下问题：

（1）大多数厂家提供的限制性核酸内切酶为浓缩液。通常 1 单位的酶液在 1 h 内可消化 10 μg DNA。当需要消化的底物 DNA 量较小，只需少量酶液时，可用一次性移液器吸头轻轻接触液面，这样取出的酶量约为 0.1 μl。

（2）浓缩的酶液可在使用前用 1× 限制酶缓冲液稀释（不能用水稀释，以免酶变性），稀释的酶液不能长时间保存，要尽快用完。

（3）限制性核酸内切酶在含 50%甘油的缓冲液中，于－20℃可稳定保存。一般在其他试剂加入反应管后，再加入限制性核酸内切酶。将内切酶从冰箱中取出后，应置于冰水中。每次吸取酶液必须使用新的无菌吸头。并应快速操作，尽可能缩短酶液在冰箱外放置的时间，用完后立即放回。

（4）限制性核酸内切酶应分装成小份，避免反复冻融。

（5）反应体系中尽可能少加水，使反应体积减到最小。但要确保酶体积不超过反应总体积的 1/10，否则酶液中的甘油会影响限制酶的活性。

（6）通常延长反应时间可弥补酶量的减少所带来的不足，当切割大批量 DNA 时，这样做比较节约。

（7）当用同一种限制酶切割多个 DNA 样品时，可先计算出所需酶的总量（考虑到转移过程中的损失，实际使用的酶量比计算数值稍过量），然后从冰箱中取出酶液并用相应的 1× 缓冲液稀释，再将酶稀释液分别加入不同的 DNA 样品中。

六、限制性核酸内切酶的影响因素

（一）DNA 样品的纯度

限制性核酸内切酶消化 DNA 底物的反应效率在很大程度上取决于 DNA 本身的纯度。DNA 中的某些污染物质，如蛋白质、酚、氯仿、乙醇、EDTA、SDS 以及高浓度的盐离子等，都有可能抑制限制性核酸内切酶的活性。应用微量碱法制备的 DNA 制剂，常含有这类杂质。一般采用如下三种方法提高限制性核酸内切酶对低纯度 DNA 制剂的反应效率：① 增加限制性核酸内切酶的用量，平均每微克底物 DNA 可高达 10 个单位甚至更高；② 扩大酶催化反应的体积，以使潜在的抑制因素被相应地稀释；③ 延长酶反应的作用时间。

（二）DNA 的甲基化程度

限制性核酸内切酶是原核生物限制—修饰体系的组成部分，因此识别序列中特定核苷酸的甲基化，会强烈影响酶的活性（表 8-4）。我们知道，从寄主大肠杆菌中分离出来的质粒 DNA，通常都含有作用于特定核苷酸序列的甲基化酶。因此，从正常大肠杆菌菌株中分离出来的质粒 DNA，只能被限制性核酸内切酶局部消化，甚至完全不被消化。为了避免这类问题产生，在基因克隆中，使用缺失甲基化酶的大肠杆菌菌株制备质粒 DNA。

表 8-4　甲基化对限制酶活性的影响

限制酶	识别序列	影响切断反应的甲基化酶及其识别序列	受甲基化酶影响后无法切断的序列	文献报道	
				不受甲基化酶影响的序列	受甲基化酶影响的序列
Acc Ⅰ	GT↓MKAC	CG，^{5m}CG	GA^{5m}CGTC		GA^{5m}CGTC GACGT^{5m}C
Alu Ⅰ	AG↓CT				^{6m}AGCT AG^{4m}CT AG^{5m}CT AG^{5hm}CT
Bgl Ⅰ	GCCN$_4$↓NGGC	CG，^{5m}CG	GCCN$_5$GG^{5m}CG	GC^{5m}CN$_5$GGC	G^{5m}CCN$_5$GGC GCCN$_5$GG^{5m}C GC^{4m}CN$_5$GGC
Cla Ⅰ	AT↓CGAT	Dam 甲基化酶， G^{6m}ATC； CG 甲基化酶，^{5m}CG	G^{6m}ATCGAT ATCG^{6m}ACT AT^{5m}CGAT		^{6m}ATCGAT ATCG^{6m}AT AT^{5m}CGAT
Eae Ⅰ	YGGCCR	Dcm 甲基化酶， C^{5m}CWGG； CG 甲基化酶，^{5m}CG	YGGC^{5m}CAGG YGGC^{5m}CG		YGG^{5m}CCR Yggc^{5m}CR
*Eco*R Ⅰ	G↓AATTC	CG 甲基化酶，^{5m}CG	GAATT^{5m}CG	GAATT^{5hm}C GAA^{5hm}U^{5hm}UC	G^{6m}AATTC GA^{6m}ATTC GAATT^{5m}C
*Eco*R Ⅴ	GAT↓ATC			GATAT^{5m}C GATAT^{5hm}C	G^{6m}ATATC GAT^{6m}ATC
Hind Ⅲ	A↓AGCTT			A^{6m}AGCTT AAGC^{6hm}U^{5hm}U	^{6m}AAGCTT AAG^{5m}CTT AAG^{5hm}CTT
Mbo Ⅰ	↓GATC	dam 甲基化酶， G^{6m}ATC	G^{6m}ATC	GAT^{4m}C GAT^{5m}C GA^{5hm}UC	G^{6m}ATC AT^{5hm}C

限制酶	识别序列	影响切断反应的甲基化酶及其识别序列	受甲基化酶影响后无法切断的序列	文献报道	
				不受甲基化酶影响的序列	受甲基化酶影响的序列
Mbo Ⅱ	GAAGA （TCTTC）↓	dam 甲基化酶， G^{6m}ATC	GAAG^{6m}ATC	T^{5m}TT^{5m}C G^{6m}AAGA	G^{6m}AGA GAAG^{6m}A
Nco Ⅰ	C↓CATGG			CC^{6m}ATGG	^{4m}CCATGG ^{5m}CCATGG
Not Ⅰ	GCGGCCGC	CG 甲基化酶，^{5m}CG	G^{5m}CGCG^{5m}CGC	GCGGCCG^{5m}C	GCGG^{5m}CCGC GCGGC^{5m}CGC
Pst Ⅰ	CTGCA↓G				^{5m}CTGCAG CTGC^{6m}AG C^{5hm}UGCAG
Sac Ⅱ	GAGCT↓C			G^{6m}AGCTC GAGCT^{5m}C	GAG^{5m}CTC
Sac Ⅱ	CCGC↓GG	CG 甲基化酶，^{5m}CG	C^{5m}CG^{5m}CGG		^{5m}CCGCGG C^{5m}CGCGG
Sal Ⅰ	G↓TCGAC	CG 甲基化酶，^{5m}CG	GT^{5m}CGAC	GTCGA^{5m}C	GT^{5m}CGAC GTCG^{6m}AC
*Sau*3A Ⅰ	↓GATC	CG 甲基化酶，^{5m}CG	GAT^{5m}CG	GA^{5hm}UC G^{6m}ATC	GAT^{4m}C GAT^{5m}C
Sca Ⅰ	AGT↓ACT			AGTA^{5m}CT	
Taq Ⅰ	TC↓GA	dam 甲基化酶， G^{6m}ATC	TCG^{6m}ATC	T^{5m}CGA	TCG^{6m}A T^{5hm}CGA
Xba Ⅰ	T↓CTAGA	dam 甲基化酶， G^{6m}ATC	TCTAG^{6m}ATC		T^{5m}CTAGA
Xho Ⅰ	C↓TCGAG	甲基化酶		CT^{5m}CGAG	^{5m}CTCGAG CTCG^{6m}AG

注：很多 DNA 都含有被甲基化的碱基，上表列举了甲基化碱基对部分限制酶活性的影响及其相关的甲基化酶，以及因甲基化而切不开的碱基序列。表中的其他字母的含义如下：

M：A 或 C；R：A 或 G；S：C 或 G；K：G 或 T；Y：C 或 T；H：A 或 C 或 T；N：A 或 C 或 G 或 T；W：A 或 T；D：A 或 G 或 T；^{4m}C：N_4-methyl cytosine；^{5m}C：C_5-methyl cytosine；^{5hm}C：C_5-hydroxymethyl cytosine ；^{6m}A：N_6-methyl adenine。

（三）酶切消化反应的温度

DNA 消化反应的温度是影响限制性核酸内切酶活性的另一个重要因素。不同的限制性核酸内切酶具有不同的最适反应温度（表 8-5）。大多数限制性核酸内切酶的标准反应温度是 37℃，但也有许多例外。消化反应的温度低于或高于最适温度，都会影响限制性核酸内切酶的活性，甚至导致其完全失活。

表 8-5 各种限制酶的最适反应温度

限制酶	最适反应温度/℃	限制酶	最适反应温度/℃	限制酶	最适反应温度/℃
Aat Ⅱ	37	*Cla* Ⅰ	30	*Nae* Ⅰ	37
Acc Ⅰ	37	*Cpo* Ⅰ	30	*Nco* Ⅰ	37
Acc Ⅱ	37	*Dra* Ⅰ	37	*Nde* Ⅰ	37
Acc Ⅲ	60	*Eae* Ⅰ	37	*Nhe* Ⅰ	37
Afa Ⅰ	37	*Eam*1105 Ⅰ	37	*Not* Ⅰ	37
Afl Ⅱ	37	*Eco*52 Ⅰ	37	*Nru* Ⅰ	37
Alu Ⅰ	37	*Eco*81 Ⅰ	37	*Pma*C Ⅰ	37
*Aor*13H Ⅰ	55	*Eco*O109 Ⅰ	37	*Psh*A Ⅰ	37
*Aor*51H Ⅰ	37	*Eco*O65 Ⅰ	37	*Psh*B Ⅰ	37
Apa Ⅰ	37	*Eco*R Ⅰ	37	*Psp*1406 Ⅰ	37
*Apa*L Ⅰ	37	*Eco*R Ⅴ	37	*Pst* Ⅰ	37
Ava Ⅰ	37	*Eco*T14 Ⅰ	37	*Pvu* Ⅰ	37
Ava Ⅱ	37	*Eco*T22 Ⅰ	37	*Pvu* Ⅱ	37
Avi Ⅱ	37	*Fba* Ⅰ	37	*Sac* Ⅰ	37
Bal Ⅰ	37	*Fok* Ⅰ	37	*Sac* Ⅱ	37
*Bam*H Ⅰ	30	*Fse* Ⅰ	30	*Sal* Ⅰ	37
Ban Ⅱ	37	*Hae* Ⅱ	37	*Sau*3A Ⅰ	37
Bbe Ⅰ	37	*Hae* Ⅲ	37	*Sca* Ⅰ	37
Bcn Ⅰ	37	*Hap* Ⅱ	37	*Sfl* Ⅰ	50
Bgl Ⅰ	37	*Hha* Ⅰ	37	*Sma* Ⅰ	30
Bgl Ⅱ	37	*Hin*1 Ⅰ	37	*Sna*B Ⅰ	37
Bln Ⅰ	37	*Hinc* Ⅱ	37	*Spe* Ⅰ	37
*Bpu*1102 Ⅰ	37	*Hind* Ⅲ	37	*Sph* Ⅰ	37
*Bsp*1286 Ⅰ	30	*Hinf* Ⅰ	37	*Sse*8387 Ⅰ	37
*Bsp*1407 Ⅰ	37	*Hpa* Ⅰ	37	*Ssp* Ⅰ	37
*Bsp*T104 Ⅰ	37	*Kpn* Ⅰ	37	*Stu* Ⅰ	37
*Bsp*T107 Ⅰ	37	*Mbo* Ⅰ	37	*Taq* Ⅰ	65
*Bss*H Ⅱ	50	*Mbo* Ⅱ	37	*Tth* Ⅲ Ⅰ	65
*Bst*1107 Ⅰ	37	*Mfl* Ⅰ	37	*Van*91 Ⅰ	37
*Bst*P Ⅰ	60	*Mlu* Ⅰ	37	*Vpa*K Ⅱ B Ⅰ	30
*Bst*X Ⅰ	45	*Msp* Ⅰ	37	*Xba* Ⅰ	37
*Cfr*10 Ⅰ	37	*Mun* Ⅰ	37	*Xho* Ⅰ	37
*Cfr*13 Ⅰ	37	*Mva* Ⅰ	37	*Xsp* Ⅰ	37

（四）DNA 的分子结构

DNA 分子的不同构型对限制性核酸内切酶的活性也有很大的影响。某些限制性核酸内切酶切割超螺旋质粒 DNA 或病毒 DNA 所需的酶量比消化线性 DNA 高许多，最高的可达 20 倍。此外，一些限制性核酸内切酶切割处于不同部位的酶切位点时，其效率亦有明显的差异。部分内切酶酶切位点的切断情况可参考表 8-6。大体说来，一种限制性核酸内切酶对其不同识别位点切割速率的差别最多不会超过 10 倍。

表 8-6　部分限制酶对 PCR 产物末端的切断情况

酶	PCR 产物末端保护碱基数			
	0	1	2	3
Apa Ⅰ	—	—	±	+
*Bam*H Ⅰ	—	±	+	+
BstX Ⅰ	—	±	+	+
Cla Ⅰ	—	±	+	+
*Eco*R Ⅰ	—	±	+	+
*Eco*R Ⅴ	—	+	+	+
Hind Ⅲ	—	—	—	+
Not Ⅰ	—	—	+	+
Pst Ⅰ	—	—	±	+
Sac Ⅰ	—	±	+	+
Sal Ⅰ	+	+	+	+
Sma Ⅰ	—	±	+	+
Spe Ⅰ	+	+	+	+
Xba Ⅰ	—	—	+	+
Xho Ⅰ	—	—	±	+

注：克隆 PCR 产物的方法之一，是在 PCR 产物两端设计一定的限制酶切位点，经酶切后克隆至用相同酶酶切的载体中。但实验证明，大多数限制酶对裸露的酶切位点不能切断，必须在酶切位点旁边加上一至几个保护碱基，才能使所定的限制酶对其识别位点进行有效切断。上表列举了 15 种限制酶，分别比较了各种限制酶在其酶切位点旁边分别加 0、1、2、3 个保护碱基后的切断情况。“–”为不能切断；“±”为不能完全切断；“+”为能完全切断。结果显示，基本上所有的限制酶，在其酶切位点旁边加上 3 个以上的保护碱基后，可对其酶切位点进行有效切断。

（五）限制性核酸内切酶的缓冲液

限制性核酸内切酶的标准缓冲液的组分包括氯化镁、氯化钠、氯化钾、Tris-HCl、β-巯基乙醇或二硫苏糖醇（DTT）以及牛血清白蛋白（BSA）等。酶活性的正常发挥需要二价阳离子，通常是 Mg^{2+}。不正确的 NaCl 或 Mg^{2+}浓度，不仅会降低限制酶的活性，而且还可能导致特异性识别序列的改变。各种限制性核酸内切酶的通用缓冲液及其在各种缓冲液中的相对活性列于表 8-7。

表 8-7　限制酶在各种缓冲液中的相对活性

限制酶	相对活性/%					
	L	M	H	K	T+BSA	Basal
Aat Ⅱ	＜20	＜20	＜20	＜20	100	120
Acc Ⅰ	20	100	＜20	（＜20）	160	80
Acc Ⅱ	（260）	100	＜20	20	200	160

限制酶	相对活性/%					
	L	M	H	K	T+BSA	Basal
*Acc*Ⅲ	(<20)	(<20)	20	(80)	(<20)	100
Afa Ⅰ	60	60	40	60	100	100
Afl Ⅱ	20	80*	<20	<20	140	120
Alu Ⅰ	100	100	<20	40	200	120
*Aor*13H Ⅰ	<20	20	<20	80**	80	100
*Aor*51H Ⅰ	80	100	<20	20	120	120
Apa Ⅰ	100	<20	<20	<20	<20	120
*Apa*L Ⅰ	100	20	<20	<20	120	120
Ava Ⅰ	(<20)	100	20	40	100	120
Ava Ⅱ	80	100	<20	20	100	100
Avi Ⅱ	<20	40	100	(140)	100	200
Bal Ⅰ	20	20	<20	<20	40	100
*Bam*H Ⅰ	(<20)	<20	40	100	(<20)	80
Ban Ⅱ	(120)	(120)	100	80	(100)	100
Bbe Ⅰ	<20	<20	<20	<20	<20	100
Bcn Ⅰ	<20	20	40	60	60	100
Bgl Ⅰ	<20	<20	20	40	<20	100
Bgl Ⅱ	<20	20	100	(100)	(60)	100
Bln Ⅰ	<20	20	40	100	20	120
*Bpu*1102 Ⅰ	<20	<20	<20	40	60	100
*Bsp*T104 Ⅰ	100	60	<20	<20	100	120
*Bsp*T107 Ⅰ	<20	20	80	100	20	100
*Bsp*1286 Ⅰ	100	20	<20	<20	60	100
*Bsp*1407 Ⅰ	20	60	20	20	100	100
*Bss*H Ⅱ	100	100	60	20	140	100
*Bst*P Ⅰ	(<20)	(60)	100	(100)	(100)	100
*Bst*X Ⅰ	<20	40	100	<20	<20	120
*Bst*1107 Ⅰ	(<20)	60	100	100	40	100
*Cfr*10 Ⅰ	(<20)	(<20)	(<20)	40	(20)	100
*Cfr*13 Ⅰ	60	80	<20	100	80	100
Cpo Ⅰ	<20	<20	80	100	<20	100
Dra Ⅰ	100	100	60	100	80	80
Eae Ⅰ	60	100	<20	<20	120	160
*Eam*1105 Ⅰ	(<20)	(40)	20	40	(40)	100
*Eco*O65 Ⅰ	(20)	(60)	60*	40	40	100
*Eco*O109 Ⅰ	100	60	<20	<20	100	160
*Eco*R Ⅰ	(20)	(100)	100	(120)	(80)	120
*Eco*R Ⅴ	(<20)	(40)	100	(120)	(40)	100
*Eco*T14 Ⅰ	(<20)	(40)	100	120	(60)	100
*Eco*T22 Ⅰ	<20	20	100	(140)	(20)	120
*Eco*52 Ⅰ	<20	<20	<20	<20	<20	100

限制酶	相对活性/%					
	L	M	H	K	T+BSA	Basal
*Eco*81 Ⅰ	<20	100	<20	<20	100	160
Fba Ⅰ	（<20）	（<20）	（80）	100	（20）	100
Fok Ⅰ	（20）	（60）*	<20	<20	（200）	100
Fse Ⅰ	（120）	100	<20	<20	80	100
Hae Ⅱ	80	100	<20	80	140	100
Hae Ⅲ	60	100	100	60	100	100
Hap Ⅱ	100	60	<20	<20	100	80
Hha Ⅰ	80	100	100	120	120	100
Hinc Ⅱ	20	100	20	40	100	80
Hind Ⅲ	（60）	100	<20	200	（100）	80
Hinf Ⅰ	80	100	100	160	60	100
*Hin*1 Ⅰ	40	80*	<20	20	60	160
Hpa Ⅰ	<20	（40）	20	100	（80）	100
Kpn Ⅰ	100	60	<20	<20	（100）	80
Mbo Ⅰ	20	40	60	100	40	100
Mbo Ⅱ	100	60	<20	<20	60	100
Mlu Ⅰ	60	60	100	（100）	60	100
Msp Ⅰ	80	80	<20	100	100	80
Mun Ⅰ	（200）	100*	<20	<20	160	100
Mva Ⅰ	（<20）	（40）	80	100	（20）	120
Nae Ⅰ	100	<20	<20	<20	100	120
Nco Ⅰ	（40）	（60）	20	60*	（60）	160
Nde Ⅰ	<20	40	100	100	80	100
Nhe Ⅰ	（120）	100	<20	<20	（160）	100
Not Ⅰ	（<20）	（<20）	20**	<20	（<20）	100
Nru Ⅰ	0	<20	20	20	<20	100
*Pma*C Ⅰ	100	80	<20	<20	100	100
*Psh*A Ⅰ	20	40	<20	100	60	160
*Psh*B Ⅰ	（20）	（40）	20	40	40	100
*Psp*1406 Ⅰ	20	60	<20	<20	100	100
Pst Ⅰ	（<20）	（60）	100	80	（20）	80
Pvu Ⅰ	（<20）	（20）	（40）	80*	（40）	120
Pvu Ⅱ	（80）	100	40	<20	（40）	100
Sac Ⅰ	100	60	<20	<20	80	80
Sac Ⅱ	40	20	<20	<20	100	40
Sal Ⅰ	<20	<20	100	（20）	<20	120

限制酶	相对活性/%					
	L	M	H	K	T+BSA	Basal
*Sau*3A Ⅰ	(60)	80	100	<20	(80)	100
Sca Ⅰ	(<20)	(<20)	100	(60)	(<20)	100
Sfi Ⅰ	(40)	100	<20	<20	100	100
Sma Ⅰ	<20	<20	<20	<20	100	100
*Sna*B Ⅰ	(20)	(40)	<20	<20	(40)	100
Spe Ⅰ	(80)	100	80	100	(80)	100
Sph Ⅰ	(20)	(40)	100	120	(20)	100
*Sse*8387 Ⅰ	(120)	60*	<20	<20	(60)	100
Ssp Ⅰ	(<20)	(60)	40	(100)	(80)	100
Stu Ⅰ	60	100	60	80	140	100
Taq Ⅰ	40	80	60	60	80	100
*Tth*111 Ⅰ	(20)	80	40	100	(80)	120
*Van*91 Ⅰ	<20	(20)	60	100	(60)	100
*Vpa*K11B Ⅰ	<20	<20	60	(40)	<20	100
Xba Ⅰ	<20	80*	20	<20	120	120
Xho Ⅰ	<20	60	100	160	60	100
Xsp Ⅰ	<20	60	<20	100	160	100

注：“（ ）”表示易受 Star 活性影响的缓冲液；“□”表示推荐使用的缓冲液；*表示加 0.01%BSA 时，这些酶的活性可达 100%；**表示加 0.01%BSA 和 0.01%Triton X-100 后，可达 100%。此外，各种酶都有其自身的基本缓冲液，各种酶的基本缓冲液组成不同，相互之间不能通用。*Sna*B Ⅰ、*Ssp* Ⅰ、*Taq* Ⅰ、*Vpa*K11B Ⅰ 等由于没有释放合适的缓冲液，只能使用基本缓冲液。

（六）其他因素

限制酶的识别位点是在特定的消化条件下测得的。故当条件改变时，限制酶的识别位点也可能随之改变，通常是特异性降低，识别和切割额外的位点。这些条件的改变主要包括离子强度降低、pH 增大、辅助因子（Mg^{2+}）被其他二价阳离子取代、有机溶剂污染、甘油浓度过高和限制酶过量等。如 *Eco*R Ⅰ 在正常条件下的识别序列是 G↓AATTC，但在低盐（小于 50 mmol/L）、高 pH（pH>8）和 50%的甘油存在时，其识别序列减少为 AATT，这种特异性降低的酶活性称为“星活性”（*Eco*R Ⅰ*）。

七、双酶切

在进行 DNA 体外连接时，经常要用碱性磷酸酶来处理 DNA 分子，但使用碱性磷酸酶常存在的问题就是消化过度，也即该酶在除去底物 DNA 分子 5′末端磷酸基团的同时，也有可能对载体分子或目的 DNA 分子的黏性末端进行修饰，使之不能进行有效连接。此外，在后续的实验中，为了消除该酶的活性，常采用苯酚抽提、乙酸沉淀酶切产物，但这个过程既耗时，又有可能发生 DNA 损伤或丢失的现象。如果仅仅是想获得一个特异的重组质粒，并且有有效鉴定重组子的方法，那么设计一套理想的连接方案并不是关键所在，事实上仅一个重组克隆子，从数百个转化菌落中慢慢筛选也可获得。然而，在许多情况下，我们需要获得高比例的阳性重组子。如某一 DNA 文库的建立，在整个文库的构建过程中，能发生自身环化的载体分子以及大量待插入的目的 DNA 片段才是真正的问题所在。要进行一个连接反应，而又缺乏有效筛选重组子的途径，即使一个很简单的 DNA 文库的构建，有时也会遇到许多问题。一个可供选择的、可避开碱性磷酸酶使用的方法是用两种不同的限制性内切酶分别切割质粒载体和目的 DNA。一般的载体分子都有多克隆位点，可以选择任意两个不同的酶切位点（例 *Eco*R Ⅰ切点和 *Bam*H Ⅰ切点）进行切割。如果所选的两种内切酶都能进行有效切割，那么载体分子就不可能再发生自身环化了。而且将待插入的外源 DNA 片段也用这两种限制性内切酶进行消化，载体分子和目的 DNA 片段转化宿主细胞之后得到的克隆就全部是阳性重组克隆，也即所有的载体分子内均插入了待克隆的外源 DNA 分子。

当然，在这样的连接体系中，有时也会发生两个载体分子之间的相连，但一般很少发生类似现象。用两种不同的限制性内切酶同时消化同一个 DNA 分子，还存在另外两类问题。第一个需要解决的问题是为两种不同的内切酶提供最适的反应条件，这可以通过查询商家提供的产品目录，目录里有为各种限制酶推荐的最适反应缓冲液。有时，两种内切酶的最适反应温度相差很大，针对这种情况只能先进行低温切割，之后再进行较高温度的消化。另一个常遇到的问题是两个切割位点相距太近。有些限制性内切酶对 DNA 末端不能进行有效切割，这同样可查阅产品目录中有关此内容的描述（表 8-6）。即使完全遵照操作步骤进行，在实际操作中还是问题不断，像不完全消化这样的事情就时有发生，所以建议在实验过程中最好设立对照组以检验双酶切的切割效率。

第二节　DNA 连接酶

一、连接酶的概念

同限制性核酸内切酶一样，DNA 连接酶的发现与应用对于基因工程的创建和发展具有极为重要的意义。在休外构建重组 DNA 分子就像剪裁缝制一件精美的衣服，必须经过具有“剪裁”功能的限制性内切酶和具有“缝制”功能的连接酶两道工序的密切配合方能完成。因此，连接酶也是基因工程技术必不可少的基本工具酶。

1967 年世界上几个实验室几乎同时发现了一种能够在两条 DNA 链之间催化 5′-P 和 3′-OH 形成磷酸二酯键的酶，即 DNA 连接酶。DNA 连接酶为催化 DNA 分子中 5′-磷酸基团与 3′-羟基之间形成磷酸二酯键的酶。形成共价键的连接反应需要提供能量，大肠杆菌和其他细菌的 DNA 连接酶以烟酰胺腺嘌呤二核苷酸（NAD^+）作为能量来源，而动物细胞和噬菌体的连接酶则以腺苷三磷酸（ATP）为能量来源。DNA 连接酶主要有两种，即 T4 噬菌体 DNA 连接酶和 T4 大肠杆菌连接酶。DNA 连接酶除了可将两个独立的 DNA 片段通过磷酸二酯键共价连接成一条 DNA 链外，还可以使具有 3′端与 5′端互补黏性末端的单链 DNA 环状化。同时，也可以修复双链 DNA 的一条链上的缺口。

二、DNA 连接酶的类型

（一）T4 噬菌体 DNA 连接酶

T4 噬菌体 DNA 连接酶（又称 T4 DNA 连接酶），分子量为 6.8×10^4，是 T4 噬菌体基因 30 的编码产物，T4 噬菌体 DNA 连接酶在进行连接反应时需要 ATP 辅助因子。该酶最初是从 T4 噬菌体的宿主菌大肠杆菌中提取出来的，目前其编码基因已被克隆在载体 DNA 上，并在大肠杆菌细胞中实现了大量表达。

T4 噬菌体 DNA 连接酶可以连接：① 两个带有互补黏性末端的双链 DNA 分子；② 两个带有平头末端的双链 DNA 分子；③ 一条链带有切口的双链 DNA 分子（图 8-9）；④ RNA-DNA 杂交链中 RNA 链上的切口，也可将 RNA 链与 DNA 链相连。由于 T4 噬菌体 DNA 连接酶可连接的底物范围较广，尤其对平末端 DNA 分子的连接更为有效，因此在 DNA 重组技术中应用十分广泛。

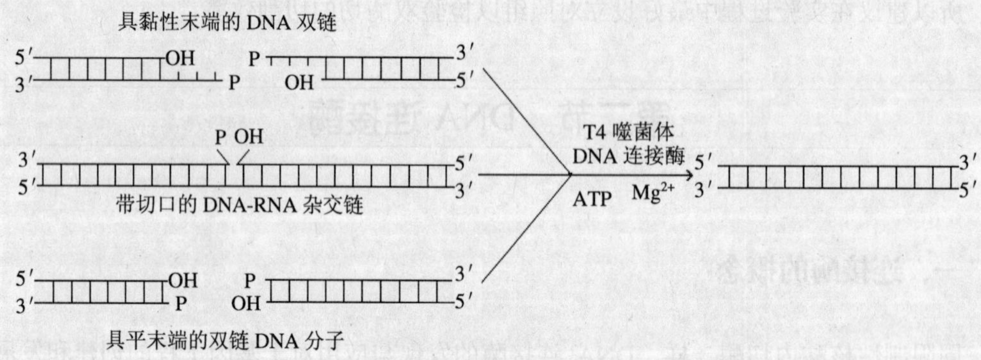

图 8-9 T4 噬菌体 DNA 连接酶的催化反应活性

虽然平末端 DNA 分子在 T4 噬菌体 DNA 连接酶的作用下可以连接，但由于 T4 噬菌体 DNA 连接酶对平末端 DNA 的 K_m 值要远远高于黏末端 DNA 的 K_m 值，故连接速度非常缓慢。这就决定了如果使用 T4 噬菌体 DNA 连接酶来催化平末端 DNA 分子之间的连接过程，不仅需要较多的酶液，同时要求有较高的底物浓度。在进行平末端 DNA 分子之间的连接反应时，若加入适量的一价阳离子和低浓度的 PEG，可提高 T4 噬菌体 DNA 连接酶对平末端的连接活性。此外，ATP 的浓度对该酶活性的影响很大，一般最适反应终浓度为 0.5 mmol/L。

（二）大肠杆菌 DNA 连接酶

大肠杆菌 DNA 连接酶的分子量为 7.5×10^4，是大肠杆菌基因组中 *lig* 基因的编码产物，该酶的辅助因子是 NAD^+。*lig* 基因已被克隆并实现了在大肠杆菌细胞中的大量表达。

与 T4 噬菌体 DNA 连接酶不同，大肠杆菌 DNA 连接酶几乎不能催化两个平末端 DNA 分子间的连接，它的适合底物是其中一条链带切口的双链 DNA 分子或具有同源互补黏性末端的 DNA 片段。由于大肠杆菌 DNA 连接酶对 DNA 末端的要求比较严格（互补的黏性末端），所以它的连接产物转化宿主菌后，假阳性背景非常低，这是大肠杆菌 DNA 连接酶较 T4 噬菌体 DNA 连接酶的一个突出优点。

（三）T4 噬菌体 RNA 连接酶

T4 噬菌体 RNA 连接酶由 T4 噬菌体的 63 基因编码，同样需要 ATP 作辅助因子，它可催化单链 DNA 或 RNA 的 5′-磷酸基团与相邻的 3′-羟基之间共价连接。它的主要用途是对 RNA 进行 3′末端标记，也就是将 ^{32}P 标记的 3′，5′-二磷酸单核苷（pNp）加到 RNA 的 3′端。

三、DNA 连接酶的反应体系

由于 T4 噬菌体 DNA 连接酶既能连接黏性末端 DNA 分子，又能连接平末端 DNA 分子，所以比大肠杆菌 DNA 连接酶的应用更为广泛。T4 噬菌体 DNA 连接酶的活性单位有多种定义，较常用的是韦氏（Weiss）单位。1 个韦氏单位是指在 37℃条件下，20 min 内催化 1 nmol ^{32}P 从焦磷酸根置换到 γ，β-^{32}P-ATP 所需的酶量。使用不同的方法测定 T4 噬菌体 DNA 连接酶的催化活性，可有不同的酶活性定义。如 M-L 单位使用 $d(A\text{-}T)_n$ 为底物；黏性末端连接单位以λDNA/*Hind* Ⅲ片段为底物。韦氏单位与其他单位之间的换算关系为，1 个韦氏单位相当于 0.2 个 M-L 单位或 60 个黏性末端连接单位。在使用 T4 噬菌体 DNA 连接酶时，一定要了解厂商所使用的酶活性定义单位。

用于连接的 DNA 末端结构不同，反应条件也有所不同。下面推荐一个较普遍的反应体系：

5 μl 10×T4 噬菌体 DNA 连接酶缓冲液

1 Weiss 单位的 T4 噬菌体 DNA 连接酶

0.5～1.0 mmol/L ATP

1.0 μg DNA（0.1～1.0 μmol/L 5′末端）

反应终体积为 50 μl。

其中，10×T4 噬菌体 DNA 连接酶缓冲液的成分为：

200 mmol/L Tris-HCl（pH 7.6）

50 mmol/L $MgCl_2$

50 mmol/L DTT

500 μg/ml BSA

根据 DNA 片段的分子大小及末端结构情况，一般在 12～30℃下反应 1～16 h。对于黏性末端 DNA 分子之间的连接反应一般在 12～16℃进行，这样可以保证黏性末端的退火、酶活性及反应速率之间的平衡。平末端 DNA 分子之间的连接反应可在室温（＜30℃）下进行，但反应体系连接酶的需要量是黏性末端连接反应所需酶量的 10～100 倍。终止反应可加入 2 μl 0.5 mol/L 的 EDTA 或者于 75℃下加热 10 min 使连接酶失活。

连接反应是一个取决于众多参数的过程，这些参数包括 DNA 末端的特性，DNA 片段的浓度和大小，各 DNA 分子末端的相对浓度、作用温度、离子浓度等。任何参数的改变都会直接影响连接反应的效率。

为了使连接反应中有尽可能多的重组分子，提高外源 DNA 的插入效率，必须阻止酶切后的线性载体发生自身环化。目前采用以下三种方法：① 用碱性磷酸酶处理酶切后的线性载体分子。碱性磷酸酶可以除去线性载体 DNA 的 5′-P 末端，经处理的载体分子，若无外源 DNA 片段的插入，就不能再环化成有功能的载体分子。② 使用同聚物加尾连接技术，可防止线性载体DNA分子自身的再环化，这是因为参与连接反应的两个线性DNA分子的 3′-OH 末端，都被加上了具有同样碱基结构的同聚物尾巴。③ 应用柯斯质粒，亦可防止质粒 DNA 分子发生自身的再环化作用。

在连接反应中，正确调整载体 DNA 和外源 DNA 之间的比例，是能否获得高产量重组转化子的一个重要因素。如果应用λ噬菌体或柯斯质粒作载体，配制高比值的载体 DNA—目的 DNA 的反应体系，有利于重组分子的形成；若使用质粒载体，因其重组分子是由一个载体分子和一个目的 DNA 片段连接而成，所以只有在载体 DNA 与目的 DNA 的比值为 1 时，才有利于这类重组体分子的形成。

连接反应的温度是影响连接效果的另一个重要因素。根据 King 和 Blackesley（1986）的研究，在 4℃和 26℃下分别进行标准的连接反应，并在不同的反应时间内，每次取出 2 μl 样品进行转化实验，结果表明，在 4℃保温 4 h，没有出现任何转化子，4 小时之后才有少量的转化子出现；当连接反应在室温下进行时，在短短的 1 h 之内，会产生很多的转化子，实际上，在 26℃下保温 4 h 所得的转化子大约是 4℃下保温 23 h 的 90%，而且是在 4℃下保温 4 h 的 25 倍多。

四、影响连接酶的因素

连接酶连接切口 DNA 的最适反应温度是 37℃。但在这个温度下，黏性末端之间退火形成的氢键的结合是不够稳定的。由限制酶 *Eco*RⅠ产生的黏性末端，退火之后所形成的结合部位总共只有 4 个 AT 碱基对，这样的结合能力在 37℃条件下根本不足以抵御热运动的作用。因此，黏性末端连接反应的最适温度应该是界于连接酶的最佳反应温度和末端退火最适温度之间，一般认为 4～15℃比较合适。过去用凝胶电泳法来检测连接反应的效率，之后发现这种测定方法并不十分可靠。1986 年，King 和 Blakeskey 根据连接反应物转化感受态细胞的能力来判断连接效率，经过对 ATP 浓度、连接酶浓度、反应时间、反应温度及插入片段与载体分子的摩尔比值 5 个主要参数对连接产物转化效率影响的研究，结果表明连接反应的反应温度是影响转化效率的最重要的参数之一。事实上，在 26℃的条件下连接 4 h 所得的连接产物转化宿主菌后所得到的转化子数量大约是 4℃下连接 23 h 的 90%，而且比在 4℃条件下连接 4 h 几乎多 25 倍以上。因此，通常建议在 16～26℃的条件下进行连接反应。

T4 DNA 连接酶的用量也影响转化子的数目。在平末端 DNA 分子的连接反应中，最适的反应酶量为 1～2 个单位。而对于黏性末端（如 *Eco*RⅠ末端）DNA 片段间的连接，在同样的条件下，酶浓度仅为 0.1 个单位时，便能得到最佳的连接效率。ATP 的反应浓度变动范围保持在 10 μmol/L～1 mmol/L 时，无论对平末端还是黏性末端，DNA 片段的连接效率都没有什么影响，浓度接近 0.1 mmol/L 时载体自身的环化作用达到最高值。

第三节　DNA 聚合酶

催化脱氧核糖核苷三磷酸（dNTPs）聚合成 DNA 的酶称 DNA 聚合酶（DNA polymerase），简称 DNA Pol，因该酶发挥作用时必须依赖亲代 DNA 模板，故称其为 DNA 指导的 DNA 聚合酶（DNA-directed DNA polymerase，DDDP）。1956 年，Kornberg 等人首次从大肠杆菌提取液中发现 DNA *Pol*Ⅰ，1970—1971 年，Cairns 和 Gefta 又先后从大肠杆菌提取液中发现 DNA *Pol*Ⅱ和 DNA *Pol*Ⅲ两种 DNA 聚合酶。

DNA 聚合酶在分子克隆技术中主要用于 DNA 的体外合成、探针的标记等。常使用的 DNA 聚合酶有大肠杆菌 DNA 聚合酶Ⅰ（全酶）、大肠杆菌 DNA 聚合酶Ⅰ的 Klenow 片段（即 Klenow 酶）、T4 DNA 聚合酶、耐热 DNA 聚合酶以及反转录酶等。这些 DNA 聚合酶的共同特点是：① 以四种脱氧核糖核苷酸为底物；② 聚合反应需要模板的指导；③ 要有引物 3′-OH 的存在；④ 新链的合成方向为 5′→3′。DNA 聚合酶合成的产物是与模板性质相同的复制品。

一、大肠杆菌聚合酶Ⅰ

到目前为止，已经从大肠杆菌细胞中分离纯化出三种不同类型的DNA聚合酶，即DNA聚合酶Ⅰ、DNA聚合酶Ⅱ和DNA聚合酶Ⅲ。在这三类酶中，DNA聚合酶Ⅰ和聚合酶Ⅱ主要参与DNA的修复，而DNA聚合酶Ⅲ主要参与DNA的复制过程。在分子克隆操作中主要使用的是DNA聚合酶Ⅰ。

DNA聚合酶Ⅰ是聚合酶类中研究得比较深入的一种酶。它是大肠杆菌polA基因的编码产物，是一个含锌原子的蛋白质多肽链，分子质量为 1.09×10^5，酶分子呈球形，直径约6.5 μm。在每一个大肠杆菌细胞内，约有400个分子的DNA聚合酶Ⅰ。在37℃时，1分子DNA聚合酶Ⅰ 1 min可以催化约1 000个核苷酸的聚合。DNA聚合酶Ⅰ是一个多功能酶，具有三种活性，即5′→3′的聚合活性、5′→3′的外切活性和3′→5′的外切活性（图8-10）。

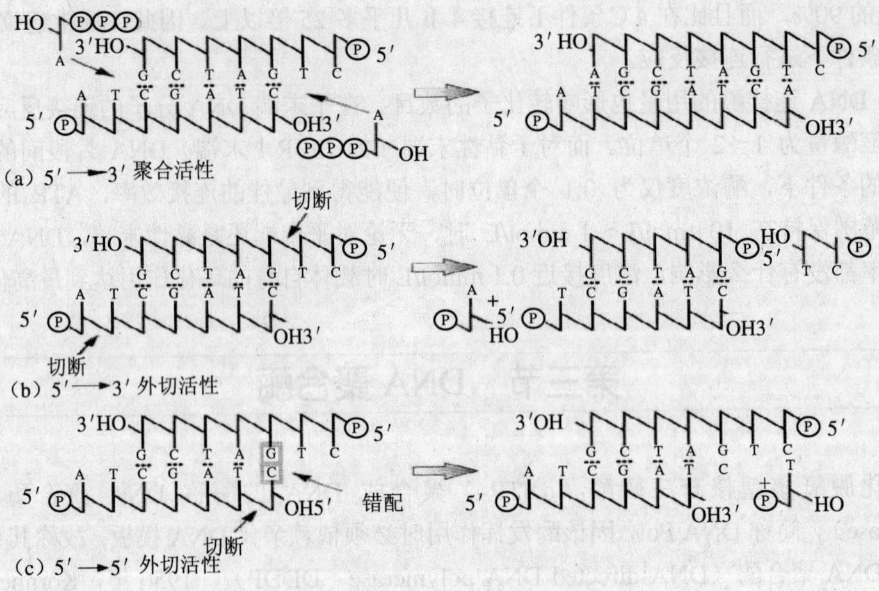

图8-10 大肠杆菌DNA聚合酶Ⅰ的三种活性

（一）5′→3′的聚合活性

DNA聚合酶Ⅰ催化合成新链DNA需要具备三个基本条件。

1. 底物和激活剂

DNA聚合酶Ⅰ催化聚合反应需要四种脱氧核苷三磷酸dNTP为底物，同时需要 Mg^{2+}

激活。

2．DNA 模板

DNA 聚合酶Ⅰ催化聚合反应时需要 DNA 模板链。模板链可以是单链 DNA，也可以是双链 DNA。双链 DNA 只有在其脱氧戊糖—磷酸主链上有 1 到数个糖苷键发生断裂的情况下，才能成为有效的模板链。

5′CCGATA-OH   —*E.coli* DNA *Pol* Ⅰ, Mg^{2+}＋dNTPs→   5′ CCGATA*GCCT* 3′

3′GGCTATCGGA 5′   3′ GGCTATCGGA 5′

3．带有 3′端游离羟基的引物链

DNA 聚合酶Ⅰ须将脱氧核苷三磷酸加到 DNA 引物链 3′-OH 的末端使链延长，其聚合作用总是发生在新生链的 3′-OH 末端与插入的核苷酸之间。当第一个核苷酸插入之后，它就为下一个待插入的核苷酸提供了一个新的游离 3′-OH 末端。这样 DNA 聚合酶Ⅰ催化的 DNA 新链的合成总是按 5′→3′方向延伸（如图 8-11 所示）。

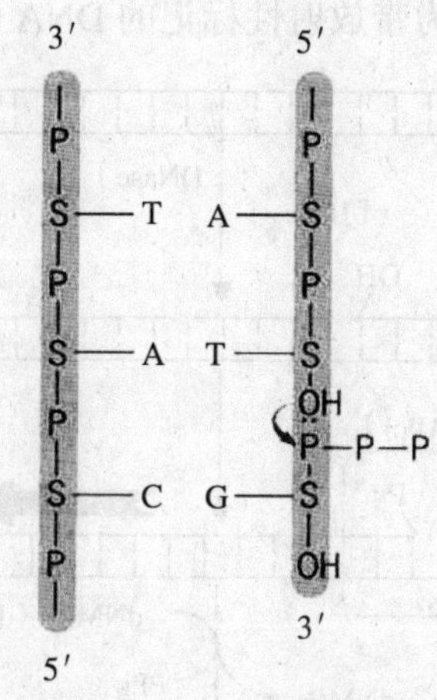

图 8-11　DNA 聚合酶总是在 3′-OH 端和 5′-P 端之间形成磷酸二酯键

（二）5′→3′外切酶活性

从5′末端降解双链DNA成单核苷酸或寡核苷酸是DNA聚合酶Ⅰ的又一功能。对DNA双链中的单链缺口即 5′-P 也有活性，还能降解 DNA-RNA 杂交体中的 RNA 成分。

3′ATCGAGCTACTG 5′   —*E.coli* DNA *Pol* Ⅰ, Mg^{2+}＋dNTPs→   3′ATCGAGCTAC 5′

5′TAGCTCGATGAC 3′   5′TAGCTCGATG*AC* 3′

（三）3′→5′外切酶活性

从 3′-OH 末端开始向 5′端的方向水解 DNA，并释放出单核苷酸。该酶的作用底物可以是双链 DNA 也可以是单链 DNA 分子。但若底物是双链 DNA 分子，又有 dNTP 的存在，这种降解活性会被 5′→3′方向的聚合活性所抑制。

$$\begin{matrix} 5'\text{CGAGATCTTGAC}3' \\ 3'\text{GCTCTAGAACTG}5' \end{matrix} \xrightarrow[\text{Mg}^{2+}+\text{dNTPs}]{\textit{E.coli}\ \text{DNA Pol I}} \begin{matrix} 5'\text{CGAGATCTTG}\quad 3' \\ 3'\text{GCTCTAGAAC}\textit{TG}\ 5' \end{matrix}$$

DNA 聚合酶Ⅰ的主要用途是通过 DNA 切口平移的方法制备 DNA 探针，用于核酸杂交分析（图 8-12）。双链 DNA 在 DNA 聚合酶Ⅰ的作用下形成单链切口，DNA 聚合酶Ⅰ利用 5′→3′外切活性从切口的 5′端逐步水解核苷酸时，该酶的 5′→3′聚合活性则利用切口的 3′端游离羟基逐个加上相应的单核苷酸，使得切口沿 DNA 链向下游移动。这种切口移动的现象称为切口平移。如果反应体系中使用的单核苷酸底物是经同位素标记的，则合成的新生 DNA 分子即可作为带放射性标记的 DNA 分子杂交探针。

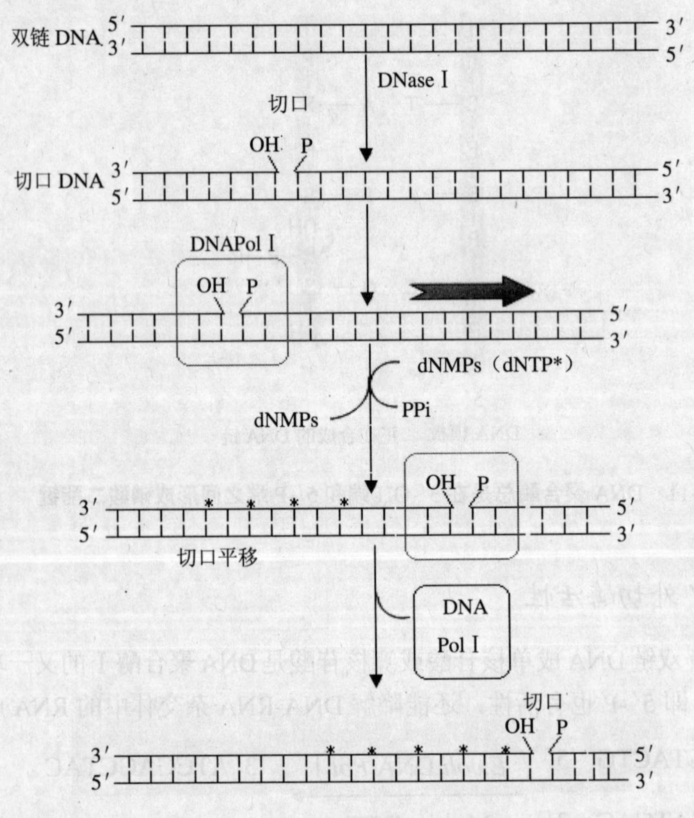

图 8-12 切口平移法制备探针

二、Klenow 片段

大肠杆菌 DNA 聚合酶Ⅰ的 Klenow 片段，又叫 Klenow 聚合酶或 Klenow 大片段酶，它是由大肠杆菌 DNA 聚合酶Ⅰ全酶经枯草杆菌蛋白酶（一种蛋白质分解酶）处理之后分离得到分子量为 7.6×10^4 的大片段分子。Klenow 聚合酶仍具有 5′→3′ 的聚合活性和 3′→5′ 的核酸外切酶活性，但失去了全酶的 5′→3′ 核酸外切酶活性。

在 DNA 分子克隆中，Klenow 聚合酶的主要用途有：① 修补经限制酶消化的 DNA 所形成的 3′隐蔽末端；② 标记 DNA 片段的末端；③ cDNA 克隆中第二链 cDNA 的合成；④ DNA 序列测定。

选用具有 3′隐蔽末端的 DNA 片段作放射性末端标记最为有效。用 Klenow 聚合酶标记 DNA 片段末端的原理可简单地概括成如下的流程：

具有 3′隐蔽末端的待标记 DNA 片段：

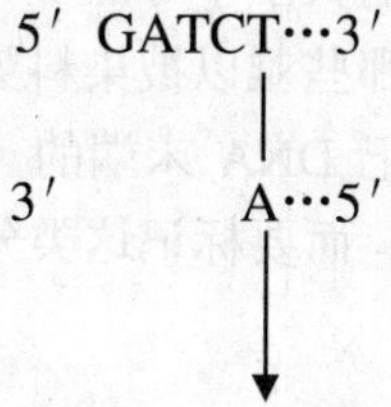

在反应物中加入 Klenow 聚合酶及α-^{32}P-dNTP，一道温育后生成：

5′GATC T…3′

3′^{32}P-G A…5′

或者是（当α-^{32}P-dGTP 无用时）同α-^{32}P-dATP+dGTP 一道温育生成：

5′GAT C T…3′

3′^{32}P-A G A…5′

或加α-^{32}P-dCTP、α-^{32}P-dTTP 等。

在标记过程中，将待标记的 DNA 片段和一种或数种脱氧核苷三磷酸（其中有一种是其α-磷酸基因具有 ^{32}P 标记）以及 Klenow 聚合酶混合之后，置 25℃下一道温育约 1 h 即可完成 DNA 末端标记。因为待标记的 DNA 已经经适当的限制酶进行了酶切消化，形成了大小不等的 DNA 片段群体，它们都只在末端被标记，根据它们分子量的差别，便可将这些片段分离出来。

一般来说，在 DNA 末端标记的反应混合物中，都只加入一种α-^{32}P-dNTP。当然，加入α-32P-dNTP 的种类，要依据 DNA 5′突出末端的序列性质而定。例如，由 *Eco*RⅠ限制性内切酶切割目的 DNA 所形成的 5′黏性末端可用α-32P-dATP 标记[图 8-13（a）]；而用 *Bam*HⅠ内切酶切割 DNA 所形成的末端则可用α-32P-dGTP 标记[图 8-13（b）]。

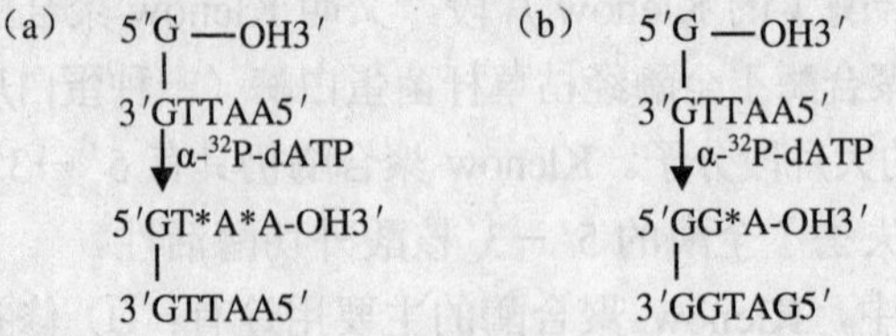

```
(a)  5′G —OH3′                (b)  5′G —OH3′
       |                             |
     3′GTTAA5′                     3′GTTAA5′
       ↓ α-32P-dATP                  ↓ α-32P-dATP
     5′GT*A*A-OH3′                 5′GG*A-OH3′
       |                             |
     3′GTTAA5′                     3′GGTAG5′
```

（a）*Eco*RⅠ末端的标记；（b）*Bam*HⅠ末端的标记；*表示带 32P 标记的核苷酸

图 8-13　DNA 分子的末端标记

用 Klenow 聚合酶标记的 DNA 片段，可以作为用凝胶电泳法测定分子大小的标记样品。其根据在于被标记的 DNA 片段是同它们的摩尔浓度成比例，而同它们的分子大小无关。所以在限制酶消化过程中所产生的大小不等的 DNA 片段都得到了同等程度的标记。据此，可以应用放射自显影法来确定那些难以被染料染色法显现的微小 DNA 片段在凝胶中的位置。这是用 Klenow 聚合酶标记 DNA 末端的一种优点，它的缺点在于不能够有效地标记带有 3′突出末端的 DNA 片段。而要标记这类分子则要用 T4 DNA 聚合酶。

三、T4 噬菌体 DNA 聚合酶

T4 DNA 聚合酶是从 T4 噬菌体感染的大肠杆菌培养物中纯化出来的一种特殊的 DNA 聚合酶。它是由噬菌体基因 43 编码的，具有两种酶的催化活性，即 5′→3′的聚合酶活性和 3′→5′的核酸外切酶活性。如同大肠杆菌 DNA 聚合酶的 Klenow 片段一样，T4 DNA 聚合酶也可用来标记 DNA 平末端或隐蔽的 3′末端。在没有脱氧核苷三磷酸存在的条件下，3′外切酶活性便是 T4 DNA 聚合酶的独特功能。此时它可作用于双链 DNA 片段，并按 3′→5′的方向从 3′-OH 末端开始降解 DNA。如果反应混合物中只有一种 dNTP，那么这种降解作用进行到暴露出同反应物中唯一的 dNTP 互补的核苷酸时就会停止。这种降解能力的限制，使得 DNA 核苷酸的删除受到控制，从而产生出具有一定长度的 3′隐蔽末端的 DNA 片段。当反应物中加入标记的脱氧核苷三磷酸（α-32P-dNTP）之后，这种局部消化的 DNA 片段便起到一种引物—模板的作用。T4 DNA 聚合酶的聚合速率超过了外切速率，因此出现了 DNA 净合成反应的现象，重新生成了完整的具有标记末端的 DNA 分子。由于在这种反应中，通过 T4 DNA 的聚合作用，反应物中的α-32P-dNTP 逐渐取代了被外切活性删除的 DNA 片段上原有的核苷酸，因此特称之为取代合成。应用取代合成法可以给平末端的 DNA 片段或具有 3′隐蔽末端的 DNA 片段作末端标记。

T4 DNA 聚合酶催化的取代合成法制备的高比活性的 DNA 杂交探针，与用缺口转移法制备的探针相比具有两个明显的优点：第一，不会出现人为的发夹结构（用缺口转移法制备的 DNA 探针会出现这种结构）；第二，应用适宜的限制性核酸内切酶切割，它们便可很容易地转变成特定序列的（链特异的）探针（图 8-14）。

T4 DNA 聚合酶的 3′外切酶活性或者是校正阅读活性，可作用于所有的 3′-OH 末端，并且几乎不存在序列特异性的差别。因此在 T4 DNA 聚合酶的作用下，所有 DNA 片段长度减少的速度都是相等的，而且同时间成正比。在绝大多数实用的酶及 DNA 浓度的范围内，核酸外切酶反应的速度均取决于酶与 DNA 的比例。当酶/DNA 的比值低于 2.5 个单位/μgDNA 时（此时核酸外切酶的速率大约是每分钟 40 个核苷酸 3′-末端），两者大体上呈线性关系。在酶/DNA 比值较高时，这种线性关系就不复存在，而当酶/DNA 比高达 30 个单位/μgDNA 时，核酸外切酶的速率仅约每分钟 120 个核苷酸 3′-末端。

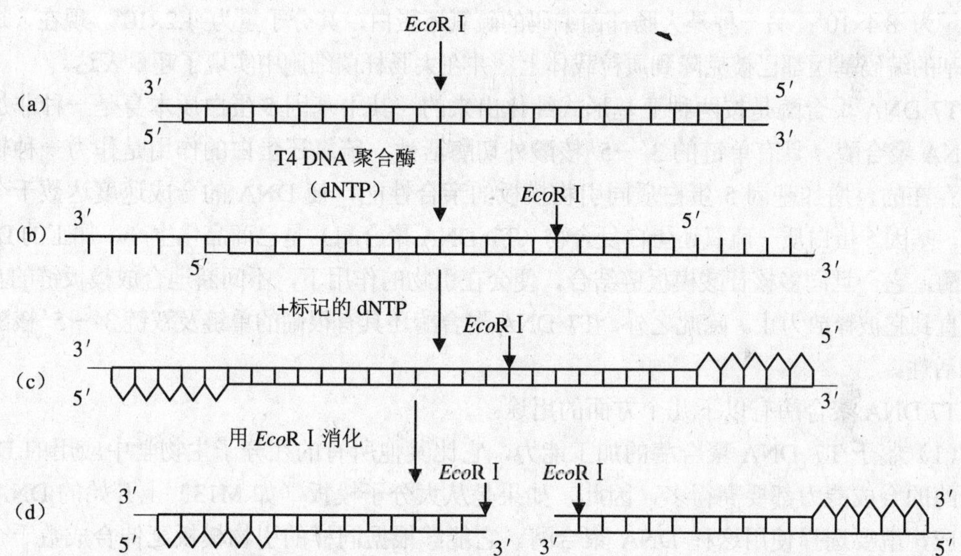

（a）具有限制性核酸内切酶 *Eco*R Ⅰ限制位点的双链线性 DNA 分子；（b）在 T4 DNA 聚合酶 3′→5′核酸外切酶活性作用下，DNA 分子的 3′末端出现有控制的降解作用；（c）加入 ^{32}P 标记的核苷酸后，在 T4 DNA 聚合酶的 5′→3′方向的聚合活性作用下进行取代合成，结果在双链 DNA 被降解的一条链上产生了选择性标记；（d）用 *Eco*R Ⅰ酶消化使 2 个标记末端分开

图 8-14　用 T4 DNA 聚合酶的取代合成法标记 DNA 片段末端及制备链特异的探针

应该注意，由于 3′核酸外切酶降解单链 DNA 的速度比降解双链 DNA 快得多，因此当降解到终点时，一条限制 DNA 链将会分离成两个等长的单链，并且它们又会被迅速地继续完全降解。这表明，取代合成法不能够标记限制片段中心部位的核苷酸，事实上越

接近中心部位被标记的数量也就越少，唯有末端部位才能完全被标记上。因此，正确地估计在酶分子到达 DNA 片段中心部位之前，停止核酸外切酶的消化反应是十分重要的。在这种由不同大小片段 DNA 组成的混合物中，最短限制片段的大小代表着所有的片段可以被标记的最高限度。

四、T7 噬菌体 DNA 聚合酶

（一）T7 噬菌体 DNA 聚合酶

S.Tabor 等人于 1978 年详细报道了对 T7 DNA 聚合酶及修饰的 T7 DNA 聚合酶的研究成果。T7 DNA 聚合酶是从感染了 T7 噬菌体的大肠杆菌细胞中纯化出来的一种核酸酶。加工形式的 T7 DNA 聚合酶系由两种不同的亚基组成：一种是 T7 噬菌体编码的基因 5 蛋白质，其分子量为 8.4×10^4；另一种是大肠杆菌编码的硫氧还蛋白，其分子量为 1.2×10^4。现在，这两种亚基的编码基因都已被克隆到质粒载体上，并在大肠杆菌细胞中实现了超量表达。

T7 DNA 聚合酶是按两种亚基形式纯化出来的，其中基因 5 蛋白质本身是一种非加工的 DNA 聚合酶，具有单链的 3′→5′ 核酸外切酶活性。硫氧还蛋白的作用是作为一种辅助蛋白存在的，增加基因 5 蛋白质同引物模板的亲合性能，使 DNA 的合成速度达数千个核苷酸。基因 5 蛋白质—硫氧还蛋白复合物（T7 DNA 聚合酶）是已商品化生产、加工的 DNA 聚合酶，它一旦同多核苷酸模板链结合，便会在引物的作用下，不间断地合成模板链的互补链，直到它被释放为止。除此之外，T7 DNA 聚合酶还具有很高的单链及双链 3′→5′ 核酸外切酶活性。

T7 DNA 聚合酶有以下几个方面的用途：

（1）鉴于 T7 DNA 聚合酶的加工能力，它比其他所有的在分子生物学中应用的 DNA 聚合酶的合成能力都要高得多，因此，如果是从大分子模板（如 M13）上开始的 DNA 延伸反应，就要选择使用这种 DNA 聚合酶。它能够根据同样的引物模板延伸合成数千个核苷酸，中间不发生任何解离现象，同时几乎不受 DNA 二级结构的影响，我们知道这类 DNA 二级结构会阻碍大肠杆菌 DNA 聚合酶、T4 DNA 聚合酶或反转录酶的活性。

（2）如同 T4 DNA 聚合酶一样，T7 DNA 聚合酶也可以通过单纯的延伸或取代合成的途径标记 DNA 的 3′末端。T7 聚合酶和 T4 聚合酶具有大体相同的 3′→5′ 核酸外切酶活性强度。

（3）T7 DNA 聚合酶和 T4 DNA 聚合酶一样，也可以用来将双链 DNA 中的 5′或 3′黏性末端转变成平末端的结构。

（二）修饰的T7噬菌体DNA聚合酶

应用化学方法对天然的 T7 DNA 聚合酶进行修饰，使之完全失去 3′→5′的核酸外切酶活性，这种化学反应是一种氧化作用，它选择性地使 T7 基因 5 蛋白质的核酸外切酶区域失活。由于失去了核酸外切酶的活性，使得经修饰的 T7 DNA 聚合酶的加工能力，以及在单链模板上的聚合作用的速率增加了 3 倍。这种修饰的 T7 DNA 聚合酶，在物理特性、聚合酶性状以及加工能力等方面，都同天然的T7 DNA 聚合酶完全一样。

修饰的T7 DNA 聚合酶有如下几个方面的用途：

（1）作为一种DNA 序列分析的工具酶，修饰的T7 DNA 聚合酶具有一系列理想的特性：合成性能高，无 3′→5′核酸外切酶活性，催化脱氧核苷酸类似物（双脱氧核苷酸、脱氧肌苷核苷酸）的聚合能力同催化正常核苷酸的聚合能力完全一样。

（2）修饰的T7 DNA 聚合酶能够有效地催化低水平的dNTP（$<0.1\ \mu mol/L$）的掺入，这种特性可用来制备标记的底物。

（3）由于修饰的T7 DNA 聚合酶具有很高的比活性，而且又失去了 3′→5′ 方向的核酸外切酶活性，因此，它可以有效地用来填补和标记具有 5′ 突出末端的 DNA 片段的 3′末端。

五、Taq DNA 聚合酶

在早期进行的PCR 反应中，使用的是大肠杆菌 DNA 聚合酶Ⅰ的大片段，即 Klenow 片段，也曾有人用噬菌体 T4 DNA 聚合酶。这两种酶的共同弱点是热不稳定性，DNA 合成反应只能在 37℃进行，而 PCR 每一循环的解链温度都在 90℃以上进行，故在每两个循环之间要加入新的 DNA 聚合酶，这使得整个实验过程既烦琐又增加成本。另一个问题是，在 37℃时，引物与模板 DNA 之间会发生非特异结合，最终导致许多非特异性 DNA 片段的扩增（图 8-15）。

1988 年，Saiki 等人成功地将热稳定的 Taq DNA 聚合酶应用于 PCR 扩增，提高了反应的特异性和敏感性，是 PCR 技术走向实用化的一次突破性进展。Taq DNA 聚合酶最初是由 Erlish 于 1986 年从一种生活在 75℃热泉中的细菌，即嗜热水生菌（*Thermus aquaticus*）中分离纯化出来的。在补加有四种脱氧核苷三磷酸的反应体系中，Taq DNA 聚合酶能以靶 DNA 为模板，从分别结合在扩增区段两端的引物为起点，按 5′→3′ 的方向合成新生互补链 DNA。这种 DNA 聚合酶具有耐高温的特性，其最适反应温度为 72℃，连续保温 30 min 后仍具有相当的活性，而且在比较宽的温度范围内都保持着催化 DNA 合成的能力，每次反应只需加入一次即可满足整个 PCR 反应的需求。因此，Taq DNA 聚合酶的开发利用有力地促进了PCR 操作过程自动化的实现。

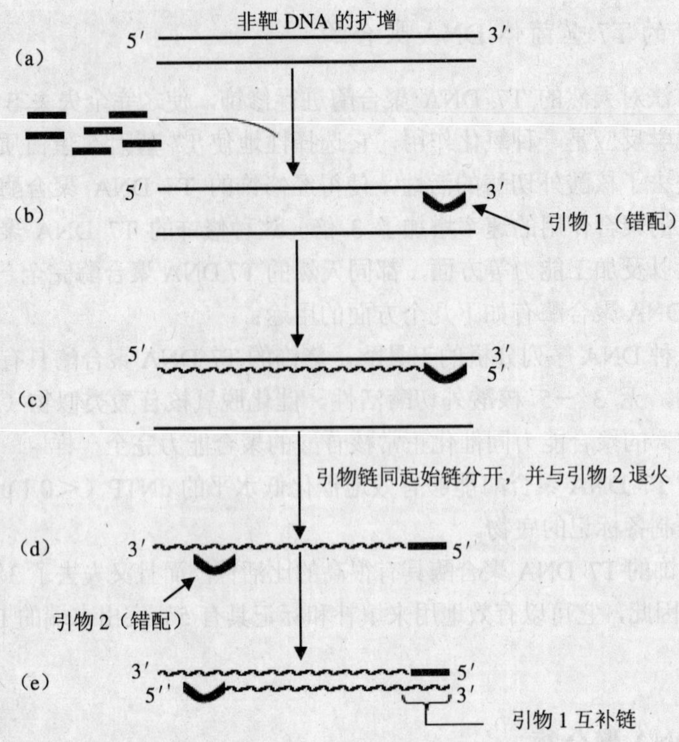

（a）起始的双链 DNA 分子；（b）寡核苷酸引物退火到同靶序列略有差异的错误序列位置；（c）DNA 聚合酶利用错配的引物合成互补链；（d）第一次错配产生的 DNA 链的 5′端掺入了第一引物；（e）第二引物同这种非期望的 DNA 链错配形成双链的 DNA 分子

图 8-15　因引物错配导致的非靶序列的有效扩增

（一）Taq DNA 聚合酶的热稳定性及最适反应温度

相对分子质量为 94 的 Taq DNA 聚合酶的活性较高，大约为 200 000 U/mg，在合成 DNA 时有一个较高的最适温度 75～80℃。Taq DNA 聚合酶虽然在 90℃以上合成 DNA 的能力有限，但高温时仍比较稳定。有实验证明，在 92.5℃、95℃和 97.5℃时，PCR 混合物中的 Taq DNA 聚合酶分别经 130 min、40 min 和 5～6 min 后，仍可保持 50%左右的活性，其半衰期较长。所以，在一个 PCR 预备试验中，每次循环时上限温度为 95℃处理 20 s，则循环 50 次后 Taq DNA 聚合酶仍可保持 65%的活性，能够保证实验的需要。

Taq DNA 聚合酶具有很高的加工合成特性，在最适反应温度时，dNTP 的掺入速度为 35～100 nt/（s·酶分子），最长扩增长度可达 7.6 kb。在低温条件下，Taq DNA 聚合酶的活性明显降低，导致此酶在模板内局部二级结构区域的延伸能力受阻或前进速率常数与解离常数的比值发生改变。在较高的温度（95℃以上）时，很少有DNA合成；在体外，DNA 在较高温度时的合成速度受到引物或引物链与模板链双链结构稳定性的限制。温度对Taq DNA 聚合酶活性的影响见表8-8和图8-16。

表8-8　Taq DNA 聚合酶的催化效率

温度/℃	>90	75～80℃	70	55	37	22
掺入速度/[nt/(s·酶分子)]	0	150	60	24	1.5	0.25

由于Taq DNA 聚合酶的最适反应温度高达75～80℃，故退火温度和延伸温度均可适当提高，这限制了非特异性扩增产物的出现，增加了PCR反应的特异性。

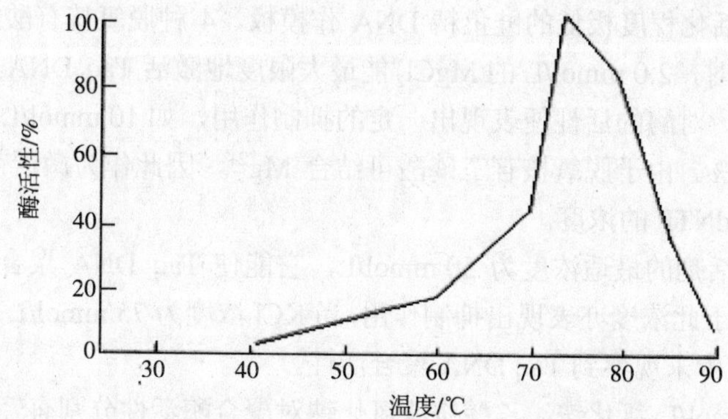

图8-16　温度对Taq DNA 聚合酶活性的影响

（二）Taq DNA 聚合酶的功能

Taq DNA 聚合酶的氨基酸顺序，特别是氨基酸的前1/3区域，与大肠杆菌聚合酶I非常相似，因而它们属于一种多功能酶。

1．具有5′→3′聚合作用

可以以DNA为模板，以结合在特定DNA模板上的引物为出发点，将四种脱氧核苷酸以Watson-Crick配对的方式按5′→3′方向沿模板顺序合成新的DNA链。

2．具有5′→3′核酸外切酶活性

Taq DNA 聚合酶具有依赖于DNA合成作用的链置换的5′→3′核酸外切酶活性，无论单链DNA还是退火到M13模板上，5′端 ^{32}P 标记的寡核苷酸均不降解。另外，如果模板上有一段退火的3′磷酸化的阻断物会被逐个切换而不会阻止来自上游引物链的延伸，即它并不抑制在3′-OH末端上游引物的掺入。

与大肠杆菌 DNA 聚合酶相比，Taq DNA 聚合酶的应用使 PCR 的特异性和敏感性都有了明显的提高。然而就像所有其他生化过程一样，DNA 复制也不可能是一种绝对精确的过程。在偶然的情况下，DNA 聚合酶也会将错误的核苷酸加入到 DNA 的生长链。在一次典型的 PCR 反应中 Taq DNA 聚合酶造成的核苷酸错误掺入率大约是 0.5×10^4。这对于大批量的 PCR 产物而言，并不会构成严重问题。然而，如果 PCR 扩增产物是用于分子克隆，那么核苷酸的错误掺入就值得重视，所以对于扩增用于克隆的 DNA，检测扩增产物 DNA 序列的正确性就显得特别重要。现在已经发现又一种扩增反应精确性有所提高的热稳定的 DNA 聚合酶，这将有助于克服核苷酸错误掺入问题。

（三）激活剂与抑制剂

Taq DNA 聚合酶对金属离子的性质和浓度较敏感，特别是镁离子。在 1 个 10 min 的标准试验中，用活化程度极低的鲑鱼精 DNA 作模板，4 种脱氧核苷酸 dNTP 的总浓度为 0.7～0.8 mmol/L 时，2.0 mmol/L 的 $MgCl_2$ 能最大限度地激活 Taq DNA 聚合酶的活性，浓度再升高时，Mg^{2+}对酶的活性便表现出一定的抑制作用，如 10 mmol/L $MgCl_2$ 对酶的活性可抑制 40%～50%。由于脱氧核苷三磷酸可结合 Mg^{2+}，因此作为激活剂时 Mg^{2+}的精确浓度便主要取决于 dNTP 的浓度。

KCl 作为激活剂的最适浓度为 50 mmol/L，它能使 Taq DNA 聚合酶的合成速度提高 50%～60%，但高于此浓度亦表现出抑制作用，当 KCl 浓度为 75 mmol/L 或大于 200 mmol/L 时，在 PCR 反应中未观察到 Taq DNA 聚合活性。

另外，50 mmol/L 氯化铵、乙酸铵或氯化钠对聚合酶活性分别有轻度的抑制作用、无影响或轻度的刺激作用（25%～30%）。此外，低浓度 SDS 的抑制作用可被高浓度的某种非离子表面活性剂消除。试验研究表明，在 DNA 和 Mg^{2+}存在下（无 dNTP），经 37℃ 反应 40 min 后，0.5% Tween-20/NP40 可立即消除 0.01% SDS 的抑制作用，0.1% Tween-20/NP40 可完全消除 0.01% SDS 的抑制作用。

六、逆转录酶

逆转录酶（reverse transcriptase）又称依赖于 RNA 的 DNA 聚合酶，是分子生物学中最重要的核酸酶之一。逆转录酶具有 5′→3′ 的聚合酶活性和 RNase H 活性。聚合作用所需模板可以是 RNA，也可以是 DNA，引物是带 3′-OH 的 RNA 或 DNA；RNase H 活性可以特异性地降解 RNA-DNA 杂交链中的 RNA 链。目前，已经从多种 RNA 肿瘤病毒中分离得到这种酶，但已商品化的逆转录酶则来源于鸟类骨髓母细胞瘤病毒（Avian Myeloblastosis Virus，AMV）的逆转录酶和 Moloney 鼠白血病病毒（M-MLV）的逆转录酶，二者在许多方面存在差异，如 RNase H 活性强弱、最适反应温度及最适 pH 等。

逆转录酶在分子克隆中的主要用途是在体外以真核 mRNA 为模板合成 cDNA，用以构建 cDNA 文库，进而分离筛选特定蛋白质的编码基因。这为真核生物的基因工程以及真核基因在原核细胞的表达开拓了一条新路。此外，将 mRNA 反转录与 PCR 偶联建立的反转 PCR（RT-PCR）技术使真核基因的分离更加高效，逆转录酶还可用来对具有 5′黏性末端的 DNA 片段做末端标记，用于双脱氧法 DNA 测序及以 DNA（或 RNA）为模板合成核酸探针（图 8-17）。

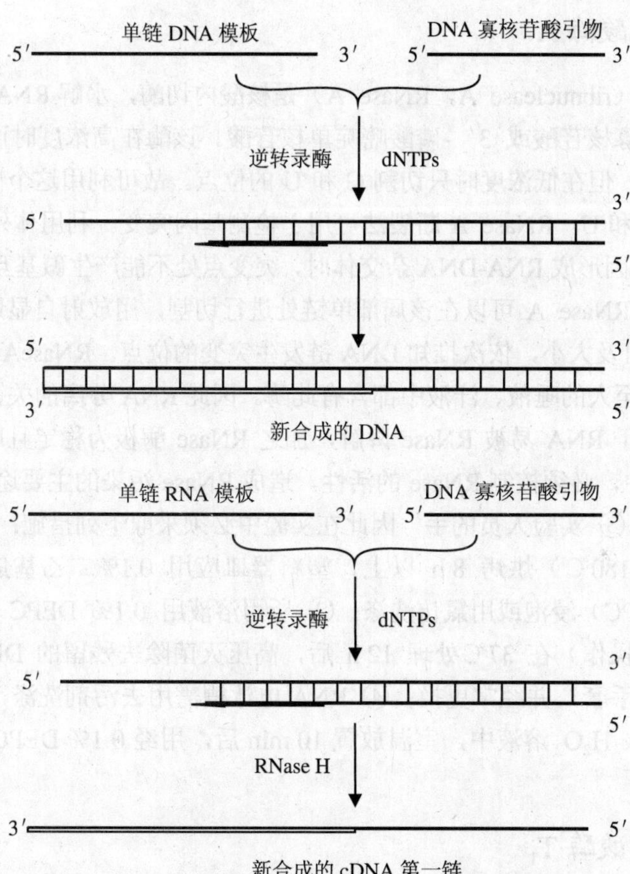

图 8-17　反转录酶以 DNA（或 RNA）为模板合成探针

第四节　核酸酶

一、核糖核酸酶

（一）核糖核酸酶 A

核糖核酸酶 A（ribnuclease A，RNase A）是核酸内切酶，水解 RNA 产生以 3′-磷酸嘧啶核苷酸结尾的寡核苷酸或 3′-磷酸嘧啶单核苷酸。该酶在高浓度时可对单链 RNA 的任何位点进行切割，但在低浓度时只切割 C 和 U 的位点。故可利用这个性质检测寡核苷酸片段中是否含有 C 和 U。RNase A 断裂法可用于检测基因突变。利用体外 SP6 系统合成的 RNA 探针与突变基因形成 RNA-DNA 杂交体时，突变点处不能产生碱基互补（局部单链）。根据这一特点，用 RNase A 可以在该局部单链处进行切割，用放射自显影或其他方法来检查 DNA 片段的数目及大小，依次推知 DNA 链发生突变的位点。RNaseA 的存在非常广泛，空气、自来水，甚至人的唾液、汗液中都含有此酶。因此 RNA 分离的关键因素是尽量减少 RNase 的污染。由于 RNA 易被 RNase 降解，加之 RNase 酶极为稳定且广泛存在，因此，在 RNA 提取过程中，必须控制 RNase 的活性。造成 RNase 污染的主要途径有：① 所用器皿；② 所用溶液；③ 实验人员的手。因此在实验中必须采取下列措施：① 所有的玻璃器皿应置于烘箱中（180℃）烘烤 8 h 以上，塑料器皿应用 0.1%二乙基焦碳酸盐（Diethyl Pyrocarbonate，DEPC）浸泡或用氯仿洗涤；② 所用溶液用 0.1% DEPC（DEPC 有致癌嫌疑，应在通风橱内操作）在 37℃处理 12 h 后，高压灭菌除去残留的 DEPC 溶液；③ 整个实验过程均需戴手套，并经常更换；④ RNA 电泳槽需用去污剂洗涤，用水冲洗，乙醇干燥后，浸泡于 3% H_2O_2 溶液中，室温放置 10 min 后，用经 0.1% DEPC 处理过的水彻底冲洗。

（二）核糖核酸酶 T_1

核糖核酸酶 T_1（RNase T_1）也是核酸内切酶，水解 RNA 产生以 3′-磷酸鸟嘌呤核苷酸为结尾的寡核苷酸和 3′-GMP。RNaseT_1 主要用于 RNA 测序和指纹图谱分析，也有的实验室将它和 RNase A 一起使用，以去除 DNA 样品中的 RNA。

（三）核糖核酸酶 H

核糖核酸酶 H（RNase H）也是核酸内切酶，主要水解 RNA-DNA 杂交分子中的 RNA

链，降解产物为 5′-磷酸核糖核苷和 5′-磷酸寡核苷酸。

利用该酶只切割 RNA-DNA 杂交链中 RNA 单链的特点，可以使 RNA 被切割断裂后成为 DNA 聚合酶合成第二条 cDNA 链的引物，从而生成双链 cDNA。

（四）核糖核酸酶 U2、核糖核酸酶 CL3

这两种酶也是 RNA 内切酶，主要用于 RNA 序列分析。

二、脱氧核糖核酸酶

脱氧核糖核酸酶Ⅰ（deoxyribonucleaseⅠ，DNaseⅠ）是一种内切酶，在二价镁离子存在的条件下，能随机切割双链 DNA 或单链 DNA，使 DNA 分子被酶解成 5′磷酸末端的单核苷酸和寡核苷酸的混合物。在进行 DNA 重组实验时，一定要注意 DNaseⅠ的污染，否则制备好的 DNA 样品会被该酶降解。为此，实验所需用具需经高温处理，也可在样品中加入 EDTA 溶液（抑制 DNA 酶的活性）以螯合该酶进行酶切反应所必需的辅助因子 Mg^{2+}等；也可把 DNA 样品放在冰水混合物中以破坏 DNA 酶的活性。

三、S1 核酸酶

从稻谷曲霉（*Aspergillus oryzae*）中纯化来的 S1 核酸酶，是一种高度单链特异的核酸内切酶，在最适的酶催化反应条件下，降解单链 DNA 的速率要比双链 DNA 快 75 000 倍（图 8-18）。这种酶的活性表达需要低水平的 Zn^{2+}离子的存在，最适 pH 值为 4.0～4.3，而当 pH 值上升到 4.9 时，降解速率会下降 50%。在 NaCl 浓度为 10～300 mmol/L 时，它的活性基本上不受影响，但最适 NaCl 浓度为 100 mmol/L。一些螯合剂，如 EDTA 和柠檬酸，都能强烈地抑制 S1 核酸酶的活性，此外磷酸缓冲液和 0.6%左右的 SDS 溶液也可以抑制它的活性，但它对尿素以及甲酰胺等试剂则是稳定的。

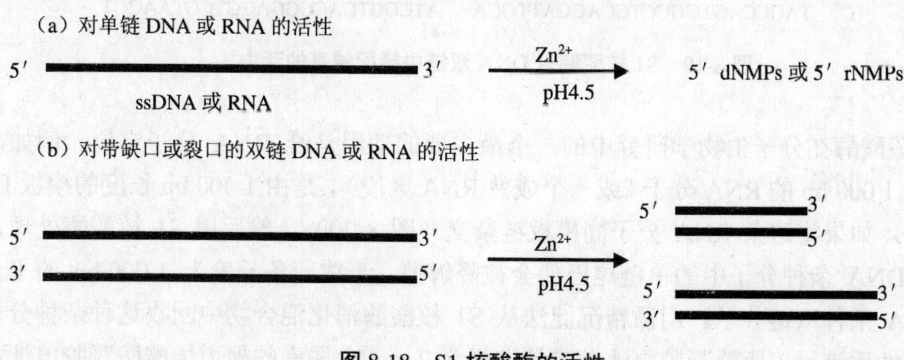

图 8-18　S1 核酸酶的活性

S1 核酸酶的主要功能是催化 RNA 分子或单链 DNA 分子降解成为单核苷酸，同时它也能作用于双链核酸分子中的单链区，并在此单链区域切断核酸分子，而且这种单链区可以小到只有一个碱基对的程度。如图 8-19 所示，两种不同来源的 DNA 分子仅有一对碱基的差异，那么在它们变性—复性之后所形成的异源双链结构中，便只有一个碱基对是错配的，S1 核酸酶能够在这个错配的碱基对位置使 DNA 分子断裂。不过 S1 核酸酶却不能使天然构型的双键 DNA 和 RNA-DNA 杂种分子发生降解。由于具备这些特性，S1 核酸酶在测定杂种核酸分子（DNA-DNA 或 RNA-DNA）的杂交程度、给 RNA 分子定位，测定真核基因间隔序列的位置、探测双螺旋 DNA 区域、移去限制性内切酶黏性末端产生的单链突出序列以及打开 cDNA 合成期间形成的发夹结构等实验操作中，都是十分有力的工具。

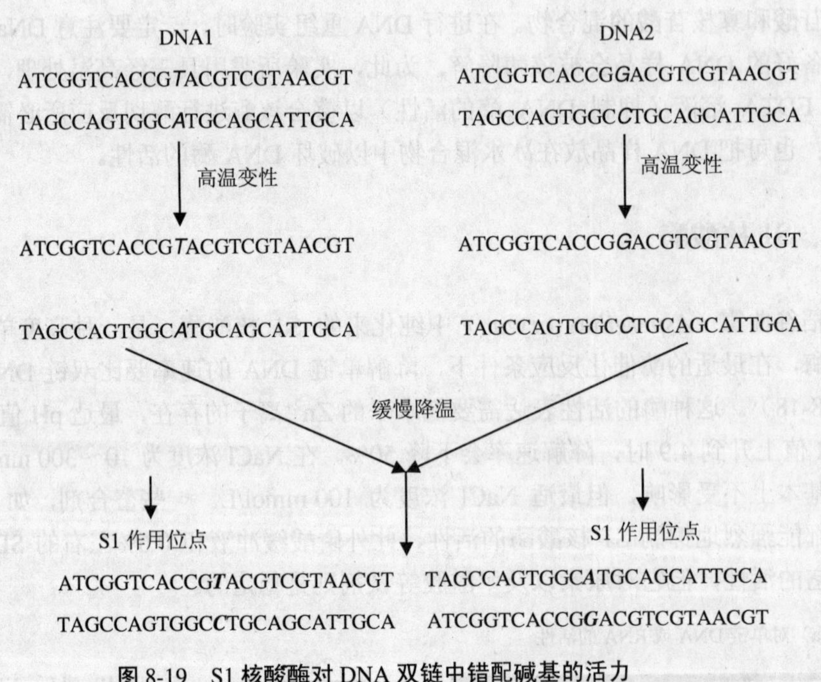

图 8-19　S1 核酸酶对 DNA 双链中错配碱基的活力

S1 核酸酶在分子生物学研究中的一个最主要的功用是给 RNA 分子定位。例如，一个长度为 1 000 bp 的 RNA 分子（或一个成熟 RNA 区段），是由 1 400 bp 长度的模板 DNA 转录而来，如果将这条 RNA 分子同模板链杂交（图 8-20），然后用 S1 核酸酶处理，那么 RNA-DNA 杂种分子中的单链尾巴便会被降解掉，形成一条长度为 1 000 bp 的平末端 RNA-DNA 杂种双链分子。用酒精沉淀法从 S1 核酸酶消化混合物中回收这种杂种分子，再经碱变性后进行琼脂糖凝胶电泳，或是进行含 7 mol/L 尿素的聚丙烯酰胺凝胶电泳，便可以测定出 RNA-DNA 杂种分子中这段抗 S1 核酸酶的 DNA 片段。如果杂交所用的 DNA 分子是高比活 ^{32}P 标记的，其长度则可用凝胶放射自显影法测定；如果是未经标记的 DNA，可先把 DNA 从琼脂糖凝胶上转移到硝酸纤维素滤膜之后，再按 Southern 杂交法测定。真核 mRNA 分子具有 5′帽子结构和 3′Poly（A）尾巴，当这些特殊结构能同 DNA 分子发生碱基配对时，S1 核酸酶便无法将它们移走。

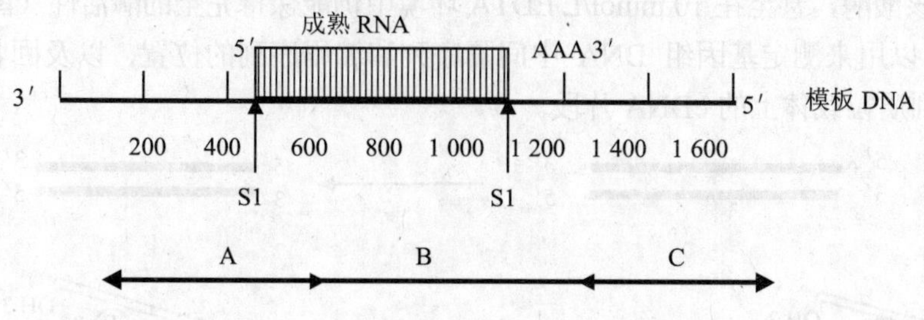

图 8-20　S1 核酸酶用于 RNA 定位

S1 核酸酶可用来切割存在于 dsDNA 或 RNA-DNA 杂种分子中的单链 DNA 的环状结构。因此，用 S1 核酸酶消化由成熟 mRNA 和经 ^{32}P 标记的 DNA 编码链所组成的杂种核酸分子，同样可测定出真核基因组中内含子的位置。

四、核酸外切酶

核酸外切酶是一类从多核苷酸链的一端开始按序催化降解核苷酸的酶。按作用特性的差异，可分为单链核酸外切酶和双链核酸外切酶。前者包括大肠杆菌核酸外切酶Ⅰ（*exo*Ⅰ）和核酸外切酶Ⅶ（*exo*Ⅶ）等；后者有大肠杆菌核酸外切酶Ⅲ（*exo*Ⅲ），λ噬菌体核酸外切酶（λ *exo*）以及 T7 噬菌体基因 6 核酸外切酶等（表 8-9）。

表 8-9　若干种核酸外切酶的基本特性

核酸酶	底物	切割位点	产物
大肠杆菌核酸外切酶Ⅰ	ssDNA	5′-OH 末端	5′单核苷酸加末端二核苷酸
大肠杆菌核酸外切酶Ⅲ	dsDNA	3′-OH 末端	5′单核苷酸
大肠杆菌核酸外切酶Ⅴ	DNA	3′-OH 末端	5′单核苷酸
大肠杆菌核酸外切酶Ⅶ	ssDNA	3′-OH 末端，5′-P 末端	2～12 bp 的寡核苷酸短片段
λ噬菌体λ核酸外切酶	dsDNA	5′-P 末端	5′单核苷酸
T7 噬菌体基因 *6* 核酸外切酶	dsDNA	5′-P 末端	5′单核苷酸

（一）核酸外切酶Ⅶ（*exo*Ⅶ）

大肠杆菌 *exo*Ⅶ包括两个亚基组成单位，它们分别为 xseA 和 xseB 基因的编码产物。*exo*Ⅶ是一种促加工的单链核酸外切酶，与核酸外切酶Ⅰ及核酸外切酶Ⅲ具有不同的特性。它能够从 5′ 末端或 3′ 末端降解 DNA 分子，产生出寡核苷酸短片段，而且还是极少数不需要 Mg^{2+}的核酸酶，甚至在 10 mmol/L EDTA 环境中仍能保持完全的酶活性（图 8-21）。

exo Ⅶ可以用来测定基因组 DNA 中间隔序列和编码序列的位置，以及回收以 dA-dT 加尾法插入到质粒载体上的 cDNA 片段。

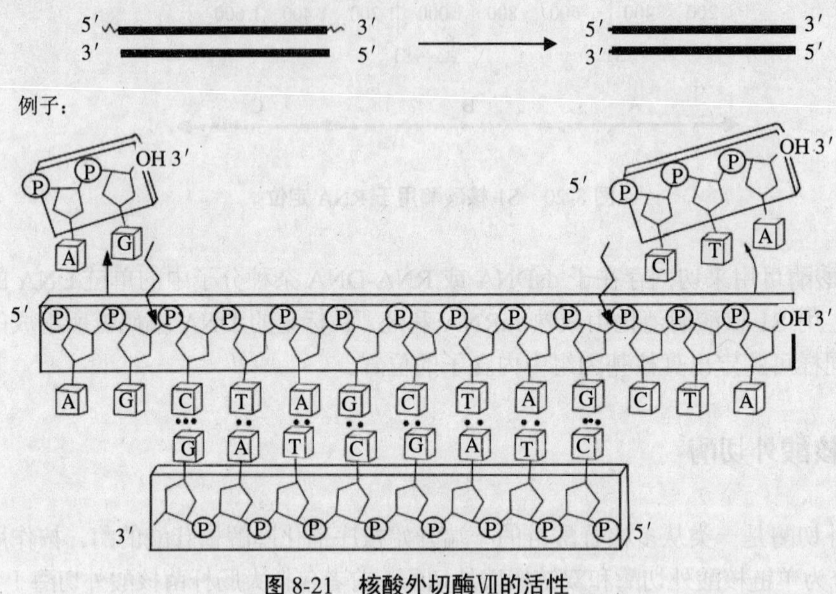

图 8-21 核酸外切酶Ⅶ的活性

（二）核酸外切酶Ⅲ（*exo* Ⅲ）

exo Ⅲ是由大肠杆菌 xthA 基因编码的单体蛋白质，分子量为 2.8×10^3。商品出售的 *exo* Ⅲ是从含有超量 pSGR-3 质粒的大肠杆菌 BE257 菌株细胞中分离出来的。这种酶具有多种催化功能，可降解双链 DNA 分子中的多种磷酸二酯键。在降解作用中，释放单核苷酸的速率取决于 DNA 分子中的碱基组成，其模式为 C≥A～T≥G。由此可见，*exo* Ⅲ对于不同的 DNA 末端具有不同的降解速率。所以，如果在不同的实验中均需要使用 *exo* Ⅲ，则每次实验都必须用各自的 DNA 制剂测定酶的活性。

exo Ⅲ的主要活性是按 3′→5′的方向催化双链 DNA 自 3′-OH 末端释放 5′单核苷酸（图 8-22）。此外，*exo* Ⅲ还具有其他三种活性，即对无嘌呤位点及无嘧啶位点特异的核酸内切酶活性、3′磷酸酶活性和 RNaseH 酶活性。所谓的无嘌呤位点和无嘧啶位点，是

指在双链DNA分子中，各自的嘌呤或嘧啶碱基已从糖-磷酸骨架上被切除下来。而RNaseH酶活性，则是指降解DNA-RNA杂种核酸分子中的RNA链。

在分子生物学及基因克隆的研究工作中，*exo* Ⅲ的主要应用是通过其 3′→5′活性使双链DNA分子产生出单链区。经过如此修饰的DNA，配合使用Klenow酶，便可作为标记DNA的底物，制备特异的放射性探针（这个过程同用T4 DNA聚合酶的外切核酸酶活性及聚合酶活性进行的取代合成相类似）。同时，经过如此修饰的DNA，还可作为双脱氧DNA序列分析法的反应底物，即制备单链DNA模板。*exo* Ⅲ的又一个用途是构建单向缺失。因为*exo* Ⅲ是双链特异的，将3′隐蔽末端同5′隐蔽末端相比，它优先降解具3′隐蔽末端的双链DNA分子。这种特性可用来构建一组从克隆DNA某一特定部位开始的单向缺失，因此不需要先测定DNA的限制性内切酶图谱，就可直接进行序列分析。

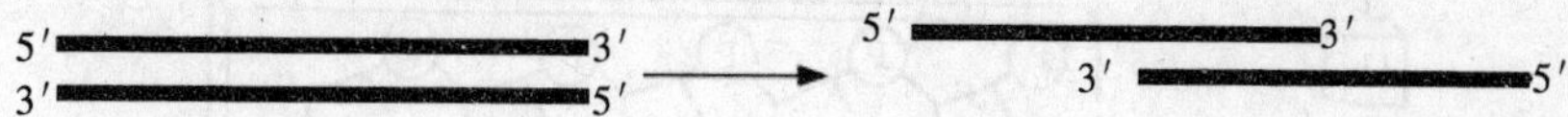

例子：

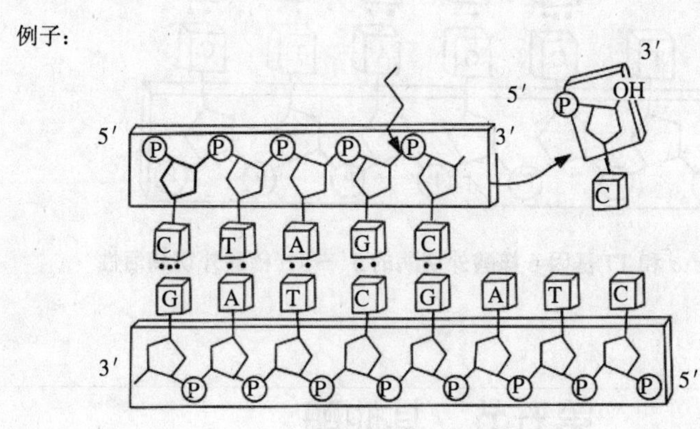

图 8-22　*exo* Ⅲ的活性

（三）λ核酸外切酶（λ*exo*）和T7基因6核酸外切酶

λ核酸外切酶最初是从感染了λ噬菌体的大肠杆菌细胞中纯化出来的。这种酶催化双链DNA分子自5′-P末端进行逐步加工和水解，释放出5′单核苷酸，但它不能降解5′-OH末端（图8-23）。

λ核酸外切酶的用途有两个方面：① 将双链DNA转变成单链DNA，在双脱氧法进行DNA序列分析时使用；② 从双链DNA中移去5′突出末端，以便用末端转移酶进行加尾。

T7基因6核酸外切酶，是大肠杆菌T7噬菌体基因6编码的产物。基因6已被克隆到质粒载体上，并在大肠杆菌细胞中得到了超量表达。这种核酸外切酶同λ *exo* 酶一样，也可以催化双链 DNA 自 5′-P 末端逐步降解释放出 5′单核苷酸分子，但又与λ *exo* 酶不同，它也可以从 5′-OH 和 5′-P 两个末端移去核苷酸。T7 基因 6 核酸外切酶同λ核酸外切酶具有同样的功能。但由于它的加工活性要弱于λ核酸外切酶，因此主要用于自 5′端开始的有控制的匀速降解。

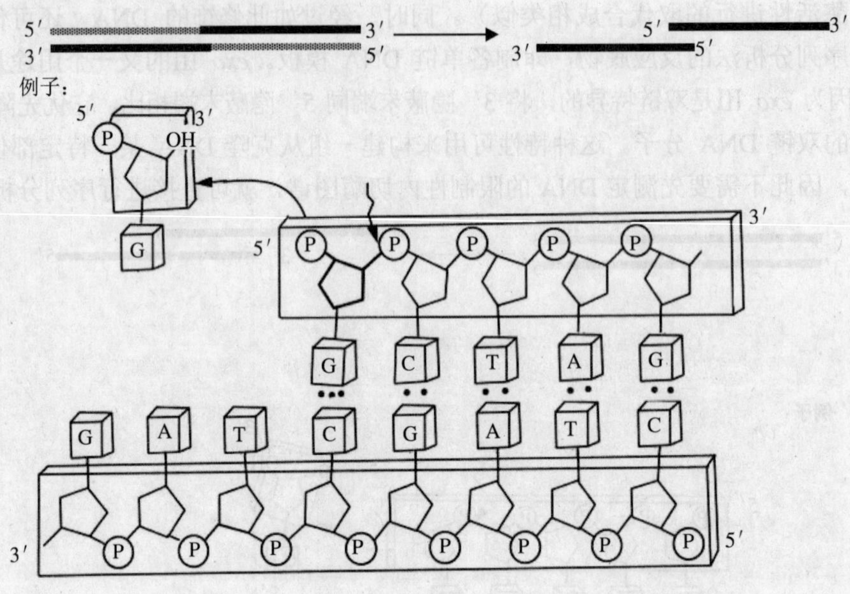

图 8-23 λ *exo* 和 T7 基因 6 核酸外切酶的 5′→3′ 核酸外切酶活性

第五节 其他酶

一、碱性磷酸酶

有两种不同来源的碱性磷酸酶：一种是从大肠杆菌中纯化出来的，叫做细菌碱性磷酸酶（Bacterial Alkaline Phosphatase，BAP）；另一种是从小牛肠中纯化出来的，叫做小牛肠碱性磷酸酶（Calf Intestinal alkaline Phosphatase，CIP）。它们的共同特性是能够催化核酸分子脱掉 5′磷酸基团，从而使 DNA（或 RNA）片段的 5′-P 末端转换成 5′-OH 末端，这就是所谓的核酸分子的脱磷酸作用（图 8-24）。脱磷酸作用的产物具有的 5′-OH 末端，随后在［γ-^{32}P]ATP 和 T4 多核苷酸激酶的作用下，仍可以带上放射性的标记。

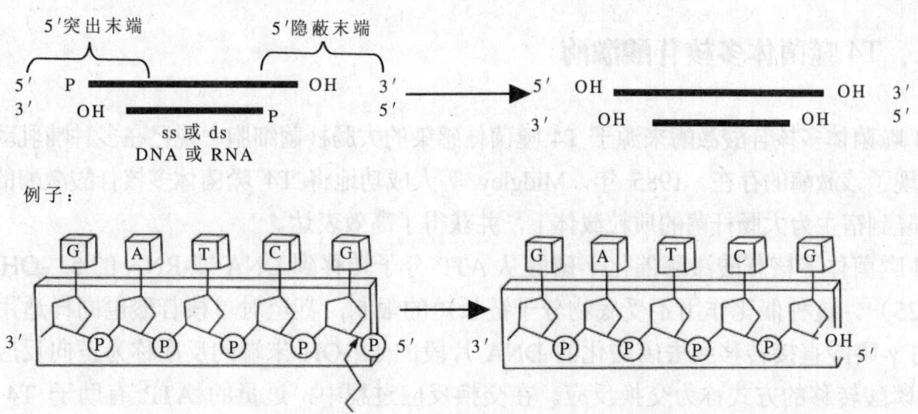

图 8-24　碱性磷酸酶的活性

碱性磷酸酶的这种功能在 DNA 的分子克隆中非常有用。例如，在 Maxam-Gilbert 序列分析中，需要 5′末端标记的 DNA 片段，为此必须在标记之前先从 DNA 分子上除去 5′-P 基团。再如，在 DNA 体外重组实验中，为了防止线性化的载体分子发生自我连接作用，也需要从这些片段上除去 5′-P 基团。应用碱性磷酸酶处理载体分子就可以满足这种要求。加在反应混合物中的碱性磷酸酶从线性载体 DNA 片段的两端移去 5′-P 基团，这样的结果并不影响末端的退火功能，但却使之失去了连接作用的能力，因而势必影响到这种重新退火的分子对热的稳定性。通常在重组 DNA 分子形成之后，再用 DNA 连接酶处理，使单链缺口共价地封闭起来，以阻止在接合点（退火区）发生链的重新解离。而 DNA 分子的连接反应需要一个游离的 3′-OH 和一个游离的 5′-P。如果待结合的两条 DNA 片段之一已经过了碱性磷酸酶的处理，再通过分子内接合作用使之重新环化起来。由于该分子的 5′-P 基团已被脱掉，不能发生连接作用，因此这样的环形分子不稳定，容易在接合点发生重新解链现象。但是，如果是在载体分子同外源 DNA 片段之间发生的分子间的接合作用，那么由于插入片段未经碱性磷酸酶处理，仍保留游离的 5′-P 基团，因此在每一个接合点位置上都有一个 5′-P 基团，也就是有一个单链缺口能被 DNA 连接酶共价封闭。如此封闭的结果，足以阻止重新发生解链作用。在进行转化实验以前，对此种反应混合物作热处理，没有插入片段的载体分子便会解链，恢复成为线性构型，这样就不能形成转化子克隆，而只有带有插入片段的重组体载体分子才能形成转化子克隆。

在实际应用中，BAP 和 CIP 有所差别。CIP 具有明显的优点，在 SDS 中加热到 68℃就可使之完全失活，而 BAP 却耐高温，所以要消除 BAP 的作用相对有些困难。在实际操作中为了去除微量 BAP 的活性，需要用酚-氯仿反复抽提多次，这比用加热法使 CIP 完全失活更为烦琐且增加实验成本，而且 CIP 的比活性要比 BAP 高出 10～20 倍。因此，在大多数情况下都优先选用 CIP 酶。

二、T4 噬菌体多核苷酸激酶

T4 噬菌体多核苷酸激酶来源于 T4 噬菌体感染的大肠杆菌细胞。现已在多种哺乳动物细胞中发现了该激酶的存在。1985 年，Midgley 等人成功地将 T4 噬菌体多核苷酸激酶的编码基因克隆到宿主为大肠杆菌的质粒载体上，并获得了高效表达。

T4 噬菌体多核苷酸激酶催化γ-磷酸从 ATP 分子转移到 DNA 或 RNA 的 5′-OH 末端（图 8-25）。这种催化作用不受底物分子链长短的限制，甚至对单核苷酸也同样适用。将 ATP 的γ-磷酸直接转移到去磷酸化的 DNA 片段的 5′-OH 末端的反应称为正向反应；另外一种磷酸转移的方式称为交换反应。在交换反应过程中，过量的 ATP 有助于 T4 噬菌体多核苷酸激酶将正常 DNA 片段的 5′端磷酸基团转移给 ADP，同时 DNA 片段从 γ-^{32}P-dATP 获得放射性同位素标记的γ-磷酸而重新磷酸化（图 8-26）。一般正向反应比交换反应更为常用且有效。

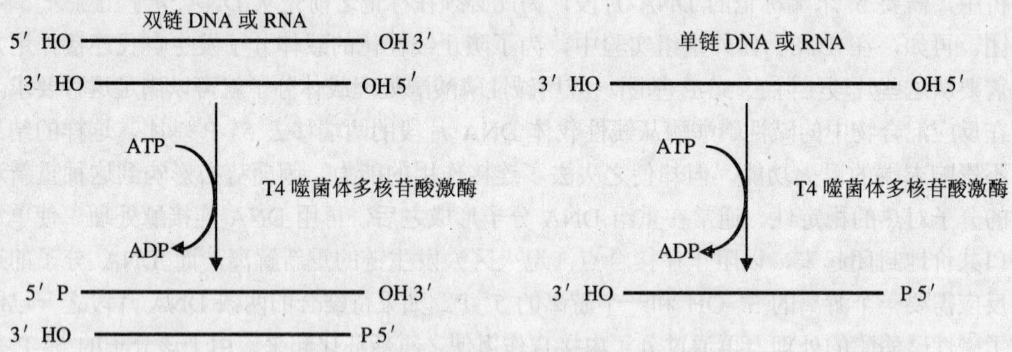

图 8-25　T4 噬菌体多核苷酸激酶的活性

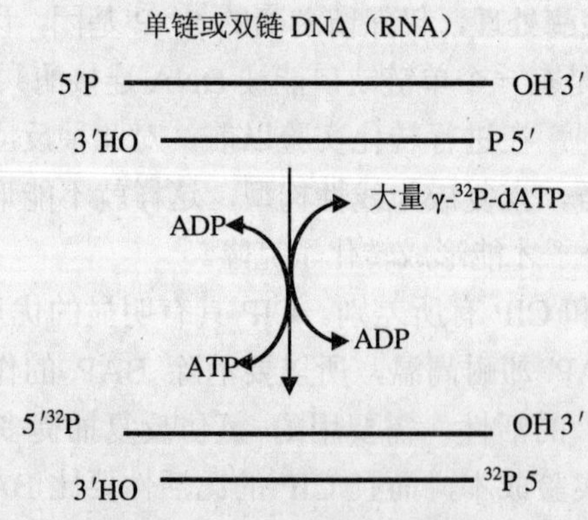

图 8-26　T4 噬菌体多核苷酸激酶的交换活性

T4 噬菌体多核苷酸激酸在 DNA 分子克隆中的用途不仅可标记 DNA 片段 5′端，用以制备杂交探针，而且还常用于人工合成缺失 5′-P 末端的寡核苷酸片段的磷酸化，如衔接物、接头等克隆元件的 5′端磷酸化及磷酸标记测序引物的 5′端。

三、末端转移酶

末端脱氧核苷酸转移酶简称末端转移酶，是从小牛胸腺或髓细胞中分离得到的。末端转移酶催化 DNA 片段在其 3′ -OH 末端加接脱氧核糖核苷酸，合成的方向沿底物的 5′→3′端，而且新链合成时不需要 DNA 模板，但底物要有足够的长度，至少是含 3 个碱基以上的寡核苷酸片段。反应底物可以是带 3′-OH 的单链 DNA，也可以是具 3′端延伸的双链 DNA，反应需要 Mg^{2+}存在。如果在反应体系中用 Co^{2+}取代 Mg^{2+}，则平末端 DNA 片段也可作为末端转移酶的作用底物，而且四种 dNTP 中任何一种都可作为合成反应的前体。

在基因工程中，利用末端转移酶不需模板、dNTP 中任何一种都可作为反应前体物的特性，给平末端 DNA 片段 3′-OH 加上同聚物 poly（C）或 poly（G）、poly（T）或 poly（A）成为可能，并逐渐形成了一种同聚物加尾构建重组体的新技术。例如，在合成 cDNA 反应过程中，为了将 cDNA 链与质粒载体分子相连，须用末端脱氧核苷酸转移酶催化，在质粒载体的 3′端加接寡聚鸟嘌呤脱氧核苷酸$(GGGG)_n$，而在 cDNA 的平末端加接寡聚胞嘧啶脱氧核苷酸$(CCCC)_n$，将二者混合后，经碱基互补退火后进行连接反应，连接产物是带有 cDNA 片段的质粒重组体（图 8-27）。此外，在末端转移酶的作用下，还可将经同位素标记的 DNA 片段的 3′端与α-^{32}P-dNTP 反应，将α-^{32}P-dNMP 加接到 DNA 的 3′末端，使 DNA 片段成为带放射性同位素的标记物。

复习思考题

1. 细菌含有限制性内切酶，为什么自己的基因组 DNA 不会被降解？
2. 为什么Ⅰ类限制性内切酶在实验中用处不大？
3. 进行分子重组时，有哪些措施可以防止载体自身环化？
4. 比较几种 DNA 聚合酶的差异。
5. 为什么大多数实验中选择 CIP，而不是 BAP？

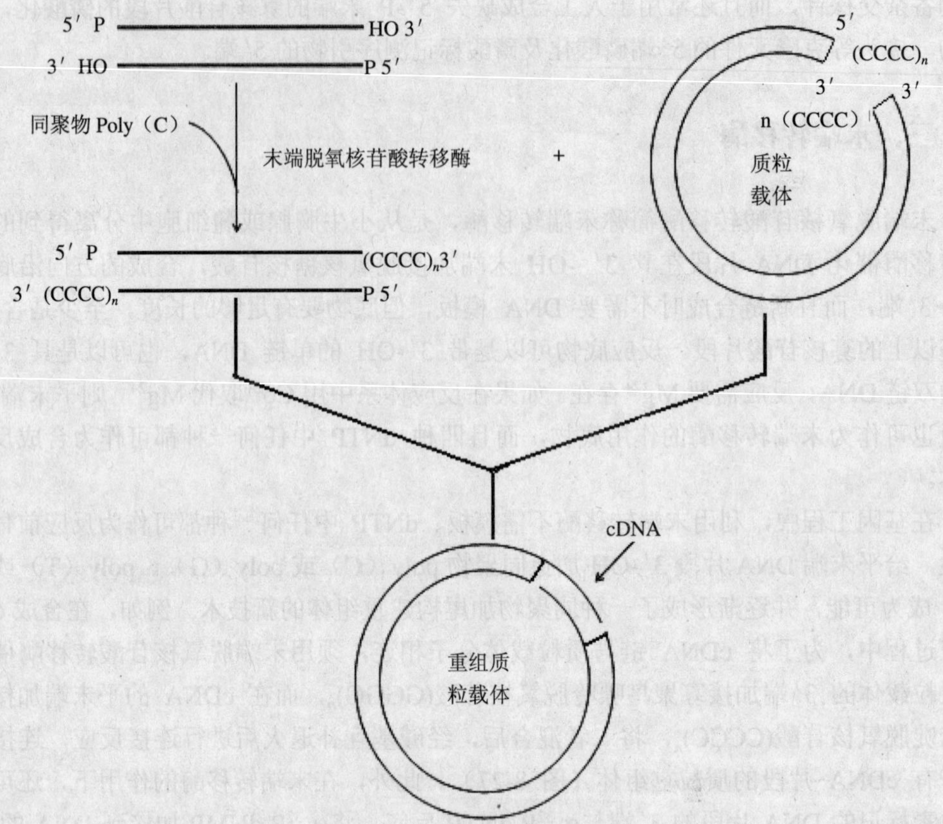

图 8-27　末端脱氧核苷酸转移酶构建重组质粒载体

第九章　基因操作相关技术

【知识要求】

- 掌握测序基本原理；
- 理解分子标记原理；
- 熟悉常用的分子标记技术；
- 了解生物信息学基本知识。

【能力要求】

- 能读懂测序图谱；
- 能进行常用的分子标记实验；
- 能利用网络获取生物信息。

第一节　测序技术

无论对于一个基因、重组质粒还是基因组，分析 DNA 结构的最基本的方法无疑是确定该 DNA 的碱基组成。随着自动化测序技术的发展，测序越来越迅速、可靠，大型计算机的发展使序列的拼接与检索变得轻而易举，但其基本原理仍然是相同的。

一、DNA 序列测定的原理

人们获得的第一段重要的 DNA 序列是λ噬菌体 DNA 的黏性末端序列，它的长度仅有 12 个碱基。当时是利用 RNA 测序的方法测序，并不适用于大规模的 DNA 测序。随后发展了一种改良的方法——加减测序法，并用该法测得了 φ174 噬菌体基因组 5 386 bp 的序列。这种方法在 1977 年又被两种不同的方法所取代，即 Maxam 和 Gilbert 提出的化学降解法和 Sanger 等提出的链终止法（或称双脱氧法）。有一段时间，利用化学试剂使 DNA 碱基发生特异性断裂的方法很受欢迎。然而，在 20 世纪 80 年代早期，对链终止法的改进使其成为首选的方法。至今，人们用这种方法测得了很多基因组的序列，但著名的 T7 噬菌体除外。因此，我们下面只讨论链终止法（图 9-1）。

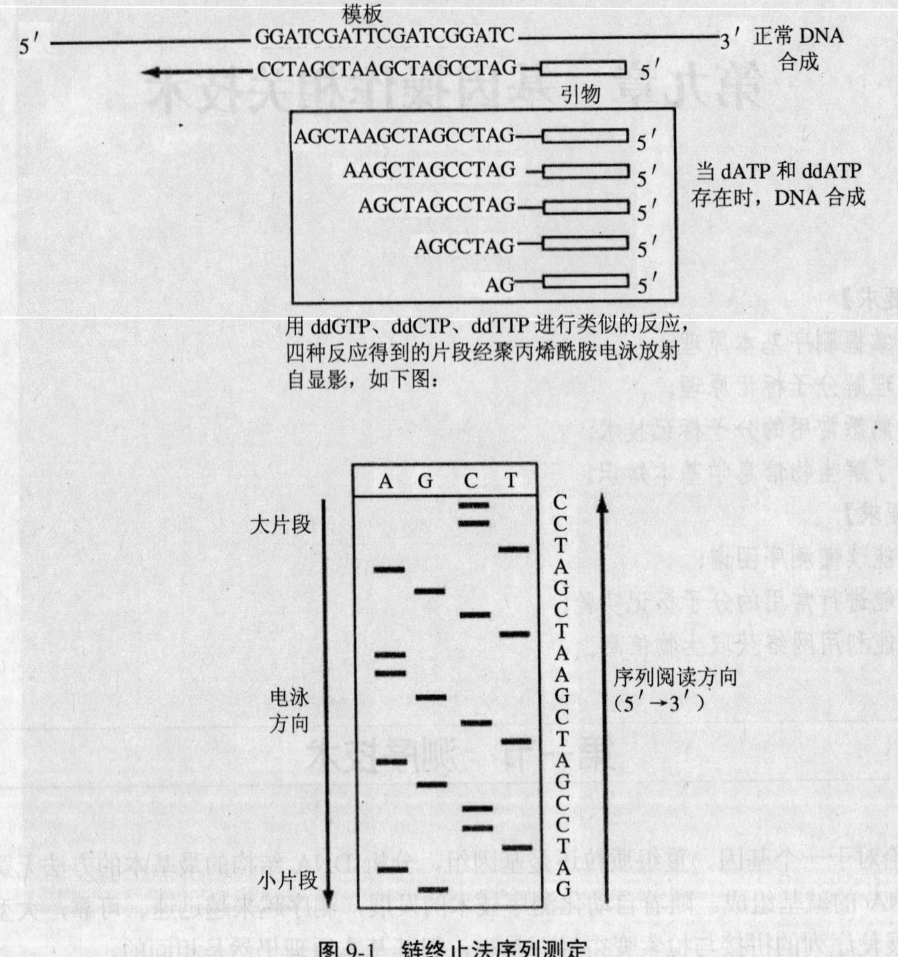

图 9-1　链终止法序列测定

DNA 测序的链终止法利用了 DNA 聚合酶的两个特点：首先，DNA 并非从零开始合成，它需要一段引物与模板链退火，随后通过加入与模板互补的碱基合成新链。因此引物与模板的特异结合保证了新链忠实地合成单链 DNA 模板的互补拷贝；其次，DNA 聚合酶能够利用 2′,3′-双脱氧核苷三磷酸作底物，将其掺入到寡核苷酸链的 3′末端，从而终止 DNA 链的延伸。反应的底物为 5′-NTP，是一种在 5′位置有一个磷酸的五碳糖，这个反应释放两个磷酸基团。底物的糖基部分是一个特异性的 2′脱氧核糖，它在 2′位置没有氢键。然而它有 3′-OH 基团，可以与下一个碱基形成磷酸二酯键。设想如果用 2′,3′-双脱氧底物（图 9-2），ddNTP 替换自然底物 dNTP 会发生什么情况？这种 ddNTP 同样会掺入到新合成的 DNA 链中，与上一个 3′-OH 残基形成二酯键。但是这种新形成的链没有 3′-OH 末端，因此碱基不能再加入，DNA 合成因此被终止。

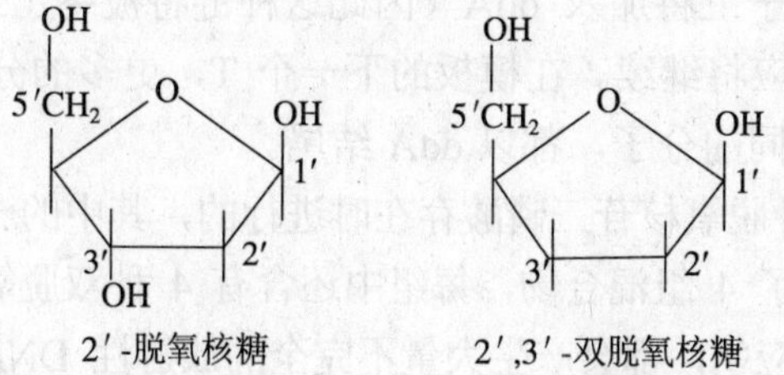

2′-脱氧核糖　　2′,3′-双脱氧核糖

图 9-2　2′-脱氧核糖与 2′,3′-双脱氧核糖核酸

因此，如果用一种双脱氧的衍生物来代替 dNTPs（比如用 2′,3′-双脱氧的 dATP 衍生物来代替，记为 ddATP），那么当遇到 A 残基时 DNA 合成就会终止（图 9-3）。如果进行一组这样的反应，每组中用一种 ddNTP 代替 dNTP，我们将得到 4 种长度不同的分子，每种分子以特定的 ddNTP 结尾。

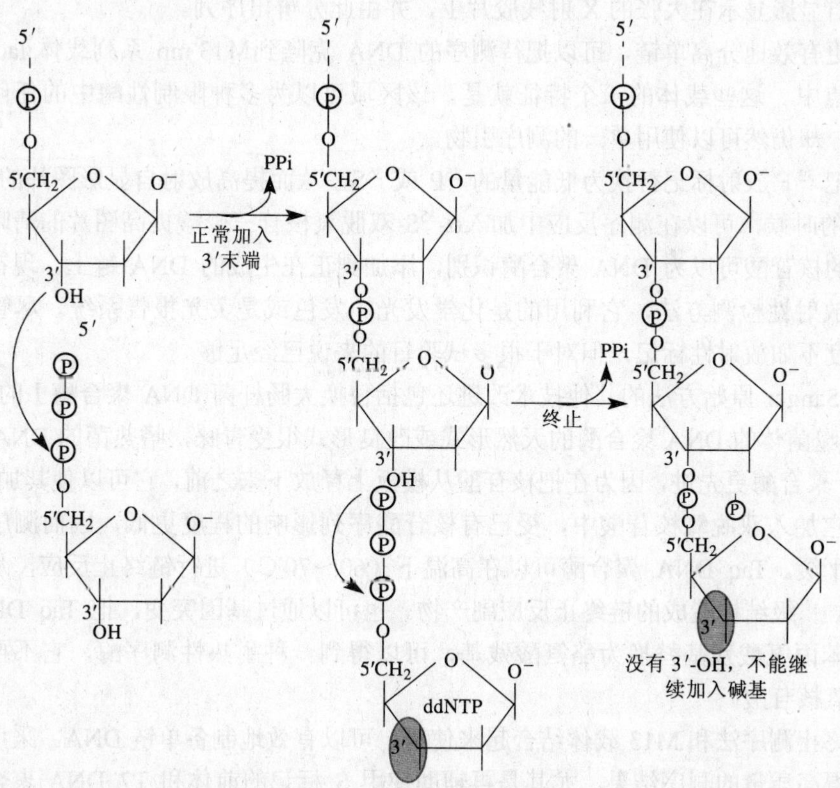

图 9-3　由 ddNTP 介导的链终止

仅仅知道每种碱基第一次出现的位置是没有用处的。然而，如果采用不完全替代，比如用 ddATP 部分代替 dATP，可以使用含有两种碱基的混合物。因此在模板的第一个 T 残基上，新合成链的分子上将加入 ddA（因此这种链将被终止），但大多数分子将加入正常的 dA 残基，因此反应将继续。在模板的下一个 T，更多的分子将被终止，以此类推。因此得到一系列长度不同的分子，都以 ddA 结尾。

DNA 合成是在 4 种脱氧核苷三磷酸存在时进行的，其中的一种或多种脱氧核苷三磷酸由 ^{32}P 标记，并且采用了 4 组混合物，每组中还含有 4 种双脱氧核苷三磷酸类似物中的一种。因此，在每一组反应中，都会产生大量不完全的放射性 DNA 分子，每个分子的 5′末端都相同，但长度不一，3′末端具有碱基特性。经过合适的保温时间后，每组混合物中的 DNA 发生变性，随后在测序凝胶中进行电泳。

测序凝胶是高分辨率凝胶，可根据分子量分离单链 DNA 片段，它可把长度相差一个碱基对的片段分离。测序凝胶通常使用 6%～20%的聚丙烯酰胺和 7 mol/L 的尿素。尿素的功能是尽量减少 DNA 的二级结构，因为它会影响到电泳迁移。在足够的电源下加热到 70℃，凝胶开始进行电泳。这也能减少 DNA 的二级结构。电泳之后，标记过的 DNA 条带可以通过放射自显影显示在大张的 X 射线胶片上，并由此分辨出序列。

为了更有效地分离单链，可以把待测序的 DNA 克隆到M13 mp 系列载体 lac 区域的多克隆位点中。这些载体的一个特征就是，该区域可以为多种限制性酶中的任何一种识别和介导，却仍然可以使用单一的测序引物。

可以把 ^{32}P 放射标记替换为低能量的 ^{35}P 或 ^{35}S，从而提高放射自显影图片的清晰度。使用 ^{35}S 的时候，可以在测序反应中加入α-^{35}S-双脱氧核苷三磷酸提高图片的清晰度。这种改造过的核苷酸可以为 DNA 聚合酶识别，添加到正在生成的 DNA 链上。现在已经发展出了无放射性检测方法，它利用的是化学发光、发色或是荧光报告系统。尽管这些方法的灵敏度不如放射性标记，但对于很多试验目的来说已经足够。

对于 Sanger 原始方法的其他技术改进还包括替换大肠杆菌 DNA 聚合酶Ⅰ的 Klenow 片段。T7 噬菌体的 DNA 聚合酶的天然形式或改良形式很受青睐，嗜热菌的 DNA 聚合酶比 Klenow 聚合酶更先进，因为在把核苷酸从模板上释放下来之前，它可以使其加聚更长。此外，把它加入双脱氧核苷酸中，受已有核苷酸序列影响的程度更低，因而测序梯度的条带更加平缓。Taq DNA 聚合酶可以在高温下（60～70℃）进行链终止反应，从而可以减少 DNA 二级结构造成的链终止反应副产物。也可以通过基因突变，把 Taq DNA 聚合酶的一个苯丙氨酸残基替换为酪氨酸残基，可以得到一种耐热性测序酶，它不再区分双脱氧和脱氧核苷酸。

把链终止测序法和 M13 载体结合起来使用，可以有效地制备单链 DNA。采用这种技术可以获得高质量的测序结果，尤其是再辅助使用 S 标记的前体和 T7 DNA 聚合酶。进一步的改进还可以测双链 DNA 序列，即先用碱对待测的双链 DNA 变性，再中和，然后使其中一条链与特异性引物退火，以进行真正的链终止测序反应。这项技术已经十分普及，因为寡聚核苷酸合成仪已经随处可见，采用通用引物已经不再具有优越性。随着这项技术的发展，Sanger 的测序法已经不再依赖 M13 克隆体系。例如，聚合酶链式反应（PCR）扩增的 DNA 片段可以直接用于测序。在自动测序中，人们经常采用一种双链法的改良形式——循环测序法。它是一种线性扩增的测序反应，采用 25 个循环，每个循环包括变性、特异性引物与一条链的退火以及 Taq DNA 聚合酶和标记过的双脱氧核苷酸同时进行的延伸反应。此外，还可以把标记过的引物和未标记的双脱氧核苷酸一起使用。

二、DNA 序列测定的策略

（一）自动测序

目前，几乎所有的 DNA 测序都是使用自动测序仪进行测序。尽管原理相同，但检测方法却千差万别。对于自动化测序，要么对引物，要么对 ddNTP 进行荧光标记，从而取代放射性同位素标记。因此，检测不是通过电泳的方法来判读序列，当每个泳道中条带通过一定位置时，机器通过激光探头捕获荧光信号。荧光标记不但可以获得较长的序列信息，而且所获得的序列可以自动输入计算机中。这不仅比手动读胶并输入到计算机中要快很多，而且避免了读取和输入过程中人为因素导致的错误。对大规模测序工程，从样品制备、反应体系建立、进样、测序全部采用自动化的方法。

如果对引物进行标记，所有的产物带有相同的染料，因此不得不采用四个泳道，然而，如果四种 ddNTP 用不同种染料进行标记，测序反应可以在一个管中进行，产物也可以在一个泳道中分离，这样可以提高机器的通量。还可以用毛细管电泳代替聚丙烯酰胺电泳，因为聚丙烯酰胺电泳每次电泳都要使用新制的胶，而毛细管可以重复使用。随着超级载体的使用，以及大规模计算机的应用，人类基因组计划这样的大规模测序变成现实。

无论是手动测序还是自动测序，都存在错误率问题。通常是 DNA 序列中存在一定的组合，比如样品中含有相同的核苷酸，这时很难决定数目；二级结构的存在（如发夹结构），会干扰 DNA 合成或者 DNA 片段在胶上的迁移。一些错误可以通过改变反应条件来降低，比如对问题区域进行多次测序，或者对互补链进行测序，因此完整的高质量的序列往往需要从两个方向进行多次覆盖，通过多次读取与拼接才能获得。

（二）序列延伸

尽管自动测序比手动测序得到的序列长，每次测序反应得到的长度仍然是有限的。随着片段的增大，条带的分辨率就会下降，因此每个条带的量就会下降，信号会减弱（除了正常的终止外，二级结构也会导致终止），因此序列的可信性就会大打折扣。如果仅用测序的方法验证重组质粒的序列，或者寻找不同菌株的序列变异，几百个碱基往往已经足够。然而，如果想对一个基因全序列进行测定，或者进行基因组测序，就需要更长的序列数据。

一种延伸序列长度的策略叫做步移法（图 9-4）。DNA 从一个特异的引物开始合成，通常测序对象是一个未知的克隆序列，我们可以从一个插入位点附近克隆载体上的引物开始。因为大多数测序使用相同的克隆载体（比如 pUC18 或者 M13 载体，它们克隆位点两侧的序列是相同的），可以用相同的引物对任何克隆进行测序。因此，这种引物亦称为通用引物。

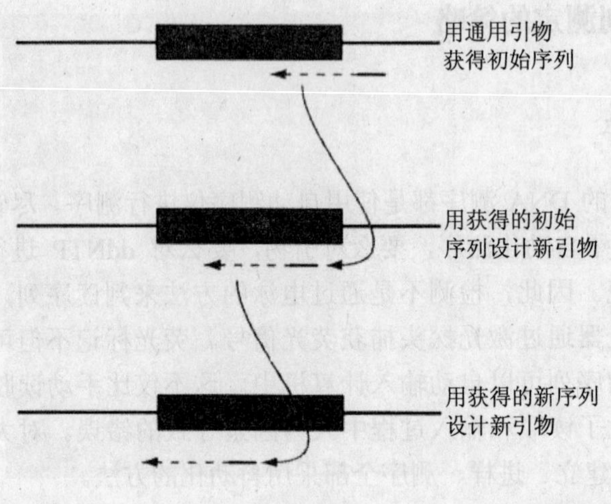

图 9-4　引物步移法测序

正向引物将从插入片段的一个方向读取序列，而反向引物可以从另外一个方向获取互补序列。因此所得到的序列包含一小部分载体序列，这段序列帮助识别未知序列。然后可以根据所获得的第一段序列设计引物，获得插入片段的其他序列。然后设计第三对引物，直到获得全序列。这种方法对于较短片段的测序是十分有效的，但对于较长 DNA，工作量十分巨大，且存在许多间隙。

（三）霰弹法测序（shot-gun sequencing）

对于较长片段的测序，比如一个长达 10 kb 的克隆，最好的方法是将其分成较小的片段。这个过程就像构建基因文库：来自于重组质粒的插入片段被分成许多小片段，然后克隆到适宜的载体上。M13 噬菌体载体比较适合于这种测序，因为它可以产生单链，单链会得到比较清晰的结果。不过，随着技术的改进，现在也能从双链质粒模板中得到较好的结果。需要指出的是这种方法中重叠片段很重要，因此，获得重叠片段的最好方法是机械打碎。然后随机地从小文库中挑选克隆进行测序，这种方法称为霰弹法测序（图

9-5）。开始时可能搞不清楚所获得的序列来自哪一个片段，然而，当对大量片段进行测序后，用计算机软件对所得到的序列进行比较，计算机会发现片段的重叠部分（包括互补链的信息）。当发现重叠时，这两个片段就会被连接起来形成一个重叠群（contig），这些重叠群会自动地连接起来，最终形成序列更长的重叠群（图 9-6），包含所有 DNA 的信息。

当然，如果开始的序列都是新信息，当继续进行测序时，所得到的信息越来越少，到达末端时，几乎所有的克隆都被包含在一个 contig 中。假设所有的片段在文库中出现的几率相同，霰弹法比文库筛选法要迅速。有时部分原始片段不能很好地代表文库，这是很难克隆的原因。如果遇到这种情况，序列上会出现一个间隙，这是霰弹法很难弥补的。如果这种间隙很小的话，可以用引物步移法除去间隙，或者用已知的序列设计引物，把间隙部分扩增出来再进行测序；如果间隙过大，比如基因组测序，必须采用其他的方法弥补。

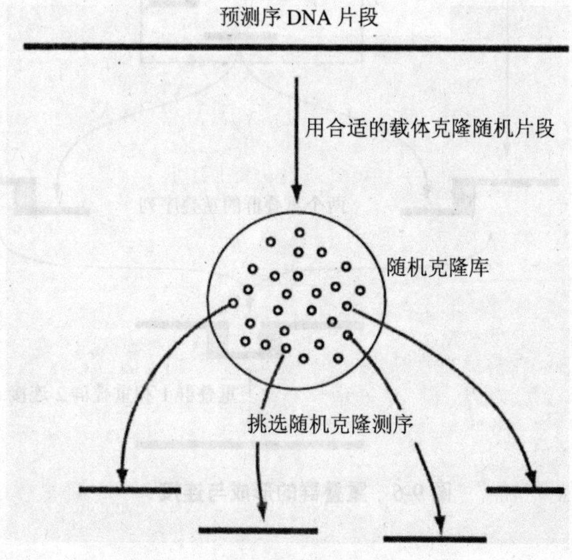

图 9-5 霰弹法克隆与测序

对于任何测序项目，无论 DNA 的大小或者所用的方法，边际效应是很明显的。你可能很快测定 90%的序列，其他的 9%可能要耗费较长时间，剩余 0.9%甚至要更长的时间。因此需要设定一个总阈值，需要达到多大的覆盖率与准确度，是 90%，99%或者 99.9%？如果不进行这样的折中，可能要花费很大精力在成千上万个碱基中纠正一个碱基的错误。

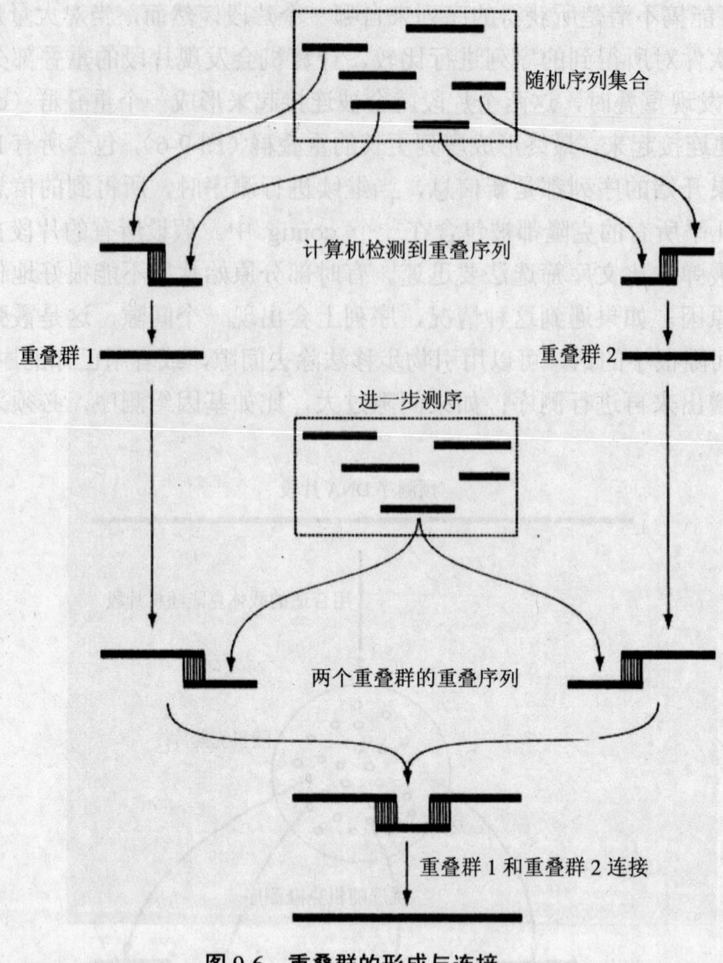

图 9-6 重叠群的形成与连接

三、DNA 序列测定存在的问题

1. 测序报告上找不到引物序列

（1）找不到测序使用的引物序列。荧光测序方法采用的是荧光标记了的 ddNTP，自动测序仪通过检测 ddNTP 上的荧光来读取序列。由于引物本身不被标记，所以在测序报告中找不到。

（2）找不到克隆片段的扩增引物。这种情况可能是在构建质粒时采用的工具酶的酶切位点距离测序引物太近，由于荧光染料的干扰在序列开始的部分不十分准确。比如 pBluescript Ⅱ KS 这个质粒，如果采用 *Sac* Ⅰ做工具酶，采用 T7 做引物测序，那么 T7 引

物末端的 *Sac* I 的酶切位点只有 6 bp，这样，酶切位点后的扩增引物序列在测序报告上很可能不完整。解决的办法是采用 M13 引物来测序，这样可以保证在 *Sac* I 的位点之后的引物序列都可以完整地出现在报告中。此外，也可能插入的片段方向相反，可以找一下互补序列。

2. 测序报告中出现两个不同的峰形（Two pattern）

在同一个碱基的位置可能出现两个不同的峰形，导致这种结果的原因是：

（1）样品本身被污染，这常常发生在样品为质粒和菌液的情况中。当使用通用引物测序时，如果刚好和样品中的几个质粒均能结合，那么就会出现这种情况，而且在同一位置上还可能有不止两个峰形。

（2）样品不是单一模板，这常常发生在样品为 PCR 产物的情况中。由于使用的是特异性引物，因此即使模板中有其他 DNA 的存在，产生干扰的可能性也很小。通常是由于存在两条分子量很接近，采用琼脂糖电泳无法分开的条带，在测序时就会发生这种情况。如果进行 PCR 时使用了混合模板，然后对 PCR 产物进行直接测序来筛选基因变异，同样也会出现这种峰形。

（3）样品中存在两个引物结合位点，这常常发生在样品中存在重复序列的情况。当引物恰好设计在重复序列，那么在重复序列以外的部分就会出现两个峰形的情况。

第二节　分子标记技术

一、基本概念

广义的分子标记（molecular marker）是指可遗传的并可检测的 DNA 序列或蛋白质标记。蛋白质标记包括动物蛋白、植物蛋白和同工酶（指由一个以上基因位点编码的酶的不同分子形式）及等位酶（指由同一基因位点的不同等位基因编码的酶的不同分子形式）。狭义的分子标记概念只是指 DNA 标记，本文中也将分子标记概念限定在 DNA 标记范畴。

理想的分子标记必须达到以下几个要求：（1）具有高的多态性；（2）共显性遗传，即利用分子标记可鉴别二倍体中杂合和纯合基因型；（3）能明确辨别等位基因；（4）除特殊位点的标记外，要求分子标记均匀分布于整个基因组；（5）选择中性（即无基因多效性）；（6）检测手段简单、快速（实验程序易自动化）；（7）开发成本和使用成本尽量低廉；（8）在实验室内和实验室间重复性好（便于数据交换）。但是，目前发现的分子标记均不能满足以上所有要求。目前应用较广泛的分子标记有：限制性片段长度多态性分析技术（RFLP）、随机引物扩增多态 DNA 技术（RAPD）、扩增片段长度多态性分析技术（AFLP）、微卫星技术（microsatellite）等。

二、限制性酶切片段长度多态性

（一）基本原理

限制性片段长度多态性（Restriction Fragment Length Polymorphism，RFLP）是发展最早的分子标记技术。RFLP 技术的原理是检测 DNA 在限制性内切酶酶切后形成的特定 DNA 片段的大小。因此凡是可以引起酶切位点变异的突变如点突变（新产生和去除酶切位点）和一段 DNA 的重新组织（如插入和缺失造成酶切位点间的长度发生变化）等均可导致 RFLP 的产生。此技术包括以下基本步骤：DNA 的提取；用限制性内切酶酶切 DNA；用凝胶电泳分开 DNA 片段；把 DNA 片段转移到滤膜上；利用放射性标记的探针显示特定的 DNA 片段（通过 Southern 杂交）；分析结果。由于线粒体和叶绿体 DNA 较小，前三个步骤就完全可能检测出 DNA 片段的差异，所以往往不需要后面的几个步骤，从理论上说，这种多态性也可称为 RFLP。

一般选择单拷贝探针，但如果 RFLP 探针是来自拷贝数可变串联重复（Varible Number of Tandem Repeats，VNTR），则产生另一类因相同或相近序列的拷贝数变化所引起的多态性。凡是引起重复单位的大小和序列不同、基因组中重复的数目和分布不同等均可导致这种多态性的产生。在 RFLP 技术中有特殊用途（成为分子标记）的重复序列包括：（1）小卫星（minisatellite）序列：重复单位（motif）有碱基 10～60 个（也有 16～100 个碱基一说），在基因组中多次出现；（2）微卫星（microsatellite）或简单重复序列（Simple Sequence Repeats，SSR）：重复单位含有 1～5 个碱基。

由于 RFLP 需要标记探针进行 Southern 杂交，过程十分烦琐，工作量较大，大大限制了它的应用。近年来，PCR 技术与 RFLP 结合起来，产生了 PCR-RFLP 技术，大大简化了检测过程，提高了检测效率。该方法首先用 PCR 将待检测的基因片段扩增出来，然后再进行限制性酶切、电泳。相对于传统的 RFLP，这种技术可以精确地控制酶切位点数目以及片段大小。

（二）基因组 RFLP 实验

1．材料

基因组 DNA（大于 50 kb，分别来自不同的材料）。

2．设备

电泳仪及电泳槽，照相用塑料盆 5 只，玻璃或塑料板（比胶块略大）4 块，吸水纸若干，尼龙膜（依胶块大小而定），滤纸，离心管（0.5 ml）若干。

3．试剂

（1）限制性内切酶（*Bam*HⅠ，*Eco*RⅠ，*Hind*Ⅲ，*Xba*Ⅰ）及10×酶切缓冲液。

（2）5×TBE电泳缓冲液：配方见第十章。

（3）变性液：0.5 mol/L NaOH，1.5 mol/L NaCl。

（4）中和液：1 mol/L Tris-HCl（pH7.5），1.5 mol/L NaCl。

（5）10×SSC：1.55 mol/L NaCl，0.5 mol/L 柠檬酸钠，用1 mol/L HCl调pH为7.0。

（6）其他试剂：0.4 mol/L NaOH，0.2 mol/L Tris-HCl（pH7.5），2×SSC，ddH$_2$O，琼脂糖0.8%，0.25 mol/L HCl。

4．操作步骤

1）基因组DNA的酶解

（1）大片段DNA的提取详见基因组DNA提取实验，要求提取的DNA分子量大于50 kb，没有降解。

（2）在50 μl反应体系中，进行酶切反应：5 μg基因组DNA，5 μl 10×酶切缓冲液，20单位（U）限制酶（任意一种），加双蒸水至50 μl。

（3）轻微振荡，离心，37℃反应过夜。

（4）取5 μl反应液，0.8%琼脂糖电泳观察酶切是否彻底，这时不应有大于30 kb的明显亮带出现。

注意：未酶切的DNA要防止发生降解，酶切反应一定要彻底。

2）Southern转移

（1）酶解的DNA经0.8%琼脂糖凝胶电泳后EB染色观察。

（2）将凝胶块浸没于0.25 mol/L HCl中脱嘌呤，10 min。

（3）取出胶块，蒸馏水漂洗，转至变性液变性45 min，再经蒸馏水漂洗后转至中和液中和30 min。

（4）预先将尼龙膜、滤纸浸入水中，再浸入10×SSC中，将一玻璃板架于盆中，铺一层滤纸（桥），然后将胶块反转放置，盖上尼龙膜，上覆两层滤纸，再加盖吸水纸，压上0.5千克重物，以10×SSC盐溶液吸印，维持18～24 h。也可用电转移或真空转移。

（5）取下尼龙膜，0.4 mol/L NaOH溶液中30 s，迅速转至含0.2 mol/L Tris-HCl（pH7.5）的2×SSC溶液中，5 min。

（6）将膜夹于2层滤纸内，80℃真空干燥2 h。

三、随机引物扩增片段长度多态性

（一）基本原理

随机引物扩增片段长度多态性（Rapid Amplified Polymorphic DNA，RAPD）技术是一种新型的以 PCR 扩增技术为核心的分子遗传标记。该技术用一组（有时用两个）随机引物（一般 8～10 个碱基）非定点地扩增 DNA 片段，然后用凝胶电泳分开扩增片段。其特点包括：（1）无须知道所研究的生物基因 DNA 序列，可用于所有生物；（2）引物人工合成，无种属特异性，可以在不同的实验室通用；（3）技术简单，RAPD 分析不涉及 Southern 杂交、放射自显影或其他技术；（4）RAPD 标记一般是显性遗传（极少数是共显性遗传的），这样对扩增产物的记录就可记为"有/无"，但这也意味着不能鉴别杂合子和纯合子；（5）RAPD 分析中存在的最大问题是重复性不太高，因为在 PCR 反应中条件的变化会引起一些扩增产物的改变。

（二）基因组 RAPD 实验

1．材料

不同来源的 DNA（50 ng/μl）。

2．设备

PCR 仪，PCR 管或硅化的 0.5 ml 离心管，电泳装置。

3．试剂

（1）随机引物（5 μmol/L）：购买成品。

（2）Taq 酶：购买成品。

（3）$MgCl_2$：25 mmol/L。

（4）dNTPs：每种 2.5 mmol/L。

4．操作步骤

（1）在 25 μl 反应体系中加入：

模板 DNA 1 μl（50 ng）、随机引物 1 μl（约 5 pmol）、10×PCR 缓冲液 2.5 μl、$MgCl_2$ 2 μl、dNTPs 2 μl、Taq 酶 1 单位（U），加 ddH_2O 至 25 μl，混匀后稍离心，加一滴矿物油。

（2）在 PCR 仪中预变性：94℃ 2 min，然后循环：94℃ 1 min，36℃ 1 min，72℃ 1 min，共 40 个循环。

（3）循环结束后，72℃ 10 min，4℃保存。

（4）取 PCR 产物 15 μl，加 3 μl 上样缓冲液（6×），于 2%琼脂糖胶上电泳，稳压 50～100 V（电压低，带型整齐，分辨率高）。

（5）电泳结束，观察、拍照。

四、扩增片段长度多态性

（一）基本原理

扩增片段长度多态性（Amplified Fragment Length Polymorphism，AFLP）技术是由 Zabeau 于 1992 年发明的一种选择性扩增限制性片段的分析方法，是 PCR 与 RFLP 相结合的一种技术。其基本原理如下。

（1）基因组限制性酶切（图 9-7）。用两种不同的限制性内切酶对基因组进行酶切：一种为高频内切酶（如四碱基内切酶 *Mse* Ⅰ切口），一种为低频内切酶（如六碱基内切酶 *Eco*RⅠ）。基因组经酶切得到三种酶切产物：两端都为 *Eco*RⅠ切口，两端都为 *Mse*Ⅰ切口，一端为 *Mse*Ⅰ切口、一端为 *Eco*RⅠ切口。

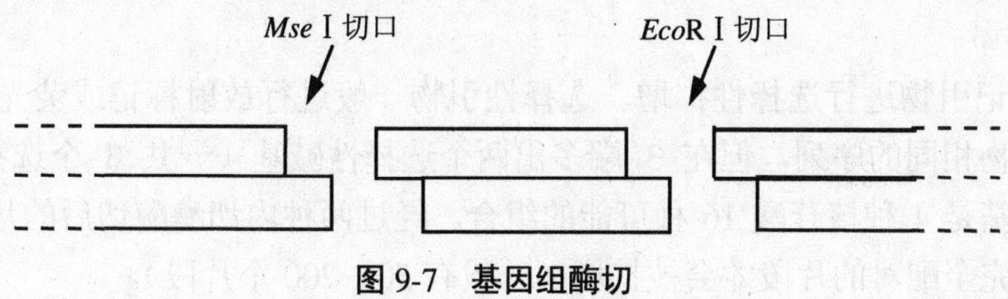

图 9-7 基因组酶切

（2）寡核苷酸接头连接（图 9-8）。寡核苷酸接头是一种包含内切酶特异序列和核心序列的双链 DNA，它们含有 *Eco*RⅠ或 *Mse*Ⅰ特异序列。连接与酶切是同时发生的，当接头与 DNA 连接时，会改变限制性内切酶位点，从而防止再次酶切。

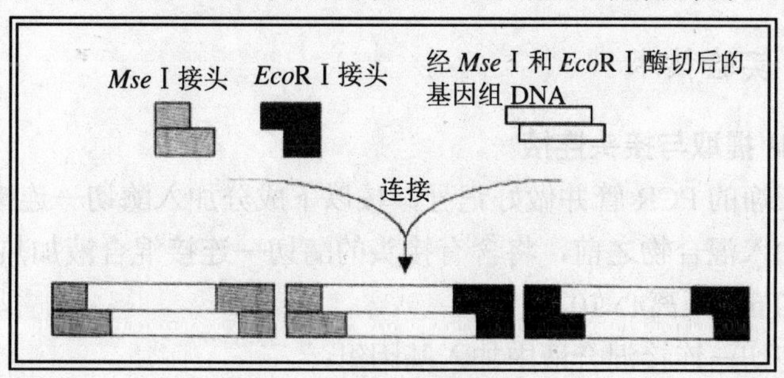

图 9-8 寡核苷酸接头连接

（3）预扩增（图 9-9）。扩增的引物包含核心序列、酶特异序列以及一个 3′端选择性延伸碱基。接头的序列与内切酶位点充当了预扩增时引物结合的位点。每种预扩增的引物都有一个选择性核苷酸，经过预扩增的产物具有一个 *Mse*Ⅰ端，一个 *Eco*RⅠ端，与内部核苷酸配对。预扩增的产物大大减少了片段的复杂性。

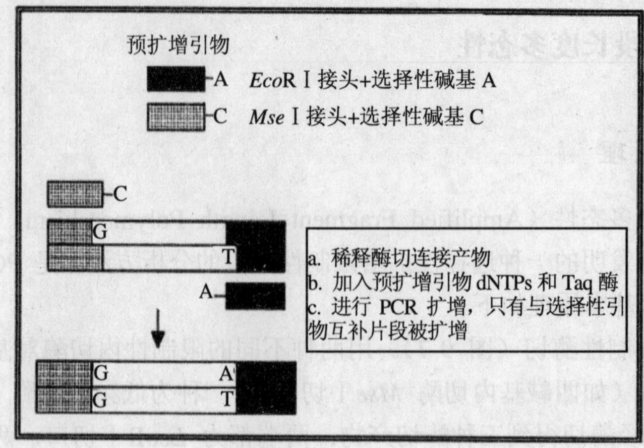

图 9-9 预扩增

（4）用标记引物进行选择性扩增。选择性引物一般进行放射标记或荧光标记。它们含有与预扩增引物相同的序列，但在 3′端多出两个选择性碱基（一共 3 个选择性碱基）。这两种选择性碱基是 4 种核苷酸 16 种可能的组合。经过两种内切酶酶切后的片段，只有与 3 个选择性碱基完全配对的片段才会被扩增（一般有 50～200 个片段）。

（5）电泳分离扩增片段。AFLP 标记的优点在于：① 每个样品每次扩增反应后可产生 50～150 个条带，可以稳定地分离到较多的标记。② 绝大部分为显性标记，不受环境影响。③ 带型清晰，分辨率较高。④ 灵敏度高，重复性好。⑤ 通用性好。人工设计的接头与专用引物，可以用于大部分未知的基因组。

（二）AFLP 实验技术

1．基因组 DNA 提取与接头连接

（1）取 5 个干净的 PCR 管并做好记号，按以下成分加入酶切—连接混合物：

注意在接头加入混合物之前，将含有接头的酶切—连接混合液加热至 95℃，5 min，并冷却至室温，10 min，离心 10 s。

（2）然后在酶切—连接混合液中加入基因组：

酶切—连接混合液	5.5 μl
染色体 DNA（0.5～1 μg）	5.5 μl

（3）混匀，14 000 r/min 离心 15 s。

（4）37℃保温 2 h（或室温下过夜）。

2．预扩增

（1）在酶切—连接结束后，加入 189 μl TE 缓冲液[10 mmol/L Tris-HCl（pH 8.0），0.1 ml EDTA]或者水至每个反应管中，充分混匀，稍离心。上述反应的产物可以在−20℃长期储存。

（2）取 5 个 PCR 管，做好标记，按下表所列试剂顺序准备预扩增反应体系。

试剂	用量/μl	终浓度
10×T4 连接缓冲液（ATP）	1.1	1×
0.5 mol/L NaCl	1.1	0.05 mol/L
BSA（1 mg/ml）	0.5	0.45 mol/L
Mse Ⅰ接头（50 μmol/L）	1.0	约 5 μmol/L
*Eco*R Ⅰ接头（5 μmol/L）	1.0	约 0.5 μmol/L
*Eco*R Ⅰ（20 U/μl）	0.25	5 U
Mse Ⅰ（4 U/μl）	0.25	1 U
T4 DNA 连接酶（3 U/μl）	0.33	约 1 U
总计	5.53	

试剂	用量/μl	终浓度
水	8.1	
10×PCR 缓冲液（15 mmol/L $MgCl_2$）	2.0	1×（1.5 mmol/L $MgCl_2$）
5 mmol/L dNTPs	0.8	每种 200 μ mol/L
*Eco*R Ⅰ PS 引物（2.75 μmol/L）	2.0	0.275 μmol/L
Mse Ⅰ PS 引物（2.75 μmol/L）	2.0	0.275 μmol/L
热稳 DNA 聚合酶（5 U/μl）	0.1	0.5 U
总计	15.0	—

（3）在每个新 PCR 管中加 15 μl 预扩增预混液。

（4）反应体系中加一滴矿物油，如果 PCR 仪带有热盖可以不加。

（5）加 5 μl 酶切—连接产物至每个 PCR 管中。

（6）混匀 14 000×g 离心 15 s。

（7）按如下程序进行预扩增反应：

72℃ 2 min 预变性
94℃ 20 s 变性
56℃ 30 s 退火
72℃ 2 min 延伸
（94℃～72℃）20 个循环
72℃ 2 min 最终延伸
60℃ 30 min 最终保温

3. 选择性扩增

（1）预扩增 PCR 结束后加 180 μl TE 缓冲液至每个 PCR 管中（PS 反应管）。PS 管反应产物也可以在－20℃保存一定时间，供选择性扩增模板使用。

（2）取 5 个新 PCR 管做好标记，按下表准备选择性扩增预混合液，预混合液中含有一套选择性引物。

选择性扩增预混合液（SEL）：

试剂	用量/μl	终浓度
水	8.1	—
10×PCR 缓冲液（15 mmol/L $MgCl_2$）	2.0	1×
5 mmol/L dNTPs	0.8	每种 200 μmol/L
*Eco*R Ⅰ A##引物（0.46 μmol/L）	2.0	0.046 μmol/L
Mse Ⅰ C##引物（2.75 μmol/L）	2.0	0.275 μmol/L
热稳 DNA 聚合酶（5 U/μl）	0.1	0.5 U
总计	15.0	

（3）在每个新 PCR 管中加 15 μl 扩增预混液。

（4）反应体系中加一滴矿物油，如果 PCR 仪带有热盖可以不加。

（5）加 5 μl 预扩增 PCR 产物（PS）至每个 PCR 管中。

（6）混匀 14 000×g 离心 15 s。

（7）按如下程序进行预扩增反应。

94℃	2 min	预变性	
94℃	20 s	变性	
66℃	2 min	延伸	
94℃	20 s	变性	9 个循环
Decrease 1℃/cycle	30 sec	退火	
72℃	2 min	延伸	
94℃	20 s	变性	20 个循环
56℃	30 s	退火	
72℃	2 min	延伸	
60℃	30 min	最终保温	

（8）取 5 μl 选择性扩增 PCR 产物进行测序分析。

（9）另取 5 μl 6×上样缓冲液加至选择性扩增 PCR 管中，混合，进行琼脂糖或聚丙烯酰胺电泳。

附录：AFLP 接头与引物接头

*Eco*RⅠ-adapter:	5′-CTC GTA GAC TGC GTA CC-3′
	3′-CAT CTG ACG CAT GGT TAA-5′
*Mse*Ⅰ-adapter:	5′-GAC GAT GAG TCC TGA G-3′
	3′-TA CTC AGG ACT CAT-5′

预扩增引物 （选择性碱基用斜体表示）

*Eco*RⅠA	5′-GACTGCGTACC AATTC *A*-3′
*Mse*ⅠC	5′-GATGAGTCCTGAG TAA *C*-3′

选择性引物 *Eco*RⅠ引物进行荧光标记 （选择性碱基用斜体表示）

Set 1:	*Eco*RⅠ	5′-FAM-GACTGCGTACCAATTC A*CT*-3′
	*Mse*Ⅰ	5′-GATGAGTCCTGAGTAA C*AG*-3′

五、微卫星

微卫星（microsatellite）是指由少数几个核苷酸为单位的多次串联重复 DNA 序列（2～6 个核苷酸）。微卫星序列又称简单重复序列（Simple Sequence Repeats，SSRs）、随机重复序列（Short Tandem Repeats，STRs）等。微卫星数量多且均匀分布于基因组中。据估计，基因组中平均 30～50 kb 就有一个微卫星 DNA 位点。微卫星具有丰富的多态性，微卫星多态性是以重复单位的变异为基础的，因此其多态性信息含量较高。微卫星重复性较好，检测也很容易。微卫星目前主要用来进行亲缘关系鉴定和遗传关系分析。图 9-10 表示微卫星的分离过程，由于微卫星分离过程十分复杂，这里只介绍大致流程。

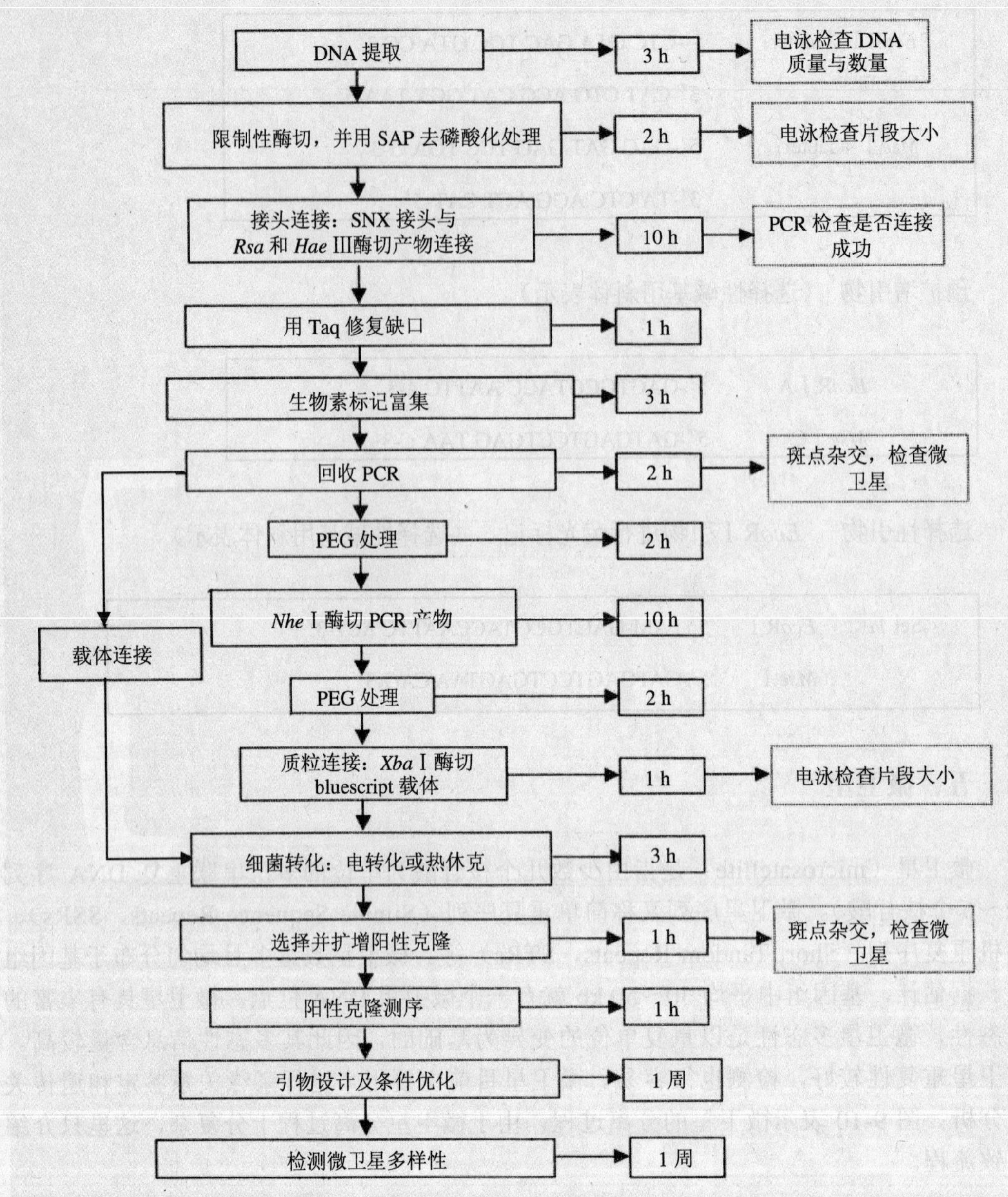

图 9-10　微卫星分离过程

六、补充技术

（一）变性梯度凝胶电泳

变性梯度凝胶电泳（DGGE）是指利用双链DNA分子在一定梯度变性剂浓度的凝胶中电泳时，会发生部分解链，导致电泳迁移率下降。分别具有一种SNP等位基因型的两种DNA分子间即使只有一个碱基对的差异，也会在不同时间发生部分解链，从而被分离成两条带。DGGE与TGGE类似，只不过DGGE依靠变性剂使T_m值不同的分子分离，而TGGE依靠温度梯度分离T_m值不同的分子。因此，DGGE也可用WinMelt/MacMelt等软件预测序列信息，SNP在高T_m值的区段时PCR引物也需加GC夹子等。DGGE检测的片段可长达1 kb，若SNP发生在最先解链的DNA区域，其检出率也可达100%，尤其是100～500 bp的片段，所以已被广泛应用于SNP的检测。但是DGGE存在电泳时间和变性条件的优化费时费力、变性剂浓度和变性热力学关系不一致、不可控制变性梯度、梯度线性范围小、需用较长的凝胶和较长的电泳时间等缺点。

（二）温度梯度凝胶电泳

温度样度凝胶电泳（TGGE）的基本思路是使用“热”作为一种能量的来源，使得氢键变得热力学不稳定，带点突变或正常的DNA片段由于T_m值不同将表现出不同的解链行为。DNA片段在聚丙烯酰胺凝胶电泳中通过设置温度梯度来进行分离，当片段的温度到达它最低熔解区域即开始解链，呈现为分支的Y型结构，因此降低了在TGGE凝胶介质中的迁移速率，而它又比单链迁移速率快。因为一个碱基的改变就可引起在不同温度下DNA双链的解链行为不同，即一个碱基的突变可以使DNA片段的电泳迁移速率不同，从而达到在温度梯度电泳中分离的效果。理想的温度梯度可以通过垂直TGGE（温度梯度方向与电泳方向垂直）的方法来优化。TGGE的使用提供了一个快速、灵敏和高度可垂直的筛选突变的方法，也是一个常用的检测SNP的强有力的工具。它分析长度在200～900 bp内的双链DNA片段，如果发现SNP在高T_m值的区段，需在PCR引物的5′端加上一段40～50 bp的GC夹子，但如果SNP在GC富集区（如CpG岛），则很难检测到。

（三）单链构象多态性

见第四章。

（四）变性高效液相色谱

1. 变性高效液相色谱（DHPLC）简介

DHPLC 或 DNA 突变分析仪，主要用来检测 DNA 突变和单核苷酸多样性（SNP）的分析工具。此仪器为全自动化仪器，可以在短时间内检测基因片段中单一核酸的变异，且可以快速分析小片段碱基的插入和缺失，平均每分析一个样品所花时间约 10 min，分析片段长度可达 1 000 bp，比传统的凝胶电泳技术方法大大节省了分析时间。

2. DHPLC 的三种工作模式

目前比较有代表性的 DHPLC 系统是美国 Transgenomics 公司的 WAVE®系统，它是一套经济、高效及多用途的仪器。标准 WAVE 系统提供可选择的冷却设备、双板自动进样器、柱箱、紫外检测器和分离柱。这套系统可在同一分析标准下实现三种模式的运行（见表 9-1 和图 9-11）。

表 9-1 WAVE 核苷酸片段分析系统的三种操作模式、原理及应用领域

工作模式	温度/℃	应用范围	分离原理
非变性	50	鉴定双链 DNA 片段长度（小于 2 000 bp）	按片段长度分离，与序列无关
		PCR 产量检查和产物纯化	
		定量分析（Q-RT-PCR）	
部分变性	52～75	突变检测	依靠片段大小和序列分离
		单核苷酸多态性（SNP）研究	
完全变性	75～80	鉴定单链 DNA 片段长度（小于 2 000 bp）	依靠片段大小和序列分离
		RNA 分析（用 RNASep 柱）	
		寡核苷酸分析（DNASep 柱与 OLIGOSep 柱）和纯化（片段收集器）	

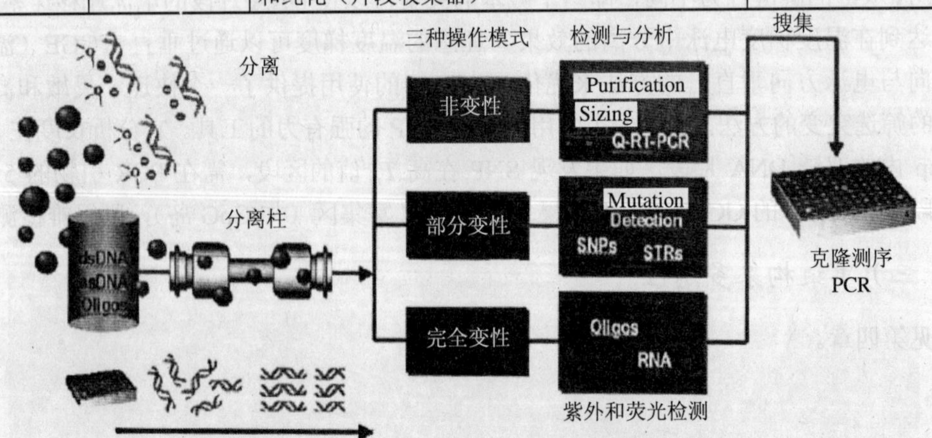

图 9-11 WAVE 系统的三种工作模式

（1）非变性条件：依赖分子量大小的分离

WAVE 系统软件能根据 DNA 片段分子量大小最大限度地完善分离条件。在这些条件下，序列顺序并非是决定 DNA 洗脱方式的因素。系统在 50℃运行，碱基对的数量决定洗脱顺序。这种应用在非变性条件下能将染色体插入和缺失片段分开。一般说来，含有 1%大小差异的片段能够被分离。例如，100 bp 的产物能和 101 bp 的产物分开，300 bp 的产物能和 303 bp 的产物分开。图 9-12 表明利用 WAVE 系统，9 个片段可被一一分离，而用 0.8%的琼脂糖凝胶电泳，则 257 bp 和 267 bp 两片段无法被分离。

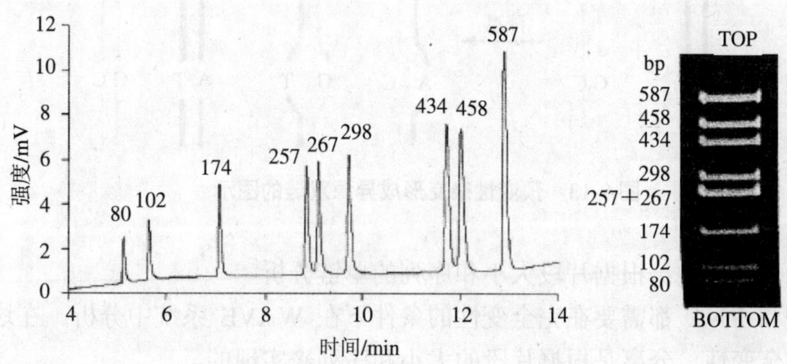

图 9-12　WAVE 系统按片段长度来分离 DNA

（2）部分变性条件：根据片段大小、序列和温度的分离

WAVE 系统软件也能预测突变检测的分析条件。在部分变性的条件下，分离不同成分是根据核酸的大小、序列以及分析温度。在单核苷酸突变或多态性杂交个体中，野生型 DNA 和突变型 DNA 的比率是 1∶1，加热至 95℃，然后慢慢冷却，使 PCR 产物杂交形成同源双链和异源双链。

WAVE 分析系统在能足以使 DNA 异源双链变性（熔解）的温度下运行。熔解的异源双链经离子对反相液相色谱层析与相应的同源双链分离。这个过程也称为温度调控的异源双链层析或分析。在 DNASep 柱基质中的精确保留时间使得对单核苷酸多态性（SNP）和短串联重复序列（STRs）的高灵敏、快速检测成为可能。图 9-13 显示了运用 WAVE 系统在一定范围温度变化下四种相应的杂交产物。在用于测定 DNA 片段大小的非变性条件下（50℃），所有四种杂交产物都有着相同的保留时间。当温度上升到 54℃时，异源双链复制物开始在错配碱基两侧区域变性。这种变性导致 PCR 产物的双链比例减少。在洗脱温度下，单链 DNA 片段比双链片段更早洗脱，这主要是因为单链片段分子的负电荷比双链少。因此，异源双链 PCR 产物比同源双链含有更高的单链比例，保留时间更短。当同源双链 DNA 尚未变性时，异源双链已经被洗脱出来了。在 55℃，同源双链开始变性，野生型腺嘌呤-胸腺嘧啶比突变型胞嘧啶-鸟嘌呤同源双链变性更快一些，最佳分离温度设为 56℃。两种异源双螺旋并没有必要完全分开，因为样本序列和野生型对照之间的区别表明 DNA 序列差异的存在。分辨率是依赖于突变位点、片段长度以及序列的具体构象的。

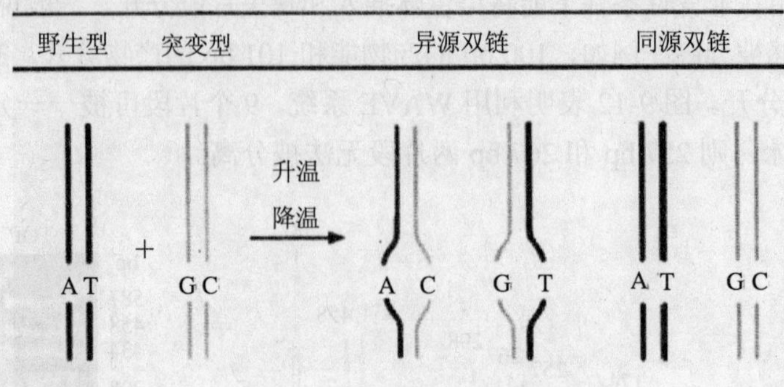

图 9-13　预变性杂交形成异源双链的图示

（3）完全变性条件：根据片段大小和序列的单链分析

单核苷酸和 RNA 都需要在完全变性的条件下在 WAVE 系统中分析。在这些洗脱温度下，核酸完全变性，分离是根据片段的大小和序列来实现的。

第三节　生物信息技术

一、生物信息学概念

生物信息学是建立在生物学、计算科学和信息学基础上的一门交叉学科。生物信息学包含了生物信息的获取、处理、存储、分发、分析和解释等在内的所有方面，它综合运用数学、计算机科学和生物学的各种工具来阐明和理解大量数据所包含的生物学意义。生物信息学的核心是基因组信息学，包括基因组信息的获取、处理、存储、分配和解释。基因组信息学的关键是“读懂”基因组的核苷酸顺序，即全部基因在染色体上的确切位置以及各 DNA 片段的功能。同时在发现了新基因信息之后进行蛋白质空间结构的模拟和预测，然后依据特定蛋白质的功能进行药物设计。它的研究目标是揭示基因组信息结构的复杂性及遗传语言的根本规律，解释生命的遗传语言。生物信息学已成为整个生命科学发展的重要组成部分，成为生命科学研究人员必须掌握的一种必备的基本技能。生物信息学的研究内容大致包括以下几个方面：① 生物信息学数据库；② 序列对比和数据搜索；③ 核酸蛋白质结构预测；④ 多序列比对和进化分析。

二、生物信息数据库

一般而言，这些生物信息数据库可以分为一级数据库和二级数据库。一级数据库的数据都直接来源于实验获得的原始数据，只经过简单的归类整理和注释；二级数据库是在一级数据库、实验数据和理论分析的基础上针对特定目标衍生而来，是对生物学知识和信息的进一步整理。国际上著名的一级核酸数据库有 Genbank 数据库、EMBL 核酸库和 DDBJ 库等；蛋白质序列数据库有 SWISS-PROT、PIR 等；蛋白质结构库有 PDB 等。国际上二级生物学数据库非常多，它们因针对不同的研究内容和需要而各具特色，如人类基因组图谱库 GDB、转录因子和结合位点库 TRANSFAC、蛋白质结构家族分类库 SCOP 等。

（一）核酸数据库

随着自动化测序技术的发展以及大规模测序计划的执行，世界上每一分钟都有新核酸序列被测定。为了更高效地利用信息，建立生物信息中心、通过互联网实现全球范围的信息共享已经成为必然。欧美等发达国家相继成立了生物信息资源和研究中心。其中美国国家生物技术信息中心（National Center for Biotechnology Information，NCBI）维护的 Genebank 核酸数据库、欧洲生物信息研究所（European Bioinformatics Institute，EBI）维护的欧洲分子生物学实验室核酸数据库 EMBL 以及日本国立遗传研究所维护的日本 DNA 数据库（DNA Data Bank of Japan，DDBJ）共同构成了国际核酸序列数据库合作计划。这三大数据库从 1982 年开始合作，每个数据库搜集各自区域内的科学家所提供的新序列数据及相关生物学信息，并且每隔 24 h 进行同步更新，因此它们所存储的数据都是一样的。

Genbank 库包含了所有已知的核酸序列和蛋白质序列，以及与它们相关的文献著作和生物学注释。它是由美国国立生物技术信息中心（NCBI）建立和维护的。它的数据直接来源于测序工作者提交的序列，由测序中心提交的大量 EST 序列和其他测序数据以及与其他数据机构协作交换数据而来。Genbank 的数据可以免费下载，NCBI 还提供广泛的数据查询、序列相似性搜索以及其他分析服务，用户可以从 NCBI 的主页上找到这些服务。EMBL 和 DDBJ 数据库功能及内容与 Genebank 相似。

Genebank 的网址是：http://www.ncbi.nlm.nih.gov/genebank/。

EMBL 数据库网址是：http://www.ebi.ac.uk/embl/。

DDBJ 的网址是：http://www.ddbj.nig.ac.jp/。

（二）蛋白质数据库

蛋白质内在的生物信息千差万别，有的信息是用于识别的；有的信息是用于生化反应的；有些蛋白质是信息的传递者；有些蛋白质是信息的制造者。这些蛋白质的表现形式、功能与其结构是密切相关的。蛋白质的结构主要分为四级：一级结构、二级结构、三级结构和四级结构。依据这种结构层次，将蛋白质数据库分为：蛋白质序列数据库，如 PIR、SWISS-PROT、NCBI 等，这些数据库主要以提供蛋白质的序列为主；蛋白质模板及结构域数据库，如 PROSITE 等数据库，这些数据库主要提供了蛋白质的保守结构域和功能域的特征序列；蛋白质结构数据库，如 PDB 等，这些数据库主要以提供蛋白质的结构测量数据为主；蛋白质分类数据库，如 SCOP、CATH 等。

PIR 国际蛋白质序列数据库（PSD）是由蛋白质信息资源（PIR）、慕尼黑蛋白质序列信息中心（MIPS）和日本国际蛋白质序列数据库（JIPID）共同维护的国际上最大的公共蛋白质序列数据库。这是一个全面的、经过注释的、非冗余的蛋白质序列数据库，包含超过 142 000 条蛋白质序列（至 1999 年 9 月），其中包括来自几十个完整基因组的蛋白质序列。所有序列数据都经过整理，超过 99%的序列已按蛋白质家族分类，一半以上还按蛋白质超家族进行了分类。PSD 的注释中还包括对许多序列、结构、基因组和文献数据库的交叉索引，以及数据库内部条目之间的索引，这些内部索引帮助用户在包括复合物、酶—底物相互作用、活化和调控级联与具有共同特征的条目之间方便地检索。SWISS-PROT 是经过注释的蛋白质序列数据库，由欧洲生物信息学研究所（EBI）和瑞士生物信息学研究所（SIB）共同维护，它是 ExPASy 网站的一部分，数据库由蛋白质序列条目构成，每个条目包含蛋白质序列、引用文献信息、分类学信息、注释等，注释中包括蛋白质的功能、转录后修饰、特殊位点和区域、二级结构、四级结构、与其他序列的相似性、序列残缺与疾病的关系、序列变异体和冲突等信息。SWISS-PROT 中尽可能减少了冗余序列，并与其他 30 多个数据库建立了交叉引用，其中包括核酸序列库、蛋白质序列库和蛋白质结构库等。SWISS-PROT 只接受直接测序获得的蛋白质序列，序列提交可以在其 Web 页面上完成。PROSITE 是一个蛋白质家族和结构域数据库。数据库收集了生物学有显著意义的蛋白质位点和序列模式，并能根据这些位点和模式快速、可靠地鉴别一个未知功能的蛋白质序列应该属于哪一个蛋白质家族。PROSITE 中涉及的序列模式包括酶的催化位点、配体结合位点、与金属离子结合的残基、二硫键的半胱氨酸、与小分子或其他蛋白质结合的区域等。蛋白质数据库（PDB）是国际上唯一的生物大分子结构数据档案库，由美国布鲁克海文国家实验室建立。PDB 收集的数据来源于 X 光晶体衍射和核磁共振（NMR）的数据，经过整理和确认后存档而成。目前 PDB 数据库的维护由结构生物信息学研究合作组织（RCSB）负责。使用 Rasmol 等软件可以在计算机上按 PDB 文件显示生物大分子的三维结构。蛋白质结构分类（SCOP）数据库详细描述了已知的蛋白质结构之间的关系。蛋白质直系同源簇（COGs）数据库是对细菌、藻类和真核生物的 21 个完整基因组的编码蛋白，根据系统进化关系分类构建而成。

PIR 和 PSD 的网址是：http://pir.georgetown.edu/。

SWISS-PROT 的网址是：http://www.ebi.ac.uk/swissprot/。

PROSITE 的网址是：http://www.expasy.ch/prosite/。

RCSB 的 PDB 数据库网址是：http://www.rcsb.org/pdb/。

SCOP 的网址是：http://scop.mrc-lmb.cam.ac.uk/scop/。

COG 库的网址是：http://www.ncbi.nlm.nih.gov/cog。

（三）其他数据库（文献检索数据库）

要从浩如烟海的文献中快速发现我们需要的文献，必须进行文献检索，网络文献数据库因此应运而生，它是以 Internet 为传播媒介，存储并提供检索、下载文献或其中主要部分信息的源数据库。学习文献检索具有重要意义，可以节约大量时间、了解前人实验的方法、途径、结论等，避免重复劳动，少走弯路。文献检索一般分为六个步骤：① 分析研究课题，提取关键词；② 选择检索工具；③ 确定检索模式；④ 确定检索入口；⑤ 执行检索；⑥ 获取原始文献。

PubMed 是 NCBI 维护的文献引用数据库，提供对 MEDLINE、Pre-MEDLINE 等文献数据库的引用查询和对大量网络科学类电子期刊的链接。利用 Entrez 系统可以对 PubMed 进行方便的查询检索。中国学术期刊网全文数据库是我国第一部集成化的全文电子期刊，收录我国学术类中文全文期刊达 5 000 种以上，分 9 个专辑。它还包括其他 13 个数据库如中国优秀博/硕论文全文数据库、中国专利数据库等。除此之外，还有许多的专门的生物信息数据库，涉及了目前生物学研究的各个层面和领域，由于篇幅所限无法一一详述。国内也有一些大数据库的镜像站点和自己开发的有特色的数据库，如欧洲分子生物学网络组织 EMBNet 中国节点北京大学分子生物信息镜像系统。

清华大学生物信息学研究所网址：http://bioinfo.tsinghua.edu.cn/。

北京大学生物信息镜像系统网址：http://cbi.pku.edu.cn/。

PubMed 网址：http://www.ncbi.nlm.nih.gov/。

中国期刊网全文数据库网址： http://www.cnki.net/。

三、数据的查询与提交

（一）数据库格式

生物数据要能被计算机程序识别，必须符合标准格式。核酸和蛋白质序列格式有多种，最常见的有三种：NBRF/PIR、FASTA 和 GDE。每种格式不仅包括序列本身的信息，还有识别编码以及序列注释信息，比如该序列在数据库中的登录号、来源种属等（图 9-14）。

>gi|89520727|gb|ABD76398.1| growth hormone [Sus scrofa]

MAAGPRTSVLLAFALLCLPWTQEVGAFPAMPLSSLFANAVLRAQHLHQLAADTYKEFERAYIPEGQRYSI

QNAQAAFCFSETIPAPTGKDEAQQRSDVELLRFSLLLIQSWLGPVQFLSRVFTNSLVFGTSDRVYEKLKDL

EEGIQALMRELEDGSPRAGQILKQTYDKFDTNLRSDDALLKNYGLLSCFKKDLHKAETYLRVMKCRRFV

ESSCAF

图 9-14　五指山猪的生长激素序列 FASTA 格式

NBRF/PIR 格式，第一行以“>P1;”开头，它代表该序列为蛋白质序列。如果该序列为核酸序列，则以“＞N1;”开头。随后是该序列的名称，如 5H1B_CAVPO，5H1B 代表基因名称，CAVPCO 表示种属来源。第二行是注释行，它的长度没有限制，可以是空行，也可以很长。NBRF/PIR 格式文件后缀一般以“pir”或“seq”结尾。

FASTA 格式，第一行也以“＞”开头，但并不指定是蛋白质或核酸序列。随后紧接着基因名称、登录号以及注释行，注释行与登录号间用“|”隔开。像 NBRF/PIR 格式一样，第一行没有长度限制，但 FASTA 格式中的氨基酸可以小写，通常以后缀“.fasta”结尾。GDE 格式与 FASTA 格式基本上相同，唯一不同的是其第一行开头以“%”代替“|”，文件后缀为“gde”。

所有三种格式没有空格与回车，如图 9-14。有时每隔 10 个核苷酸插入一个空格，每 60 个核苷酸插入一个回车，以方便阅读与计数。但有的软件如 Microsoft Word 不兼容这种空格，阅读序列时会引起乱码，因此输入序列时最好使用纯文本格式输入。目前应用最广泛的为 FASTA 格式。

一级序列数据库存储了核酸原始序列，供人们访问、下载和使用。目前世界上一级数据库主要有三个：NCBI、EMBL 和 DDBJ。这些数据库不仅含有原始序列信息，还包含注释信息，每个条目都经过详细注释，通过特征信息强调每个序列的特点。图 9-15 所示为 Genebank 文件，这是一个猪生长激素基因。它通过固定字段注释方法对基因序列进行解释，这些字段包括：名称（Locus）、关键词（Keyword）、说明（Definition）、来源（Source）、登录号（Accession）、参考文献（Reference）等。

（二）序列数据库检索

数据库查询（database query）与搜索（database search）是两个不同的概念。数据库查询是指对序列、结构、文献等数据根据其字段内容进行的精确或模糊查找。比如我们要查找猪生长激素基因的序列，可以输入“pig”和“growth hormone”两个关键词进行查询。数据库搜索指通过特殊的相似性比对算法，找出与提交序列具有相似性的序列。主要的序列查询工具有 NCBI 公司的 Entrez 系统和 Lion 公司的 SRS 系统以及日本 Kyoto

大学化学研究所的 DBGET 系统。

```
LOCUS       DQ415717                 651 bp    mRNA    linear   MAM 19-MAR-2006
DEFINITION  Sus scrofa breed Wuzhishan growth hormone mRNA, complete cds.
ACCESSION   DQ415717
VERSION     DQ415717.1  GI:89520726
KEYWORDS    .
SOURCE      Sus scrofa (pig)
  ORGANISM  Sus scrofa
            Eukaryota; Metazoa; Chordata; Craniata; Vertebrata; Euteleostomi;
            Mammalia; Eutheria; Laurasiatheria; Cetartiodactyla; Suina; Suidae;
            Sus.
REFERENCE   1  (bases 1 to 651)
  AUTHORS   Li,J., Mu,Y., Zhang,L., Yang,S., Li,K. and Feng,S.
  TITLE     Cloning and Sequence Analysis of Growth Hormone and Receptor Gene
            from Chinese Wuzhishan Miniature Pig
  JOURNAL   Unpublished
REFERENCE   2  (bases 1 to 651)
  AUTHORS   Li,J.
  TITLE     Direct Submission
  JOURNAL   Submitted (27-FEB-2006) Department of Gene and Cell Engineering,
            Institute of Animal Science, Chinese Academy of Agricultural
            Sciences, China
FEATURES             Location/Qualifiers
     source          1..651
                     /organism="Sus scrofa"
                     /mol_type="mRNA"
                     /db_xref="taxon:9823"
                     /note="breed: Wuzhishan"
     CDS             1..651
                     /note="GH"
                     /codon_start=1
                     /product="growth hormone"
                     /protein_id="ABD76398.1"
                     /db_xref="GI:89520727"
                     /translation="MAAGPRTSVLLAFALLCLPWTQEVGAFPAMPLSSLFANAVLRAQ
                     HLHQLAADTYKEFERAYIPEGQRYSIQNAQAAFCFSETIPAPTGKDEAQQRSDVELLR
                     FSLLLIQSWLGPVQFLSRVFTNSLVFGTSDRVYEKLKDLEEGIQALMRELEDGSPRAG
                     QILKQTYDKFDTNLRSDDALLKNYGLLSCFKKDLHKAETYLRVMKCRRFVESSCAF"
ORIGIN
        1 atggctgcag gccctcggac ctccgtgctc ctggctttcg ccctgctctg cctgccctgg
       61 actcaggagg tgggcgcctt cccagccatg cccttgtcca gcctatttgc caacgccgtg
      121 ctccgggccc agcacctgca ccaactggct gccgacacct acaaggagtt tgagcgcgcc
      181 tacatcccgg agggacagag gtactccatc cagaacgccc aggctgcctt ctgcttctcg
      241 gagaccatcc cggcccccac gggcaaggac gaggcccagc agagatcgga cgtggagctg
      301 ctgcgcttct cgctgctgct catccagtcg tggctcgggc ccgtgcagtt cctcagcagg
      361 gtcttcacca acagcctggt gtttggcacc tcagaccgcg tctacgagaa gctgaaggac
      421 ctggaggagg gcatccaggc cctgatgcgg gagctggagg atggcagccc ccgggcagga
      481 cagatcctca agcaaaccta cgacaaattt gacacaaact tgcgcagtga tgacgcgctg
      541 cttaagaact acgggctgct ctcctgcttc aagaaggacc tgcacaaggc tgagacatac
      601 ctgcgggtca tgaagtgtcg ccgcttcgtg gagagcagct gtgccttcta g
```

图 9-15 猪生长激素 Genebank 数据

利用 Entrez 查询与通常的其他文献检索是类似的，图 9-16 为 Entrez 系统的主界面。SRS 功能与 Entrez 基本相同，不同的是 SRS 是一个开放软件，可以下载并在本地计算机上运行，其界面见图 9-17。

图 9-16　Entrez 主界面

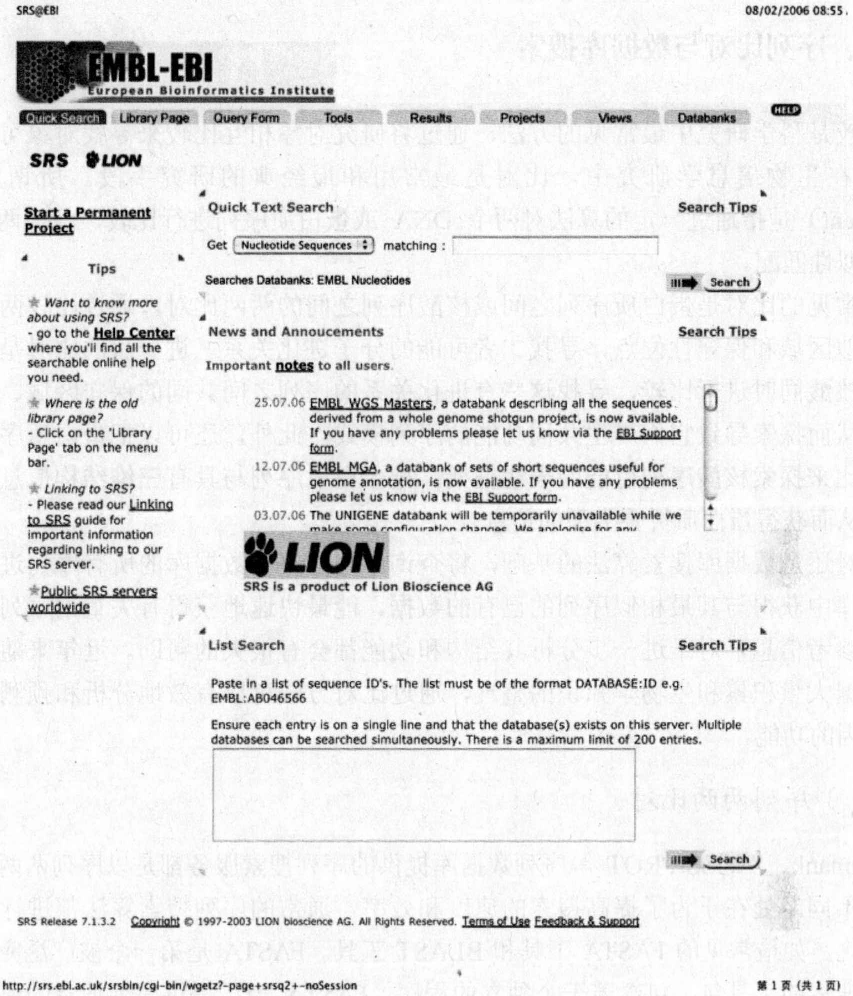

SRS@EBI 08/02/2006 08:55

EMBL-EBI
European Bioinformatics Institute

Quick Search | Library Page | Query Form | Tools | Results | Projects | Views | Databanks | HELP

SRS LION

Start a Permanent Project

Tips

Want to know more about using SRS?
- go to the **Help Center** where you'll find all the searchable online help you need.

Where is the old library page?
- Click on the 'Library Page' tab on the menu bar.

Linking to SRS?
- Please read our Linking to SRS guide for important information regarding linking to our SRS server.

Public SRS servers worldwide

Quick Text Search Search Tips

Get Nucleotide Sequences matching :

Searches Databanks: EMBL Nucleotides

Search

News and Annoucements Search Tips

Important **notes** to all users.

25.07.06 EMBL WGS Masters, a databank describing all the sequences derived from a whole genome shotgun project, is now available. If you have any problems please let us know via the EBI Support form.

12.07.06 EMBL MGA, a databank of sets of short sequences useful for genome annotation, is now available. If you have any problems please let us know via the EBI Support form.

03.07.06 The UNIGENE databank will be temporarily unavailable while we make some configuration changes. We apologise for any

LION

SRS is a product of Lion Bioscience AG

List Search Search Tips

Paste in a list of sequence ID's. The list must be of the format DATABASE:ID e.g. EMBL:AB046566

Ensure each entry is on a single line and that the database(s) exists on this server. Multiple databases can be searched simultaneously. There is a maximum limit of 200 entries.

Search

SRS Release 7.1.3.2 Copyright © 1997-2003 LION bioscience AG. All Rights Reserved. Terms of Use Feedback & Support

http://srs.ebi.ac.uk/srsbin/cgi-bin/wgetz?-page+srsq2+-noSession 第 1 页 (共 1 页)

图 9-17 SRS 主界面

（三）数据提交

通过序列测定得到的核酸或蛋白序列后需要登录并提交到 Genebank、EMBL 或 SWISS-PORT 数据库，方便人们引用。数据的提交有专门的格式，可以通过专门的软件将数据填好，然后将生成的文件通过电子邮件发送到数据库，常用的软件有 Sequin 等。

四、序列比对与数据库搜索

比较是科学研究中最常见的方法，通过将研究对象相互比较来寻找对象可能具备的特性。在生物信息学研究中，比对是最常用和最经典的研究手段。所谓序列比对（alignment）是指通过一定的算法对两个 DNA 或蛋白质序列进行比较，找出两者之间的最大相似性匹配。

最常见的比对是蛋白质序列之间或核酸序列之间的两两比对，通过比较两个序列之间的相似区域和保守性位点，寻找二者可能的分子进化关系。进一步的比对是将多个蛋白质或核酸同时进行比较，寻找这些有进化关系的序列之间共同的保守区域、位点和特征谱，从而探索导致它们产生共同功能的序列模式。此外，还可以把蛋白质序列与核酸序列相比来探索核酸序列可能的表达框架；把蛋白质序列与具有三维结构信息的蛋白质相比，从而获得蛋白质折叠类型的信息。

比对还是数据库搜索算法的基础，将查询序列与整个数据库的所有序列进行比对，从数据库中获得与其最相似序列的已有的数据，能最快速地获得有关查询序列的大量有价值的参考信息，对于进一步分析其结构和功能都会有很大的帮助。近年来随着生物信息学数据大量积累和生物学知识的整理，通过比对方法可以有效地分析和预测一些新发现的基因的功能。

（一）序列两两比对

Genbank、SWISS-PROT 等序列数据库提供的序列搜索服务都是以序列两两比对为基础的。不同之处在于为了提高搜索的速度和效率，通常的序列搜索算法都进行了一定程度的优化，如最常见的 FASTA 工具和 BLAST 工具。FASTA 是第一个被广泛应用的序列比对和搜索的工具包，包含若干个独立的程序。FASTA 为了提供序列搜索的速度，会先建立序列片段的“字典”，查询序列先会在字典里搜索可能的匹配序列，字典中的序列长度由 ktup 参数控制，缺省的 ktup=2。FASTA 的结果报告中会给出每个搜索到的序列与查询序列的最佳比对结果，以及这个比对的统计学显著性评估 *E* 值。FASTA 工具包可以在大多提供下载服务的生物信息学站点上找到。

BLAST 是现在应用最广泛的序列相似性搜索工具，相比 FASTA 有更多改进，速度更快，并建立在严格的统计学基础之上。NCBI 提供了基于 Web 的 BLAST 服务，用户可以把序列填入网页上的表单里，选择相应的参数后提交到数据服务器上进行搜索，从电子邮件中获得序列搜索的结果。BLAST 包含五个程序和若干个相应的数据库，分别针对不同的查询序列和要搜索的数据库类型（表 9-2）。其中翻译的核酸库指搜索比对时会把核酸数据按密码子所有可能的阅读框架转换成蛋白质序列。

表 9-2 BLAST 程序

程序	数据库	查询	简述
blastp	蛋白质	蛋白质	可能找到具有远缘进化关系的匹配序列
blastn	核酸	核苷酸	适合寻找分值较高的匹配，不适合远缘关系
blastx	蛋白质	核酸（翻译）	适合新 DNA 序列和 EST 序列的分析
tblastn	核苷酸（翻译）	蛋白质	适合寻找数据库中尚未标注的编码区
tblastx	核酸（翻译）	核酸（翻译）	适合分析 EST 序列

BLAST 的当前版本是 2.0，它的新发展是位点特异性反复 BLAST（PSI-BLAST）。PSI-BLAST 的特色是每次用 profile 搜索数据库后再利用搜索的结果重新构建 profile，然后用新的 profile 再次搜索数据库，如此反复直至没有新的结果产生为止。PSI-BLAST 先用带空位的 BLAST 搜索数据库，将获得的序列通过多序列比对来构建第一个 profile。PSI-BLAST 自然地拓展了 BLAST 方法，能寻找蛋白质序列中的隐含模式，有研究表明这种方法可以有效地找到很多序列差异较大而结构功能相似的相关蛋白，甚至可以与一些结构比对方法，如 threading 相媲美。PSI-BLAST 服务可以在 NCBI 的 BLAST 主页上找到，还可以从 NCBI 的 FTP 服务器上下载 PSI-BLAST 的独立程序。

NCBI 的 BLAST 网址是：http://www.ncbi.nlm.nih.gov/BLAST/。

下载 BLAST 的网址是：ftp://ncbi.nlm.nih.gov/blast/。

下载 FASTA 的网址是：ftp://ftp.virginia.edu/pub/fasta/。

（二）多序列比对

顾名思义，多序列比对就是把两条以上可能有系统进化关系的序列进行比对的方法。目前对多序列比对的研究还在不断前进中，现有的大多数算法都基于渐进比对的思想，在序列两两比对的基础上逐步优化多序列比对的结果。进行多序列比对后可以对比对结果进行进一步处理，例如构建序列模式的 profile，将序列聚类构建分子进化树等。

目前使用最广泛的多序列比对程序是 CLUSTALW（它的 PC 版本是 CLUSTALX）。CLUSTALW 是一种渐进的比对方法，先将多个序列两两比对构建距离矩阵，反应序列之间两两关系；然后根据距离矩阵计算产生系统讲化指导树，对关系密切的序列进行加权；然后从最紧密的两条序列开始，逐步引入邻近的序列并不断重新构建比对，直到所有序列都被加入为止。

CLUSTALW 的程序可以自由使用，在 NCBI 的 FTP 服务器上可以找到下载的软件包。CLUSTALW 程序用选项单逐步指导用户进行操作，用户可根据需要选择打分矩阵、设置空位罚分等。EBI 的主页还提供了基于 Web 的 CLUSTALW 服务，用户可以把序列和各种要求通过表单提交到服务器上，服务器把计算的结果用 E-mail 返回用户。

CLUSTALW 对输入序列的格式比较灵活，可以是前面介绍过的 FASTA 格式，还可以是 PIR、SWISS-PROT、GDE、Clustal、GCG/MSF、RSF 等格式。输出格式也可以选择，有 ALN、GCG、PHYLIP 和 GDE 等，用户可以根据自己的需要选择合适的输出格式。

用 CLUSTALW 得到的多序列比对结果中，所有序列排列在一起，并以特定的符号代表各个位点上残基的保守性，“*”号表示保守性极高的残基位点；“.”号代表保守性略低的残基位点。

EBI 的 CLUSTALW 网址是：http://www.ebi.ac.uk/clustalw/。

下载 CLUSTALW 的网址是：ftp://ftp.ebi.ac.uk/pub/software/。

五、核酸结构预测策略

得到一条基因序列，只是实验室研究工作的开始，必须对序列进行分析，从中获得可能多的信息。通过相似性检索与同源性比较等简单分析外，还要进行深入的结构预测，进行基因鉴定，这样才能充分发掘序列的潜在价值。根据生物从 DNA 到蛋白质的普遍模式，进行结构预测的大致思路可以分为三个步骤：（1）找出序列中的非编码区；（2）找到基因；（3）鉴定找到的基因。

针对核酸序列的预测就是在核酸序列中寻找基因，找出基因和功能位点的位置，以及标记已知的序列模式等过程。在此过程中，确认一段 DNA 序列时需要有多个证据的支持。一般而言，在重复片段频繁出现的区域里，基因编码区和调控区不太可能出现；如果某段 DNA 片段的假想产物与某个已知的蛋白质或其他基因的产物具有较高的序列相似性的话，那么这个 DNA 片段就非常可能属于外显子片段；在一段 DNA 序列上出现统计上的规律性，即所谓的“密码子偏好性”，也是说明这段 DNA 是蛋白质编码区的有力证据；其他的证据包括与“模板”序列的模式相匹配、与简单序列模式如 TATA Box 等相匹配等。一般而言，确定基因的位置和结构需要多个方法综合运用，而且需要遵循一定的规则：对于真核生物序列，在进行预测之前先要进行重复序列分析，把重复序列标记出来并除去；选用预测程序时要注意程序的物种特异性；要弄清程序适用的是基因组序列还是 cDNA 序列。

（一）重复序列分析

对于真核生物的核酸序列而言，在进行基因辨识之前都应该把简单的大量重复序列标记出来并除去，因为很多情况下重复序列会对预测程序产生很大的干扰，尤其是涉及数据库搜索的程序。常见的重复序列分析程序有 CENSOR 和 RepeatMasker 等，可以在 Web 界面上使用这些程序，或者用 E-mail 来进行。如果有大量序列需要处理，可以使用 XBLAST 程序，它可以从 Internet 上下载得到。XBLAST 中包含了由程序作者收集整理的一些重复序列。还可以把克隆载体也加入重复序列中，这样就可以在处理重复序列时顺便把克隆载体也一同除去。经处理的序列中重复序列所在位置会一律由“X”代替。

CENSOR 和 Repbase 的网址是：http://www.girinst.org/。

RepeatMasker 的网址是：http://ftp.genome.washington.edu/cgi-bin/RepeatMasker。

下载 XBLAST 的网址是：ftp://ncbi.nlm.nih.gov/pub/jmc。

下载 Repbase 的网址是：ftp://ncbi/nlm.nih.gov/repository/repbase/REF。

（二）开放阅读框的识别

一段 DNA 分子中的核酸序列如果可能编码多肽或者蛋白质，就有可能被核糖体翻译成蛋白质。它的 5′端含有翻译的起始位点，称为起始密码子，通常是 ATG，其后的序列均以三联密码子编码氨基酸，而标志翻译结束的位点（称之为终止密码子）之间的序列称为一个开放阅读框架（Open Reading Frame，ORF）。NCBI 提供了一个分析序列 ORF 的工具 ORF Finder（图 9-18）。

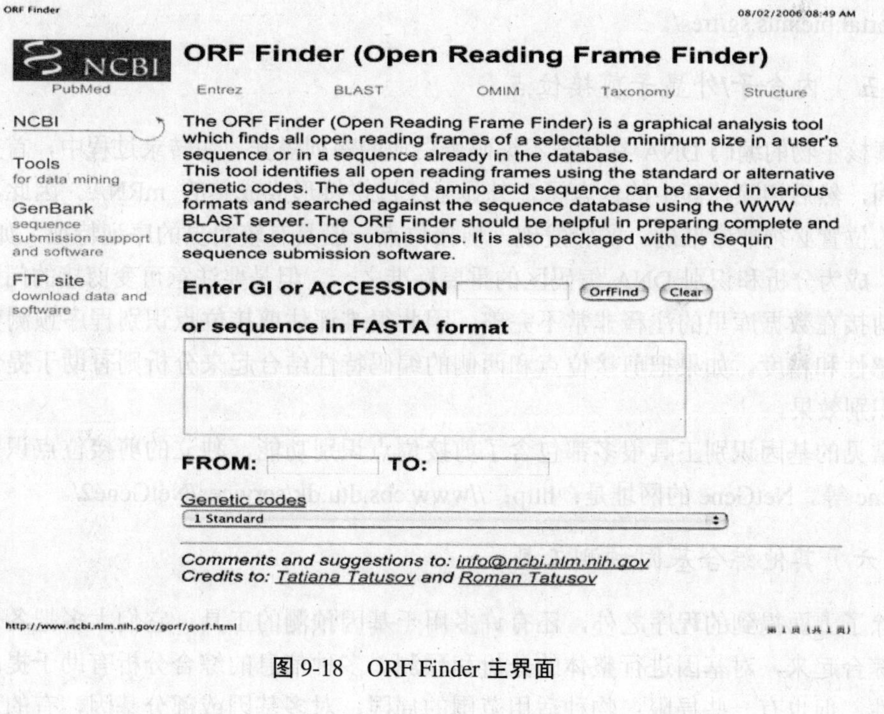

ORF Finder 08/02/2006 08:49 AM

NCBI **ORF Finder (Open Reading Frame Finder)**

PubMed Entrez BLAST OMIM Taxonomy Structure

NCBI

Tools for data mining

GenBank sequence submission support and software

FTP site download data and software

The ORF Finder (Open Reading Frame Finder) is a graphical analysis tool which finds all open reading frames of a selectable minimum size in a user's sequence or in a sequence already in the database.
This tool identifies all open reading frames using the standard or alternative genetic codes. The deduced amino acid sequence can be saved in various formats and searched against the sequence database using the WWW BLAST server. The ORF Finder should be helpful in preparing complete and accurate sequence submissions. It is also packaged with the Sequin sequence submission software.

Enter GI or ACCESSION OrfFind Clear

or sequence in FASTA format

FROM: **TO:**

Genetic codes

1 Standard

Comments and suggestions to: info@ncbi.nlm.nih.gov
Credits to: Tatiana Tatusov and Roman Tatusov

http://www.ncbi.nlm.nih.gov/gorf/gorf.html 第 1 页（共 1 页）

图 9-18 ORF Finder 主界面

（三）编码区统计特性分析

统计获得的经验说明，DNA 中密码子的使用频率不是平均分布的，某些密码子会以较高的频率使用而另一些则较少出现。这样就使得编码区的序列呈现出可察觉的统计特异性，即所谓的“密码子偏好性”。利用这一特性对未知序列进行统计学分析可以发现编码区的粗略位置。这一类技术包括：双密码子计数（统计连续两个密码子的出现频率）、核苷酸周期性分析（分析同一个核苷酸在 3,6,9,…位置上周期性出现的规律）、均一/复杂性分析（长同聚物的统计计数）、开放可读框架分析等。

常见的编码区统计特性分析工具将多种统计分析技术组合起来，给出对编码区的综合判别。著名的程序有 GRAIL 和 GenMark 等，GRAIL 提供了基于 Web 的服务。

GRAIL 的网址是：http://compbio.ornl.gov/Grail-1.3/。

（四）启动子分析

启动子是基因表达所必需的重要序列信号，识别出启动子对于基因辨识十分重要。有一些程序根据实验获得的转录因子结合特性来描述启动子的序列特征，并依次作为启动子预测的依据，但实际的效果并不十分理想，遗漏和假阳性都比较严重。总的来说，启动子仍是值得继续研究探索的难题。TRES 可以用来分析启动子，网址是：http://bioportal.bic.nus.sg/tres/。

（五）内含子/外显子剪接位点

真核生物的编码 DNA 往往被不编码蛋白质的序列隔开。在转录过程中，首先转录整个基因，然后切除掉其中的内含子，外显子经过拼接形成成熟的 mRNA。因此，切除与拼接的位置必须非常准确。实验发现，剪接位点一般具有较明显的序列特征，如 GT-AG 法则，成为分析和识别 DNA 编码区的重要标准之一。但是要注意可变剪接的问题。由于可变剪接在数据库里的注释非常不完整，因此很难评估剪接位点识别程序预测剪接位点的敏感性和精度。如果把剪接位点和两侧的编码特性结合起来分析则有助于提供剪接位点的识别效果。

常见的基因识别工具很多都包含了剪接位点识别功能，独立的剪接位点识别工具有 NetGene 等。NetGene 的网址是：http：//www.cbs.dtu.dk/services/NetGene2/。

（六）其他综合基因预测工具

除了上面提到的程序之外，还有许多用于基因预测的工具，它们大多把各个方面的分析综合起来，对基因进行整体的分析和预测。多种信息的综合分析有助于提高预测的可靠性，但也有一些局限：物种适用范围的局限；对多基因或部分基因，有的预测出的基因结构不可靠；对许多新发现的基因，预测的精度比较低；对序列中的错误很敏感；对可变剪接、重叠基因和启动子等复杂基因语法效果不佳。

相对不错的工具有 GenScan，GeneBuilder 和 Pipeline Ⅲ。

GenScan 的网址是：http://ccr-081.mit.edu/ html/。

GeneBuilder 的网址是：http://125.itba.mi.cnr.it/～webgene/genebuilder.html。

Pipeline Ⅲ的网址是：http://compbio.ornl.gov/tools/pipeline/。

复习思考题

1. 双脱氧测序的原理是什么？
2. 试述测序常见问题。
3. 比较常见各种分子标记的优缺点。
4. 生物信息学能帮助我们进行哪些基因分析？

第十章　基因操作技术应用

第一节　质粒的提取与酶切电泳鉴定

DNA 是由两条长链构成的生物大分子，其组成单位是核苷酸，DNA 分子十分巨大，最小的天然 DNA 分子也含数千碱基对，相对分子质量在 10^6 以上。按照细胞的结构和遗传物质在细胞内的分布，可将生命有机体划分为原核生物和真核生物两大类。真核生物的遗传物质 DNA 集中在有核膜包围着的细胞核中，并与某些特殊的蛋白质相结合构成一种细密的染色体结构；而原核生物没有真正的细胞核，遗传物质 DNA 以裸露的分子存在于细胞中，不形成染色体结构，但习惯上也把原核生物的核酸分子称为染色体。

在染色体外能自主复制稳定遗传的遗传因子称为质粒，其大小在 1～200 kb，是具有双链闭合环状结构的 DNA 分子。在细菌、放线菌、真菌以及不少动植物细胞中发现有质粒存在，其中细菌质粒最为普遍，研究得较为深入，是基因工程实验经常使用的基因载体。

本实验主要练习用碱变性法提取质粒 DNA 的操作技术以及用分光光度计定量测定 DNA 的方法。

实验一　质粒的小量制备

实验目的

（1）通过质粒 DNA 的提取、测定，了解 DNA 是遗传信息的载体。

（2）学习和掌握用碱变性法提取质粒 DNA 以及琼脂糖凝胶电泳技术，并学会用分光光度计测定 DNA 含量的方法。

实验原理

质粒抽提是基因操作中最常用、最基本的技术。分离质粒 DNA 的方法包括以下 3 个步骤：细菌培养物的生长；细菌的收获和裂解；质粒 DNA 的纯化。

溶菌酶可破坏菌体细胞壁（小量制备时可不用溶菌酶），去污剂 SDS 可使细胞壁裂解，并使蛋白质变性。在碱性条件下可破坏碱基配对，使宿主的线性染色体 DNA 变性，但闭环质粒 DNA 由于处于拓扑缠绕状态而彼此不分开。当加入酸性试剂中和时，质粒 DNA 可迅速复性，恢复超螺旋状态。细菌染色体 DNA 缠绕在细胞壁碎片上，离心时被沉淀下来，而质粒 DNA 则留在上清液中，经乙醇沉淀后得到质粒 DNA。

当溶液 pH 为 8.0～8.3 时，核酸分子的碱基几乎不解离，而双螺旋核酸分子两侧的磷酸全部解离，使核酸分子带负电荷，在电场中将向阳极方向移动。由于不同的 DNA 分子所带电荷数、相对分子质量和构象不同，在同一电场中泳动速度不同，从而可达到分离的目的。核酸分子中嵌入荧光染料（如溴化乙锭）后，在紫外光照射下发出荧光，可观察到琼脂糖凝胶中的核酸片段。溴化乙锭是一种诱变剂，具有致癌作用，使用时要注意防护。

实验材料和仪器

材料

含有质粒 pBluescript 的大肠杆菌 DH5α。

试剂

（1）LB 培养基：每升含胰蛋白胨 10 g，酵母提取物 5 g，NaCl 10 g，用 10 mol/L NaOH 调 pH 至 7.0，高压灭菌。

（2）溶液Ⅰ：50 mmol/L 葡萄糖、10 mmol/L EDTA、25 mmol/L Tris-HCl（pH 8.0）、高压灭菌（6.895×10^4 Pa）15 min，储存于 4℃。

（3）溶液Ⅱ：0.2 mol/L NaOH、1%SDS（现配现用）。

（4）溶液Ⅲ：pH 4.8 乙酸钾溶液（60 ml 5 mol/L KAc、11.5 ml 冰醋酸、28.5 ml H_2O）。

（5）酚-氯仿（1∶1）：酚需在 180℃重蒸，加入等体积的酚和氯仿混合，加 TE 摇匀后分层，取下层。

（6）1×TE 缓冲液：10 mmol/L Tris-HCl、1 mmol/L EDTA（pH 8.0，其中含有 RNascA 20 μg/ml）。

（7）无水乙醇。

（8）70%乙醇。

（9）氨苄青霉素储存液（100 mg/ml）。

（10）琼脂糖（电泳级）。

（11）电泳缓冲液：1×TAE。

50×TAE:

Tris 碱	242 g
冰乙酸	57 ml
0.5 mol/L EDTA（pH 8.0）	100 ml

（12）10×加样缓冲液：0.25%溴酚蓝，0.25%二甲苯氰，50%甘油或蔗糖。

（13）溴化乙锭储备液（10 mg/ml）：应用时配至终浓度 1 μg/ml。

（14）DNA 分子量标准。

仪器及耗材

台式高速离心机，凝胶成像系统，分光光度计，微量进样器，微量离心管（又称Eppendrof管），旋涡振荡器，水平凝胶电泳装置，凝胶板，样品梳，直流电源，微波炉，常用玻璃器皿及滴管等。

实验方法与步骤

1．质粒 DNA 的提取

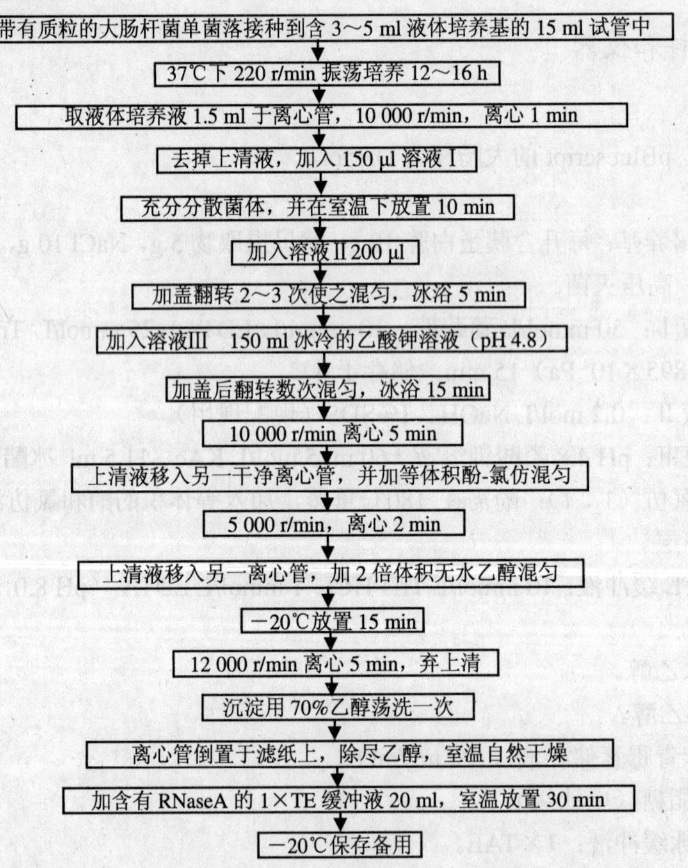

2．琼脂糖凝胶电泳鉴定质粒 DNA

（1）琼脂糖凝胶的制备

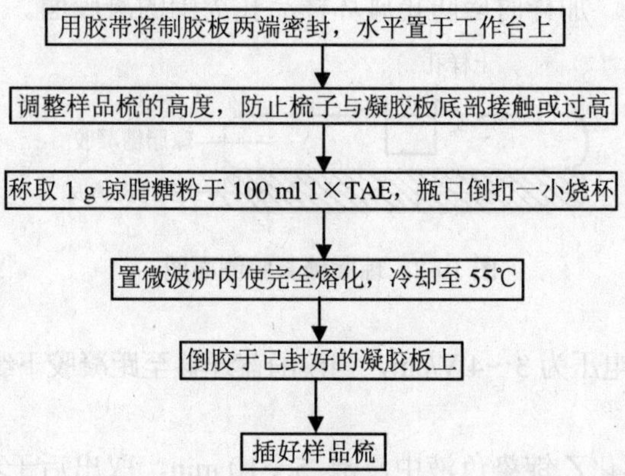

凝胶凝固后，拔出梳子，去除封条，将凝胶板移入电泳槽，加 1×TAE 至覆盖凝胶面，具体操作步骤见图 10-1。

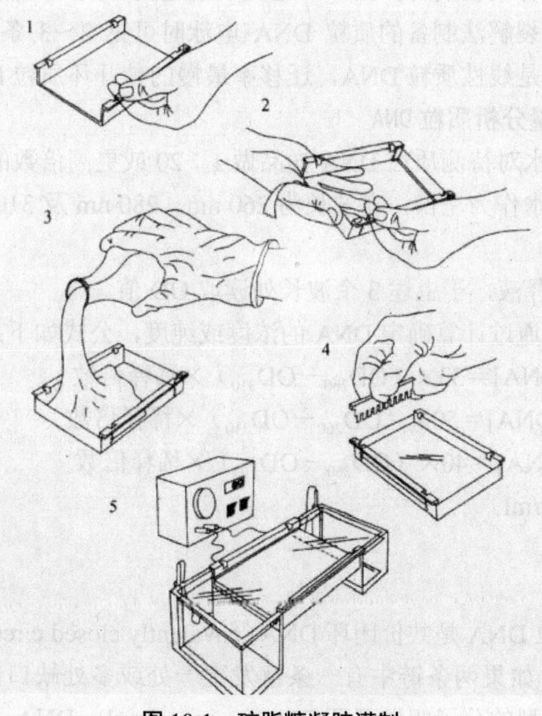

图 10-1　琼脂糖凝胶灌制

（2）电泳样品液的准备

取 DNA 样品液 5～10 μl，加入加样缓冲液 0.5～1.0 μl。

（3）电泳

加样：用微量加样器吸取样品液并加入样品孔内，样品孔如图 10-2 所示，每加完一个样品，换一个加样头。加样时应防止碰坏样品孔周围的凝胶面。

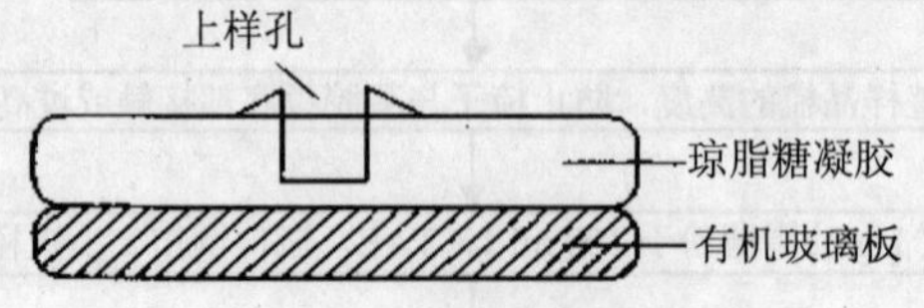

图 10-2　琼脂糖凝胶侧面图

通电：通入直流电电压为 3～4 V/cm，当溴酚蓝迁移至距凝胶下缘 1～2 cm 处停止电泳。

（4）染色与检测

将琼脂糖凝胶置溴化乙锭染色液中浸泡 5～10 min，取出后于蒸馏水中漂洗 5 min；在紫外灯（254 nm 波长）下观察。DNA 存在处显示出红色的荧光条带。在紫外灯下观察时，应戴上防护眼镜或有机玻璃防护面罩，避免眼睛遭受强紫外光损伤。

通常情况下，经碱裂解法制备的质粒 DNA 电泳时可见 2～3 条带。迁移最快的是超螺旋结构的质粒，其次是线性质粒 DNA，迁移率最慢的是开环质粒 DNA 。

3．分光光度法定量分析质粒 DNA

（1）用 TE 或蒸馏水对待测质粒 DNA 样品做 1∶20 或更高倍数的稀释。

（2）用 TE 或蒸馏水作为空白，在波长为 260 nm、280 nm 及 310 nm 处调节紫外分光光度计读数至零。

（3）加入 DNA 稀释液，于上述 3 个波长处读取 OD 值。

（4）记录 OD 值，通过计算确定 DNA 的浓度或纯度，公式如下：

对于 ssDNA：[ssDNA]＝33×（$OD_{260}-OD_{310}$）×稀释倍数

对于 dsDNA：[dsDNA]＝50×（$OD_{260}-OD_{310}$）×稀释倍数

对于 ssRNA：[ssRNA]＝40×（$OD_{260}-OD_{310}$）×稀释倍数

以上浓度单位为μg/ml。

注意事项

（1）在细胞内，质粒 DNA 是共价闭环 DNA（covalently closed circular DNA，cccDNA），常以超螺旋形式存在。如果两条链中有一条链发生一处或多处缺口，分子就能旋转而消除链的张力，这种松弛型的分子叫做开环 DNA（open circular DNA，ocDNA）；若两条链在同一处或其附近断裂，则变成线状 DNA 分子。在电泳时，同一质粒的电泳速度因 DNA 的构型不同而异，其次序为：cccDNA＞直线 DNA＞ocDNA，因此在质粒 DNA 的琼脂糖凝胶电泳上呈现 3 条带。

（2）核酸样品在 260 nm 和 280 nm 波长下均有一定的光吸收值。如果是比较纯的核酸样品，其 OD_{260}/OD_{280} 是固定的，对 DNA 样品而言，其值大约为 1.8，若高于 1.8，则可能有 RNA 污染；低于 1.8，则有蛋白质污染。

实验二　质粒 DNA 的酶切

实验目的

学习和掌握限制性内切酶酶切和连接的原理与方法。

实验原理

通过切割相邻的两个核苷酸残基之间的磷酸二酯键，从而导致核酸分子多核苷酸链发生水解断裂的蛋白酶称为核酸酶。其中能识别双链 DNA 分子中的某一特定核苷酸序列，并由此切割 DNA 双链结构的酶称为限制性内切核酸酶，也称为限制性内切酶。

质粒是双链环状 DNA，有多个限制性内切核酸酶酶切位点。在用特定的限制核酸酶对质粒和目的基因进行酶切反应后，通常通过琼脂糖凝胶电泳鉴定酶切效果。有些限制性内切酶酶切后产生黏性末端，有的产生平末端，如图 10-3 所示。

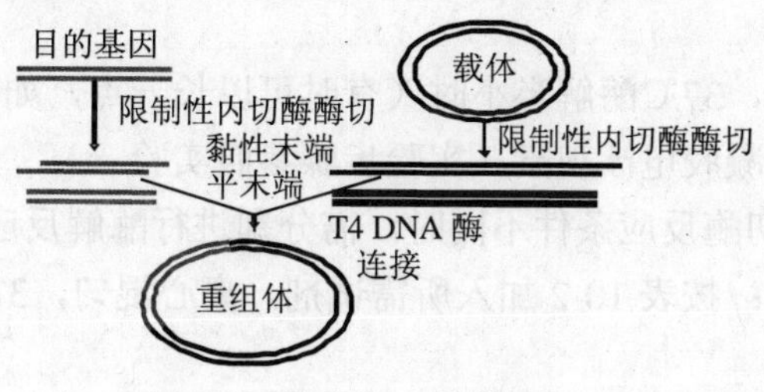

图 10-3　限制性内切酶酶切

实验材料和仪器

试剂

（1）目的基因和质粒载体；

（2）限制性内切酶 *Bam*HⅠ和 *Hind*Ⅲ；

（3）琼脂糖凝胶电泳所需试剂；

（4）标准分子量 DNA 片段；

（5）*Bam*HⅠ酶解缓冲液（10×），*Hind*Ⅲ酶解缓冲液（10×）或通用缓冲液；

（6）T4 DNA 连接酶；

（7）连接反应缓冲液（10×）：0.5 mol/L Tris-HCl（pH7.6），100 mol/L $MgCl_2$，100 mol/L 二硫苏糖醇（DTT）（过滤灭菌），500 μg/ml 牛血清清蛋白，10 mol/L ATP（过滤灭菌）。

仪器及耗材

电泳仪，电泳槽，紫外透射仪，凝胶自动成像仪，恒温箱，微量进样器一套（10 μl、100 μl、200 μl、1 000 μl），三角瓶，一次性塑料手套等。

实验方法和步骤

质粒和目的 DNA 的酶解

（1）双酶切的两个酶的反应条件相同。

① 按表 10-1 分别加入所需试剂。

表 10-1　*Bam*HⅠ/ *Hind* Ⅲ双酶切反应体系　单位：μl

试剂	体积
质粒/DNA 片段	10
*Bam*HⅠ酶解缓冲液/*Hind* Ⅲ酶解缓冲液	2
*Bam*HⅠ	1
Hind Ⅲ	1
H_2O	6

② 加样后小心混匀，37℃酶解半小时（有时可以长一点，如数小时或过夜）。

③ 酶切产物琼脂糖凝胶电泳观察（实验步骤参照实验一）。

（2）两个限制性内切酶反应条件不同时，需分别进行酶解反应。

① 第一步酶解反应：按表 10-2 加入所需试剂，离心混匀，37℃酶解 1 h。

表 10-2　*Hind* Ⅲ酶切反应体系　单位：μl

试剂	体积
质粒/DNA（1 μg/μl）	2
Hind Ⅲ酶解缓冲液	2
Hind Ⅲ	1
双蒸水	15
总体积	20

② 95%乙醇沉淀回收 DNA，具体步骤见图 10-4。

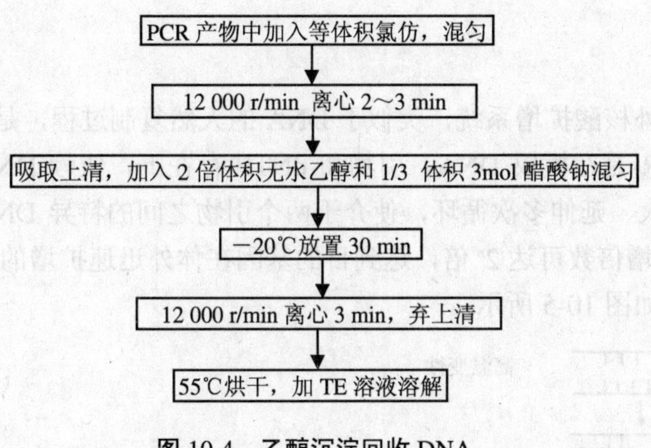

图 10-4　乙醇沉淀回收 DNA

③ 第二步酶解反应：按表 10-3 加入所需试剂，离心混匀，37℃ 酶切 1 h，琼脂糖凝胶电泳鉴定酶切效果（参见实验一）。

表 10-3　*Bam*HⅠ酶切反应体系　　单位：μl

试剂	体积
沉淀的 DNA 中加双蒸水	17
*Bam*HⅠ缓冲液	2
*Bam*HⅠ	1
总体积	20

第二节　目的基因克隆与重组载体构建

质粒具有稳定可靠和操作简便的优点。如果要克隆较小（＜10 kb）且结构简单的 DNA 片段，质粒要比其他任何载体都要好。在质粒载体上进行克隆，首先用限制性内切酶切割质粒 DNA 和目的 DNA 片段，然后在体外使两者相连接，再用得到重组质粒转化细菌即可完成。

实验三　PCR 扩增目的基因

实验目的

了解 PCR 原理，学习 PCR 操作过程。

实验原理

PCR是一种体外核酸扩增系统，类似于DNA的天然复制过程，是分子克隆技术中的常用技术之一。PCR是在模板DNA、引物和dNTP存在下，依赖DNA聚合酶的酶促反应，经过变性、退火、延伸多次循环，使介于两个引物之间的特异DNA片段得到大量扩增，DNA片段的扩增倍数可达2^n倍，达到目的基因在体外迅速扩增的目的。

PCR反应原理如图10-5所示：

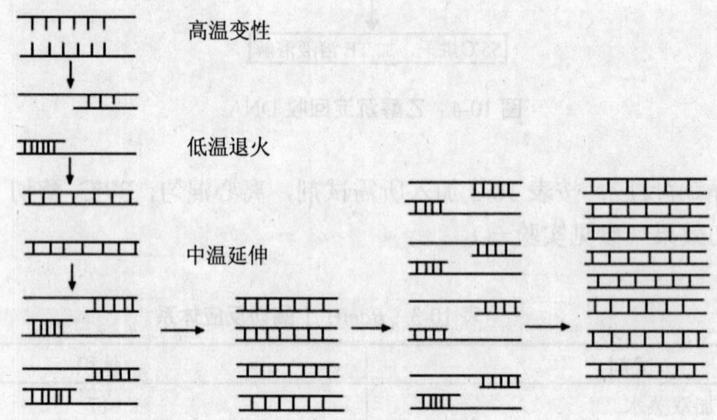

图10-5 PCR反应原理示意图

PCR反应基本过程如图10-6所示：

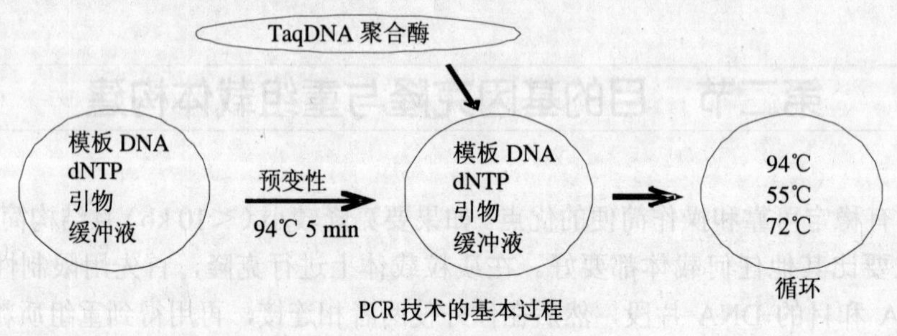

图10-6 PCR反应基本过程

实验材料和仪器

试剂

（1）模板DNA。

（2）PCR引物：新合成引物用灭菌去离子水或三蒸水配成50 μmol/L，分装后－20℃

保存备用。

（3）Taq DNA 聚合酶：一般为 5 U/μl。

（4）dNTP：商品化 dNTP 浓度分别为 25 mmol/L，分装后－20℃保存备用。

（5）10×PCR 缓冲液：

Tris-HCl 缓冲液（pH 8.3）　100～500 mmol/L

$MgCl_2$　15～20 mmol/L

KCl　250～500 mmol/L

Tween-20　0.5%

灭菌无核酸酶的牛血清白蛋白　1 mg/L

（6）无菌水。

（7）矿物油。

（8）琼脂糖。

（9）溴化乙锭（10 mg/ml）。

仪器与耗材

PCR 扩增仪，电泳仪，电泳槽，凝胶成像系统，微量进样器，Tip 头，微量离心管等。

实验方法和步骤

1．PCR 扩增反应体系（表 10-4）

表 10-4　PCR 扩增反应体系

试剂	体积	
反应总体积	50 μl	
10×PCR 缓冲液	1/10 体积	5 μl
模板 DNA	10^2～10^5 个分子	
PCR 引物 1	0.5 μmol/L	0.5 μl
PCR 引物 2	0.5 μmol/L	0.5 μl
4 种 dNTP 混合液	200 μmol/L	0.4 μl
Taq DNA 聚合酶	2 U	0.5 μl
灭菌水	加至 50 μl	
矿物油	50 μl	

2. PCR 反应过程（图 10-7）

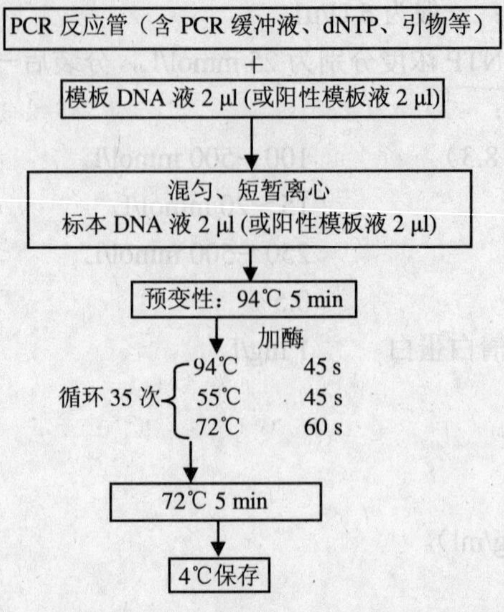

图 10-7 PCR 反应过程

PCR 反应过程中，可根据目的基因的长短及碱基组成确定各阶段的反应温度和时间。

3. 电泳检测（图 10-8）

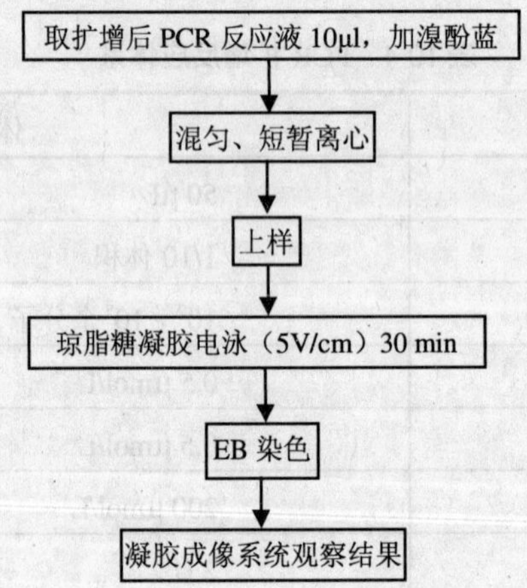

图 10-8 电泳检测 PCR 产物流程

注意事项

（1）操作时应戴手套，避免讲话；

（2）微量进样器的枪头只能接触一种反应成分，否则应更换枪头；

（3）引物分装成多管，不宜反复冻融；

（4）PCR 反应的各种成分不能遗漏，最好按顺序添加；

（5）模板 DNA 尽量纯净，不能有核酸酶、蛋白水解酶等污染；

（6）PCR 反应时模板变性要充分，否则 DNA 双链会很快复性，影响 PCR 反应，但变性温度太高（不宜超过 95℃），会影响 Taq 酶活性；

（7）DNA 聚合酶（如 Taq DNA 聚合酶）一般用量为 2.5 U/100 μl，酶量过多易导致非特异性产物的产生。另外，在向反应体系加酶时，酶应置于冰浴中，防止酶失活；

（8）避免环境污染和交叉污染，如核酸酶的污染、非目标 DNA 的污染等。

实验四　琼脂糖凝胶中回收 DNA 片段

实验目的

掌握碘化钠溶胶法回收 DNA 片段的方法。

实验原理

在基因操作实验中，PCR 反应获得的目的片段以及酶切后所得特定的 DNA 片段经过琼脂糖凝胶电泳后，须将目的片段与其他 DNA 分开。这就需要有一套方法将目的 DNA 从凝胶中分离出来，通过处理后得到纯化的目的 DNA。

碘化钠溶胶法回收 DNA 片段是利用琼脂糖溶解于离液序列（离液剂/促溶剂的离子按促溶能力的大小排序）高的盐（如 NaI、KI、$NaClO_4$）溶液中，琼脂糖溶解后，溶液中的 DNA 被极细的玻璃粉吸附，离心沉淀吸附 DNA 的玻璃粉，加入 TE 溶液，DNA 又溶到 TE 溶液中，从而实现对 DNA 片段的回收。

实验材料和仪器

试剂

（1）DNA 样品。

（2）NaI 溶液：9.8g NaI、0.15g Na_2S 溶于 100 ml 双蒸水中。

（3）DNA 洗涤液（冰冷）：

Tris-HCl	20 mmol（pH 7.4）
EDTA	1 mmol
NaCl	100 mmol

加入等体积乙醇。

（4）TE 溶液：

Tris-HCl	10 mmol（pH 8.0）
EDTA	1 mmol

仪器与耗材

冰箱，微波炉，水平凝胶电泳装置，凝胶板，样品梳，直流电源，离心机，离心管，15 ml 试管，恒温水浴锅，100 µl、1 000 µl 微量进样器各一支。

实验步骤

1. 电泳

2. 凝胶回收（图 10-9）

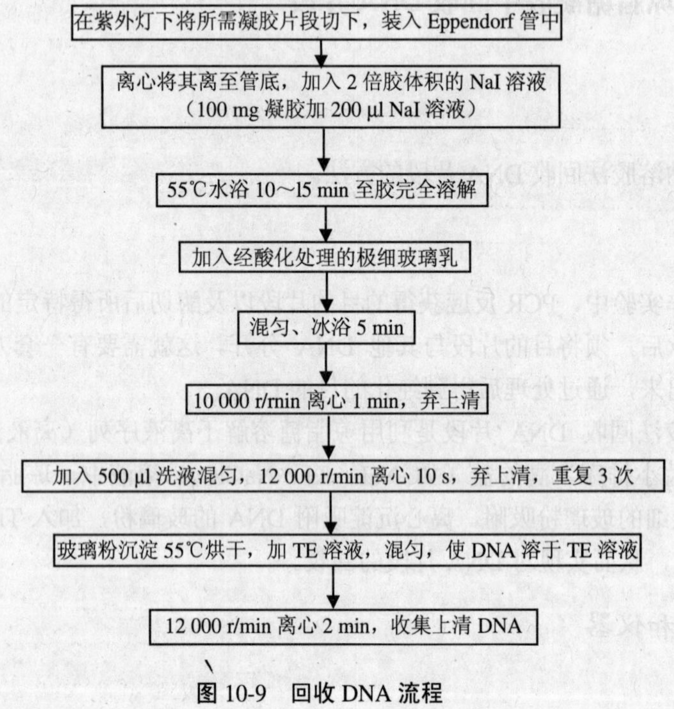

图 10-9　回收 DNA 流程

注意事项

（1）配琼脂糖时应使其完全熔化；

（2）琼脂糖熔化后，由于熔化过程中水分蒸发，使凝胶浓度增大，所以应补充适量去离子水；

（3）倒胶时防止气泡产生；

（4）加样品液前检查凝胶孔是否破损，加样时要轻、稳、慢，防止样品液从凝胶孔中溅出；

（5）电泳时注意电源线路，预防触电；

（6）溴化乙锭具有致癌作用，使用时要注意防护；

（7）紫外光对人体有损伤作用，开灯时间不要太长，注意防护，不要裸眼观察。

实验五　DNA 片段连接

实验目的

学习和掌握限制性内切酶酶切片段连接的原理和方法。

实验原理

在用特定的限制核酸内切酶对质粒和目的基因进行酶切反应后，通常采用琼脂糖凝胶鉴定酶切效果，并回收酶切片段。在连接酶作用下，目的基因和质粒载体连接，构建重组质粒。构建过程如图 10-10 所示。

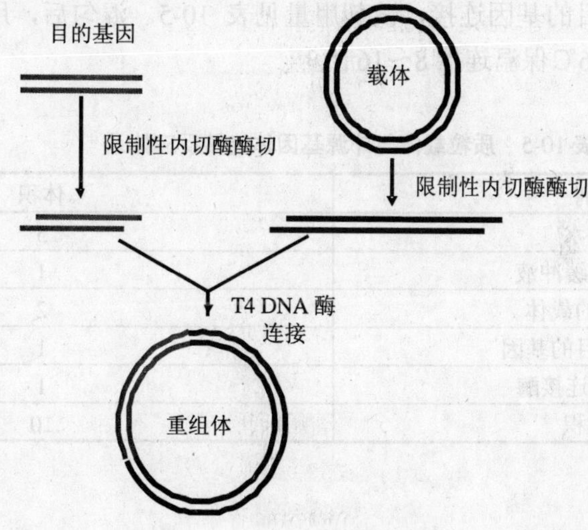

图 10-10　重组质粒构建过程

实验材料和器材

试剂

（1）目的基因和质粒载体；

（2）限制性内切酶 *Bam*HⅠ和 *Hind*Ⅲ；

（3）琼脂糖凝胶电泳所需试剂；

（4）标准分子量 DNA；

（5）*Bam*HⅠ酶解缓冲液（10×）；

（6）*Hind*Ⅲ酶解缓冲液（10×）；

（7）T4 DNA 连接酶；

（8）连接反应缓冲液（10×）：0.5 mol/L Tris-HCl（pH7.6），100 mol/L $MgCl_2$，100 mol/L 二硫苏糖醇（DTT）（过滤灭菌），500 μg/ml 牛血清清蛋白，10 mol/L ATP（过滤灭菌）。

仪器及耗材

电泳仪，电泳槽，凝胶成像系统，恒温箱，微量进样器一套（10 μl、100 μl、200 μl、1 000 μl），三角瓶，一次性塑料手套等。

实验方法和步骤

（1）质粒和目的 DNA 的酶解与鉴定（参见实验二）。

（2）质粒和目的 DNA 片段回收（参见实验四）。

（3）质粒载体和目的基因连接，试剂用量见表 10-5。混匀后，用微量离心机将液体全部甩到管底，12～16℃保温连接 8～16 h。

表 10-5　质粒载体与外源基因体连接反应体系　　单位：μl

试剂	体积
双蒸水	5
10×连接缓冲液	1
酶切后的载体	2
酶切后的目的基因	1
T4 DNA 连接酶	1
总体积	10

注意事项

（1）限制性内切酶需－20℃冰箱保存，操作时保持在冰浴中，避免长时间置于冰箱外。

（2）限制性内切酶溶液通常含有 50%甘油，使酶液保存于－20℃时不致冻结，加入连接反应管后，要充分混匀。

（3）为了达到最佳酶切的效果，应根据所选用的酶确定所需要的反应温度。

（4）DNA 的纯度是影响酶切效果的最主要因素，应尽量提高 DNA 样品纯度。

（5）连接反应中，载体 DNA 和外源 DNA 片段摩尔量相等，外源 DNA 片段可稍多些。

（6）DNA 连接酶用量与 DNA 片段的性质有关，连接平末端，需加大酶量，一般是连接黏性末端所需酶量的 10～100 倍。

（7）连接黏性末端的 DNA 浓度一般为 2～10 mg/ml，连接平末端的 DNA 浓度为 100～200 mg/ml。

（8）连接黏性末端时，反应温度以 10～16℃为佳，平末端则以 15～20℃为佳。

（9）在连接反应中，可对载体分子进行去 5′-磷酸基处理，也可用过量的外源 DNA 片段（2～5 倍），以减少载体的自身环化，增加外源 DNA 和载体连接的机会。

第三节 感受态细胞制备和转化子筛选鉴定

在自然条件下，很多质粒都可通过细菌接合作用转移到新的宿主体内，但人工构建的重组质粒不能自行转入宿主细胞。如需将质粒载体转移进宿主细菌，需诱导宿主细胞产生一种短暂的感受态以摄取外源 DNA。

转化是将外源 DNA 分子引入宿主细胞。转化过程所用的宿主细胞一般是限制修饰系统缺陷的变异株，即不含限制性内切酶和甲基化酶的突变体，它可以容忍外源 DNA 分子进入体内并稳定地遗传给后代。受体细胞经过一些特殊处理，如电击法、$CaCl_2$ 法等处理后，细胞膜的通透性发生了暂时性的改变，成为能允许外源 DNA 分子进入的感受态细胞。将经过转化后的细胞在筛选培养基中培养，即可筛选出转化子（带有异源 DNA 分子的宿主细胞）。

转化具体操作过程见图 10-11。

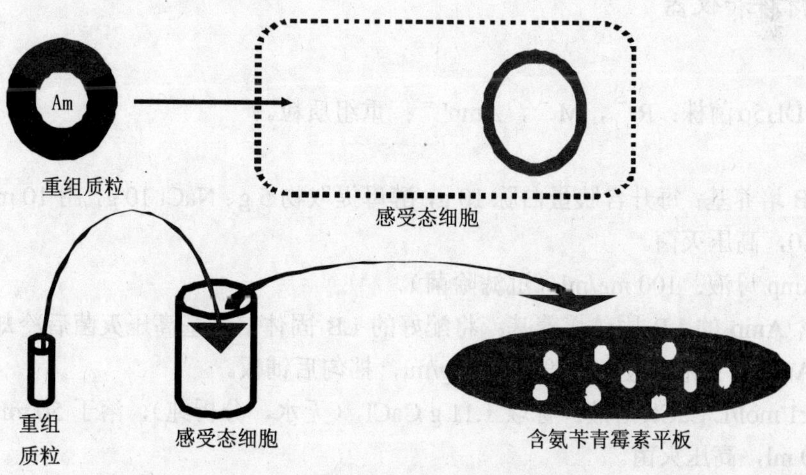

图 10-11 重组质粒转化受体细胞及筛选

实验六　感受态细胞的制备

实验目的

学习氯化钙法制备大肠杆菌感受态细胞的方法。

实验原理

制备大肠杆菌感受态细胞是实现重组质粒转入受体细胞的前提，目前常用的感受态细胞制备方法有 $CaCl_2$ 法和 RuCl 法。RuCl 法制备的感受态细胞转化效率较高，但 $CaCl_2$ 法简便易行，且其转化效率完全可以满足一般实验的要求，制备出的感受态细胞暂时不用时，可加入总体积 15%的无菌甘油于－70℃保存（半年）。因此，$CaCl_2$ 法使用更广泛。$CaCl_2$ 法制备大肠杆菌感受态细胞的方法如图 10-12 所示。

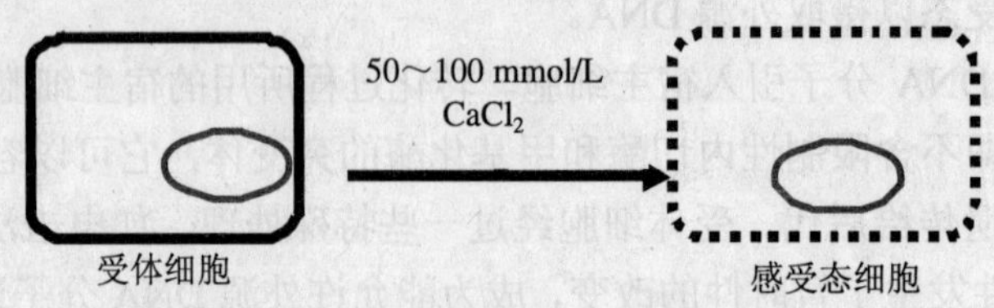

图 10-12　大肠杆菌感受态细胞的制备

实验材料和仪器

材料

E.coli DH5α菌株：R^-，M^-，Amp^{r-}；重组质粒。

试剂

（1）LB 培养基：每升含胰蛋白胨 10 g，酵母提取物 5 g、NaCl 10 g，用 10 mol/L NaOH 调 pH 至 7.0，高压灭菌。

（2）Amp 母液：100 mg/ml（过滤除菌）。

（3）含 Amp 的 LB 固体培养基：将配好的 LB 固体培养基高压灭菌后冷却至 60℃左右，加入 Amp 储备液，使终浓度为 50 μg/ml，摇匀后铺板。

（4）0.1 mol/L $CaCl_2$ 溶液：称取 1.11 g $CaCl_2$（无水，分析纯），溶于 50 ml 重蒸水中，定容至 100 ml，高压灭菌。

（5）含 15%甘油的 0.1 mol/L $CaCl_2$：称取 1.11 g $CaCl_2$（无水，分析纯），溶于 50 ml 重蒸水中，加入 15 ml 甘油，定容至 100 ml，高压灭菌。

仪器及耗材

恒温摇床，电热恒温培养箱，台式高速离心机，无菌工作台，低温冰箱，恒温水浴锅，分光光度计，微量进样器，Eppendorf 管等。

操作步骤

具体操作步骤见图 10-13。最后也可用含 15%甘油的 0.1 mol/L $CaCl_2$ 悬浮后，−70℃冻存半年。

注意事项

（1）制备感受态细胞最好将−70℃或−20℃甘油保存的菌种转接至用于制备感受态细胞的菌液，不要用经过多次转接或储于 4℃的培养菌。

（2）细胞生长密度过高或不足均会影响转化效率，通过监测培养液的 OD_{600} 来控制。DH5α菌株的 OD_{600} 为 0.5 时比较合适。

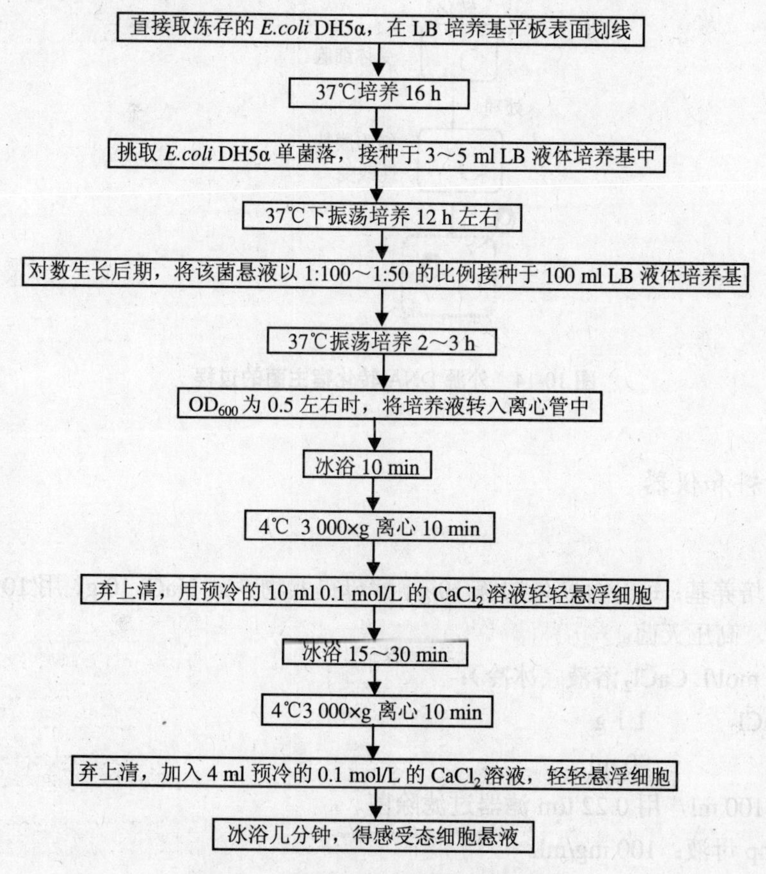

图 10-13　感受态细胞的制备步骤

实验七　重组质粒转化

实验目的

掌握 $CaCl_2$ 转化法的原理和步骤。

实验原理

连接反应中形成的重组质粒及自身环化的质粒载体和 DNA 分子的混合物必须转化到宿主细胞才能进行自主复制并分离出重组质粒。大肠杆菌经 Ca^{2+} 处理后，细胞膜通透性改变，细菌进入感受态，易于吸收外源 DNA，经 42℃水浴处理，使细胞热休克，诱导重组质粒进入感受态细胞，提高转化效率。转化过程如图 10-14 所示。

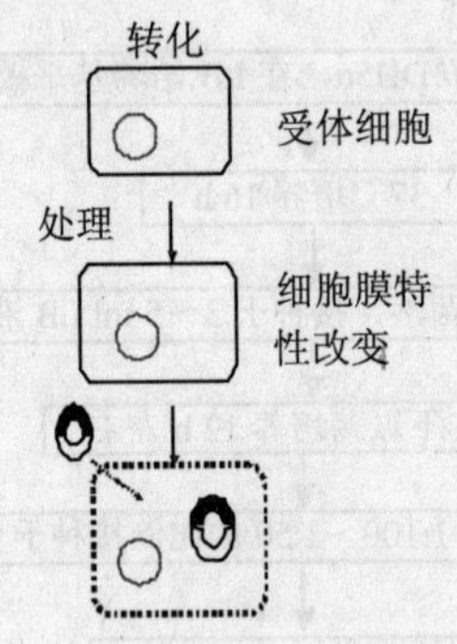

图 10-14　外源 DNA 转化宿主菌的过程

实验材料和仪器

试剂

（1）LB 培养基：每升含胰蛋白胨 10 g、酵母提取物 5 g、NaCl 10 g，用 10 mol/L NaOH 调 pH 至 7.0，高压灭菌。

（2）0.1 mol/L $CaCl_2$ 溶液（冰冷）：

无水 $CaCl_2$　　1.1 g

双蒸水　　90 ml

定容至 100 ml，用 0.22 μm 滤器过滤除菌。

（3）Amp 母液：100 mg/ml。

材料

（1）*E.coli* 单菌落；

（2）质粒载体与目的基因连接液。

仪器及耗材

冰箱，恒温水浴锅，恒温培养箱，微量进样器（一套）及Eppendorf管等其他常用耗材。

实验方法与步骤

具体实验步骤见图 10-15。

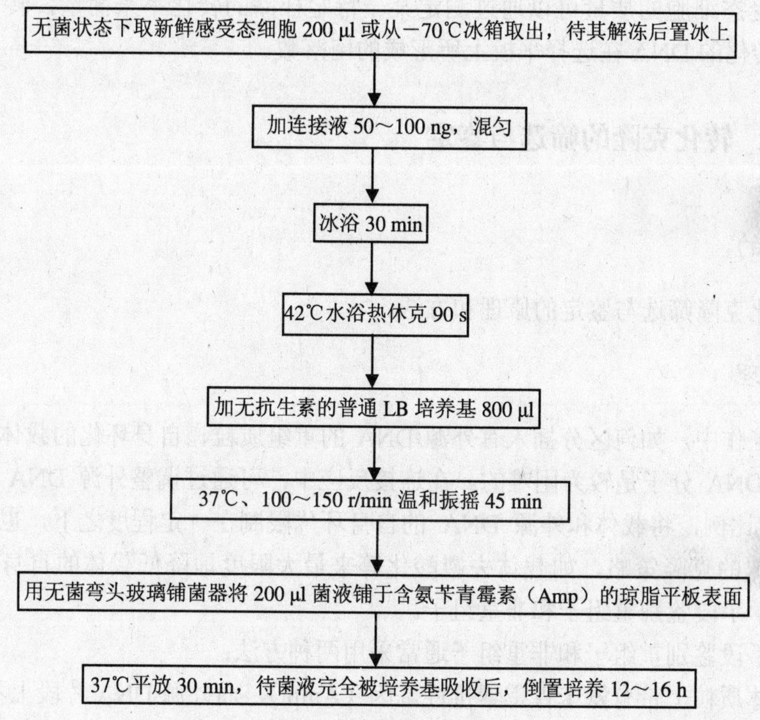

图 10-15　重组质粒的转化

（1）感受态细胞制备：参见实验六。

（2）质粒载体与目的基因连接：参见实验五。

（3）细菌的转化。

（4）计算转化率。

转化后在含抗生素的平板上长出的菌落即为转化子，根据此皿中的菌落数可计算出转化子总数和转化频率，公式如下：

转化子总数＝菌落数×稀释倍数×转化反应原液总体积/涂板菌液体积

转化频率（转化子数/每毫克质粒 DNA）＝转化子总数/质粒 DNA 加入量（mg）

注意事项

（1）整个操作过程均应在无菌条件下进行，所用器皿，如离心管、tip 头等最好是新的，并经高压灭菌处理，所有的试剂都要灭菌，且注意防止被污染。

（2）用于转化的质粒 DNA 应主要是超螺旋态 DNA（cccDNA）。

（3）转化效率与外源 DNA 的浓度在一定范围内成正比，但外源 DNA 的量过多或体积过大时，转化效率就会降低，一般 DNA 溶液的体积不应超过感受态细胞体积的 5%。

（4）感受态细胞的质量可以通过测定某一特定样品的转化率来衡量，转化率定义为每微克用于转化的 DNA 在选择平板上所形成的菌落数。

实验八　转化克隆的筛选与鉴定

实验目的

掌握转化克隆筛选与鉴定的原理和方法。

实验原理

在实际工作中，如何区分插入有外源 DNA 的重组质粒、自身环化的载体分子和自身环化的外源 DNA 分子是较为困难的。在连接反应中，可通过调整外源 DNA 片段和载体 DNA 的浓度比例，将载体和外源 DNA 的自身环化限制在一定程度之下，也可以进一步采取一些特殊的克隆策略，如载体去磷酸化等来最大限度地降低载体的自身环化，还可以利用遗传学手段鉴别重组子和非重组子。

遗传学手段鉴别重组子和非重组子通常采用两种方法：

（1）载体质粒上带有氨苄青霉素抗性基因（Amp^r），而外源 DNA 片段上不带有 Amp^r 基因，转化受体菌后只有带有载体和载体-DNA 重组子的转化子才能在含有氨苄青霉素（Amp）的 LB 平板上存活下来，而只带有自身环化的外源 DNA 片段的转化子则不能存活。这是初步的抗性筛选。

（2）如何区分带有自身环化载体和带有载体-DNA 重组子的转化子，可选择带有β-半乳糖苷酶基因（lacZ）的调控序列和β-半乳糖苷酶 N 端 146 个氨基酸的编码序列。在编码区内插入了一个多克隆位点，但并没有破坏 lacZ 的阅读框架，不影响其正常功能。*E. coli* DH5α菌株带有β-半乳糖苷酶 C 端部分序列的编码信息。在各自独立的情况下，载体和 DH5α编码的β-半乳糖苷酶的片段都没有酶活性。但在载体和 DH5α融为一体时可形成具有酶活性的蛋白质。这种 lacZ 基因上缺失近操纵基因区段的突变体与带有完整的近操纵基因区段的β-半乳糖苷酶基因突变体之间实现互补的现象叫α-互补。由α-互补产生的 lac^+ 细菌较易识别，它在生色底物 X-gal（5-溴-4-氯-3-吲哚-β-D-半乳糖苷）存在下被 IPTG（异丙基硫代-β-D-半乳糖苷）诱导形成蓝色菌落。当外源 DNA 片段插入到载体质粒的多克隆位点上后会导致读码框架改变，表达蛋白失活，产生的氨基酸片段失去α-互补能力，因此在同样条件下含重组质粒的转化子在生色诱导培养基上只能形成白色菌落（图 10-16）。由此可将重组质粒与自身环化的载体 DNA 分开。此为α-互补现象筛选。

因此，重组子的筛选可采用 Amp 抗性筛选与α-互补现象筛选相结合的方法。另外，转化子扩增后，可将转化的质粒提取出，进行电泳、酶切等进一步鉴定。

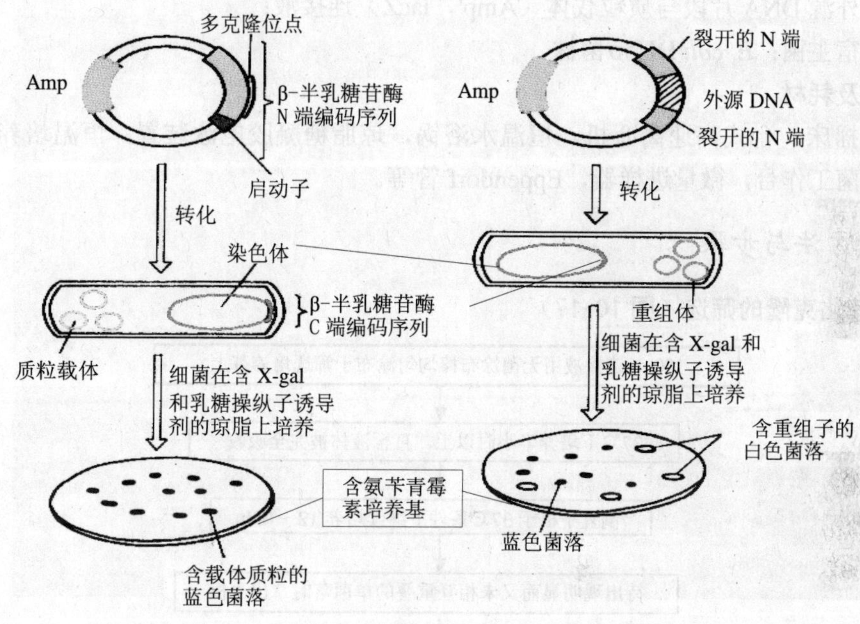

图 10-16　转化克隆的筛选与鉴定原理示意图

实验材料和仪器

试剂

（1）连接反应缓冲液（10×）：0.5 mol/L Tris-HCl（pH7.6），100 mol/L $MgCl_2$，100 mol/L 二硫苏糖醇（DTT）（过滤灭菌），500 μg/ml 牛血清清蛋白，10 mol/L ATP（过滤灭菌）。

（2）T4 DNA 连接酶（T4 DNA ligase）。

（3）X-gal 储备液（20 mg/ml）：用二甲基甲酰胺溶解 X-gal 配制成 20 mg/ml 的储液，包以铝箔或黑纸以防止受光照被破坏，储存于－20℃。

（4）IPTG 储液（200 mg/ml）：在 800 μl 蒸馏水中溶解 200 mg IPTG 后，用蒸馏水定

容至 1 ml，用 0.22 μm 滤膜过滤除菌，分装于 Eppendorf 管并储于−20℃；

（5）含 X-gal 和 IPTG 的筛选培养基：在事先制备好的含 50 μg/ml Amp 的 LB 平板表面加 40 μl X-gal 储液和 4 μl IPTG 储备液，将溶液涂匀，置于 37℃下放置 3～4 h，使培养基表面的液体完全被吸收。

（6）感受态细胞。

（7）抽提质粒试剂：参见实验一。

（8）质粒酶切及电泳试剂：参见实验一和实验二。

材料

（1）外源 DNA 片段与质粒载体（Amp^r，lacZ）连接液；

（2）宿主菌：*E. coli* DH5α菌株。

仪器及耗材

恒温摇床，台式高速离心机，恒温水浴锅，琼脂糖凝胶电泳装置，恒温培养箱，电泳仪，无菌工作台，微量进样器，Eppendorf 管等。

实验方法与步骤

1. 转化克隆的筛选（图 10-17）

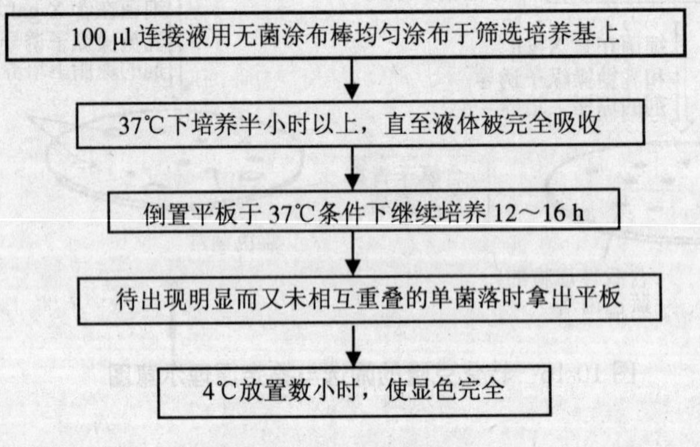

图 10-17　转化克隆筛选

不带有载体质粒的细胞，由于无 Amp 抗性，不能在含有 Amp 的筛选培养基上存活；带有载体的转化子由于具有β-半乳糖苷酶活性，在 X-gal 和 ITPG 培养基上为蓝色菌落；带有重组质粒的转化子由于丧失了β-半乳糖苷酶活性，在 X-gal 和 ITPG 培养基上为白色菌落。如图 10-16 所示。

2. 重组质粒的电泳鉴定（图 10-18）

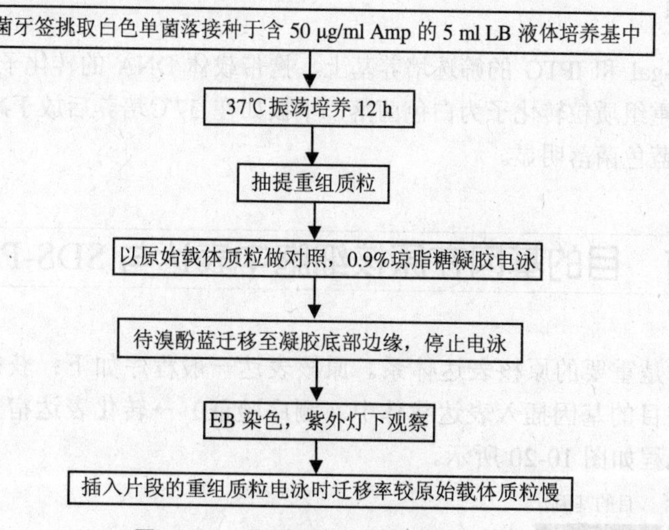

图 10-18 重组质粒的电泳鉴定

3. 重组质粒的限制性内切酶酶切鉴定

选取重组质粒插入 DNA 片段两端或内部的两个限制性内切酶酶切位点，参照实验二的方法进行酶切，酶切结束后，酶切产物进行琼脂糖凝胶电泳，染色，紫外灯下观察。重组质粒酶切产物中有预期大小的片段被切下，而未插入目的基因的空载体质粒没有相应片段被切下。

4. 重组质粒的 PCR 鉴定

按照插入 DNA 片段两端的碱基序列设计一对引物，参照实验三方法进行 PCR 扩增，PCR 产物进行琼脂糖凝胶电泳，染色，紫外灯下观察。重组质粒扩增产物中有目的基因条带，而未插入目的基因的空载体质粒没有扩增出目的基因。

电泳结果如图 10-19 所示。

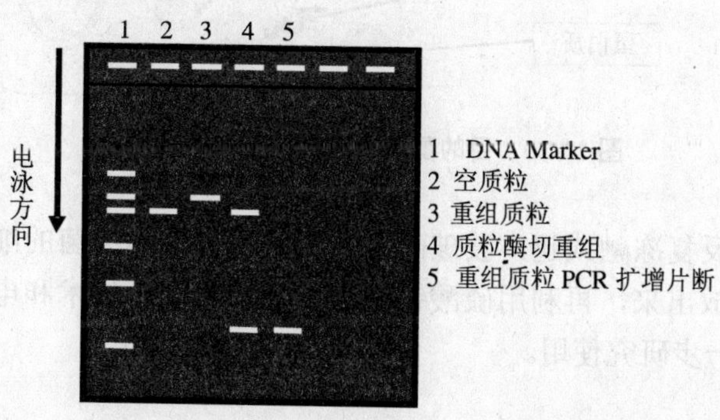

图 10-19 重组质粒及其酶切和 PCR 扩增产物电泳

注意事项

在含有 X-gal 和 IPTG 的筛选培养基上，携带载体 DNA 的转化子为蓝色菌落，而携带插入片段的重组质粒转化子为白色菌落，平板如在 37℃培养后放于冰箱 3～4 h 可使显色反应充分，蓝色菌落明显。

第四节　目的基因在原核细胞中表达与 SDS-PAGE 鉴定

大肠杆菌是重要的原核表达体系。原核表达一般程序如下：获得目的基因→准备表达载体→将目的基因插入表达载体中（测序验证）→转化表达宿主菌→诱导靶蛋白的表达。该流程如图 10-20 所示。

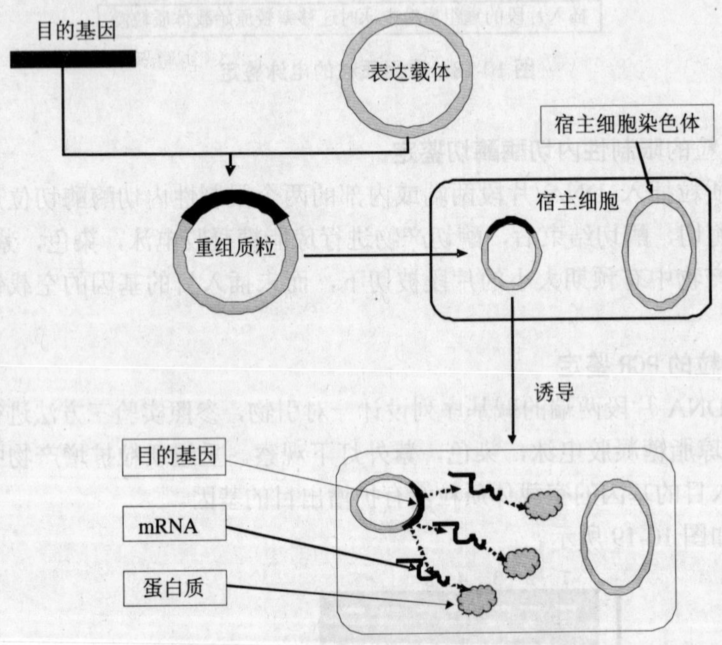

图 10-20　目的基因在原核细胞中的表达

利用溶菌酶、反复冻融或超声波破碎等方法将诱导培养细菌的细胞壁破碎，可使表达的外源蛋白质释放出来，再利用硫酸铵沉淀、蛋白质层析技术和电泳等方法将外源蛋白分离纯化，供进一步研究使用。

实验九　外源基因的诱导与表达

实验目的

理解诱导外源基因在大肠杆菌中表达的原理；掌握诱导外源基因在大肠杆菌中表达的方法。

实验原理

重组质粒转入宿主大肠杆菌后，外源基因在原核细胞中的表达包括两个主要过程：DNA 转录成 mRNA 和 mRNA 翻译成蛋白质。原核生物基因表达调控主要是在转录水平。对转录的调控有两种方式：一种是起始调控（启动子控制），另一种是终止控制（衰减子控制）。原核表达系统中常用的启动子有 lac（乳糖启动子），trp（色氨酸启动子），tac（乳糖和色氨酸的杂合启动子）等。IPTG 可诱导乳糖启动子、乳糖和色氨酸杂合启动子的表达。

实验材料和仪器

试剂

（1）LB 培养基。

（2）100 mmol/L IPTG（异丙基硫代-β-D-半乳糖苷）：2.38 g IPTG 溶于 100 ml ddH_2O 中，0.22 μm 滤膜抽滤，－20℃保存。

（3）Amp 母液。

（4）蛋白质样品处理液（2×）：含 2%SDS、5%巯基乙醇、10%甘油、0.02%溴酚蓝的 0.01 mol/L pH 8.0 Tris-HCl 缓冲液。

仪器

恒温培养箱，分光光度计，恒温摇床，离心机。

操作步骤

1．表达载体的构建和转化宿主细胞

参见实验一至实验八。

2．靶蛋白的诱导与表达

具体操作过程见图 10-21。

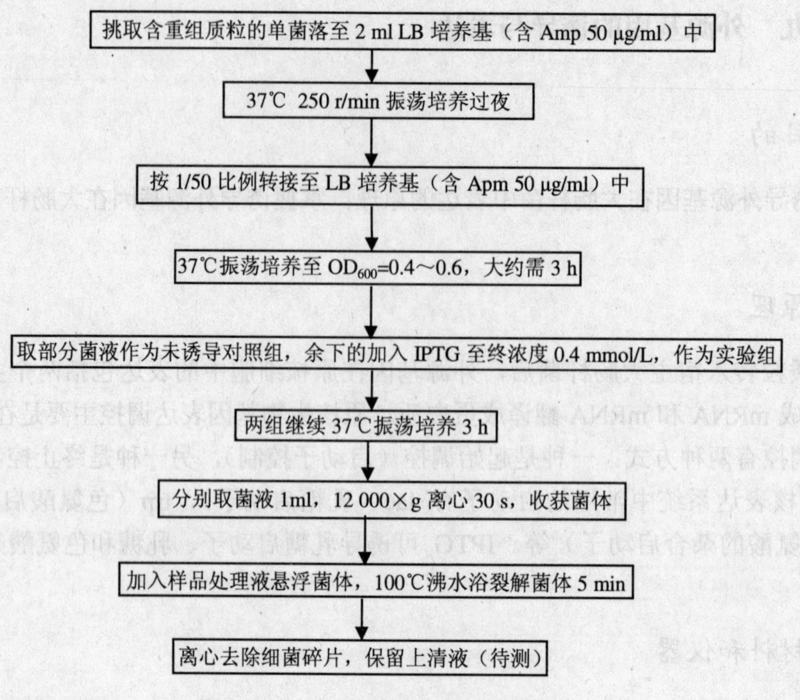

图 10-21 靶蛋白的诱导与表达步骤

实验十 SDS-PAGE 检测表达蛋白

实验目的

学习 SDS-PAGE 测定蛋白质分子量的原理；掌握垂直板电泳的操作方法；运用 SDS-PAGE 测定蛋白质分子量及染色鉴定。

实验原理

SDS-聚丙烯酰胺凝胶电泳，是在聚丙烯酰胺凝胶系统中引进 SDS（十二烷基磺酸钠）。SDS 能断裂分子内和分子间氢键，破坏蛋白质的二级和三级结构。在用 SDS 处理样品的同时往往用巯基乙醇处理，巯基乙醇是一种强还原剂，能使半胱氨酸之间的二硫键断裂，被还原的二硫键不易再氧化，从而使很多不溶性蛋白质溶解，而且与 SDS 分子按比例结合，形成带负电荷的 SDS-蛋白质复合物，使蛋白质丧失了原有的电荷状态，形成以仅保持原有分子大小为特征的负离子团块，从而降低或消除了各种蛋白质分子之间天然的电荷差异，因此在进行电泳时，蛋白质分子的迁移速度仅取决于分子量的大小。当分子量在 1.5×10^4～2.0×10^5 时，蛋白质的迁移率和分子量的对数呈线性关系。

细菌菌体中含有大量蛋白质，具有不同的电荷和分子量。强阴离子去污剂 SDS 与巯基乙醇并用，通过加热使蛋白质解离。在聚丙烯酰胺凝胶电泳（PAGE）上，不同蛋白质的迁移率仅取决于分子量。采用考马斯亮蓝快速染色，可观察电泳分离效果。因而根据预计表达蛋白的分子量，可筛选阳性表达的重组体。

实验材料和仪器

试剂

（1）30%凝胶储备液：丙烯酰胺（Acr）30 g，*N*，*N*′-亚甲双丙烯酰胺（Bis）1.0 g，混匀后加 ddH_2O，37℃溶解，定容至 100 ml，棕色瓶存于室温。

（2）1.5 mol/L Tris-HCl（pH 8.8）：Tris 18.17 g，加 ddH_2O 溶解，浓盐酸调 pH 至 8.8，定容至 100 ml。

（3）0.5 mol/L Tris-HCl（pH 6.8）：Tris 6.06 g，加 ddH_2O 溶解，浓盐酸调 pH 至 6.8，定容至 100 ml。

（4）10% SDS：电泳级 SDS 10.0 g，加 ddH_2O 68℃助溶，浓盐酸调至 pH 7.2，定容至 100 ml。

（5）10×电泳缓冲液（pH 8.3）：Tris 3.02 g，甘氨酸 18.8 g，10% SDS 10 ml，加 ddH_2O 溶解，定容至 100 ml。

（6）10%过硫酸铵（AP）：1 g AP，加 ddH_2O 至 10 ml。

（7）2×SDS 电泳上样缓冲液：内含 2%SDS、5%巯基乙醇、40%蔗糖或 10%甘油、0.02%溴酚蓝的 0.01 mol/L pH 8.0 Tris-HCl 缓冲液。

（8）考马斯亮蓝染色液：考马斯亮蓝 R-250 0.5 g，甲醇 227 ml，冰醋酸 46 ml，ddH_2O 227 ml。

（9）脱色液：取冰醋酸 75 ml，甲醇 50 ml，加蒸馏水 875 ml。

仪器及耗材

垂直板电泳装置，直流稳压电源，移液管，滤纸，微量注射器，大培养皿，振荡器。

实验方法与步骤

（1）垂直板电泳装置如图 10-22 所示，按照说明书进行安装。

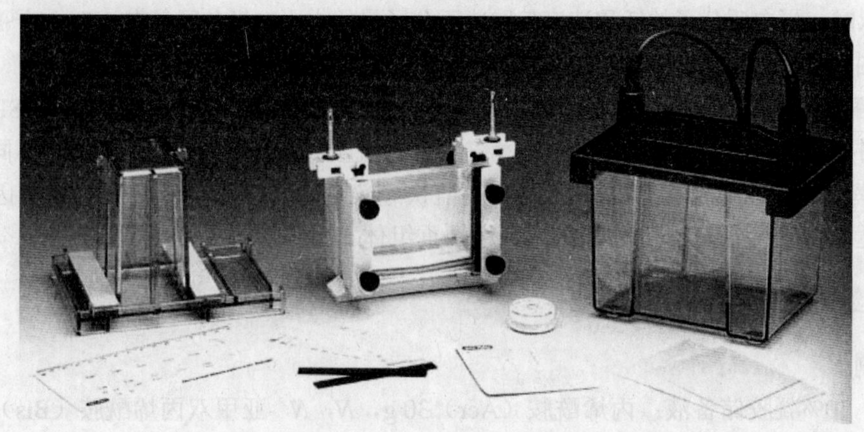

图 10-22 垂直板电泳装置

（2）用小烧杯或小锥形瓶，按表 10-6 配置 12%分离胶溶液。

表 10-6 SDS-不连续系统凝胶电泳分离胶配制

试剂	体积/ml
ddH_2O	1.6
30%丙烯酰胺凝胶储备液	2.0
1.5 mol/LTris-HCl（pH8.8）	1.3
100 g/L SDS	0.05
100 g/L 过硫酸铵（AP）	0.05
TEMED	0.02

加入 TEMED 后，立即摇匀，迅速连续地灌注在两块玻璃板的间隙中，高度距玻璃板上缘约 2 cm 处，以水封顶，注意勿冲击胶面，液面要平，室温垂直放置 30～60 min，使其完全聚合凝固。可观察到水层和凝胶层之间有明显界面。

（3）按表 10-7 配制基层胶溶液。

表 10-7 SDS-不连续系统凝胶电泳基层胶配制

试剂	体积/ml
ddH_2O	1.7
30%丙烯酰胺凝胶储备液	0.5
0.5 mol/LTris-HCl（pH6.8）	0.75
100 g/L SDS	0.02
100 g/L 过硫酸铵（AP）	0.02
TEMED	0.002

将分离胶上层的水倒去，用无毛边的滤纸条吸去残留的水液，滤纸尽量不要接触分离胶的胶面。然后用注射器或尖口滴管将浓缩胶胶液加到分离胶胶面上，浓缩胶的高度约为 2.5 cm，立即将梳形样品槽插入玻璃板间胶液顶部，完全聚合需 15～30 min，聚合完成后即可拔去梳形样品槽模板。

(4) 样品处理：将样品加入等量的 2×SDS 上样缓冲液中，100℃加热 3～5 min，12 000×g 离心 1 min，取上清作 SDS-PAGE 分析，同时将 SDS 低分子量蛋白标准品作平行处理。

（5）上样：在垂直板型电泳装置的两个“半池”即电极上槽和下槽内分别加入电极缓冲液。样品槽内如有气泡可用注射器针头挑除。取 10 μl 诱导与未诱导的处理后的样品加入样品池中，并加入 20 μl 低分子量蛋白标准品作对照。

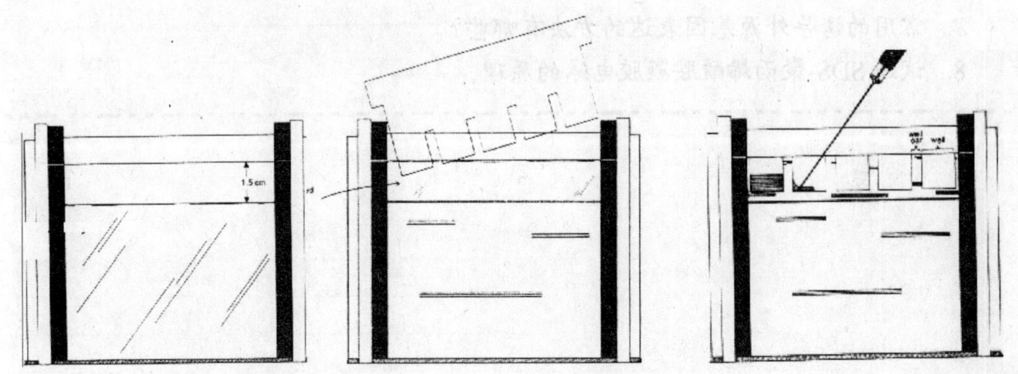

（6）电泳：连接电源，积层胶电压 60 V，分离胶电压 100 V，电泳至溴酚蓝迁移至电泳槽下端停止（约需 3 h）。

（7）染色：电泳结束后取下凝胶模，卸下凝胶模上的橡胶框，用镊子将短玻璃板撬开后取出凝胶板，将胶从玻璃板中取出，考马斯亮蓝染色液染色，室温下需 4～6 h。

（8）脱色：将胶从染色液中取出，放入脱色液中，多次脱色至蛋白质条带清晰。

（9）凝胶摄像和保存：利用凝胶成像系统对脱色好的凝胶摄像，凝胶可保存于双蒸水或 7%乙酸溶液中。

注意事项

（1）实验组与对照组上样量要相等。

（2）为达到较好的凝胶聚合效果，缓冲液的 pH 值要准确，10%AP 在一周内使用。室温较低时，TEMED 的量可加倍。

（3）未聚合的丙烯酰胺和亚甲双丙烯酰胺具有神经毒性，可通过皮肤和呼吸道吸收，应注意防护。

复习思考题

1. 试阐述溶液Ⅰ、溶液Ⅱ和溶液Ⅲ的作用。
2. 琼脂糖凝胶电泳槽中的缓冲液为什么要经常更换？
3. 试述 PCR 反应的基本原理。
4. 黏性末端和平末端 DNA 片段的连接反应条件有何不同？
5. 影响转化效率的因素有哪些？
6. 常用的重组子鉴别方法有哪些？
7. 常用的诱导外源基因表达的方法有哪些？
8. 试述 SDS-聚丙烯酰胺凝胶电泳的原理。

参考文献

[1] 楼士林，杨盛昌，龙敏南，等．基因工程．北京：科学出版社，2004.

[2] 周国庆．生物化学．浙江：浙江科学技术出版社，2004.

[3] 叶林柏，郜金荣．基础分子生物学．北京：科学出版社，2004.

[4] 浙江农业大学主编．遗传学．北京：中国农业出版社，1984.

[5] 张惠展．基因工程概论．上海：华东理工大学出版社，1999.

[6] 杨岐生．分子生物学基础．杭州：浙江大学出版社，1994.

[7] 张新宇，高燕宁．PCR 引物设计及软件使用技巧．生物信息学，2004（4）.

[8] 黄留玉．PCR 最新技术原理、方法及应用．北京：化学工业出版社，2005.

[9] 张维铭．现代分子生物学实验手册．北京：科学出版社，2003.

[10] Sandy B Primrose，Richard Twyman，Bob Old. 基因操作原理（6 版）（影印版）．北京：高等教育出版社，2003.

[11] Jeremy W Dale Malcolm Von Schantz. 从基因到基因组——DNA 技术概念和应用（影印）．北京：科学出版社，2002.

[12] 魏群，等译．基因克隆与 DNA 分析．北京：高等教育出版社，2003.

[13] 魏群．分子生物学实验指导．北京：高等教育出版社，2000.

[14] 郝柏林．生物信息学手册，2 版．上海：上海科学技术出版社，2002.

[15] 蒋彦，等．基础生物信息学及应用．北京：清华大学出版社，2003.

[16] 袁建刚，等译．基因组．北京：科学出版社，2002.

[17] 王文，施立明．一种改进的动物线粒体 DNA 提取方法．动物学研究，1993，14（2）：197～198.